普通高等教育“新工科”系列精品教材

现代化工数值计算

Modern Numerical Calculation for Chemical Engineering

刘会娥 陈 华 宋春敏 主编

化学工业出版社
·北京·

内容简介

《现代化工数值计算》以 MATLAB、Mathematica、Mathcad 系列软件为工具，以化工不同专业知识模块所涉及的数值计算问题为导向，以实例的形式给出了各种软件计算的方法。全书共分 10 章，第 1 章介绍了化工计算的发展历程和基本方法，第 2 章对本书涉及的三种数值计算软件进行了讲解，第 3～10 章依次对数据回归与关联、化工热力学、流体力学、传质、传热、化学反应工程、分离工程、过程动态特性与控制等领域的计算实例进行分析并附上相应的程序，读者可用微信扫描封底二维码下载使用。

本书可作为化工计算类课程的教材，帮助化学工程与工艺专业本科生和研究生提升化工数值计算的能力，使其从复杂的求解中解脱出来。本书还可为化工原理、化工传递过程、化工热力学、化学反应工程、分离工程等化工专业主干课程提供支持。

图书在版编目（CIP）数据

现代化工数值计算 / 刘会娥，陈华，宋春敏主编.—北京：化学工业出版社，2023.1
普通高等教育"新工科"系列精品教材
ISBN 978-7-122-42373-3

Ⅰ.①现… Ⅱ.①刘…②陈…③宋… Ⅲ.①化工计算-数值计算-高等学校-教材 Ⅳ.①TQ015.9

中国版本图书馆 CIP 数据核字（2022）第 195258 号

责任编辑：徐雅妮
文字编辑：黄福芝
责任校对：田睿涵
装帧设计：刘丽华

出版发行：化学工业出版社
（北京市东城区青年湖南街 13 号 邮政编码 100011）
印 装：大厂聚鑫印刷有限责任公司
787mm×1092mm 1/16 印张 17½ 字数 434 千字
2024 年 3 月北京第 1 版第 1 次印刷

购书咨询：010-64518888
售后服务：010-64518899
网 址：http://www.cip.com.cn
凡购买本书，如有缺损质量问题，本社销售中心负责调换。

定 价：55.00 元

前　言

党的二十大报告指出，教育、科技、人才是全面建设社会主义现代化国家的基础性、战略性支撑。加快实现高水平科技自立自强，关键在人才，基础在教育。而随着大数据、人工智能的应用和计算能力的提升，与数值计算的结合已经成为各学科和专业发展的主要方向之一。对于化工人员，经常面临各种复杂的计算问题，大型非线性方程组、常微分方程组、偏微分方程组等屡见不鲜，这些繁杂的问题很难通过手算求解，往往需要依赖计算机软件进行数值计算。为了提升化工计算的能力，化工领域的本科生、研究生一般会学习“化工数值计算”这门课程。配套课程的编程语言在逐渐演变，例如从早期的 Fortran 语言到后来的 C 语言，随着计算机硬件技术的快速发展，进而又逐渐涌现出一批优秀的现代数值计算软件，如 MATLAB、Mathematica、Mathcad 等，使化工问题的求解方法发生了革命性的变化，使得化工数值计算问题的难度显著降低，为化工从业人员提供了方便。利用这些软件，可以大大减轻编程的工作量，也有助于提升学生的学习兴趣和数学模型的建立和求解能力。

目前国内的化工数值计算教材各有特色，都附有丰富的实例，但多仅以 MATLAB 语言为依托进行介绍，其章节均围绕数学问题类型划分。考虑除了服务于“化工数值计算”课程教学，也便于其他相关课程参考，由此，本书借鉴了国外一些相关教材的编写模式，按照化工专业知识模块进行主要章节的划分，搜集了各专业知识模块的代表性数值计算实例，并针对每个实例，配套编写了 MATLAB、Mathematica、Mathcad 三种类型的计算程序（扫描封底二维码获取），在正文中分别用表示，能够供不同兴趣和能力的学习人员在不同课程学习、不同类型问题研究时参考。

本书共分 10 章，各章的文稿和程序编写分工如下：第 1 章和第 10 章由孙兰义负责，第 2 章由陈华负责，第 3 章由刘子媛负责，第 4 章由宋春敏、刘熠斌负责，第 5 章由陈金庆负责，第 6 章和第 7 章由薄守石负责，第 8 章由刘会娥负责，第 9 章由丁传芹、侯影飞负责。刘会娥负责全书的统稿，陈华对全书的程序进行了审核。中国石油大学（华东）

的李维国教授和华东理工大学的许志美教授对全书的内容进行了审核，并提出了宝贵的意见。此外研究生刘继艳、刘兴隆、刘士伟、郝龙彬、俞明理、柳泽鑫、任俊耀、郝晓雨、吴洋、乙倩、董浩杰、刘文硕、李信农、孔洁、董梦茹、韩述盟、温燕军等对本书部分程序的编写和校核付出了诸多努力。在此一并深表感谢！

本书可作为本科生、研究生“化工数值计算”课程的教材，还可作为化工原理、化工传递过程、化工热力学、化学反应工程、分离工程等化工专业主干课程的参考书，对从事化工过程开发和研究的人员也有一定的参考价值。

由于编者水平所限，书中难免存在疏漏，敬请读者批评指正。

编者

2023 年 6 月于青岛

目 录

第 1 章 绪论 / 1

第 2 章 化工计算常用软件简介 / 9

第 3 章 数据回归与关联 / 69

第 4 章 化工热力学 / 90

第 5 章 流体力学 / 127

第6章 传质 / 158

第7章 传热 / 176

第8章 化学反应工程 / 201

第 9 章 分离工程 / 232

第 10 章 过程动态特性与控制 / 250

说明：正文中的图标表示配有 MATLAB 计算程序，图标表示配有 Mathematica 计算程序，图标表示配有 Mathcad 计算程序，读者可扫描封底二维码获取。

第1章

绪论

1.1 化工计算的发展历程

在手持式计算器出现之前，大多数化工计算是借助计算尺通过人工手算完成的，计算过程冗长、耗时且容易出错。20世纪60年代早期，数字计算机的问世使得采用计算机解决复杂的工程问题成为可能。在当时，采用数字计算机求解工程问题包括以下步骤：

① 针对待求解的问题建立模型方程；

② 选择合适的数值计算方法（算法）求解模型；

③ 根据所选算法编写和调试计算机程序（通常采用FORTRAN语言）用于求解问题；

④ 验证结果和准备文档。

采用早期的数字计算机通过数值计算方法求解工程问题是一个非常烦琐、耗时的过程。使用者需要具有数值计算方法和编程方面的专业知识，才能开展上述问题求解过程中的步骤②和步骤③。因此，在20世纪60年代到80年代中期，计算机仅用于大型问题的求解。

20世纪80年代苹果和IBM电脑问世后，数学软件包开始出现。在计算机上引入数学软件包，大大改变了问题求解的方法，节约了用户的时间。图1-1为采用软件包求解问题的流程图。用户负责建立问题的数学模型（一组完整的方程），在很多情况下，还需要提供相关化合物的物性数据或关联式。用户需要将完整的模型和数据集输入数学软件包中，并根据问题类别选择合适的数值算法。数学软件包采用所选的数值算法求解问题并给出计算结果。

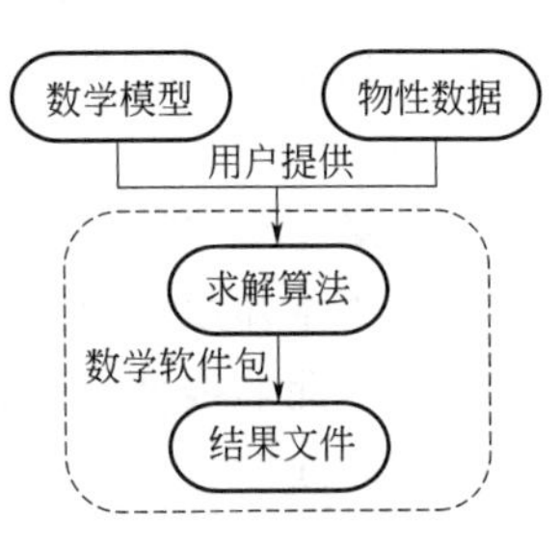

图1-1 使用软件包求解问题的流程图

1.2 计算机在化工计算中的重要性

化工计算是化工厂最基本的计算，涉及原料量和浓度、产物浓度和数量以及供应或产生热量等关系问题，需要通过物料衡算和热量衡算的方法计算，所有这些计算统称为化工计算。设计或改造工艺流程和设备，确定传热设备的热负荷以及单位产品的能耗指标，核算生产过程的经济效益等都需要进行化工计算。化工计算是一个烦琐的过程，而计算软件如 MATLAB、Mathematica、Mathcad 等为化工专业人员提供了便捷，利用这些软件可以大大减轻编程的工作量。计算机已使化学工程师设计和分析过程的方法发生了革命性的变化，化学工程师已有能力解决更加复杂的计算问题。

1.3 求解模型分类

数学软件包中含有用于求解各类问题的工具。为了使工具与问题相匹配，用户需要能够根据求解问题所用的数值方法对求解模型进行分类。本节主要介绍具有代表性的模型类别。

(1) 连续计算

连续计算不需使用特殊的数值计算方法。模型方程可以依次列出，方程左边是变量名称（输出变量），右边是一个常数或包含常数和此前定义的变量的表达式，这样的方程通常被称为“显式”方程。利用范德华状态方程计算压力是此类计算的典型例子：

$$R=0.08206$$

$$T_c=304.2$$

$$p_c=72.9$$

$$T=350$$

$$V=0.6$$

$$a=(27/64)(R^2T_c^2/p_c) \tag{1-1}$$

$$b=RT_c/(8p_c) \tag{1-2}$$

$$p=RT/(V-b)-a/V^2 \tag{1-3}$$

(2) 线性代数方程组

线性代数方程组可用下式表示：

$$\boldsymbol{Ax}=\boldsymbol{b} \tag{1-4}$$

式中，$\boldsymbol{A}$ 是 $n\times n$ 的系数矩阵；$\boldsymbol{x}$ 是 $n\times 1$ 的未知数向量；$\boldsymbol{b}$ 是 $n\times 1$ 的常数向量。注意方程的个数等于未知数的个数。

(3) 一元非线性（隐式）代数方程

一元非线性方程可以写成如下形式：

$$f(x)=0 \tag{1-5}$$

式中，f 表示函数；x 是未知数。

(4) 多重线性回归和多项式回归

给定一组因变量测量值数据，y_i 与 n 个独立变量 $x_{1,i},x_{2,i},\ldots,x_{n,i}$，通过多重线性回归试图找到方程参数 $a_0,a_1,\ldots,a_n$ 的“最优”值。

$$\hat{y}_i=a_0+a_1x_{1,i}+a_2x_{2,i}+\cdots+a_nx_{n,i} \tag{1-6}$$

$$S=\sum_{i=1}^{N}(y_i-\hat{y}_i)^2 \tag{1-7}$$

式中，$\hat{y}_i$ 是因变量的计算值；N 为可用数据点的个数。“最优”的参数值使误差平方和 S 最小。

在多项式回归中，只有一个自变量 x，方程式形式为：

$$\hat{y}_i = a_0 + a_1 x_i + a_2 x_i^2 + \cdots + a_n x_i^n \tag{1-8}$$

(5) 一阶常微分方程组——初值问题

一阶常微分方程组可以用下列形式表示：

$$\begin{cases} \dfrac{\mathrm{d}y_1}{\mathrm{d}x} = f_1(y_1, y_2, \cdots, y_n, x) \\ \dfrac{\mathrm{d}y_2}{\mathrm{d}x} = f_2(y_1, y_2, \cdots, y_n, x) \\ \quad\cdots\cdots \\ \dfrac{\mathrm{d}y_n}{\mathrm{d}x} = f_n(y_1, y_2, \cdots, y_n, x) \end{cases} \tag{1-9}$$

式中，x 是自变量；$y_1, y_2, \cdots, y_n$ 是因变量。为了得到一阶常微分方程组的唯一解，需指定在自变量的特定值处因变量（或其导数）的 n 个值。假定均在 x_0 处指定这些值，则问题被归类为初值问题。

$$\begin{cases} y_1(x_0) = y_{1,0} \\ y_2(x_0) = y_{2,0} \\ \quad\cdots\cdots \\ y_n(x_0) = y_{n,0} \end{cases} \tag{1-10}$$

(6) 非线性代数方程组

非线性代数方程组的定义如下：

$$\boldsymbol{f}(\boldsymbol{x}) = 0 \tag{1-11}$$

式中，$\boldsymbol{f}$ 为 n 维函数向量；$\boldsymbol{x}$ 是 n 维未知数向量。注意，方程数等于未知数的个数。

(7) 高阶常微分方程

例如 n 阶常微分方程：

$$\frac{\mathrm{d}^n z}{\mathrm{d}x^n} = G\left(z, \frac{\mathrm{d}z}{\mathrm{d}x}, \frac{\mathrm{d}^2 z}{\mathrm{d}x^2}, \cdots, \frac{\mathrm{d}^{n-1} z}{\mathrm{d}x^{n-1}}, x\right) \tag{1-12}$$

该方程经过一系列置换后可以转变为 n 个一阶方程。

(8) 一阶常微分方程组——边值问题

在自变量的两点（或多点）处指定常微分方程的边界条件的问题被归类为边值问题。

(9) 刚性一阶常微分方程组

通过数值求解对刚性系统进行求解相当困难，对于一般的常微分方程组：

$$\frac{\mathrm{d}y_K}{\mathrm{d}t} = f_K(t, y_1, \cdots, y_n) \qquad (K = 1, 2, \cdots, n) \tag{1-13}$$

其物理特征通过 Jacobi 矩阵 $(\alpha_{ij}) = \left(\dfrac{\partial f_i}{\partial y_j}\right)$ 的特征值 $\lambda_K = \alpha_K + \mathrm{i}\beta_K$ 来表达，通常以刚性比 ρ 作为刚性程度的度量，当 $\rho \geqslant 1$ 时，系统则是刚性系统。

(10) 微分-代数方程组

由下列方程定义且初始条件为 $y(x_0) = y_0$ 的方程组称为微分-代数方程组：

$$\frac{\mathrm{d}y}{\mathrm{d}x} = f(y, z, x) \tag{1-14}$$

$$g(y, z) = 0 \tag{1-15}$$

(11) 偏微分方程

具有数个独立变量的偏微分方程的典型形式如下：

$$\frac{\partial T}{\partial t}=\alpha\left(\frac{\partial^2 T}{\partial x^2}+\frac{\partial^2 T}{\partial y^2}\right) \tag{1-16}$$

涉及偏微分方程的问题需要规定初值和边界条件。

(12) 非线性回归

在非线性回归中，非线性函数 g 通过寻找使式(1-7) 所示误差平方和最小的参数值 a_0，$a_1,\cdots,a_n$ 对数据进行建模。

$$\hat{y}_i=g(a_0,a_1,\cdots,a_n,x_{1,i},x_{2,i},\cdots,x_{n,i}) \tag{1-17}$$

(13) 动态系统参数估计

动态系统参数估计问题类似于非线性回归，只是没有关于 $\hat{y}_i$ 的闭式表达式，但待优化的误差平方和函数必须通过求解一阶常微分方程来计算。

$$\frac{\mathrm{d}\hat{y}}{\mathrm{d}t}=f(a_0,a_1,\cdots,a_n,x_1,x_2,\cdots,x_n,t) \tag{1-18}$$

(14) 带有等式约束的非线性规划（优化）

带有等式约束的非线性规划问题的定义如下：

最小化（Minimize） $f(\boldsymbol{x})$ (1-19)

满足 （Subject to） $\boldsymbol{h}(\boldsymbol{x})=0$ (1-20)

式中，f 为函数；$\boldsymbol{x}$ 是 n 维变量向量；$\boldsymbol{h}$ 是 m 维函数向量（$m<n$）。

1.4 数值计算方法

数值计算方法是数学的一个分支，也称数值分析或计算方法，主要研究适合计算机求解的各种数学问题的近似解法及其理论，内容包括数值逼近、数值代数、常微分与偏微分方程的数值解等，还包括解的存在性、唯一性、收敛性和误差分析等理论问题。其应用对象是在理论上有解而又无法用手工计算的数值问题。

具体地说，由于计算机只能根据给定的指令进行加、减、乘、除等算术运算和一些逻辑运算，因此，在使用计算机求解数学问题时，必须把求解过程归结为按一定的规则进行一系列四则算术运算的过程，而数值计算方法的作用就是把对数学模型的解法归纳为加、减、乘、除等计算机能够执行的运算并对运算顺序进行完整而准确的描述。

五次及五次以上的代数方程不存在求根公式，因此，要求出五次以上的高次代数方程的解，一般只能求它的近似解，求近似解的方法就是数值分析的方法。对于一般的超越方程，如对数方程、三角方程等也只能采用数值分析的方法。怎样找出比较简洁、误差比较小、花费时间比较少的计算方法是数值分析的主要课题。在求解方程的方法中，常用的方法之一是迭代法，也叫做逐次逼近法。迭代法的计算是比较简单且容易进行的。迭代法还可以用来求线性方程组的解。求方程组的近似解也要选择适当的迭代公式，使得收敛速度快，近似误差小。在线性代数方程组的解法中，常用的有塞德尔迭代法、共轭斜量法、超松弛迭代法等。此外，一些比较古老的普通消去法，如高斯法、追赶法等，在利用计算机的条件下也可以得到广泛的应用。

在数值计算方法中，数值逼近也是常用的基本方法。数值逼近也叫近似代替，就是用简单的函数去代替比较复杂的函数，或者代替不能用解析表达式表示的函数。数值逼近的基本方法是插值法。初等数学里的三角函数表以及对数表中的修正值就是根据插值法制成的。在求微分和积分的时候，如何利用简单的函数去近似代替所给的函数，以便容易求微分和积分，也是计算方法的一个主要内容。微分方程的数值解法也是近似解法。常微分方程的数值解法有欧拉法、预测校正法等。偏微分方程的初值问题或边值问题的求解，目前常用的是有限差分法、有限元法等。有限差分法的基本思想是用离散的、只含有限个未知数的差分方程去代替连续变量的微分方程和定解条件。求出差分方程的解，并作为求偏微分方程的近似解。有限元法是近代才发展起来的，它以变分原理和剖分差值作为基础的方法，在解决椭圆形方程边值问题上得到了广泛的应用。目前有许多人正在研究用有限元法来求解双曲形和抛物形的方程。

1.5 误差

数值计算的结果是离散的，并且一定有误差，这是数值计算方法区别于解析法的主要特征。因此数值计算方法的核心任务是控制误差的增长势头，使误差处于一定的范围内，保证计算过程稳定。

1.5.1 误差的来源与分类

按照误差的来源可以将其分成四类。

(1) 模型误差

实际问题与数学模型之间出现的误差称为模型误差。在用计算机解决科学计算问题之前要建立数学模型，它是通过对被描述的实际问题进行抽象、简化而得到的，因而是近似的，即存在误差。由于模型误差很难用数量表示，通常都假定数学模型是合理的。

(2) 观测误差

在数学模型确定以后，通常会通过测量、实验等方法得到模型参数的取值，如温度、长度等。这些参数显然也包含误差，这种由观测产生的误差称为观测误差。

(3) 截断误差

当数学模型建立后，不能得到精确解时，通常要用数值方法求它的数值解，其近似解与精确解之间的误差称为截断误差。

(4) 舍入误差

有了数值方法以后，在用计算机计算时，由于计算机的字长有限或者十进制数转化为二进制的影响，输入数据和输出数据都可能产生误差，这种误差称为舍入误差。例如，用3.14159近似代替π产生的误差$R=3.14159-\pi=-0.0000026$，就是舍入误差。

1.5.2 绝对误差与相对误差

常见的误差表示方法有绝对误差和相对误差。

设x^*为精确值（或准确值），x是x^*的一个近似值，那么称$e=x^*-x$为近似值x的绝对误差或误差。

$$绝对误差=精确值-近似值 \tag{1-21}$$

绝对误差 e 的值可正可负，如果得不到精确值 x^*，也就算不出绝对误差 e 的值，常用限制误差绝对值的范围 ε 来描述和控制误差的范围。

如果精确值 x^* 与近似值 x 的误差的绝对值不超过某正数 ε，即：

$$|e|=|x^*-x|\leqslant\varepsilon \tag{1-22}$$

则称 ε 为绝对误差限或误差限。

精确值 x^* 也可表示为：$x^*=x\pm\varepsilon$。通常，在误差允许范围内的近似值 x 即认为是精确值，这也是计算中控制循环中止的常用手段。

在很多情况下，绝对误差并不能全面地反应近似程度。例如，某电器公司两次进货的某型号电风扇分别为 1000 台和 2000 台，其中开箱不合格电风扇分别为 8 和 12（绝对误差的值）。不合格率分别为 8/1000=0.8%和 12/2000=0.6%（相对误差的值），这说明该风扇的质量有所提高。把绝对误差与精确值的比值定义为相对误差。

设 x^* 为精确值，x 是 x^* 的一个近似值，称：

$$e_r=\frac{e}{x^*}=\frac{x^*-x}{x^*} \tag{1-23}$$

为近似值 x 的相对误差。

在实际计算中，有时得不到精确值 x^*，当 e_r 较小时，x^* 可用近似值 x 代替，即：

$$e_r=\frac{e}{x}=\frac{x^*-x}{x} \tag{1-24}$$

$$相对误差=\frac{绝对误差}{精确值}\quad 或 \quad 相对误差=\frac{绝对误差}{近似值} \tag{1-25}$$

相对误差 e_r 的值也可正可负，与绝对误差一样不易计算，常用相对误差限控制相对误差的范围。

如果有正数 ε_r，使得 $e_r=\left|\frac{e}{x^*}\right|\leqslant\varepsilon_r$，则称 ε_r 为 x^* 的相对误差限。

要将一个位数很多的数表示成一定的位数，通常用四舍五入的办法，如 $\pi=3.14159265\cdots$ 可表示为 3.14，3.1416 等。如果近似值 x 的误差限是它的某一位的半个单位，就说它“准确”到这一位，并且从这一位起到前面第一个非零数字为止的所有数字均称为有效数字，具体地说，对于 x^* 的近似值（规范化格式），有：

$$x=\pm 0.a_1a_2\cdots a_n\times 10^m \tag{1-26}$$

式中，$a_1a_2\cdots a_n$ 是 0 到 9 之间的自然数，$a_1\neq 0$。

如果误差

$$|x^*-x|\leqslant\frac{1}{2}\times 10^{m-p},1\leqslant p\leqslant n \tag{1-27}$$

则称近似值 x 有 p 位有效数字，或称 x “准确”到第 p 位。按照这种说法，π 的近似值 3.14 和 3.1416 分别有 3 位和 5 位有效数字。例如以 3.14 代替 π 的值，有：

$$|3.14-3.1415926\cdots|\approx 0.0015926<0.5\times 10^{-2} \tag{1-28}$$

其中 $m=1$，$m-p=-2$，所以 $p=3$，即 3.14 具有 3 位有效数字。

1.6 常用计算软件

本书将采用MATLAB、Mathematica、Mathcad等有力的计算工具，从化工计算入门、数据的回归和关联、热力学、流体力学、传热、传质、化学反应工程、流体相平衡与蒸馏、过程动态学与控制等多方面入手，给以代表性实例，深入浅出地解决各类化学工程问题，使化工数值计算方法真正成为化学工程专业人员的一种工具。

1.6.1 MATLAB

MATLAB是美国MathWorks公司出品的商业数学软件，用于算法开发、数据可视化、数据分析以及数值计算的高级技术计算语言和交互式环境，主要包括MATLAB和Simulink两大部分。其将数值分析、矩阵计算、科学数据可视化以及非线性动态系统的建模和仿真等诸多强大功能集成在一个易于使用的视窗环境中，为科学研究、工程设计以及必须进行有效数值计算的众多科学领域提供了一种全面的解决方案，并在很大程度上摆脱了传统非交互式程序设计语言的编辑模式。MATLAB可以应用于数值分析、数值和符号计算、工程与科学绘图、数字图像处理技术、数字信号处理技术等很多方面。

MATLAB是一个高级的矩阵语言，它包含控制语句、函数、数据结构、输入和输出和面向对象编程特点。用户可以在命令窗口中将输入语句与执行命令同步，也可以先编写好一个较大的复杂的应用程序（M文件）后再一起运行。新版本的MATLAB语言的语法特征类似C++语言，且更为简单，更加符合科技人员对数学表达式的书写格式。而且这种语言可移植性好、可拓展性极强，这些特定的优点使得MATLAB能够深入到化工科学领域研究中。

1.6.2 Mathematica

Mathematica是美国Wolfram研究公司开发的一款强大的数学分析型软件系统，该软件以符号计算为主，也具有高精度的数值计算功能和强大的图形功能。它很好地结合了数值和符号计算引擎、图形系统、编程语言、文本系统以及与其他应用程序的高级连接。由于Mathematica具有界面友好、使用简单、功能强大等优点，在化工计算中占有重要的地位。

Mathematica还是一个易于扩充的系统，提供了功能强大的程序设计语言。其图形函数极其丰富，用简单的编程即可画出复杂的图形，可以通过变量和文件储存显示图形，具有很大的灵活性。另外，它还具有强大的参考资料中心。

Mathematica的主要运算功能包括：

(1) 各种初等函数的计算与化简；

(2) 微积分的换算；

(3) 线性代数求解及运算；

(4) 解各类方程组。

1.6.3 Mathcad

Mathcad是Mathsoft®公司于1986年推出的第一个引入实时编辑排版数学符号、自动计算和工程单元错误检查的计算机辅助设计软件，是解决和可视化数学和工程问题的强大工具，它的灵活计算和文档环境被认为是最容易使用基于GUI（图形用户界面）的数学软件来记录和计算具有数学符号的工程问题。之后，Mathcad进行了多次升级和改进，并成为工程师和架构师有价值的技术计算工具。

2006年PTC®公司收购了Mathsoft®公司，2007年发布了Mathcad 14.0，强化了一些重要的功能，2010年发布了Mathcad 15.0，提出了许多改进并新增了实验设计函数功能。此后，PTC®公司对Mathcad进行了全新的改版，推出带有网格工作区的新主用户界面(UI)、多文档界面、新功能区菜单和状态栏、新矩阵导航/视图、图形和矩阵支持单元以及新标签样式的PTC Mathcad Prime。

经过多年的发展，PTC Mathcad Prime渐趋完善，可以完成电子表格、文字处理和演示文稿等软件以及编程应用程序无法完成的工作——将强大的计算功能引入到用户的可读窗体中，实现将用户可读的，针对绘图、图形、文本和图像的实时计算集成到一个以专业方式呈现的交互式文档中。支持包括标量、向量、矩阵和复数等数据类型，可使用代数、微积分、微分方程、逻辑、线性代数等标准运算符符号创建计算，符号化地计算、求解和操作表达式；具有多文档、面向任务的用户界面，所见即所得的编辑文档，可进行文档格式化和控制，完全控制文本和数学格式，可对文档区域进行折叠和锁定以保护文档内容；可实现数据分析、概率和统计、曲线拟合与平滑、信号与图像处理、文件访问、实验设计、求解优化等函数功能；可绘制 X-Y 图、3D图、极坐标图和等值线图。

此外，为了更好地适应广大用户的需求，PTC®公司于2019年发布了PTC Mathcad Prime 6.0.0.0，新增了自定义边距、页眉和页脚尺寸，多语言拼写检查，文本中添加超链接，新符号引擎等功能，使得PTC Mathcad Prime在工程设计计算领域的应用更加完备。

参考文献

[1] Cutlip M B, Shacham M. Problem solving in chemical and biochemical engineering with POLYMATH, Excel, and MATLAB [M]. 2nd ed. New York: Prentice Hall PTR, 2007.

[2] 张韵华，奚梅成，陈效群．数值计算方法与算法 [M]．北京：科学出版社，2006.

[3] 隋志军，杨榛，魏永明．化工数值计算与MATLAB [M]．上海：华东理工大学出版社，2015.

[4] 钟秦，俞马宏．化工数值计算 [M]．北京：化学工业出版社，2014.

[5] 郁浩然，鲍浪．化工计算 [M]．北京：中国石化出版社，1990.

[6] 王树森．化学工程计算方法 [M]．北京：化学工业出版社，1989.

[7] 葛婉华，陈鸣德．化工计算 [M]．北京：化学工业出版社，1990.

[8] 王煤，余徽．化工计算方法 [M]．北京：化学工业出版社，2008.

第2章 化工计算常用软件简介

在1.6节中，介绍了化工计算中常用的数学软件。本章内容介绍MATLAB、Mathematica和Mathcad软件在化工计算中使用的基本语法和函数命令，通过微积分、方程、优化等方面的案例，了解并熟悉相关函数，为后面各章节的学习提供了软件基础。后面各章节的内容主要是化工中各方面的数学模型通过MATLAB、Mathematica和Mathcad软件进行求解计算，而计算的方法多数是本章涉及的内容。通过本章的学习，有助于掌握MATLAB、Mathematica和Mathcad软件在化工计算问题中的具体应用，从而引导学生对科学精神的追求，提高学生利用先进科技工具的能力。

2.1 MATLAB软件

MATLAB是矩阵实验室（Matrix Laboratory）的简称，是美国MathWorks公司出品的商业数学软件，用于算法开发、数据可视化、数据分析以及数值计算的高级计算语言和交互式环境。MATLAB版本更新较快，每年两个版本，新版本与以前版本相比增强了不少功能，例如对共享工作、APP构建、数据导入和分析、数据可视化、大数据和编程都进行了多处改进和优化，致力于带给用户全新的使用体验。特别在深度学习方面增加了很多模型和特性。

2.1.1 软件界面

如图2-1所示，MATLAB R2021a界面是由菜单栏、当前文件夹、命令行窗口和工作区

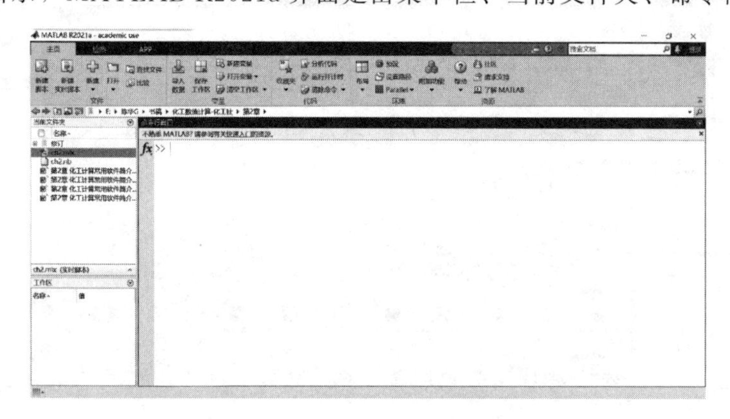

图2-1 MATLAB R2021a界面

组成，而新建实时脚本后，则命令行窗口分出一部分给实时编辑器，见图 2-2。

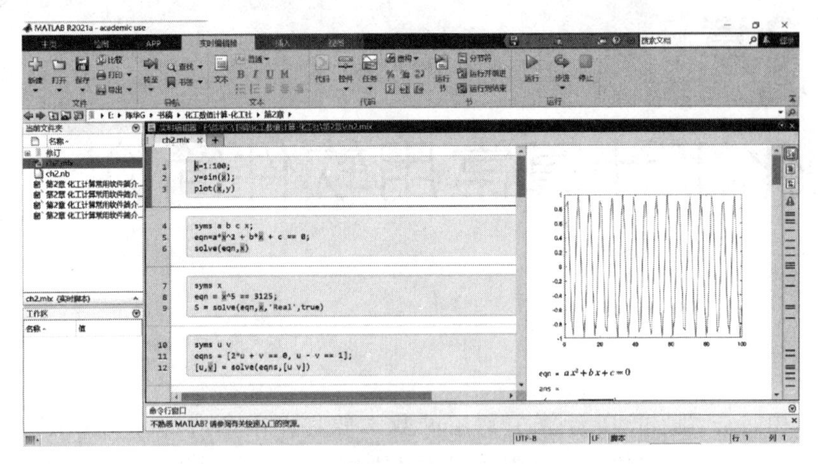

图 2-2 具有实时编辑器的 MATLAB R2021a 界面

在“绘图”菜单栏中包含各种图形模板，如图 2-3 所示。

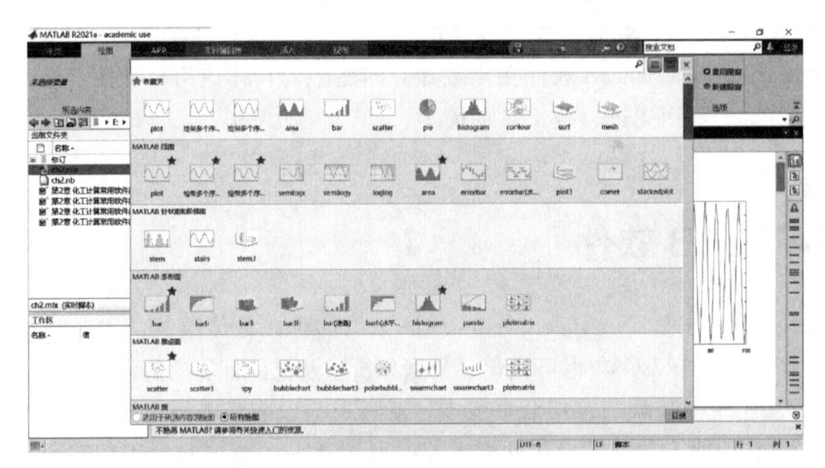

图 2-3 图形模板

在“APP”菜单栏中含有各领域的 APP（工具箱），如图 2-4 所示。

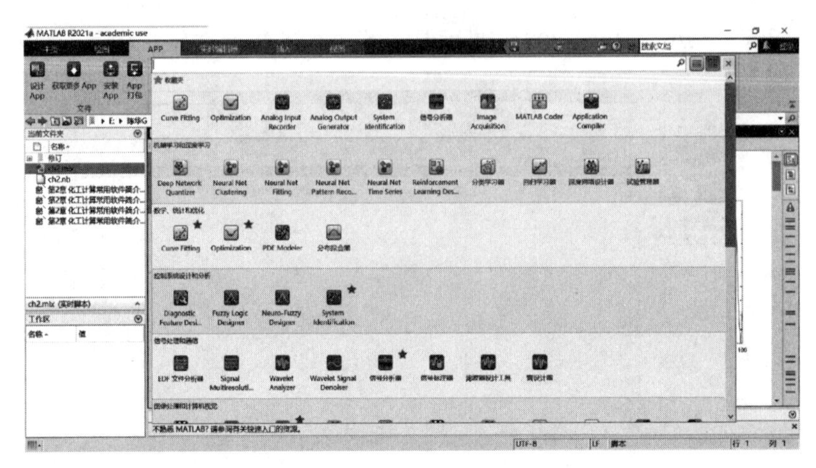

图 2-4 APP

2.1.2　数据结构

2.1.2.1　一维数组（向量）

在程序设计中，一维数组是把具有相同类型的若干变量按照有序的形式组织起来的数据集合。从数据组织形式来看，一维数组就是数学中的向量。

一维数组主要有以下生成方法。

（1）使用逗号“,”或空格分隔各元素生成行向量或者使用分号分隔生成列向量。

例如：

```
>>a=[1,2,3,4]  %行向量
a=
       1     2     3     4
>>b=[1 2 3 4]  %行向量
b=
       1     2     3     4
>>c=[1;2;3;4]  %列向量
c=
       1
       2
       3
       4
```

（2）使用冒号运算符创建一个固定间隔的一维数组 x，其形式为 x=j:i:k，以 i 作为元素之间的增量。当 i=1 时可省略步长。

例如：

```
x=1:2:7
x=
    1     3     5     7
```

（3）使用 linspace 函数生成线性等分一维数组，其函数形式为 y=linspace(x1,x2,n)。这 n 个点的间距为(x2−x1)/(n−1)。

例如：

```
>>y=linspace(1,4,4)
y=
       1     2     3     4
```

（4）使用 logspace 函数生成对数等分一维数组，其函数形式为 y=logspace(a,b,n)。它是在 10 的幂 10^a 和 10^b 之间生成 n 个点。

例如：

```
>>y =logspace(2,4,5)
y=
      1.0e+04 *
      0.0100      0.0316      0.1000      0.3162      1.0000
```

一维数组的加减与数的加减运算符号一致，但乘除和幂运算需要在原符号前加一个“.”符号，具体运算符号或函数见表 2-1。

表 2-1 一维数组运算符号或函数

符号或函数	说明
.*	两个向量对应元素相乘
./	对应元素相除
.^	对应元素的幂
dot	两个向量的点积
cross	两个向量的叉积

注意：上述计算都是在两个向量长度一致的情况下进行的，否则报错。

2.1.2.2 二维数组（矩阵）

二维数组是一维数组的扩展。从数据组织形式来看，二维数组就是数学中的矩阵。

1. 二维数组创建

同一维数组一样，一行中的元素用空格或逗号“,”分隔，而行与行之间用分号“;”分隔。

例如：

```
>>A=[1 2 3;4 5 6;7 8 10]
A=
1    2    3
4    5    6
7    8    10
```

使用 MATLAB 提供的函数创建特殊矩阵，如表 2-2 所示。

表 2-2 创建特殊矩阵的函数

函数	说明
ones(n),ones(size(a)),ones(m,n)	创建所有元素为 1 的矩阵
eye(n),eye(size(a)),eye(m,n)	创建单位矩阵
zeros(n),zeros(size(a)),zeros(m,n)	创建所有元素为 0 的矩阵
rand(m,n)	产生 m×n 矩阵，其中的元素是服从[0,1]上均匀分布的随机数
unifrnd(a,b,m,n)	产生 m×n 矩阵，其中的元素是服从区间[a,b]上均匀分布的随机数
normrnd(mu,sigma,m,n)	产生 m×n 矩阵，其中的元素是服从均值为 mu，标准差为 sigma 的正态分布的随机数
diag(A)	创建一个对角矩阵，其对角线元素值取自向量 A
triu(A),tril(A)	创建矩阵 A 的上下三角矩阵
[]	空矩阵

2. 数组索引

在 MATLAB 中，根据元素在数组中的位置（索引）访问数组元素的方法主要有三种：位置索引、线性索引和逻辑索引。一般情况下使用双下标索引，即 A(i,j) 形式。对于多元素则通过冒号“:”来完成获取操作，表 2-3 为常用的索引表达式。

表 2-3 数组索引表达式

索引表达式	说明
A(i,j)	返回二维数组第 i 行，第 j 列的元素
A(i)	将二维数组 A 重组为一维数组，返回数组中第 i 个元素
A(i,:)	返回二维数组 A 中第 i 行行向量
A(i:k,:)	返回二维数组 A 中第 i 行到第 k 行行向量组成的子阵
A([i1 i2 ...],:)	返回二维数组 A 中第 i1 行、第 i2 行等行向量组成的子阵
A(:,j)	返回二维数组 A 中第 j 列列向量
A(:,j:l)	返回二维数组 A 中第 j 列到第 l 列列向量组成的子阵
A(:,[j1 j2 ...])	返回二维数组 A 中第 j1 列、第 j2 列等列向量组成的子阵
A(:)	将二维数组 A 中的每列依次合并成一个列向量
A(j:l)	返回一个行向量，其元素为 A(:)中的第 j 个元素到第 l 个元素
A([j1 j2 ...])	返回一个行向量，其元素为 A(:)中的第 j1、j2 等元素
A(i:k,j:l)	返回二维数组 A 中第 i～k 行行向量和第 j～l 列列向量组成的子阵
A([i1 i2 ...],[j1 j2 ...])	返回二维数组 A 中第 i1 行、第 i2 行等行向量和第 j1 列、第 j2 列等列向量组成的子阵

注意：

(1) 二维数组的实际存储顺序为把每列依次按顺序首尾相连成一个总的列向量。

(2) 当数组很大时，不知道它的维数，可以使用 end 作为最后一行或者一列或者最后一个元素。

例如：取出 A 的第 2 和第 3 行，第 1 和第 2 列的子阵。

```
>>A(2:3,1:2)
ans=
    4    5
    7    8
```

3. 数组结构改变

数组的大小和结构可以通过以下方式改变。

(1) 变维。函数 reshape 可以改变矩阵大小和结构。其函数形式为：

```
B=reshape(A,sz1,...,szN)
```

将 A 重构为一个 sz1×…×szN 数组，其中 sz1，…，szN 为每个维度的大小。可以指定 [] 的单个维度大小，以便自动计算维度大小，以使 B 中的元素数与 A 中的元素数相匹配。例如，如果 A 是一个 10×10 数组，则 reshape(A,2,2,[]) 将 A 的 100 个元素重构为一个 2×2×25 数组。

例如：将 1×10 一维数组重构为 5×2 二维数组。

```
>>A=1:10;
>>B=reshape(A,[5,2])
B=
        1     6
        2     7
        3     8
        4     9
        5    10
```

（2）变向。二维数组的变向操作主要有：旋转、上下翻转、左右翻转，以及对指定的维数进行翻转、转置和排序。

（3）数组的抽取。对角线元素抽取函数 diag(X,k)/diag(v,k)，抽取数组 X 的第 k 条对角线的元素向量，使得向量 v 为所得数组的第 k 条对角线元素。上三角元素抽取函数为 tril(X,k) 和下三角元素抽取函数为 triu(X,k)。

（4）扩展。使用串联可以形成更大的数组。实际上，第一个数组是通过将其各个元素串联起来而构成的。成对的方括号 [] 即为串联运算符。

例如：

```
>>A=[1 2;3 4]
A=
     1     2
     3     4
>>B=[A  A  A;A  A  A]
B=
     1     2     1     2     1     2
     3     4     3     4     3     4
     1     2     1     2     1     2
     3     4     3     4     3     4
```

对于上面由数组 A 扩展的数组，也可以使用 repmat 函数实现。

```
>>C=repmat(A,2,3)
C=
        1     2     1     2     1     2
        3     4     3     4     3     4
        1     2     1     2     1     2
        3     4     3     4     3     4
```

4. 数组大小

数组的行数、列数和元素个数可以通过 size 和 numel 获得。

例如：

```
>>A=[1 2 3;4 5 6]
A=
        1     2     3
        4     5     6
>>[row,col]=size(A)
row=
        2
col=
        3
>>numel(A)
ans=
        6
```

5. 数组运算

数组四则运算的符号和前述是一致的，只是在乘法和除法中要遵循其计算规则。下面介绍一些编程中常用的函数，见表 2-4。

表 2-4　数组计算函数

函数	说明
find	默认返回数组查找符合条件的元素下标(实际存储位置)所组成的向量,如果返回矩阵中行列位置,则[row,col]=find(X)
sum	默认返回列元素的和组成的向量
norm	默认计算矩阵 2 范数
det	计算矩阵的行列式

例如：

```
>>A=[1 2 3;4 5 6;7 8 10];
[row,col]=find(A==3)
sum(A)
norm(A)
det(A)
row=
     1
col=
     3
ans=
     12     15     19
ans=
     17.4125
ans=
     -3.0000
```

2.1.3　函数

函数是指一段可以直接被另一段程序或代码引用的程序或代码。每一个函数用来实现一个特定的功能，函数之间可以互相调用，同一个函数也可以被一个或多个函数调用任意多次。在 MATLAB 中，内置了大量的函数，例如在表 2-1 到表 2-4 中列举了这些函数的实现功能，根据需要，可在“帮助”中查找使用。另外，还需要自定义函数，在脚本文件中，自定义函数定义在单独的文件中，函数名和文件名必须一致。

1. 创建函数文件

创建自定义函数需要创建函数文件，该文件由 function 语句引导，其基本结构为：

```
function 输出形参表=函数名(输入形参表)
注释说明部分
函数体语句
```

其中，function 开头的一行为引导行，表示该 M 文件是一个函数文件。函数名的命名规则与变量名相同。当输出形参多于一个时，则使用方括号括起来。下面是 MATLAB 创建函数文件时生成的模板：

```
function[output_args]=Untitled(input_args)
%UNTITLED Summary of this function goes here
%   Detailed explanation goes here
end
```

需要注意的是：从 MATLAB2016b 开始，用于存储函数的另一个选项是将函数包含在脚本文件的末尾，而不需要再单独创建函数文件。

2. 函数调用

函数调用的一般格式是：

[输出实参表] ＝函数名（输入实参表）

要注意的是，函数调用时各实参出现的顺序、个数，应与函数定义时形参的顺序、个数一致，否则会出错。函数调用时，先将实参传递给相应的形参，从而实现参数传递，然后再执行函数的功能。

例 2.1　定义二维势箱波函数 $\psi(x,y)=\frac{2}{\sqrt{6}}\sin(\pi x)\sin(\pi y/3)$，并测试该函数。

解：

```
function fai(x,y)
F=2/sqrt(6) * sin(pi * x). * sin(pi * y/3)
end
```

主函数调用 fai 函数：

```
x=[1 2];
y=[2 3];
fai(x,y)
```

输出结果如下：

```
F=1×2
1.0e+-16 *
     0.8660   -0.0000
```

3. 函数句柄

函数句柄是一种表示函数的数据类型，可使用@运算符创建函数句柄。函数句柄的典型用法是将一个函数传递给另一个函数。在 MATLAB 中有许多这样的函数，常见于绘制函数图形、求零点、最优化、积分和常微分方程等函数，他们的第一个参数都是传递函数，使用时要用函数句柄的方式。

4. 匿名函数

匿名函数类似于 Lambda 表达式，不需要函数名，也不用创建函数文件，只有表达式和输入、输出参数。

匿名函数创建格式为：

```
f=@(arglist) expression
```

其中，@是句柄操作符，f 是返回该匿名函数的句柄。通过函数句柄可以实现对函数的间接调用，能够提高运行速度。其调用方式为：f(arglist)。

例 2.2　使用匿名函数定义分段函数 $f(x)=\begin{cases}\frac{\sin(x-2)}{x-2}, & x>2 \\ e^{x-2}, & x\leqslant 2\end{cases}$。

解：

```
x=3;
f=@(x)(sin(x-2)/(x-2)) * (x>2)+exp(x-2) * (x<=2);
disp(['x=',num2str(x),',f(x)=',num2str(f(x))])
```

输出结果如下：

```
x=3,f(x)=0.84147
```

2.1.4　可视化

MATLAB 可对离散数据和连续数据进行绘制图形，并保存成图像。下面介绍常见的绘图方式。

2.1.4.1　二维图形

二维图形常见的命令有：plot，loglog，semilogx，semilogy 和 polar。它们的使用方法基本相同，其不同的地方是在不同形式的坐标系中绘制图形。plot 命令使用线性坐标系绘制图形；loglog 命令在两个对数坐标系中绘制图形；而 semilogx（或 semilogy）命令使用以 x 轴（或 y 轴）为对数刻度，另外一个轴为线性刻度的坐标系绘制图形；polar 使用极坐标系绘制图形。

1. 二维曲线

plot 函数是最常见的绘图函数，它的参数组合形式有很多。常见格式如下：

plot(X,Y)　%X，Y 为同维向量时，绘制以 X、Y 元素为横、纵坐标的一条线；X 为列向量，Y 为矩阵时，按 Y 列绘制多条不同颜色的曲线，X 为这些曲线共同的横坐标。

plot(X,Y,LineSpec)　%参数 LineSpec 用于指出线条的类型，标记符号和颜色。

plot(X1,Y1,LineSpec1,X2,Y2,LineSpec2,...)　%当 Xi 和 Yi 成对出现时，将分别按顺序取两数据 Xi 和 Yi 进行画图。

plot(...,'PropertyName',PropertyValue,...)　%对图形对象中指定的属性进行设置。

其中，参数 LineSpec 中线条的类型、颜色和标记符号表见表 2-5。具体表示时，类型，颜色和标记符号无先后顺序。例如，组合形式为‘-. r *’表示红色的标记符为星号的点划线。

表 2-5　线型、颜色和标记符号表

线型	颜色	标记符号	
-实线	b 蓝色	. 点	s 方块
:虚线	g 绿色	o 圆圈	d 菱形
-. 点划线	r 红色	×叉号	V 朝下三角符号
--双划线	c 青色	+加号	^朝上三角符号
	m 品红	* 星号	<朝左三角符号
	y 黄色		>朝右三角符号
	k 黑色		p 五角星
	w 白色		h 六角星

常见的属性和默认值见表 2-6。

表 2-6 属性及其默认值

属性	默认值	属性	默认值
LineStyle	'-'	MarkerSize	6
LineWidth	0.5	MarkerEdgeColor	'auto'
Color	[0 0 0] or 'k'	MarkerFaceColor	'none'
Marker	'none'		

例 2.3 绘制区间 [0,4] 上两条曲线 $y=\sin(\pi x)$ 和 $y=\sin(\pi x/3)$。第一条线用双划线，第二条线用虚线绘制。

解：

```
x=0:1/20:4;
y1=sin(pi * x);
y2=sin(pi * x/3);
plot(x,y1,'--',x,y2,':')
```

输出图形见图 2-5。

例 2.4 绘制区间 [0,4] 上两曲线 $y=\sin(\pi x)$ 和 $y=\sin(\pi x/3)$。第一条线用蓝色带圆圈标识符的双划线，第二条线用青色带星号标识符的虚线绘制。

解：

```
x=0:1/20:4;
y1=sin(pi * x);
y2=sin(pi * x/3);
plot(x,y2,'b--o',x,y3,'c: * ')
```

输出图形见图 2-6。

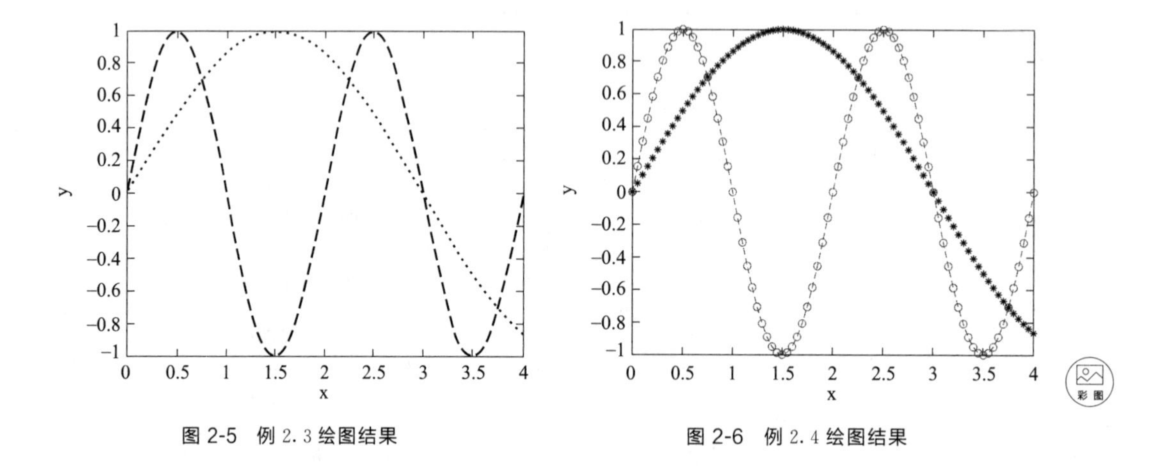

图 2-5 例 2.3 绘图结果　　图 2-6 例 2.4 绘图结果

2. 对数坐标曲线

对数坐标曲线的绘图函数主要有 semilogx、semilogy 和 loglog，前两个分别以 x 坐标和 y 坐标为对数坐标，后一个是双对数坐标，其绘制设置同 plot 命令。

3. 极坐标曲线

极坐标绘图函数 polar，其绘制设置同 plot 命令，调用形式为：

```
polar(theta,rho)
```

4. 双坐标图

使用 plotyy 函数可以绘制出具有不同纵坐标标度的两个图形，它能把具有不同量纲、不同数量级的两个函数绘制在同一个坐标中，有利于图形数据的对比分析。其函数格式为：

```
plotyy(x1,y1,x2,y2)
```

x1,y1 对应一条曲线，x2,y2 对应另一条曲线。横坐标的标度相同，纵坐标有两个标度，左边的对应 x1,y1 数据对，右边的对应 x2,y2。

例 **2.5**　双坐标绘图示例。

```
x=0:1/20:4;
y1=10e-5*sin(pi*x);
y2=sin(pi*x/3);
plotyy(x,y1,x,y2)
```

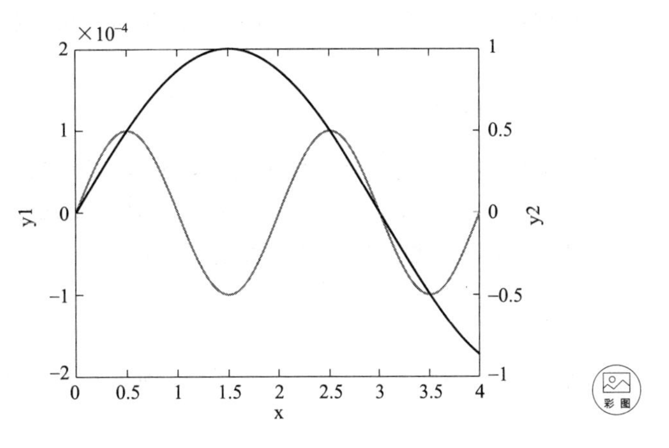

图 2-7　例 2.5 绘图结果

输出图形见图 2-7。

5. 函数曲线图

使用 fplot 函数绘制函数曲线。其常见函数格式为：

```
fplot(fun,limits)
```

其中，limits 指定 x 轴的范围 [xmin xmax]，或者指定 x 轴和 y 轴的范围 [xmin xmax ymin ymax]。fun 为匿名函数名或函数句柄。

2.1.4.2　三维图形

三维图形主要有三维曲线图、三维网格图和三维曲面图，相应的命令是 plot3、mesh 和 surf。

1. 三维曲线

三维图形函数 plot3 是二维图形函数 plot 的扩展。其调用格式为：

```
plot3(X1,Y1,Z1,...)
plot3(X1,Y1,Z1,LineSpec,...)
plot3(...,'PropertyName',PropertyValue,...)
```

其中，每一组 X1,Y1,Z1 组成一组曲线的坐标参数，选项的定义和 plot 的选项一样。当 X1,Y1,Z1 是同维向量时，则 X1,Y1,Z1 对应元素构成一条三维曲线。当 X1,Y1,Z1 是同维矩阵时，则以 X1,Y1,Z1 对应列元素绘制三维曲线，曲线条数等于矩阵的列数。

例 **2.6**　绘制 $x=\sin(\pi t)$、$y=\sin(\pi t/3)$ 和 $z=\sin(\pi t)\ \sin(\pi t/3)$。

解：

```
t=0:1/20:4;
```

```
x=sin(pi*t);
y=sin(pi*t/3);
z=sin(pi*t).*sin(pi*t/3);
plot3(x,y,z)
title('Line in 3-D Space')
xlabel('X')
ylabel('Y')
zlabel('Z')
grid on
```

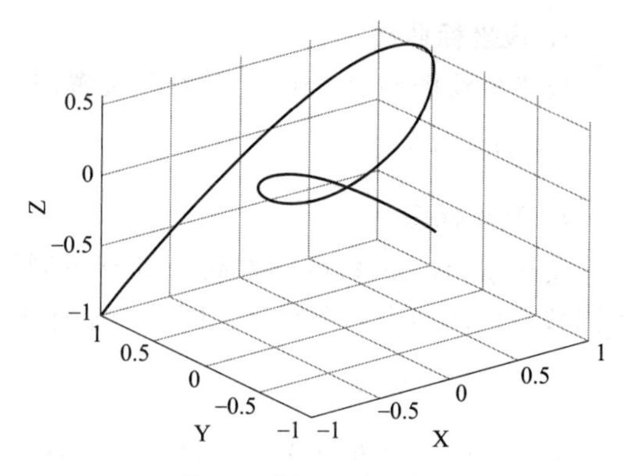

图 2-8 例 2.6 绘图结果

输出图形见图 2-8。

2. 三维网格图

三维网格图需要先使用 meshgrid 将向量转换成网格坐标。其函数格式为：

```
[X,Y]=meshgrid(x,y)
[X,Y,Z]=meshgrid(x,y,z)
```

第一个格式是生成二元函数 z=f(x,y) 在 XY 平面上的矩阵定义域数据点矩阵 X 和 Y，第二个是生成三元函数 u=f(x,y,z) 中立方体定义域中的数据点矩阵 X,Y,Z。

再使用 mesh 函数绘图。其函数格式为：

```
mesh(X,Y,Z)
```

X,Y,Z 是三个同维数的数据矩阵，分别表示数据点的横坐标、纵坐标、竖坐标，至少 X,Y 由 meshgrid 计算得到。

例 2.7 绘制势箱波函数 $\psi(x,y)=\frac{2}{\sqrt{6}}\sin(\pi x)\sin(\pi y/3)$ 的三维网格图。

解：

```
x=-3:0.05:3;
y=-5:0.05:5;
[X,Y]=meshgrid(x,y);
Z=2/sqrt(6)*sin(pi*X).*sin(pi*Y/3);
mesh(X,Y,Z)
```

输出图形见图 2-9。

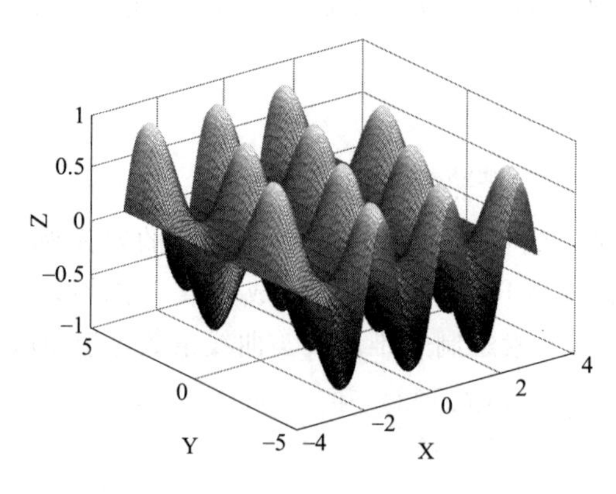

图 2-9 例 2.7 绘图结果

3. 三维曲面

三维曲面绘图函数的格式为：

```
surf(Z)    surf(Z,C)    surf(X,Y,Z)    surf(X,Y,Z,C)
```

X,Y,Z为同维向量组，分别表示曲线上点集的横坐标、纵坐标和函数值，从而绘制出数据点（X,Y,Z）表示的曲面。C用于指定在不同函数值下的颜色范围。C省略时，MATLAB认为C=Z，也即颜色的设定是正比于图形的高度的。这样就可以得到层次分明的三维图形。

例 **2.8**　绘制例2.7的三维曲面图。

解：

```
x=-3:0.05:3;
y=-5:0.05:5;
[X,Y]=meshgrid(x,y);
Z=2/sqrt(6)*sin(pi*X).*sin(pi*Y/3);
surf(X,Y,Z)
```

输出图形见图2-10。

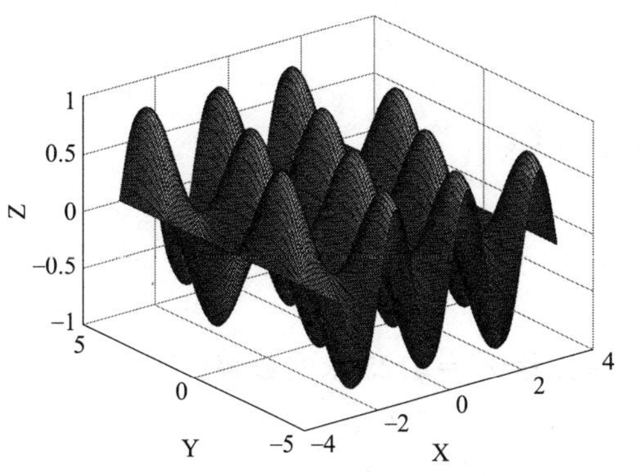

图2-10　例2.8绘图结果

2.1.5　代数方程求解

1. roots 函数

roots函数用于对 $p_1x^n+\cdots+p_nx+p_{n+1}=0$ 格式的多项式方程求解。包含带有非负指数的单一变量的多项式方程。其函数的格式为：

```
r=roots(p)
```

其中，输入 p=[p1 p2 ... pn pn+1]，r为以列向量的形式返回的多项式的根。

例 **2.9**　对方程 $3x^2-2x-4=0$ 求解。

解：

```
p=[3-2-4];
r=roots(p)
```

输出结果为：

```
r=2×1
   1.5352
  -0.8685
```

2. solve 函数

MATLAB中可以使用solve函数以符号表达式的方式求解线性方程(组)、代数方程、非线性方程(组)，但主要用于代数方程(组)求解。各函数的调用格式见表2-7。

表2-7　方程求解solve函数

调用格式	说明
S=solve(eqn)	对系统默认的符号变量求方程eqn的根

续表

调用格式	说明
Y=solve(eqn,var) Y=solve(eqn,var,Name,Value)	对指定变量 var 或者参数求解方程 eqn(var)的根
[y1,...,yN]=solve(eqns,vars) [y1,...,yN]=solve(eqns,vars,Name,Value)	对指定变量 var 或者参数求解方程组 eqns(var)的根

 例 **2.10** 对方程 $ax^2+bx+c=0$ 求解。

解：

```
syms a b c x;
eqn=a*x^2+b*x+c==0;
solve(eqn,x)
```

输出结果为：

$$\begin{pmatrix} -\dfrac{b+\sqrt{b^2-4ac}}{2a} \\ -\dfrac{b-\sqrt{b^2-4ac}}{2a} \end{pmatrix}$$

 例 **2.11** 对方程 $x^5=3125$ 求实数解。

解：

```
syms x
eqn=x^5==3125;
S=solve(eqn,x,'Real',true)
```

输出结果为：

```
S=5
```

 例 **2.12** 求解方程组 $\begin{cases} 2u+v=0 \\ u-v=1 \end{cases}$。

解：

```
syms u v
eqns=[2*u+v==0,u-v==1];
[u,v]=solve(eqns,[u v])
```

输出结果为：

```
u=
  1/3
v=
  -2/3
```

3. fsolve 函数

对于非线性方程组 F(X)=0（也可以用于一个方程），用 fsolve 函数求其数值解。fsolve 函数的调用格式为：

```
x=fsolve(fun,x0,option)
```

其中，x 为返回的解，fun 是用于定义需求解的非线性方程组的函数文件名，x0 是求根过程的初值，option 为最优化工具箱的选项设定，使用 optimset 函数进行设置。

例 **2.13** 求方程 $x=e^{-x}$ 在 0 附近的解。

解：

```
fun=@(x)x-exp(-x);
x0=0;
x=fsolve(fun,x0)
```

输出结果如下：

```
x=0.5671
```

2.1.6 微分方程求解

1. 求解线性常微分方程或方程组的精确解

dsolve 函数用于求常微分方程(ODE) 或方程组的精确解，也称为常微分方程的符号解或解析解。如果没有初始条件或边界条件，则求出通解；如果有，则求出特解。其常见函数格式为：

```
S=dsolve(eqn)
S=dsolve(eqn,cond)
[y1,...,yN]=dsolve(___)
```

这里 eqn 描述微分方程，cond 描述初始条件或边界条件。

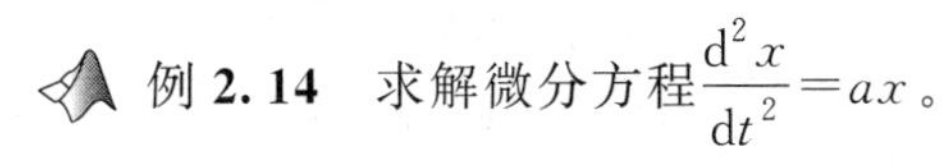

例 **2.14**　求解微分方程$\frac{d^2x}{dt^2}=ax$。

解：

```
syms x(t)a
eqn=diff(x,t,2)==a*x;
x(t)=dsolve(eqn)
```

输出结果如下：

$x(t)=C_1 e^{-\sqrt{a}t}+C_2 e^{\sqrt{a}t}$

例 **2.15**　求解微分方程$\frac{d^2x}{dt^2}=ax$，$x(0)=0$，$x'(0)=1$。

解：

```
syms x(t)a
eqn=diff(x,t,2)==a*x;
Dx=diff(x,t,1);
cond=[x(0)==0,Dx(0)==1];
x(t)=dsolve(eqn,cond)
```

输出结果如下：

$x(t)=$

$\frac{e^{-\sqrt{a}t}(e^{2\sqrt{a}t}-1)}{2\sqrt{a}}$

例 **2.16**　求解微分方程组$\begin{cases}\frac{dy}{dt}=z\\ \frac{dz}{dt}=-y\end{cases}$。

解：

```
syms y(t)z(t)
eqns=[diff(y,t)==z,diff(z,t)==-y];
[y(t),z(t)]=dsolve(eqns)
```

输出结果如下：

$y(t)=C_1\cos(t)+C_2\sin(t)$

$z(t)=C_2\cos(t)-C_1\sin(t)$

2. 求解常微分方程或方程组的数值解

虽然有不少微分方程或方程组可以用 dsolve 函数求解，但对大量的常微分方程或方程组无法求出其精确解，这就需要寻求方程的数值解。ode 是 MATLAB 专门用于解微分方程的功能函数。其一般函数格式为：

```
[t,x]=solver(odefun,tspan,x0)
```

说明：

（1）solver 为命令 ode45、ode23、ode113、ode15s、ode23s、ode23t、ode23tb、ode15i 之一；

（2）odefun 显示微分方程 $x'=f(t,x)$ 在积分区间 tspan=$[t_0,t_f]$ 上从 t_0 到 t_f 用初始条件 x0 求解；

（3）如果要获得微分方程问题在其他指定时间点 $t_0,t_1,t_2,...,t_f$ 上的解，则令 tspan=$[t_0,t_1,t_2,...,t_f]$（要求是单调的）；

（4）因为没有一种算法可以有效地解决所有的 ODE 问题，为此，MATLAB 提供了多种求解器 solver，对于不同的 ODE 问题，采用不同的求解器 solver，具体说明如表 2-8。

表 2-8　求解器 solver

求解器	ODE 类型	特点	说明
ode45	非刚性	45 阶荣格库塔单步算法	大部分场合的首选算法
ode23	非刚性	23 阶荣格库塔单步算法	适用于精度较低的情形
ode113	非刚性	Adams 多步算法	一般比 ode45 计算速度快
ode23t	适度刚性	梯形算法	适用于适度刚性情形
ode15s	刚性	精度中等的多步算法	若 ode45 计算失效，可尝试使用
ode23s	刚性	低精度的单步算法	当精度较低时，计算时间比 ode15s 短
ode23tb	刚性	低精度的梯形算法	当精度较低时，计算时间比 ode15s 短

例 2.17　求解微分方程初值问题 $\begin{cases}\dfrac{dx}{dt}=-2x+2t^2+2t\\ x(0)=1\end{cases}$ 的数值解，求解范围为区间 [0,0.5]，以图形形式呈现。

解：

```
fun=@(t,x)-2*x+2*t^2+2*t;
tspan=[0 5];
x0=0;
[t,x]=ode45(fun,tspan,x0);
plot(t,x,'o-')
```

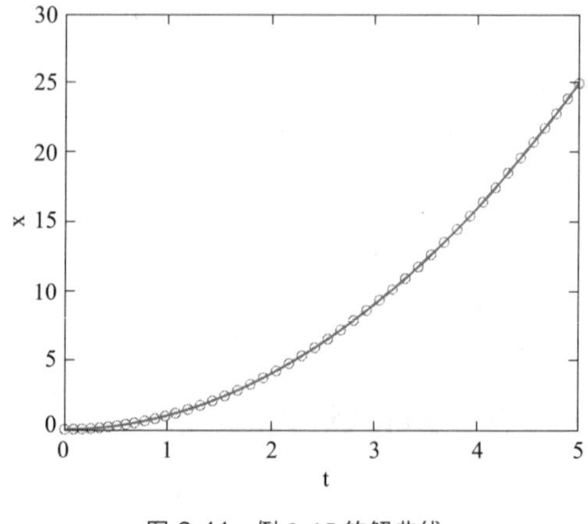

图 2-11　例 2.17 的解曲线

输出结果如图 2-11。

例 2.18　已知 $y_1(0)=2$，$y_1(0)=0$，用 ode45 求解 van der Pol 方程的解。

$$y_1''-\mu(1-y_1^2)y_1'+y_1=0$$

由于方程最高为二阶导数，无法使用 ode45 标准形式，需要通过变换变为一阶方程组。

解：

令 $y_1'=y_2$，则原方程变为：

$$\begin{cases}y_1'=y_2\\ y_2'=\mu(1-y_1^2)y_2-y_1\end{cases}$$

定义函数文件 vdp. m，令 $\mu=1$，变量 y_1 和 y_2 是二元素向量 dydt 的项 y(1) 和 y(2)。

```
function dydt=vdp(t,y)
dydt=[y(2);(1-y(1)^2)*y(2)-y(1)];
end
```

使用 ode45 函数、时间区间 [0 20] 和初始值 [2; 0] 来计算该 ODE。生成的输出即为时间点 t 的列向量和解数组 y。y 中的每一行都与 t 的相应行中返回的时间相对应。y 的第一列与 y_1 相对应，第二列与 y_2 相对应。

```
[t,y]=ode45(@vdp,[0 20],[2;0]);
plot(t,y(:,1),'-o',t,y(:,2),'-o')
title('Solution of van der Pol Equation (\mu=1)with ODE45');
xlabel('Time t');
ylabel('Solution y');
legend('y_1','y_2')
```

输出结果如图 2-12。

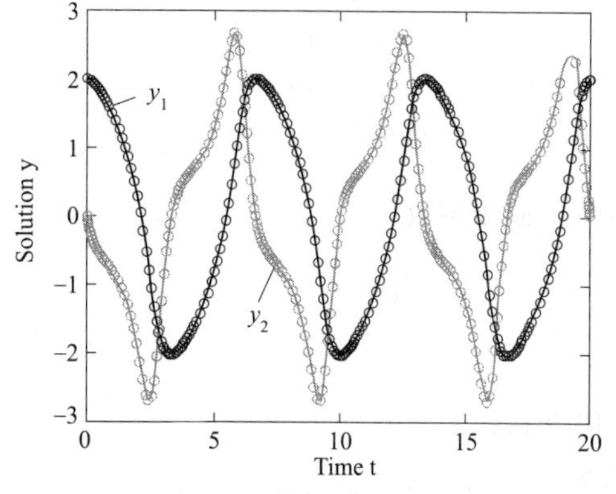

图 2-12　例 2. 18 的解曲线

2. 1. 7　数据拟合和回归

1. 多项式拟合

在 MATLAB 中，使用 polyfit 可以求出以最小二乘方式与一组数据拟合的多项式的系数，其函数形式为：

```
p=polyfit(x,y,n)
```

其中，x 和 y 是包含数据点的 x 和 y 坐标的向量，n 是要拟合的多项式的次数。n=1 时，则为一元线性拟合。

例 **2. 19**　已知测量数据 x=[1 2 3 4 5] 和 y=[5. 5 43. 1 128 290. 7 498. 4]，使用 polyfit 求与数据近似拟合的三次多项式。

解：

```
x=[1 2 3 4 5];
y=[5.5 43.1 128 290.7 498.4];
p=polyfit(x,y,3);
%使用 polyval 计算可能未包含在原始数据中的其他点处的多项式
x2=1:.1:5;
y2=polyval(p,x2);
plot(x,y,'o',x2,y2)
grid on
s=sprintf('y=(%.1f)x^3+(%.1f)x^2+(%.1f)x+(%.1f)',p(1),p(2),p(3),p(4));
text(2,400,s)
```

输出结果如图 2-13。

2. 多元线性回归

在 MATLAB 中，regress 函数用最小二乘法进行多元线性回归，即确定下列线性模型中的参数 $\boldsymbol{\beta}$：

$$\boldsymbol{y}=\boldsymbol{X\beta}+\boldsymbol{\varepsilon} \tag{2-1}$$

$$\boldsymbol{\varepsilon}\sim \boldsymbol{N}(\boldsymbol{0},\sigma^2\boldsymbol{I}) \tag{2-2}$$

式中，$\boldsymbol{y}$ 为 $n\times1$ 阶观测向量；$\boldsymbol{X}$ 为 $n\times p$ 阶矩阵；$\boldsymbol{\beta}$ 为 $p\times1$ 阶参数向量；$\boldsymbol{\varepsilon}$ 为 $n\times1$ 阶随机误差向量；σ^2 为 $\boldsymbol{\varepsilon}$ 的方差；$\boldsymbol{I}$ 为 $n\times1$ 阶全 1 向量。其函数形式为：

```
b=regress(y,X)
[b,bint]=regress(y,X)
[b,bint,r]=regress(y,X)
[b,bint,r,rint]=regress(y,X)
[b,bint,r,rint,stats]=regress(y,X)
[___]=regress(y,X,alpha)
```

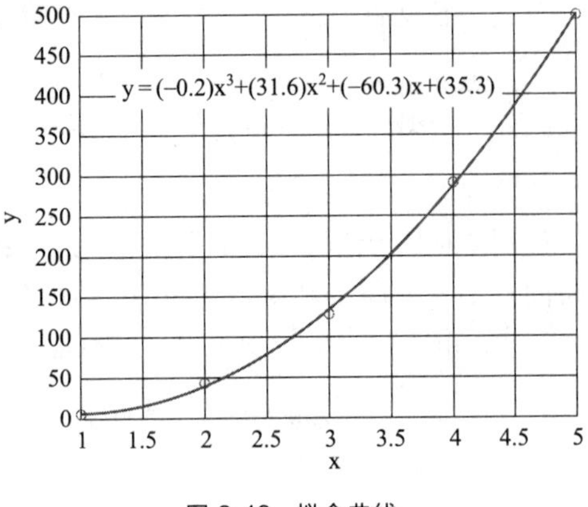

图 2-13 拟合曲线

其中，输入参数：

y,X　　测量数据

alpha　　使用 100*(1-alpha)%置信水平来计算 bint 和 rint

输出参数：

b　　估计的参数向量，即式(2-1)中 β 的估计值

bint　　参数向量 b 的 100(1-alpha)%置信区间

r　　残差向量

rint　　残差向量 r 的 100(1-alpha)%置信区间

stats　　该向量包含 R^2 统计量、回归的 F 值和 p 值及方差

简单地，用 MATLAB 命令 b=X\Y，也可以实现与 b=regress(Y,X) 相同的功能。

例 2.20　使用 MATLAB 自带数据集 carsmall 数据集，把权重和马力作为自变量，里程作为因变量，建立多元线性回归模型。

解：

```
load carsmall
x1=Weight;
x2=Horsepower;   % Contains NaN data
y=MPG;
X=[ones(size(x1)) x1 x2];
%得到回归系数和统计量
[b,~,~,~,stats]=regress(y,X)
```

输出结果为：

```
b=3×1
   47.7694
   -0.0066
   -0.0420
stats=1×4
   0.7521   136.4904    0.0000   16.5429
```

3. 非线性数据拟合

在 MATLAB 中，lsqcurvefit 函数利用最小二乘法求解非线性曲线拟合（数据拟合）问题，lsqcurvefit 函数使用与 lsqnonlin 相同的算法，lsqcurvefit 只是为数据拟合问题提供一个方便的接口。其常见函数形式为：

```
x=lsqcurvefit(fun,x0,xdata,ydata)
x=lsqcurvefit(fun,x0,xdata,ydata,lb,ub)
```

```
x=lsqcurvefit(fun,x0,xdata,ydata,lb,ub,options)
[x,resnorm]=lsqcurvefit(___)
```

其中，输出参数：

x	拟合系数
resnorm	resnorm=sum((fun(x,xdata)-ydata).^2),即在 x 处残差的平方和

输入参数：

x0	初始解向量
xdata,ydata	满足关系 ydata=fun(x,xdata)的数据
lb、ub	解向量的下界和上界 lb≤x≤ub,若没有指定界,则 lb=[],ub=[]
options	指定的优化参数
fun	待拟合函数,计算 x 处拟合函数值,其定义为 function F=fun(x,xdata)

例 2.21 已知数据

```
xdata=[0.9 1.5 13.8 19.8 24.1 28.2 35.2 60.3 74.6 81.3]
ydata=[455.2 428.6 124.1 67.3 43.2 28.1 13.1 -0.4 -1.3 -1.5]
```

试用这组数据拟合函数 $y=ae^{bx}$ 中的参数 a，b。

解：

```
xdata=[0.9 1.5 13.8 19.8 24.1 28.2 35.2 60.3 74.6 81.3];
ydata=[455.2 428.6 124.1 67.3 43.2 28.1 13.1 -0.4 -1.3 -1.5];
fun=@(x,xdata)x(1)*exp(x(2)*xdata);
x0=[100,-1];%初值
[x,resnorm] =lsqcurvefit(fun,x0,xdata,ydata)
%绘制数据和拟合曲线
times=linspace(xdata(1),xdata(end));
plot(xdata,ydata,'ko',times,fun(x,times),'b-')
legend('Data','Fitted exponential')
title('Data and Fitted Curve')
```

输出结果如下：

```
x=1×2
    498.8309    -0.1013
resnorm=9.5049
```

拟合曲线如图 2-14。

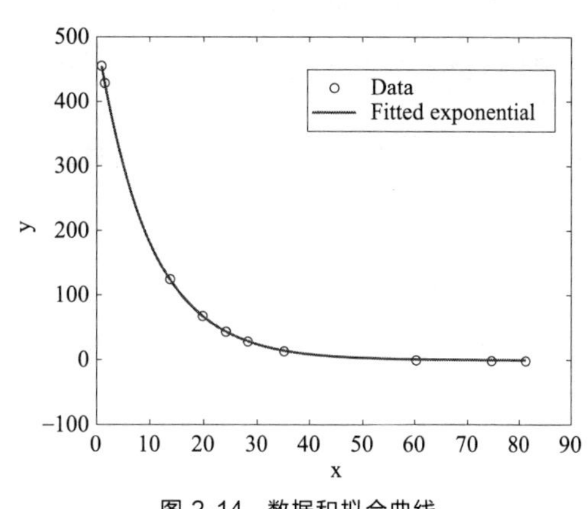

图 2-14 数据和拟合曲线

2.1.8 数据插值

数据插值是在离散数据的基础上构造连续函数，使得这条连续函数曲线通过全部给定的离散数据点。而拟合则没有通过这些点的要求，只要求在某种意义下它在这些点上的总偏差最小。

在 MATLAB 中，数据插值相关的函数见表 2-9。

表 2-9 数据插值相关的函数

函数	功能
interp1	一维数据插值(表查找)
interp2	meshgrid 格式的二维网格数据的插值
interp3	meshgrid 格式的三维网格数据的插值
interpn	ndgrid 格式的一维、二维、三维和 N 维网格数据的插值
griddedInterpolant	网格数据插值
pchip	分段三次 Hermite 插值多项式(PCHIP)
makima	修正 Akima 分段三次 Hermite 插值
spline	三次方样条数据插值
ppval	计算分段多项式
mkpp	生成分段多项式
unmkpp	提取分段多项式详细信息
padecoef	时滞的 Padé 逼近
interpft	一维插值(FFT 方法)

本书中主要使用 interp 插值函数，其常见函数形式为：

```
vq=interp1(x,v,xq,method)
```

其中，x、v 为插值点，且为向量；vq 为在被插值点 xq 处的插值结果；'method'表示采用的插值方法，MATLAB 提供的插值方法有几种：'nearest'最邻近插值，'linear'线性插值，'spline'三次样条插值，'pchip'立方插值。缺省时表示线性插值。

注意：所有的插值方法都要求 x 是单调的，并且 xq 不能够超过 x 的范围。

例 2.22 对正弦函数在 $[0,2\pi]$ 内以间隔 $\frac{\pi}{4}$ 进行采样，使用该采样数据构造三次样条插值函数，并计算在 $[0,2\pi]$ 内以间隔 $\frac{\pi}{16}$ 采样所得新的数据的插值结果。

解：

```
%采样数据
x=0:pi/4:2*pi;
v=sin(x);
%新数据
xq=0:pi/16:2*pi;
%构造插值模型,并计算 xq 插值结果
vq=interp1(x,v,xq,'spline');
plot(x,v,'o',xq,vq,':.');
xlim([0 2*pi])
title('Spline Interpolation')
```

输出结果如图 2-15。

2.1.9 程序设计

MATLAB 程序结构主要由顺序结构、分支结构和循环结构组成。而顺序结构是程序最基本的结构，各语句按照在程序中出现的先后顺序执行。下面主要介绍分支结构和循环结构。

2.1.9.1 分支结构

MATLAB中分支结构有三种，分别是if-else-end结构、switch-case结构和try-catch结构。

1. if-else-end 结构

if-else-end结构的格式为

```
if expression          %判断
    statements         %循环体语句
elseif expression      %判断
    statements         %循环体语句
else
    statements         %循环体语句
end
```

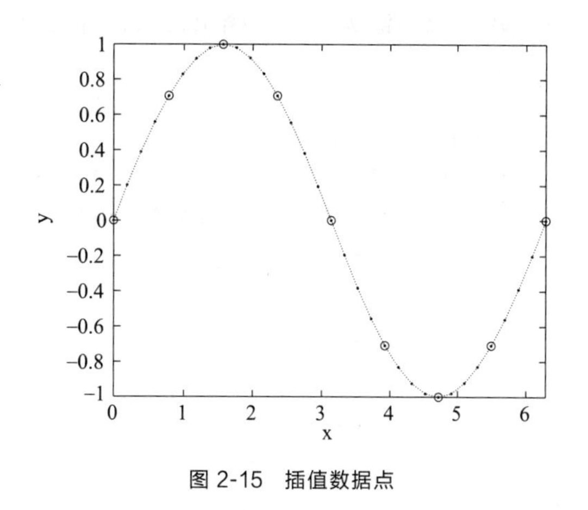

图 2-15 插值数据点

其中，elseif和else模块是可选的。这些语句仅在if...end块中前面的表达式为false时才会执行。if块可以包含多个elseif块。

例 2.23 计算分段函数 $f(x)=\begin{cases}\dfrac{\sin(x-2)}{x-2}, & x>2\\ e^{x-2}, & x\leqslant 2\end{cases}$。

解：

```
x=input('请输入x值=? \n')
if x>2
    fx=sin(x-2)/(x-2);
else
    fx=exp(x-2);
end
disp(['x=',num2str(x),',fx=',num2str(fx)])
```

输出结果如下：

```
请输入x值=?
3
x=
    3
x=3,fx=0.84147
```

2. switch-case 结构

```
switch value              %value为要进行判断的标量或字符串
    case test1
        commands1         %如果value的值等于test1,执行commands1
    case test2            %如果value的值等于test2,执行commands2
        commands2
    ...
    otherwise
        commandsn         %如果所有的条件都不满足就执行这条命令
end
```

注意：case后的检测值不仅可以是一个标量值或一个字符串，还可以是一个元胞数组，如果检测值是一个元胞数组，则MATLAB将value与元胞数组中的每一个元素都进行比较，如果有一个元素相等就认为匹配成功，从而执行该次检测相对应的命令组。

例 **2.24** 输入月份，输出该月所属季节。

解：

```
n=input('请输入月份 n=? \n')
if n<0 || n>12
      disp('不在月份范围,请重新输入月份\n')
else
      switch n
           case {1,2,3}
                disp('春季')
           case {4,5,6}
                disp('夏季')
           case {7,8,9}
                disp('秋季')
           case {10,11,12}
                disp('冬季')
      end
end
```

输出结果如下：

```
请输入月份 n=?
6
n=
     6
夏季
```

2.1.9.2 循环结构

MATLAB 中有两种循环结构，分别是 for 循环和 while 循环。

1. for 语句

```
for index=initVal:step:endVal        %循环变量=表达式 1:表达式 2:表达式 3
    statements                       %循环体语句
end
```

其中表达式 1 的值为循环变量的初值，表达式 2 的值为步长，表达式 3 的值为循环变量的终值。步长为 1 时，表达式 2 可以省略。

for 语句更一般的格式为：

```
for index=valArray                   %循环变量=矩阵表达式
    statements                       %循环体语句
end
```

执行过程是依次将矩阵的各列元素赋给循环变量，然后执行循环体语句，直至各列元素处理完毕。

例 **2.25** 计算 $s=1+\sum_{n=1}^{100}\frac{1}{n^2}$ 。

解：

```
sum=1;
for n =1:100
      sum=sum+1/(n*n);
end
disp(['sum=',num2str(sum)])
```

输出结果如下：

```
sum=2.635
```

2. while 语句

while 语句的一般格式为：

```
while expression
        statements                   %循环体语句
```

```
end
```

其执行过程为：若条件成立，则执行循环体语句，执行后再判断条件是否成立，如果不成立则跳出循环。

例 **2.26** 用 while 循环实现例 2.25。

解：

```
sum=1;
n=1;
while (n<=100)
      sum=sum+1/(n*n);
      n=n+1;
end
disp(['sum=',num2str(sum)])
```

输出结果如下：

```
sum=2.635
```

注意：while 循环和 for 循环的区别是 while 循环事先不知道要循环多少次，要根据判决条件来确定，而 for 循环是按照之前设置好的次数进行循环的。

3. break 语句和 continue 语句

break 语句用于终止循环的执行。当在循环体内执行到该语句时，程序将跳出循环，继续执行循环语句的下一语句。

continue 语句控制跳过循环体中的某些语句。当在循环体内执行到该语句时，程序将跳过循环体中所有剩下的语句，继续下一次循环。

例 **2.27** 显示从 1 到 50 的 7 的倍数。如果数字不能被 7 整除，请使用 continue 跳过 disp 语句，并将控制权传递到 for 循环的下个迭代中。

解：

```
for n =1:50
      if mod(n,7)
          continue
      end
      disp(['被7整除的数:'num2str(n)])
end
```

输出结果如下：

```
被7整除的数:7
被7整除的数:14
被7整除的数:21
被7整除的数:28
被7整除的数:35
被7整除的数:42
被7整除的数:49
```

4. 循环的嵌套

如果一个循环结构的循环体又包括一个循环结构，就称为循环的嵌套，或称为多重循环结构。

例 **2.28** 用循环生成 N 阶 Hilbert 矩阵。

解：

```
N=input('N=')
H=zeros(N);

for c=1:N
    for r =1:N
```

输出结果如下：

```
N=4
H=
    1.0000    0.5000    0.3333    0.2500
    0.5000    0.3333    0.2500    0.2000
```

```
        H(r,c)=1/(r+c-1);
    end
end
H
```

```
0.3333    0.2500    0.2000    0.1667
0.2500    0.2000    0.1667    0.1429
```

2.2 Mathematica 软件

Mathematica 拥有近 5000 个内置功能，涵盖了所有技术计算领域，包括神经网络、机器学习、图像处理、几何、数据科学、可视化等。其最新版为 Mathematica13，该版本与以前版本相比增强了不少功能，例如符号与数值计算、可视化与图形、数据科学与计算、图像与音频、机器学习、区块链等方面。本书版本为 Mathematica12.1，图 2-16 为 Mathematica12.1 的主界面。

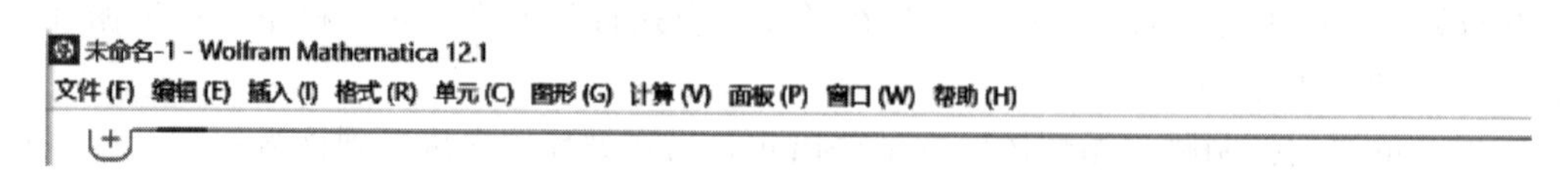

图 2-16 Mathematica 主界面

2.2.1 软件界面

各菜单和子菜单功能齐全，根据字面容易理解，用得最多的是“面板”，例如“面板”中的“数学助手”，如图 2-17 所示。

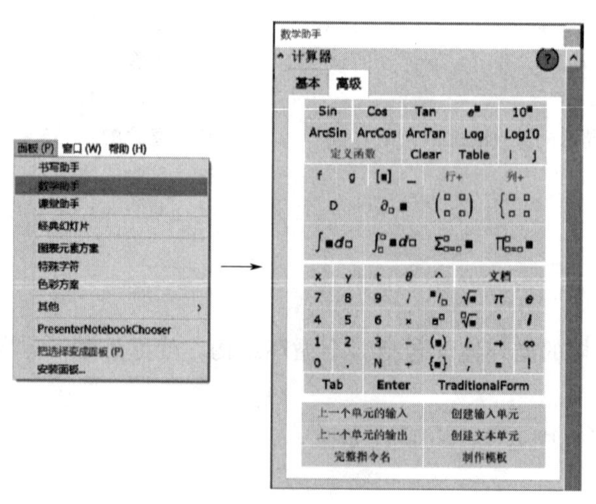

图 2-17 数学助手

2.2.2 函数

Mathematica 中的自带函数可以被分为两大类：一类是在数学中常见的并且给出了明确定义的函数，比如三角函数、反三角函数等，可称之为数学函数；另一类是在 Mathematica

里给出定义，并具有计算和操作性质方面的函数，比如表的操作函数，还有画图函数、方程求根函数、流程控制函数等，可称之为操作函数，或者命令函数。另外，还可以根据需要自定义函数。由于操作函数在各部分都要进行介绍，在此不再赘述。

1. 数学函数

在 Mathematica 中定义的这些数学函数都可以直接调用，这些函数的名称一般用完整的英文单词表达，可以很好地帮助我们理解其函数功能。表 2-10 是常用的函数。

表 2-10　常见数学函数

函数	功能
Floor[x]	不比 x 大的最大整数
Ceiling[x]	不比 x 小的最小整数
Sign[x]	符号函数
Round[x]	接近 x 的整数
Abs[x]	x 绝对值
Max[x1,x2,x3,...]	x1,x2,x3,... 中的最大值
Min[x1,x2,x3,...]	x1,x2,x3,... 中的最小值
Random[]	0～1 之间的随机函数
Random[Real,xmax]	0～xmax 之间的随机函数
Random[Real,{xmin,xmax}]	xmin～xmax 之间的随机函数
Exp[x]	指数函数
Log[x]	自然对数函数 lnx
Log[b,x]	以 b 为底的对数函数
Sin[x],Cos[x],Tan[x], Csc[x],Sec[x],Cot[x]	三角函数(变量是以弧度为单位)
Sinh[x],Cosh[x],Tanhx[x], Csch[x],Sech[x],Coth[x]	双曲函数
ArcSech[x],ArcCoth[x]	双曲函数
Mod[m,n]	m 被 n 整除的余数,余数与 n 的符相同
Quotient[m,n]	m/n 的整数部分
GCD[n1,n2,n3,...]或 GCD[s]	n1,n2,... 的最大公约数,s 为一数集合
LCM[n1,n2,...]或 LCM[s]	n1,n2,... 的最小公倍数
n!	n 的阶乘
n!!	n 的双阶乘

注意：

① 自带函数名必须以大写字母开头，后面的字母小写，例如 Sin、Tan 等。当函数名可分成几个段时，每个段的开头字母都要大写，其后小写，例如 ArcTan、RotateLeft 等。而自定义函数名的开头字母不必大写。

② 函数名是一个字符串，中间不允许有空格。

③ 函数中的参数表是用方括号括起来，而不是用圆括号，这一点需要特别注意。

④ 函数名可以放在//后调用，比如计算数值结果，可以用 Pi//N 来表示。

2. 自定义函数

(1) 函数的立即定义

立即定义函数的形式为：

```
f[x_]=expr
```

其中，函数名为 f，自变量为 x，expr 是表达式。在执行时会将 expr 中的 x 都换为 f 的自变量 x（不是 x_）。函数的自变量具有局部性，只对所在的函数起作用。函数执行结束后也就没有了，不会改变其他全局定义的同名变量的值。

例 **2.29** 自定义函数 $\left(1+\frac{1}{x}\right)^x$，计算 $x=100$ 时的函数值，并绘制 x 在区间 [1,100] 上的图形。

解：

```
Clear[f,x]
f[x_]=(1+1/x)^x;
f[100]//N
(*连续图*)
Plot[f[x],{x,1,100}]
(*散点图*)
x=Range[100];
y=f[x];
ListPlot[Table[{x[[k]],y[[k]]},{k,100}]]
```

输出结果如下：

```
2.7048138294215263
```

绘制的连续图和离散图见图 2-18。

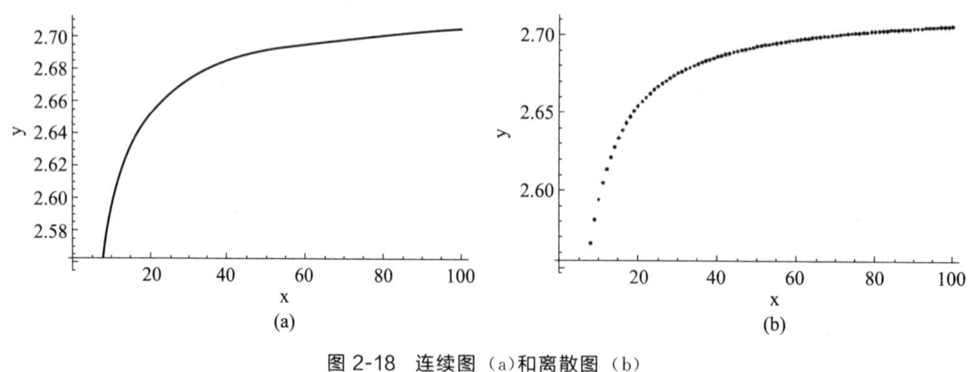

图 2-18 连续图 (a)和离散图 (b)

也可以定义多个变量的函数，格式为：

```
f[x_,y_,z_,...]=expr
```

自变量为 x,y,z,...，相应的 expr 中的自变量会被替换。例如定义函数：

```
f[x_,y_]=x*y+y*Cos[x]
```

(2) 延迟定义函数

从定义方法上延迟定义函数与即时定义的区别为“=”与“:=”，延迟定义的格式为 f[x_]:=expr，其他操作基本相同。那么延迟定义和即时定义的主要区别是什么？即时定义函数在输入函数后立即定义函数并存放在内存中并可直接调用，延时定义只是在调用函数时才真正定义函数。

(3) 函数置换运算

在例 2.29 中，通过自定义函数 f[x]，再把 x=100 代入函数进行计算。也可以不通过定义函数，而是直接利用置换运算符 “/.” 进行计算，其格式为：

```
表达式/. x->值
也就是把表达式中的所有 x 替换为给定的值。所以也可以这样计算 x=100。
((1+1/x)^x)/. x->100// N
```

注：对于自定义的函数 f，可以使用函数 Clear[f] 清除，同样定义的自变量也可以用这个函数清除，以防后面使用同名自定义函数或自变量产生不必要的干扰。

2.2.3 数据类型与结构

在 Mathematica 中，没有所谓的类型，一切都是符号表达式，而表达式的 “标头” 可被作为普遍意义上的类型标志符使用。另外，其主要的数据结构就是表 (List)，表通过将一些相互关联的元素放在一起，使它们成为一个整体。表既可以对整体操作，也可以对整体中的一个元素单独进行操作。表可以用 {a,b,c} 表示一个向量，也可以用 {{a,b},{c,d}} 表示一个矩阵。注意这里的元素既可以是数值，也可以是符号、表、表达式、函数或图形。

当表中元素较少时，可以采取直接列表的方式列出表中的元素，形式为：

变量={元素 1,元素 2,…}

```
In[1]:=a={1,2,3}
b=1+a * x+x^a
Out[1]={1,2,3}
Out[2]={1+2x,1+2x+x^2,1+3x+x^3}
```

在此例中定义列表 a，并通过符号 x 生成了符号表达式的列表 b。但是多数情况下使用建表函数 Table 和 Array 进行建表。

1. Table 函数

Table 函数常见的几种形式为：

```
Table[expr,n]  产生的 n 个拷贝的列表
Table[expr,{i,imax}]  产生 i 从 1 到 imax 的 expr 值的列表
Table[expr,{i,imin,imax}]  从 i=imin 开始
Table[expr,{i,imin,imax,di}]  使用步长 di
Table[expr,{i,{i1,i2,... }}]  使用连续值 i1,i2,...
Table[expr,{i,imin,imax},{j,jmin,jmax},... ]  给出一个嵌套列表,和 i 相关联的列表是最外的列表
```

例 **2.30**　用 Table 生成以下列表：

(1) 由前 10 个平方组成的表；

(2) i 从 0 到 20，步长为 2 的表；

(3) 由 10 个 x 组成的列表；

(4) 生成一个 4×3 矩阵。

解：

```
In[1]:=Table[i^2,{i,10}]
Table[f[i],{i,0,20,2}]
Table[x,10]
Table[10*i+j,{i,4},{j,3}]

Out[1]={1,4,9,16,25,36,49,64,81,100}
Out[2]={f[0],f[2],f[4],f[6],f[8],f[10],f[12],f[14],f[16],f[18],f[20]}
Out[3]={x,x,x,x,x,x,x,x,x,x}
Out[4]={{11,12,13},{21,22,23},{31,32,33},{41,42,43}}
```

2. Range 函数

Range 函数常见的几种形式为：

```
Range[imax]  生成列表{1,2,...,imax}
Range[imin,imax]  生成列表{imin,...,imax}
Range[imin,imax,di]  使用步长 di 生成列表,等价于 Table[i,{imin,imax,di}]
```

注：主要生成各种序列。

3. Array 函数

Array 函数常见的几种形式为：

```
Array[f,n]  生成长度为 n、元素为 f[i]的列表
Array[f,n,{a,b}]  生成使用 n 个从 a 到 b 的数值组成的列表
Array[f,{n1,n2,...}]  生成嵌套列表的 n1×n2×... 数组,元素为 f[i1,i2,...]
Array[f,{n1,n2,...},{r1,r2,...}]  生成一个列表,该列表使用指标起点 ri(缺省为 1)
Array[f,{n1,n2,...},{{a1,b1},{a2,b2},...}]  生成使用 ni 个从 ai 到 bi 的数值组成的列表
```

例 **2.31** 对于函数 f，用 Array 生成以下列表：

(1) 由前 10 个自然数作为自变量组成的函数表；

(2) 生成一个 4×3 函数矩阵。

解：

```
In[1]:=Array[f,10]
Array[f,{4,3}]
Out[1]={f[1],f[2],f[3],f[4],f[5],f[6],f[7],f[8],f[9],f[10]}
Out [2]={{f[1,1],f[1,2],f[1,3]},{f[2,1],f[2,2],
    f[2,3]},{f[3,1],f[3,2],f[3,3]},{f[4,1],f[4,2],f[4,3]}}
```

注：这里 Array [f,{4,3}] 等价于 Table[f[i,j],{i,4}{j,3}]。

4. 表中元素操作

当 t 表示一个表时，t[[i]] 或者 Part[t,i] 表示 t 中的第 i 个元素。例：

```
In[1]:=t=Table[i,{i,5}]                    t[[3]]
```

```
t=Table[i+j,{i,5},{j,3}]
t[[3]]
t[[3,3]]
Out[1]={1,2,3,4,5}
Out[2]=3
Out[3]={{2,3,4},{3,4,5},{4,5,6},{5,6,7},{6,7,8}}
Out[4]={4,5,6}
Out[5]=6
```

在 Mathematica 中，有很多对表中元素操作和表的操作的函数，常见函数如表 2-11 和表 2-12 所示。可自行练习。

表 2-11　元素操作

函数	功能
Part[expr,i]或 expr[[i]]	第 i 个元素
expr[[-i]]	倒数第 i 个元素
expr[{i,j,...}]	多维表的元素
expr[{i1,i2,...}]	返回由第 i(n)的元素组成的子表
First[expr]	第一个元素
Last[expr]	最后一个元素
Head[expr]	函数头，等于 expr[[0]]
Extract[expr,list]	取出由表 list 指定位置上 expr 的元素值
Take[list,n]	取出表 list 前 n 个元素组成的表
Take[list,{m,n}]	取出表 list 从 m 到 n 的元素组成的表
Drop[list,n]	去掉表 list 前 n 个元素组下的表
Rest[expr]	去掉表 list 第一个元素剩下的表

表 2-12　表的操作

函数	功能
Append[expr,elem]	返回在表 expr 的最后追加 elem 元素后的表
Prepend[expr,elem]	返回在表 expr 的最前添加 elem 元素后的表
Insert[1ist,elem,n]	在第 n 元素前插入 elem
lnsert[expr,elem,{i,j,...}]	在元素 expr[[{i,j,...}]]前插入 elem
Delete[expr,{i,j,...}]	删除元素 expr[[{i,j,...}]]后剩下的表
DeleteCases[expr,pattern]	删除匹配 pattern 的所有元素后剩下的表
ReplacePart[expr,new,n]	将 expr 的第 n 元素替换为 new
Sort[list]	返回 list 按顺序排列的表
Reverse[expr]	把表 expr 倒过来
RotateLeft[expr,n]	把表 expr 循环左移 n 次
RotateRight[expr,n]	把表 expr 循环右移 n 次
Partition[list,n]	把 list 按每 n 个元素为一个子表分割后再组成的大表
Flatten[1istl]	抹平所有子表后得到的一维大表
Flatten[1ist,n]	抹平到第 n 层

2.2.4 可视化

Mathematica 的可视化功能很强，这是该软件的特色之一。本小节只介绍常用的绘图方式。

2.2.4.1 二维图形

1. Plot 函数

该函数主要用于直角坐标系中一元函数图形的绘制，其函数形式为：

```
Plot[f,{x,xmin,xmax},option->value]绘制单条曲线 f
Plot[{f1,f2,f3,...},{x;xmin,xmax},option->value]  绘制多条曲线 fi
```

其中，f、f1、f2、f3 为函数；自变量 x 的范围为从 xmin 到 xmax；option->value 为设置选项值。例如，设置图形的高宽比，给图形加标题等。每个选项都有一个确定的名字，以“选项名->选项值”的形式放在 Plot 中最右边的位置，一次可设置多个选项，选项依次排列，用逗号隔开，也可以不设置选项，采用系统的默认值。具体见表 2-13。

表 2-13 选项表

选项	默认值	说明
AspectRatio	1/GoldenRatio	高宽比
Axes	True	是否绘制坐标轴
ClippingStyle	None	如何绘制曲线被剪切的区域
ColorFunction	Automatic	怎样确定曲线的着色
PlotLabel	None	整个绘图的标签
PlotLabels	None	曲线的标签
EvaluationMonitor	None	每次计算函数时要计算的表达式
Exclusions	Automatic	x 中要排除的点
ExclusionsStyle	None	在要排除点处怎样绘图
Filling	None	每条曲线下的填充
FillingStyle	Automatic	填充的样式
LabelingSize	Automatic	标注(callout)和标签的最大尺寸
Mesh	None	在每条曲线上绘制多少个网格点
PlotLegends	None	曲线的图例
PlotPoints	Automatic	采样点的初始数量
PlotRange	{Full,Automatic}	y 的范围或要包含的其他值
PlotRangeClipping	True	在绘图范围边界处是否进行剪切
PlotStyle	Automatic	指定每条曲线样式的图形指令
TargetUnits	Automatic	在绘图中显示的单位

例 **2.32** 在同一坐标系中绘制 $y_1=x\sin\dfrac{\pi}{x}$，$y_2=x$，$y_3=-x$，$x\in[-3,-3]$，并给出线的图例。

解：

```
Plot[{x*Sin[Pi/x],x,-x},{x,-3,3},PlotLegends->"Expressions"]
```

输出结果如图 2-19。

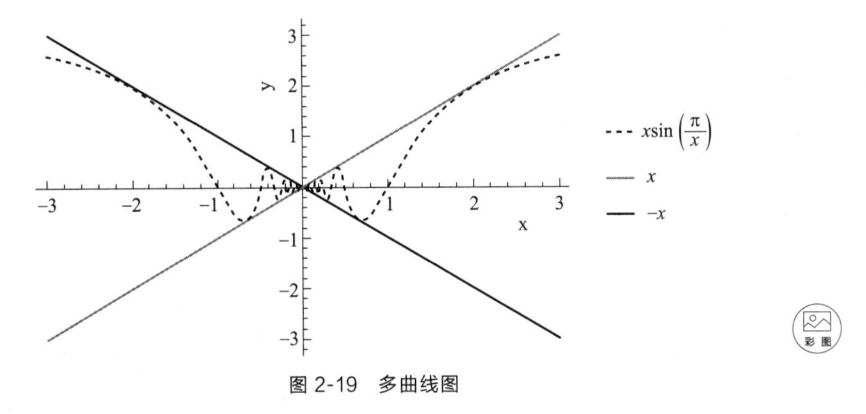

图 2-19　多曲线图

例 **2.33**　绘制曲线 $y_1=\sin(x)+\frac{x}{2}$，$y_2=\sin(x)+x$ 在区间 [0,10] 之间的填充区域。

解：

```
Plot[{Sin[x]+x/2,Sin[x]+x},{x,0,10},  PlotLegends->"Expressions",Filling->{1->{2}}]
```

输出结果如图 2-20。

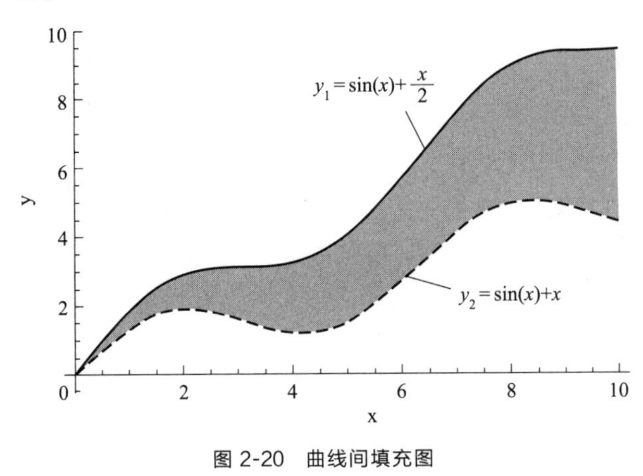

图 2-20　曲线间填充图

2. ListPlot 和 ListLinePlot 函数

ListPlot 函数用于绘制散点数据，其常见函数形式为：

```
ListPlot[{y1,y2,...}]  绘制点{1,y1},{2,y2},...
ListPlot[{{x1,y1},{x2,y2},...}]  绘制有指定 x 和 y 坐标的值列表
ListPlot[{data1,data2,...}]  从所有 datai 中绘制数据

ListLinePlot[{y1,y2,...}]  绘制穿过点{1,y1},{2,y2},... 的线
ListLinePlot[{{x1,y1},{x2,y2},...}]  绘制经过由指定的 x 和 y 确定的位置的曲线
ListLinePlot[{data1,data2,...}]  从所有 datai 中绘制数据
```

注：表 2-13 中的选项仍然适合 ListPlot 和 ListLinePlot 函数，也有新的选项，比如 DataRange。

例 **2.34** 对于函数 $y=\sin(x)$，$x\in[0,2\pi]$，采用间隔 0.1 生成规则数据；对于函数 $y=\cos(x)$，$x\in[0,2\pi]$，采用随机数生成不规则数据。请绘制这两组数据。

解：

```
data1=Table[Sin[x],{x,0,2*Pi,0.1}];
data2=Table[{x,Cos[x]},{x,RandomReal[2*Pi,100]}];
ListPlot[{data1,data2},DataRange->{0,2*Pi}]
```

输出结果如图 2-21。

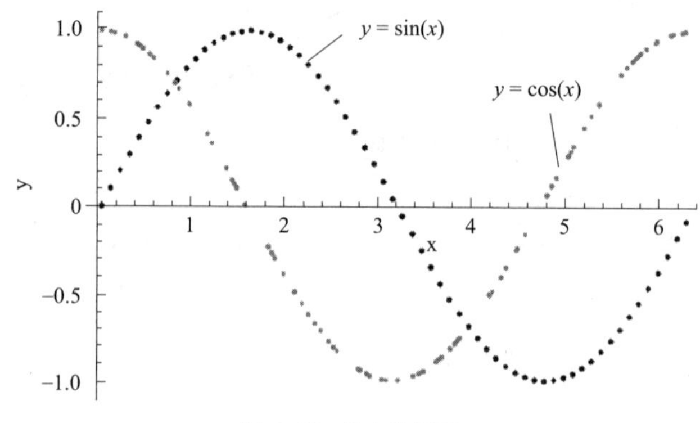

图 2-21 散点数据图

例 **2.35** 对于函数 $y=\sin(x)$，$x\in[0,2\pi]$，采用间隔 0.1 生成规则数据，对于函数 $y=\cos(x)$，$x\in[0,2\pi]$，采用间隔 0.2 生成规则数据，请绘制这两组数据，并把生成的数据用线连接起来。

解：

```
ClearAll
data1=Table[Sin[x],{x,0,2*Pi,0.1}];
data2=Table[Cos[x],{x,0,2*Pi,0.2}];
ListLinePlot[{data1,data2},DataRange->{0,2*Pi},Mesh->All, PlotLegends->{"sin
(x)","cos(x)"}]
```

输出结果如图 2-22。

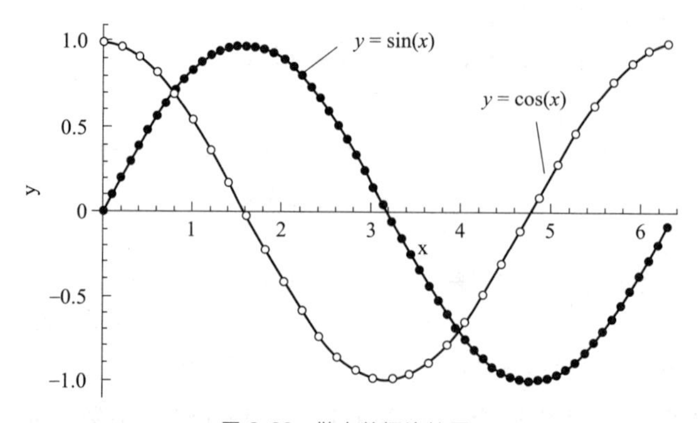

图 2-22 散点数据连接图

3. ParametricPlot 函数

ParametricPlot 函数用于绘制参数曲线，其常见函数形式为：

```
ParametricPlot[{f,f},{u,u,u}]产生一个曲线的参数图,其中 x 和 y 的坐标 f 和 f 为 u 的函数
ParametricPlot[{{f,f},{g,g},...},{u,u,u}]绘制几个参数曲线
```

注：表 2-13 中的选项仍然适合 ParametricPlot 函数。

例 2.36 绘制曲线$\begin{cases} x=\dfrac{\cos(t)}{t+1} \\ y=\dfrac{\sin(t)}{t+1} \end{cases}$，$t\in[0,3\pi]$。

解：

```
ParametricPlot[{Cos[t]/(t+1),Sin[t]/(t+1)},{t,0,3*Pi}, AxesLabel->{x,y}]
```

输出结果如图 2-23。

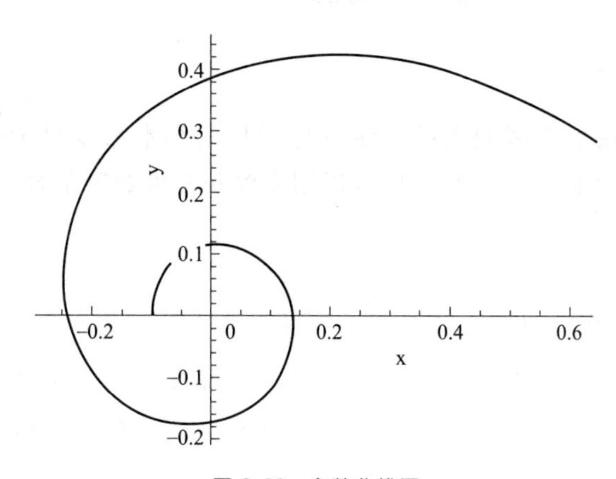

图 2-23 参数曲线图

4. 图形阵列

在有些绘图中，为了更好地进行各方面的比较，需要把几个图形以阵列的形式呈现。这就需要使用 Show 和 GraphicArray 函数。

例 2.37 在同一区间 [0,2π] 上给定函数 $y_1=\sin(x)$，$y_2=\sin(x-1)$，$y_3=\sin(x+1)$，$y_4=\sin(2x)$，要求用彩色线（红蓝线）绘制 y_1 曲线，用灰度线（黑白线）绘制 y_2 曲线，用宽条线绘制 y_3 曲线，用实虚线（点划线）绘制 y_4 曲线。把上述 4 条曲线组合成 2×2 矩阵图形。

解：

```
C1=Plot[Sin[x],{x,0,2*Pi},PlotStyle->RGB[1,0,1]];
C2=Plot[Sin[x-1],{x,0,2*Pi},PlotStyle->GrayLevel[0.5]];
C3=Plot[Sin[x+1],{x,0,2*Pi},PlotStyle->Thickness[0.01]];
C4=Plot[Sin[2*x],{x,0,2*Pi},PlotStyle->Dashing[0.01]];
Show[GraphicsArray[{{C1,C2},{C3,C4}}]]
```

输出结果如图 2-24。

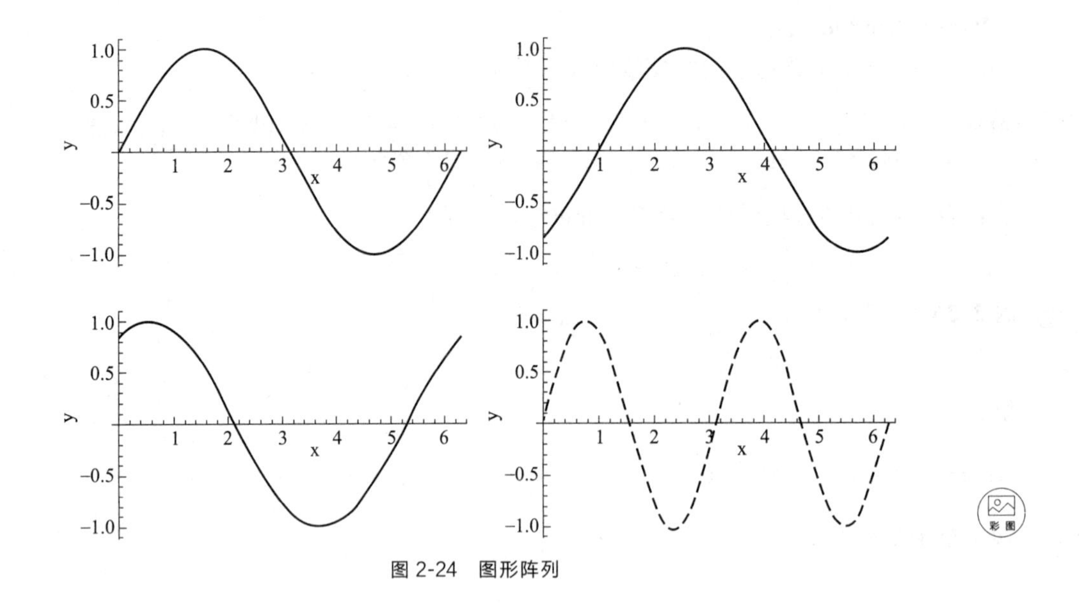

图 2-24 图形阵列

2.2.4.2 三维图形

绘制函数 f(x,y) 在平面区域上的三维立体图形的基本命令是 Plot3D，Plot3D 与 Plot 的工作方式和选项基本相同。ListPlot3D 可以用来绘制三维数字集合的三维图形，其用法也类似于 ListPlot。

1. Plot3D 函数

Plot3D 函数绘制显式曲面 $z=f(x,y)$，其函数形式为：

```
Plot3D[f,{x,xmin,xmax},{y,ymin,ymax}]  产生函数 f 在 x 和 y 上的三维图形
Plot3D[{f1,f2,...},{x,xmin,xmax},{y,ymin,ymax}]  绘制 f1,f2,... 函数的三维图形
```

例 **2.38** 绘制曲面 $z=\sin(xy)$，$x\in[0,2]$，$y\in[0,2]$。

解：

```
Plot3D[Sin[x*y],{x,0,2},{y,0,2}]
```

输出结果如图 2-25。

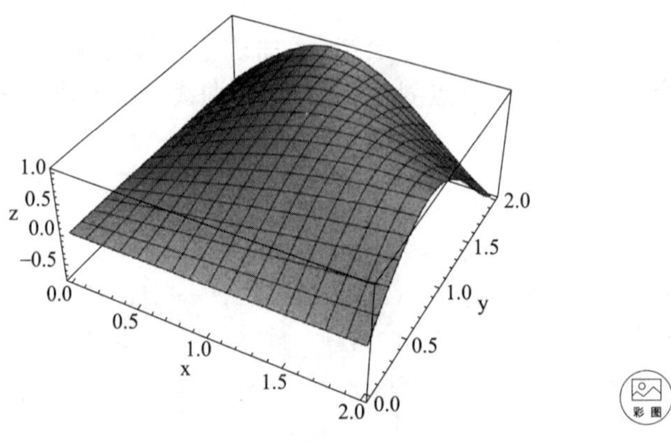

图 2-25 三维曲面图

2. ListPlot3D 函数

ListPlot3D 函数可以绘制三维数据曲面图，其函数形式为：

```
ListPlot3D[{{x1,y1,z1},{x2,y2,z2},...}]绘制在点{xi,yi}处,高度为 zi 的数据曲面图
ListPlot3D[{data1,data2,...}]绘制数据 datai 曲面图
```

例 **2.39**　数据 z_{ij} 由函数 $z=\sin(xy)$，$x\in[0,2]$，$y\in[0,2]$生成，间隔 0.4，绘制该数据曲面。

解：

```
data=Table[Sin[x*y],{x,0,2,0.4},{y,0,2,0.4}];
ListPlot3D[data,Mesh->All]
```

输出结果如图 2-26。

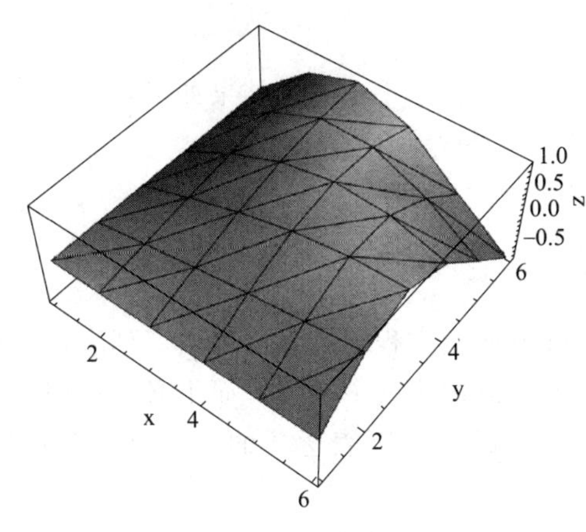

图 2-26　三维数据曲面图

2.2.5　代数方程求解

1. Solve 函数

Solve 函数用于求解代数方程（主要是多项式方程）或方程组的符号解，其函数形式为：

```
Solve[expr,vars] 试图求解以 vars 为变量的方程组或不等式组 expr
Solve[expr,vars,dom]  在定义域 dom 上求解
```

其中，dom 的常用选择为 Reals、Integers 和 Complexes。

例 **2.40**　求解方程 $x^2+ax+b=0$ 的实数解。

解：

```
sol=Solve[x^2+a*x+b==0,x,Reals]
(*使用 Normal 删除条件*)
solN=Normal[sol]
(*把 x 用解替换*)
solR=x/.solN
x1=solR[[1]]
x2=solR[[2]]
```

输出结果如下：

Out[9]= $\left\{\left\{x\to\boxed{-\frac{a}{2}-\frac{1}{2}\sqrt{a^2-4b}\ \text{if}\ b<\frac{a^2}{4}}\right\},\left\{x\to\boxed{-\frac{a}{2}+\frac{1}{2}\sqrt{a^2-4b}\ \text{if}\ b<\frac{a^2}{4}}\right\}\right\}$

Out[10]= $\left\{\left\{x\to-\frac{a}{2}-\frac{1}{2}\sqrt{a^2-4b}\right\},\left\{x\to-\frac{a}{2}+\frac{1}{2}\sqrt{a^2-4b}\right\}\right\}$

Out[11]= $\left\{-\frac{a}{2}-\frac{1}{2}\sqrt{a^2-4b},-\frac{a}{2}+\frac{1}{2}\sqrt{a^2-4b}\right\}$

Out[12]= $-\frac{a}{2}-\frac{1}{2}\sqrt{a^2-4b}$

Out[13]= $-\frac{a}{2}+\frac{1}{2}\sqrt{a^2-4b}$

例 **2.41** 求解方程$\begin{cases}x^2+y=5\\x+y=3\end{cases}$，计算表达式$\sqrt{x^2+y^2}$在这些解上的值。

解：

```
ClearAll
sol=Solve[{x^2+y==5,x+y==3},{x,y}]
(*把解代入表达式*)
Sqrt[x^2+y^2]/.Sol
```

输出结果如下：

```
Out[28]=ClearAll
Out[29]={{x→-1,y→4},{x→2,y→1}}
Out[30]={√17,√5}
```

需要注意的是，由于 Mathematica 把方程的解表示为嵌套列表，因此不能把它作为其他数学结构的输入，但是有两种方法可以调用其中的值，而不必采用照抄或粘贴的方法：

(1) 如果希望利用由 Solve 得到的解计算表达式的值，可以利用取代运算符/.，这样 Mathematica 就会自动代入相应的值。

(2) 由于解就是列表，因此可以用 Part 或 [[]] 从列表中“提取”解。

比如例 2.41 中，可以这样获取解：

```
{x,y}/.sol
x/.sol
y/.sol
```

输出结果为：

```
{{-1,4},{2,1}}
{-1,2}
{4,1}
```

2. NSolve 函数

NSolve 函数用于求解代数方程(主要是多项式方程）或方程组的数值解，其函数形式为：

```
NSolve[expr,vars]  试图找到以 vars 为变量的方程组或不等式组 expr 的解的数值近似
NSolve[expr,vars,Reals]  在实数域内求解
```

例 **2.42** 求方程 $x^5-2x+1=0$ 的实数解。

解：

```
NSolve[x^5-2*x+1==0,x,Reals]
```

输出结果如下：

```
{{x->-1.29065},{x->0.51879},{x->1.}}
```

3. FindRoot 函数

FindRoot 函数用于求解某点附近方程或方程组的数值解，其函数形式为：

```
FindRoot[f,{x,x0}]  求 f=0 的一个数值解,从点 x=x0 开始
FindRoot[lhs==rhs,{x,x0}]  求方程 lhs==rhs 的一个数值解
FindRoot[{f1,f2,...},{{x,x0},{y,y0},...}]  求满足所有 fi=0 的数值解
FindRoot[{eqn1,eqn2,...},{{x,x0},{y,y0},...}]  求联立方程 eqni 的一个数值解
```

例 **2.43** 求解方程 $e^x+\sin x=0$ 在 $x=0$ 附近的一个根。

解：

```
f[x_]:=Sin[x]+Exp[x];
FindRoot[f[x],{x,0}]
```

输出结果如下：

```
{x->-0.588533}
```

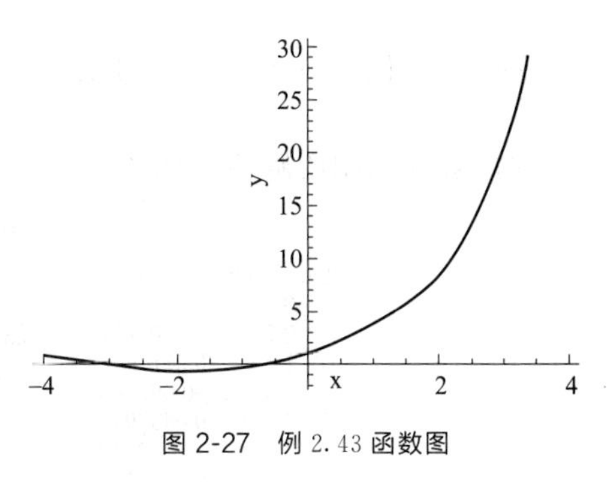

图 2-27 例 2.43 函数图

此时只能求出 $x=0$ 附近的解，如果方程还有其他解，当给定不同的条件时，将给出不同的解。因此确定解的起始位置是比较关键的，一种常用的方法是先绘制图形，观察后再求解。对于例 2.43，绘制函数图 2-27，发现在 $x=-3$ 附近还有解，可以求得解为 {x->-3.09636}。

2.2.6 微分方程求解

1. DSolve 函数

DSolve 函数功能强大，可以求解常微分方程(ODE)、偏微分方程(PDE)、微分代数方程(DAE)、时滞微分方程(DDE)、积分方程、积分微分方程以及混合型微分方程的符号解。其函数形式为：

```
DSolve[eqn,u,x]  为函数 u 求解微分方程,x 为独立变量
DSolve[eqn,u,{x,xmin,xmax}]  为位于 xmin 和 xmax 之间的 x 求解微分方程
DSolve[{eqn1,eqn2,...},{u1,u2,...},...]  求解微分方程组
DSolve[eqn,u,{x1,x2,...}]  求解一个偏微分方程
```

注：未知函数带有自变量，即为 y[x]，等号用连续键入两个等号表示，导数符号为键盘上的撇号，比如连续两撇表示二阶导数。

例 **2.44** 解方程 $y'+y=a\sin x$。

解：

```
DSolve[y'[x]+y[x]==a*Sin[x],y[x],x]
```

输出结果如下：

$$\left\{\left\{y[x]\to e^{-x}c_1+\frac{1}{2}a(-\mathrm{Cos}[x]+\mathrm{Sin}[x])\right\}\right\}$$

例 **2.45** 求解初值问题 $y''+3y'+40y=0$，$y(0)=1$，$y'(0)=\frac{1}{3}$，并在区间 [0,4] 上

计算间隔为 0.5 的数值解和绘制解曲线。

解：

```
Clear[sol,y,x,TT]
sol=DSolve[{y''[x]+3*y'[x]+40*y[x]==0,y[0]==1,y'[0]==1/3},y[x],x];
yt=y[x]/.sol
TT=Flatten[Table[{x,y[x]/.sol},{x,0,4,0.5}]];
Partition[TT,2]//TableForm
Plot[y[x]/.sol,{x,0,4},PlotRange->All]
```

输出结果如下：

$$\left\{\frac{1}{453}e^{-3x/2}\left(453\cos\left[\frac{\sqrt{151}\,x}{2}\right]+11\sqrt{151}\sin\left[\frac{\sqrt{151}\,x}{2}\right]\right)\right\}$$

数值解及绘制的解曲线如图 2-28。

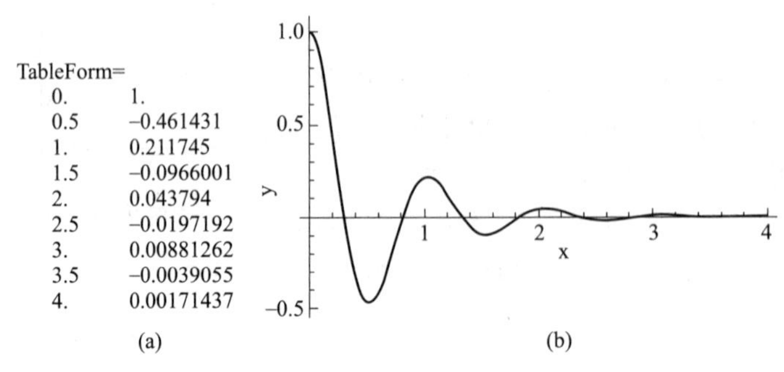
TableForm=

0.	1.
0.5	−0.461431
1.	0.211745
1.5	−0.0966001
2.	0.043794
2.5	−0.0197192
3.	0.00881262
3.5	−0.0039055
4.	0.00171437

图 2-28　数值解（a）和解曲线（b）

2. NDSolve 函数

NDSolve 函数用于求给定初值条件或边界条件的微分方程(组）的数值解，其函数形式为：

NDSolve[eqns,u,{x,xmin,xmax}]　求解函数 u 的常微分方程 eqns 的数值解，自变量 x 在 xmin 到 xmax 的范围内

NDSolve[eqns,u,{x,xmin,xmax},{y,ymin,ymax}]　在矩形区域上求解偏微分方程 eqns

NDSolve[eqns,u,{x,y}∈Ω]　在区域 Ω 上求解偏微分方程 eqns

NDSolve[eqns,u,{t,tmin,tmax},{x,y}∈Ω]　在区域 Ω 上求解时间相关偏微分方程 eqns

注：(1) NDSolve 以 InterpolatingFunction 对象的形式给出结果；

(2) NDSolve[eqns,u[x],{x,xmin,xmax}] 给出 u[x] 而不是函数 u 本身的解；

(3) 微分方程必须使用诸如 u'[x] 的导数表示，用 D 求解，而不用 Dt 求得的总导数。

例 **2.46**　求解微分方程组 $\begin{cases}\dfrac{dx}{dt}=-y-x^2\\[2mm]\dfrac{dy}{dt}=2x-y^3\end{cases}$，$x(0)=y(0)=1$，并绘制曲线图。

解：

```
Clear[x,y,sol,t]
sol=NDSolve[{x'[t]==-y[t]-x[t]^2,y'[t]==2*x[t]-y[t]^3,
        x[0]==y[0]==1},{x,y},{t,0,20}]
ParametricPlot[Evaluate[{x[t],y[t]}/.sol],{t,0,20}]
```

输出结果如下：

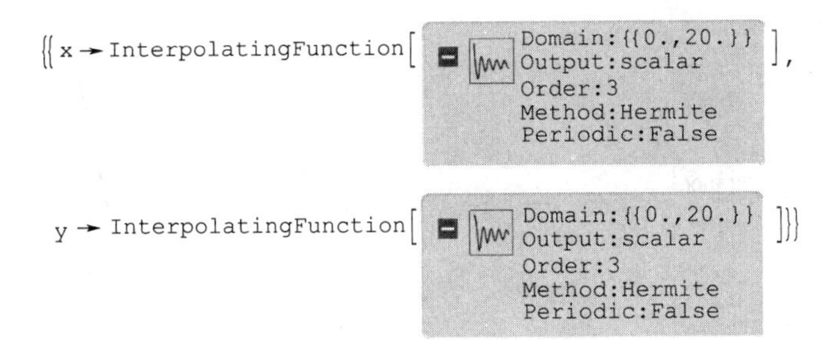

绘制解曲线如图 2-29。

3. ParametricNDSolve 函数

ParametricNDSolve 函数用于求带有参数的给定初值条件或边界条件的微分方程（组）的数值解，其函数形式为：

ParametricNDSolve[eqns, u, {x, xmin, xmax}, pars] 求解常微分方程 eqns 对于函数 u 的数值解，其中自变量 x 在范围 xmin 到 xmax 内，参数为 pars

ParametricNDSolve[eqns,u,{x,xmin,xmax},{y,ymin,ymax},pars] 在矩形区域上求解偏微分方程 eqns

ParametricNDSolve[eqns,u,{x,y}∈Ω,pars] 在区域 Ω 上求解偏微分方程 eqns

ParametricNDSolve[eqns,u,{t,tmin,tmax},{x,y}∈Ω,pars] 在区域 Ω 上求解时间相关偏微分方程 eqns

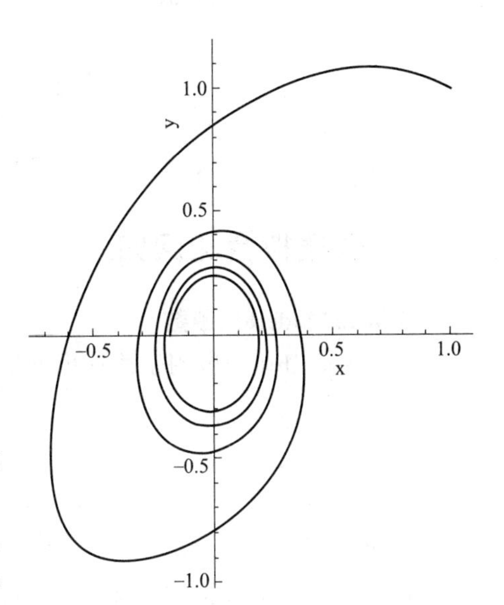

图 2-29 例 2.46 解曲线

例 2.47 求解参数微分方程$\frac{dy}{dt}=ay$，$y(0)=1$的参数解，并求当 $a=1$，$t=0,1,2,\cdots,10$ 时的数值解，并绘图。

解：

```
Clear[sol,y,a,t,y1,t,yy]
sol=ParametricNDSolve[{y'[t]==a*y[t],y[0]==1},y,{t,0,10},{a}]
(*当 a=1 时,给出 y 的近似函数解*)
a=1;
y1=y[a]/.sol
(*当 t=1,2,...,10 时,给出 y 的数值解*)
yy=Table[y1[t]/.sol,{t,0,10}]
ListLinePlot[yy]
```

输出结果如下：

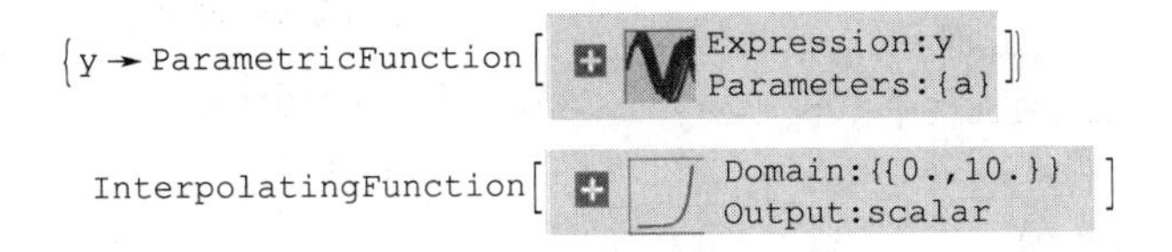

{1.,2.71828,7.38905,20.0855,54.5981,148.413,403.428,1096.63,2980.95,8103.08,22026.5}

绘制解散点折线图如图 2-30。

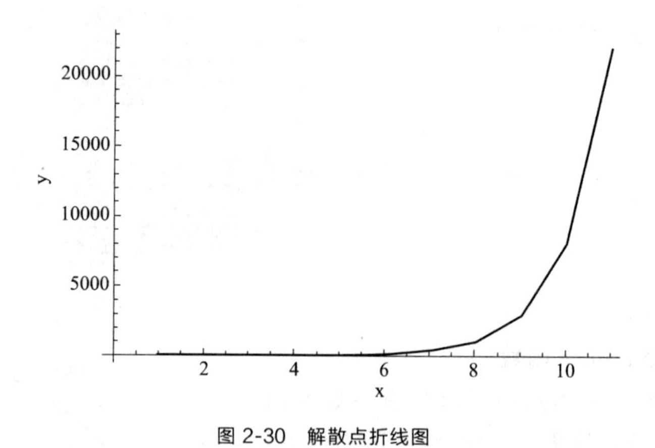

图 2-30 解散点折线图

2.2.7 数据拟合和回归

1. LinearModelFit 函数

LinearModelFit 函数用于线性模型拟合，其函数形式为：

`LinearModelFit[{y1,y2,...},{f1,f2,...},x]` 构建形如 β0+β1f1+β2f2+…的一个线性拟合模型，对于连续 x 值 1、2、... 拟合 yi

`LinearModelFit[{{x11,x12,...,y1},{x21,x22,...,y2},...},{f1,f2,...},{x1,x2,...}]` 构建形如 β0+β1f1+β2f2+…的一个线性模型，其中 fi 与变量 xk 相关

注：(1) LinearModelFit 返回一个符号 FittedModel 对象，表示构建的线性模型，模型的属性可以从 model ["property"] 得到。

(2) LinearModelFit 在特定点 x1, x2,... 的最佳拟合函数的值可以从 model[x1, x2,...] 得到。

(3) 当数据形式为 { {x11,x12,...,y1},{x21,x22,...,y2},...} 时，坐标 xi1,xi2,... 的数量应与变量 xi 的数量相等。

(4) 形式为 {y1,y2,...} 的数据等价于形式 {{1,y1},{2,y2},...} 的数据。

例 2.48 已知数据 {0.0217,0.0476},{0.0424,0.09559},{0.0627,0.142},{0.0833,0.189},{0.104,0.237},{0.1242,0.283}，请拟合该数据。

解：

```
data = {{ 0.0217, 0.0476 }, { 0.0424,
       0.09559 }, { 0.0627, 0.142 },
       {0.0833, 0.189},{0.104, 0.237},
       {0.1242,0.283}};
lm=LinearModelFit[data,x,x];
Show[ListPlot[data],Plot[lm[x],{x,0,5}]]
(*查看模型的函数形式*)
```

绘制拟合线如图 2-31。

```
Normal[lm]
(*查看拟合系数*)
lm["RSquared"]
```

输出结果如下：

```
-0.00201852+2.29592 x
0.999994
```

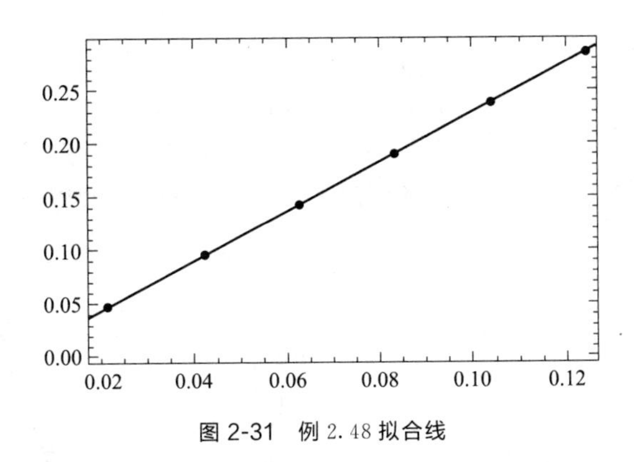

图2-31　例2.48拟合线

例2.49　用多项式 $2x^2+3x-1$ 在区间［1,10］生成数据，再拟合该数据。

解：

```
Clear[data,lm]
data=Table[{x,2*x^2+3*x-1},{x,10}];
lm=LinearModelFit[data,{1,x,x^2},x];
Show[ListPlot[data],Plot[lm[x],{x,1,10}]]
(*查看模型的函数形式*)
Normal[lm]
(*查看拟合系数*)
lm["RSquared"]
```

输出结果如下：

```
-1.+3.x+2.x^2
1.
```

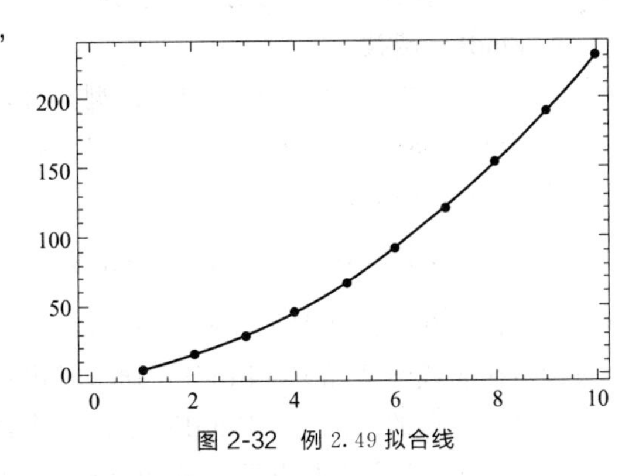

图2-32　例2.49拟合线

绘制拟合线如图2-32。

2. NonlinearModelFit 函数

NonlinearModelFit 函数用于非线性模型拟合，其函数形式为：

NonlinearModelFit[{y1,y2,...},form,{β1,...},x]　构建结构 form 的一个非线性拟合模型，用参数 β1,β2,... 对连续 x 值 1,2,... 拟合 yi

NonlinearModelFit[{{x11,x12,...,y1},{x21,x22,...,y2},...},form,{β1,...},{x1,...}] 构建一个非线性模型，其中 form 与变量 xk 相关

NonlinearModelFit[data,{form,cons},{β1,...},{x1,...}]　在参数约束 cons 下构建一个非线性模型

注：Method 的可能设置包括"ConjugateGradient" "Gradient" "LevenbergMarquardt" "Newton" "NMinimize" 和"QuasiNewton"，而默认设置为"Automatic"。

例2.50　已知数据{25.,0.001},{25.5,0.002},{26.,0.011},{26.5,0.045},{27.,0.112},{27.5,0.215},{28.,0.259},{28.5,0.206},{29.,0.112},{29.5,0.044},{30.,0.011}，试用高斯函数拟合。

解：

```
Clear[data,nlm]
data={{25.,0.001},{25.5,0.002},{26.,0.011},{26.5,0.045},{27.,0.112},{27.5,0.215},
    {28.,0.259},{28.5,0.206},{29.,0.112},{29.5,0.044},{30.,0.011}};
nlm=NonlinearModelFit[data,a*Exp[-(x-b)^2],{{a,0.5},{b,25}},x];
(*查看模型的函数形式*)
Normal[nlm]
(*查看拟合系数*)
nlm["RSquared"]
Plot[nlm[x],{x,25,30},Epilog->Point
[data]]
```

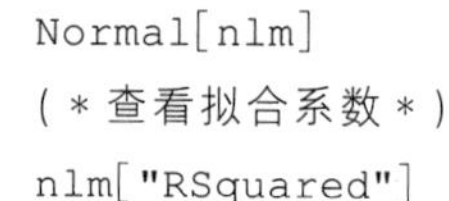

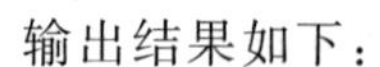

输出结果如下：

```
0.270927 E^(-(-27.988+x)^2)
0.994334
```

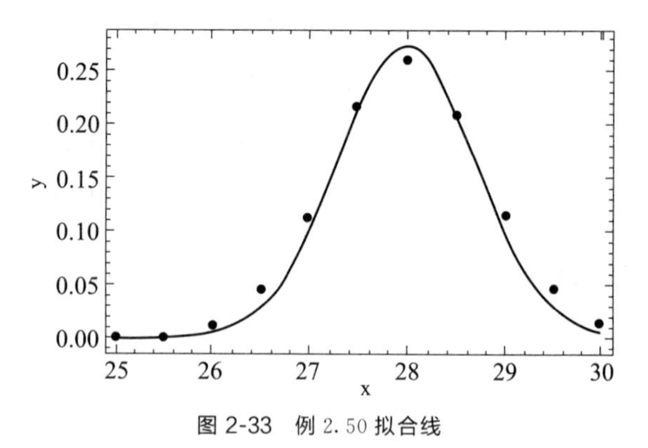

图 2-33　例 2.50 拟合线

绘制拟合线如图 2-33。

注：这里参数 a 和 b 的初值分别为 0.5 和 2.5。

3. FindFit 函数

FindFit 函数用于线性和非线性模型拟合，其函数形式为：

FindFit [data,expr,pars,vars] 求出参数 pars 的数值，使 expr 作为关于 vars 的函数给出对 data 的最佳拟合

FindFit[data,{expr,cons},pars,vars]　在带参量的约束条件 cons 下，求最佳拟合

注：(1) 在线性情况下，FindFit 求出全局最优拟合；

(2) 在非线性情况下，FindFit 通常求出局部最优拟合；

(3) 在默认的情况下，FindFit 求出一个最小平方拟合；

(4) Method 的通常设置包括"ConjugateGradient" "PrincipalAxis" "Newton" "LevenbergMarquardt" 和"QuasiNewton"，默认设置是"Automatic"。

(5) FitRegularization 的设置可以是以下格式：

None	无正则化	None	无正则化
rfun	rfun[a]的正则化	{"TotalVariation",λ}	$\lambda\Vert$Differences[a]$\Vert_1$ 的正则化
{"Tikhonov",λ}	$\lambda\Vert a\Vert^2$ 的正则化	{"Curvature",λ}	$\lambda\Vert$Differences[a,2]$\Vert^2$ 的正则化
{"LASSO",λ}	$\lambda\Vert a\Vert_1$ 的正则化	{r1,r2,...}	带有来自 r1,r2... 和项的正则化
{"Variation",λ}	$\lambda\Vert$Differences[a]$\Vert^2$ 的正则化		

例 **2.51**　对于函数 $y=ae^{-b(x-c)^2}+d\sin(\omega x+\phi)$，用 $a=2$，$b=1$，$c=0$，$d=2$，$\omega=0.67$，$\phi=0.1$ 在 [-5,5] 内产生数据，并加上随机噪声，使用 FindFit 函数进行拟合。

解：

```
Clear[data,model,x,f1,f2]
model=a Exp[-b(x-c)^2]+d Sin[\[Omega] x+\[Phi]];
data=Table[{x,model/.{a->2,b->1,c->0,  d->2,\[Omega]->0.67,\[Phi]->0.1}},{x,
-5,5,.1}]+RandomReal[.25,101];
f1=FindFit[data,model,{a,b,c,d,\[Omega],\[Phi]},x]
f2=FindFit[data,model,{a,b,c,d,\[Omega],\[Phi]},x,Method->NMinimize]
Show[{Plot[Evaluate[model/.{f1,f2}],{x,-5,5},PlotStyle->{{Green},{Red}}],List-
Plot[data]}]
```

输出结果如下：

```
{a->3.19617,b->0.38112,c->3.64032,d->2.12858,\[Omega]->0.900384,\[Phi]->
0.823604}
{a->2.26865,b->0.708368,c->0.156955,d->-1.97452,\[Omega]->-0.671458,\[Phi]->
0.0894204}
```

绘制拟合线如图 2-34。从图中可以看出，Method 使用 NMinimize 全局最优化的效果要好一些。

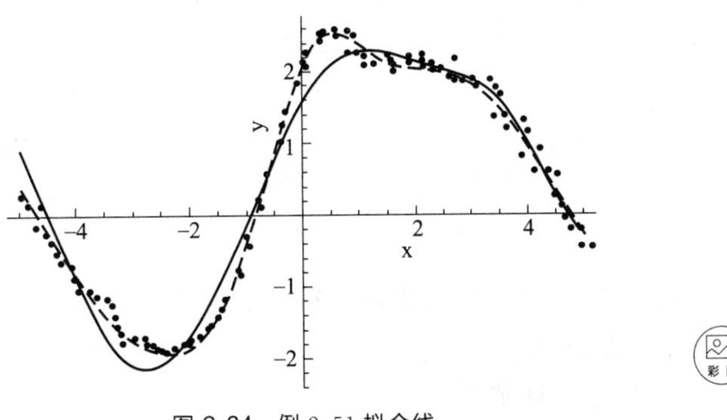

图 2-34　例 2.51 拟合线

4. FindFormula 函数

FindFormula 函数用于尝试查找数据的简单符号公式，即自动寻找拟合的简单模型，其函数形式为：

FindFormula[data]　找到一个逼近 data 的纯函数

FindFormula[data,x]　找到一个变量为 x 的逼近 data 的符号函数

FindFormula[data,x,n]　找到最多 n 个逼近 data 的函数

例 2.52　对于函数 $y=x\sin(x)$，在 [0,4] 内产生数据，使用 FindFormula 函数寻找拟合函数。

解：

```
Clear[data,x,fits]
data=Table[{x,N[x*Sin[x]]},{x,0,4,0.3}];
fits=FindFormula[data,x]
Show[ListPlot[data],Plot[fits,{x,0,4}]]
```

输出结果如下：

```
xSin[x]
```

绘制找到的拟合函数图如图 2-35。

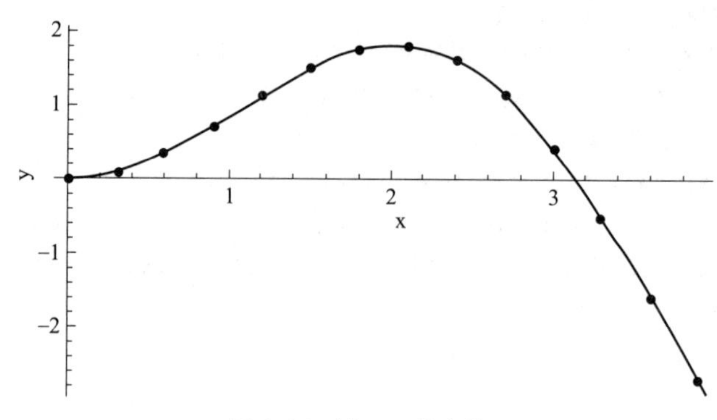

图 2-35　例 2.52 拟合线

2.2.8　数据插值

Mathematica 数据插值的函数有 Interpolation、ListInterpolation、FunctionInterpolation 等，用得最多的是 Interpolation 函数。下面主要介绍 Interpolation 函数。

Interpolation 函数用于构造数据的插值模型，其函数形式为：

```
Interpolation[{f1,f2,...}]  对应 x 值 1,2,...,构造函数值 fi 的插值
Interpolation[{{x1,f1},{x2,f2},...}]  对应 x 的值 xi,构造函数值 fi 的插值
Interpolation[{{{x1,y1,...},f1},{{x2,y2,...},f2},...}]  构造多维数据的插值
Interpolation[{{{x1,...},f1,df1,...},...}]  构造一个插值,再现导数及函数值
Interpolation[data,x]在点 x 求 data 的插值
```

注：(1) 函数值 fi 可以是实数、复数或任意符号表达式；

(2) fi 可以是列表或任意维度的阵列；

(3) 函数参数 xi、yi 等必须是实数；

(4) 数据内不同的元素可以有不同数量的指定导数；

(5) 对于多维数据，n 阶导数可以作为一个对应 D[f,{{x,y,...},n}] 的结构的张量给出；

(6) 未被显式指定的偏导数可以以 Automatic 给出；

(7) Interpolation 的算法是在连续数据点间拟合多项式曲线；

(8) 多项式曲线的次数由选项 InterpolationOrder 指定，默认设置是 InterpolationOrder->3，可以通过使用设置 InterpolationOrder->1 进行线性插值；

(9) Interpolation [data] 生成 InterpolatingFunction 对象，该对象返回和 data 中的值有相同精度的值；

(10) Interpolation 支持 Method 选项，可能的设置包括表示样条插值的“Spline”和厄米特插值的“Hermite”。

例 2.53　对正弦函数在 $[0,2\pi]$ 内以间隔 $\frac{\pi}{4}$ 进行采样，使用该采样数据构造三次样条插值函数，并计算在 $[0,2\pi]$ 内以间隔 $\frac{\pi}{16}$ 采样所得新的数据的插值结果。

解：

```
Clear[data,f,newdata]
data=Table[{x,Sin[x]},{x,0,2*Pi,Pi/4}];
f=Interpolation[data,Method->"Spline"]
newdata=Table[{x,f[x]},{x,0,2*Pi,Pi/16}];
Show[ListPlot[newdata],Plot[f[x],{x,0,2*2 Pi}]]
```

输出插值曲线如图 2-36。

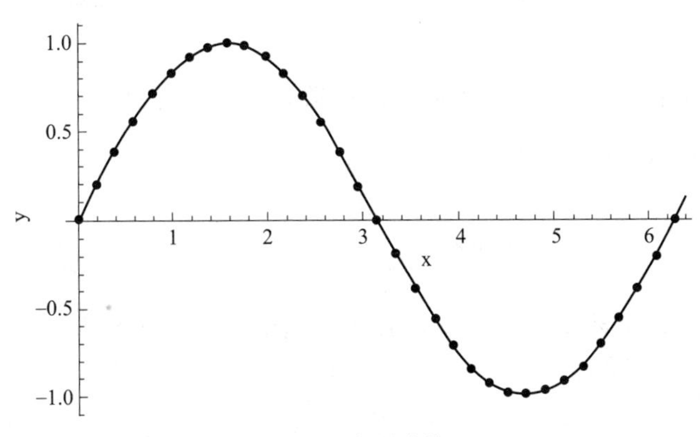

图 2-36　插值曲线

2.2.9　程序设计

Mathematica 程序设计主要由顺序结构、分支结构和循环结构组成。而顺序结构是程序最基本的结构，各语句按照在程序中出现的先后顺序执行。下面主要介绍分支结构和循环结构。

2.2.9.1　分支结构

1. If 函数

If 是一个过程式编程结构，其计算分支由指定条件的真值决定。其函数形式为：

```
If[condition,t,f]   如果 condition 计算为 True 则给出 t,若计算为 False 则给出 f
If[condition,t,f,u]   如果 condition 既不计算为 True 也不计算为 False 则给出 u
```

注：If 通常带一个条件及两个额外的参数如 If[condition,t,f]，其中 t 和 f 将分别依据条件是 True 或 False 而被计算。If 还可以带第三个额外参数如 If[condition,t,f,u]，当指定条件既不能明确判定为 True 也不能明确判定为 False 时就会计算 u。最后，If 还可以只带一个额外参数如 If[condition,t]，在这种情况下，f 的值会被 Null 代替。

例 **2.54**　设 $f(x)=\begin{cases}x, & x<0\\ \sin x, & x\geqslant 0\end{cases}$，利用导数定义求导数 $f'(0)$。

```
Clear[f,a,LeftDirevative,RightDirevative]
(*定义分段函数*)
f[x_]:=If[x<0,x,Sin[x]]
a=0;
LeftDirevative=Limit[(f[x+a]-f[a])/(x-a),x->a,Direction->1]
RightDirevative=Limit[(f[x+a]-f[a])/(x-a),x->a,Direction->-1]
```

输出结果如下：

```
1
1
```

从结果上看，左导数等于右导数，说明该导数为 1。

2. Which 函数

如果有很多分支，那么使用 If 函数并不方便，需要使用 Which 函数解决。其函数形式为：

Which[test1,value1,test2,value2,...]　依次计算每个 testi,返回相应于产生 True 的第一个 valuei 的值

用 Which 函数重新定义例 2.54 中的分段函数，并进行计算。

```
Clear[f,a,LeftDirevative,RightDirevative]
(*定义分段函数*)
f[x_]:=Which[x<0,x,x>=0,Sin[x]]
a=0;
LeftDirevative=Limit[(f[x+a]-f[a])/(x-a),x->a,Direction->1]
RightDirevative=Limit[(f[x+a]-f[a])/(x-a),x->a,Direction->-1]
```

输出结果如下：

```
1
1
```

3. Switch 函数

Switch 函数的形式为：

Switch[expr,form1,value1,form2,value2,...]　计算 expr,然后依次和每个 formi 比较,计算并返回相应于找到的第一个匹配的 valuei

例 2.55　输入百分制成绩，输出成绩的等级，其中 90～100 分等级为 A，80～89 分等级为 B，70～79 分等级为 C，60～69 分等级为 D，60 分以下等级为 E。

解：

```
Clear[n,nn]
n=Input["请输入百分制成绩(0-100分)n="]
nn=Floor[n/10];
Switch[nn,10,Print["A"],9,Print["A"],8,Print["B"],7,Print["C"],6,Print["D"],_,Print["E"]]
```

输出结果如下：

弹出输入对话框如图 2-37，输入 56，则得到 E。

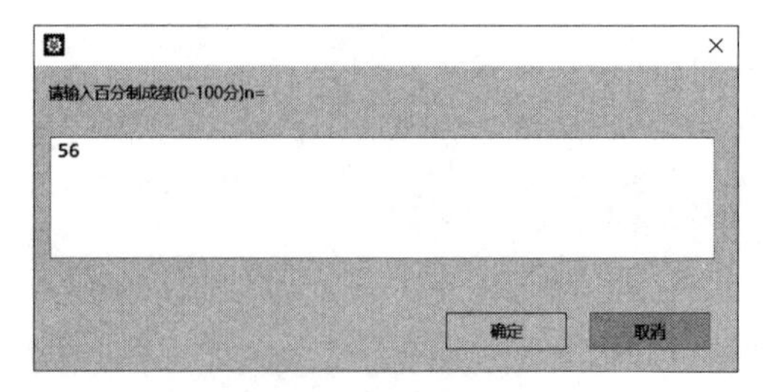

图 2-37　输入对话框

2.2.9.2 循环结构

循环是程序设计的一个核心概念，无论是传统的过程式编程，还是其他更现代和流线型的编程模式，Mathematica 提供强大的函数来设置循环或控制循环，主要有 Do、For 和 While 等函数，可根据情况选择使用。

1. Do 函数

Do 函数用于需要多次计算一个表达式的情况，其函数形式为：

```
Do[expr,n]  对 expr 计算 n 次
Do[expr,{i,imax}]  将变量 i 从 1 递增到 imax(步长为 1),计算 expr
Do[expr,{i,imin,imax}]  从 i=imin 开始
Do[expr,{i,imin,imax,di}]  使用步长 di
Do[expr,{i,{i1,i2,...}}]  使用连续的值 i1、i2、...
Do[expr,{i,imin,imax},{j,jmin,jmax},...]  对于每个 i,根据不同的 j 值循环地计算 expr
```

例 **2.56** 计算 1+2+3+…+99+100 的和。

解：

```
Clear[sum]
sum=0;
Do[sum=sum+k,{k,100}]
Print["sum=",sum]
```

输出结果如下：

```
sum=5050
```

2. For 函数

For 函数用于更复杂的情况，其函数形式为：

```
For[start,test,incr,body]  执行 start,然后重复计算 body 和 incr,直到 test 不能给出 True
```

例 **2.57** 计算 1+2+3+…+99+100 的和。

解：

```
Clear[sum]
For[sum=0;k=1,k<=100,k++,
  {
  sum=sum+k;
  }]
Print["sum=",sum]
```

输出结果如下：

```
sum=5050
```

从程序看，和 C 语言中 for 循环类似，但是需注意标点符号不一样。

3. While 函数

While 函数用于可能需要满足某种情况才能继续循环计算的重复计算中，其函数形式为：

```
While[test,body]  重复计算 test,然后是 body,直到 test 第一次不能给出 True
```

例 **2.58** 计算 1+2+3+…+99+100 的和。

解：

```
Clear[sum]
k=1;
```

```
sum=0;
While[k<=100,
  {
  sum=sum+k;
  k++;
  }]
Print["sum=",sum]
```

输出结果如下：

```
sum=5050
```

或者在满足某种条件下使用 Break 函数终止循环：

```
Clear[sum]
k=1;
sum=0;
While[True,
  {
  sum=sum+k;
  k++;
  If[k>100,Break[]];
  }]
Print["sum=",sum]
```

输出结果如下：

```
sum=5050
```

2.3 Mathcad 软件

Mathcad 是 Mathsoft® 公司于 1986 年推出的第一个引入实时编辑排版数学符号、自动计算和工程单元错误检查的计算机辅助设计软件，是解决并可视化数学和工程问题的强大工具，因它具有计算的灵活性和优秀的文档环境而被认为是最容易使用的基于 GUI（图形用户界面）的数学软件，被用来记录和计算具有数学符号的工程问题。后被进行了多次升级和改进，并成为工程师和架构师有价值的技术计算工具。

2.3.1 软件界面

为了更好地适应广大用户的需求，PTC® 公司于 2019 年发布了 PTC Mathcad Prime 6.0.0.0。此版本为了将软件功能直观地展现给用户，将大多数命令放在了软件顶部的功能区中。用户可以通过最小化或最大化功能区以及将常用命令添加到快速访问工具栏来自定义工作空间。如图 2-38 所示。

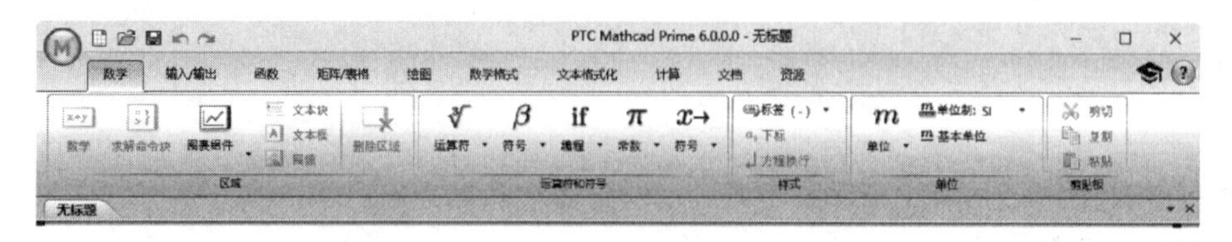

图 2-38 PTC Mathcad Prime 6.0.0.0 界面

2.3.2 数据类型与结构

Mathcad Prime 可以进行一系列数学运算。并且可以在任意位置通过输入一系列“+、-、*、/、开方、求幂、求对、求积分”等完整的数学计算符号以及数字，最后键入“=”符号就可以得到计算结果。如输入公式$\sqrt{\frac{4^2+2^2}{4}}$，在后面输入等号符号“=”后，自动计算出结果 2.236。

输入文本和注释。除了数学区域外，Mathcad Prime 还可以在工作表中的数学内容附近添加文本和注释，数学区域可以与文本区域无缝集成，在本区域的数学表达式是活动的表达式。

例 **2.59** 计算半径为 2 的圆的面积，并加以注释。

解：

输入“计算 R=2 的圆的面积”后，使用 R：=2 S：=R^2 · π 定义半径和面积。输入 S 和等号符号“=”后，自动计算出结果 12.566。如图 2-39 所示。

计算半径R = 2的圆的面积 R:=2 S:= $R^2 \cdot \pi$ S = 12.566

图 2-39 添加注释的数学区域

向量和矩阵运算。Mathcad 可将向量运算符和矩阵运算符用于数值或分析方式的表达式计算，其计算种类和运算方式众多，用户可以轻松直观地进行编辑。并且对矩阵方程求解时同样可以带单位求解。此外，Mathcad 还提供了大量的相关函数对矩阵进行计算和处理，矩阵功能函数包含 52 种，如：创建分割数组，数组特性，分解和因子分解，矩阵因子分解，等。

例 **2.60** 计算向量 $3\boldsymbol{\omega}+\boldsymbol{v}$。

解：

在工作表中，单击所要放置数组的位置，然后在“矩阵/表格”选项卡的矩阵和表格组中，单击插入矩阵列表，选择数组合适的行数和列数，然后单击每个占位符并键入其值。完成 $\boldsymbol{\omega}$ 和 $\boldsymbol{v}$ 的定义后，即可输入表示 $3\boldsymbol{\omega}+\boldsymbol{v}$ 来计算其值。如图 2-40 所示。

$$v:=\begin{bmatrix}7\\2\\-18\end{bmatrix}\quad w:=\begin{bmatrix}-20\\1\\-32\end{bmatrix}\quad 3w+v=\begin{bmatrix}-53\\5\\-114\end{bmatrix}$$

图 2-40 向量计算

2.3.3 函数

Mathcad Prime 包含标准的、完整的工程函数和数学函数。此外，用户还可以自定义变量和函数。在工作表中输入方程时，Mathcad Prime 会自动计算结果。Mathcad Prime 具有计算、数据操作和工程设计所需的所有求解能力、功能和强健性。当用户更改任何数值、变量或方程时，工作表都会立即从头到尾重新计算。

例 **2.61** 定义变量 $a=2$ 及函数 $f(x)=\sin(x)+\cos(x+a)/x$，并计算 $f(10)$ 的值。

解：

定义变量及函数的符号是“：=”，在 Mathcad Prime 中只需要键入“:”即可。定义变量 a 和函数 $f(x)$：

$a:=2$

$$f(x):=\sin(x)+\frac{\cos(x+a)}{x}$$

输入"f(10) ="后自动计算出结果−0.46。

Mathcad Prime 可以利用符号“..”表达一个范围，并对范围内的数值做统一计算。

例 **2.62** 计算从 2 到 10 的差为 2 的等差数列。

解：

定义 $A:=2,4..10$，之后输入“A=”则得到结果列向量 **A** 的值。

$$\mathbf{A}=\begin{bmatrix}2\\4\\6\\8\\10\end{bmatrix}$$

2.3.4 可视化

用户可以利用 Mathcad Prime 的绘图功能绘制 2D 图形和 3D 图形，如图 2-41 所示。其绘制的图形种类包括以下几类：X-Y 绘图、极坐标绘图、曲面图、等高线图、条形图、3D 散点图等。此功能包含各种类型的轨迹绘图以满足不同工程师不同的计算需求。此外，Mathcad Prime 还可以对图形进行编辑，包括缩放、旋转和扭曲、跟踪和坐标设置等操作，以提高图形显示效果。

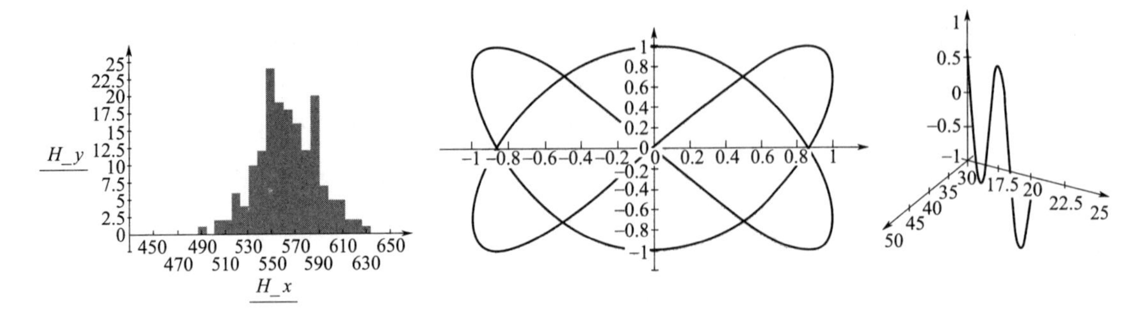

图 2-41 Mathcad Prime 的绘图

例 **2.63** 绘制 $\sin(x)$ 的函数图像，其中 x 的区间为 $[0,10]$。

解：

定义 x 和 $\sin(x)$ 后，即可绘制图形如图 2-42 所示。

$$x:=0,0.1..10$$

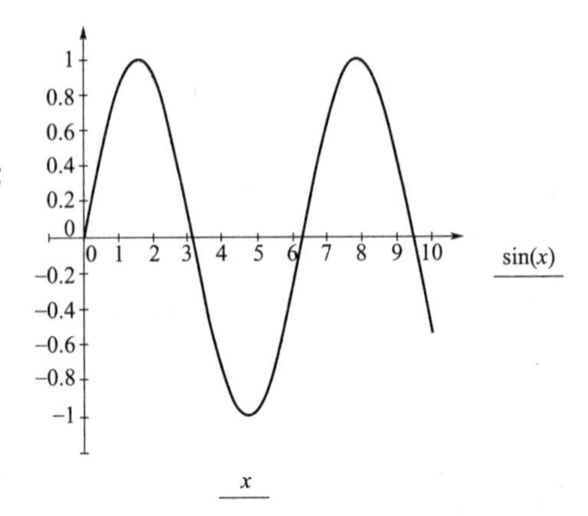

图 2-42 绘制 $\sin(x)$ 的函数图像

例 **2.64** 使用柱形图、正态概率图和箱线图来研究实验结果。

解：

1. 定义描述有关硅片氧化物生长过程研究的数据集。数据 Data 有两列：一列对应于 furnace（炉）号，另一列对应于测得的氧化层厚度［以埃（Å）表示］：Data=［1 546；1 540；2 566；2 564；3 577；3 546；4 543；4 529；1 561；1 556；2 577；2 553；3 563；3 577；4 556；4 540；1 515；1 520；2 548；2 542；3 505；

3 487；4 506；4 514；1 568；1 584；2 570；2 545；3 589；3 562；4 569；4 571；1 550；1 550；2 562；2 580；3 560；3 554；4 545；4 546；1 584；1 581；2 567；2 558；3 556；3 560；4 591；4 599；1 593；1 626；2 584；2 559；3 634；3 598；4 569；4 592；1 522；1 535；2 535；2 581；3 527；3 520；4 532；4 539；1 562；1 568；2 548；2 548；3 533；3 553；4 533；4 521；1 555；1 545；2 584；2 572；3 546；3 552；4 586；4 584；1 565；1 557；2 583；2 585；3 582；3 567；4 549；4 533；1 548；1 528；2 563；2 588；3 543；3 540；4 585；4 586；1 580；1 570；2 556；2 569；3 609；3 625；4 570；4 595；1 564；1 555；2 585；2 588；3 564；3 583；4 563；4 558；1 550；1 557；2 538；2 525；3 556；3 547；4 534；4 542；1 552；1 547；2 563；2 578；3 571；3 572；4 575；4 584；1 549；1 546；2 584；2 593；3 567；3 548；4 606；4 607；1 539；1 554；2 533；2 535；3 522；3 521；4 547；4 550；1 610；1 592；2 587；2 587；3 572；3 612；4 566；4 563；1 569；1 609；2 558；2 555；3 577；3 579；4 552；4 558；1 595；1 583；2 599；2 602；3 598；3 616；4 580；4 575]。定义数据 *Data*：

$$Data := \begin{pmatrix} 1 & 546 \\ 1 & 540 \\ 2 & 566 \\ 2 & 564 \\ & \vdots \end{pmatrix}$$

2. 在矢量 ***Thick*** 中提取厚度数据。调用 histogram 函数将数据分入二十个柱中，绘制数据的柱形图并将轨迹类型更改为柱形轨迹。对于每个柱，用户可以查看 x 轴的厚度范围，以及 y 轴的实验次数。如图 2-43 所示。

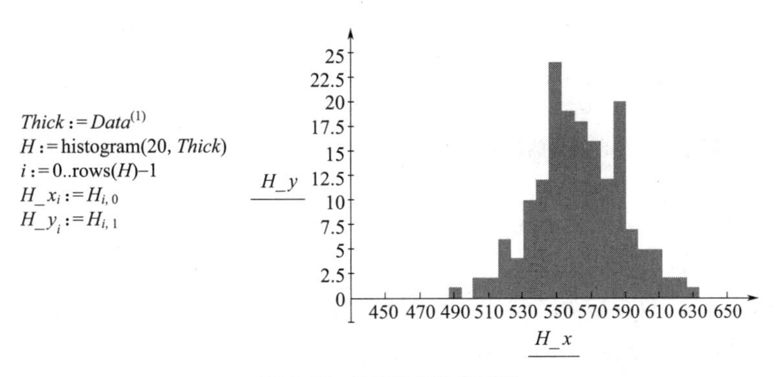

图 2-43　绘制数据的柱形图

3. 调用 mean 和 Stdev 函数计算数据的平均差和标准差。利用这些统计数据，调用 dnorm 函数可计算每个柱的期望结果（如果数据为正态分布）。添加用于绘制矢量 ***Norm*** 图像的 y 轴表达式，如图 2-44，要查看正态分布，需缩小柱状图的尺寸，方法是在其 y 轴表达式的单位占位符中添加缩放因子 1000。

4. 调用 qqplot 函数来比较 Data 的分位数与正态分布的分位数，绘制两者分位数对比的图像。更改轨迹类型以创建散点图：从符号列表中选择十字交叉符号，然后从线型列表中选择无。绘制的图像如图 2-45 所示。

5. 调用 boxplot 函数，即定义 B：＝boxplot(Thick) 后，可计算数据集的三个四分位数、最小值和最大值以及离群值。

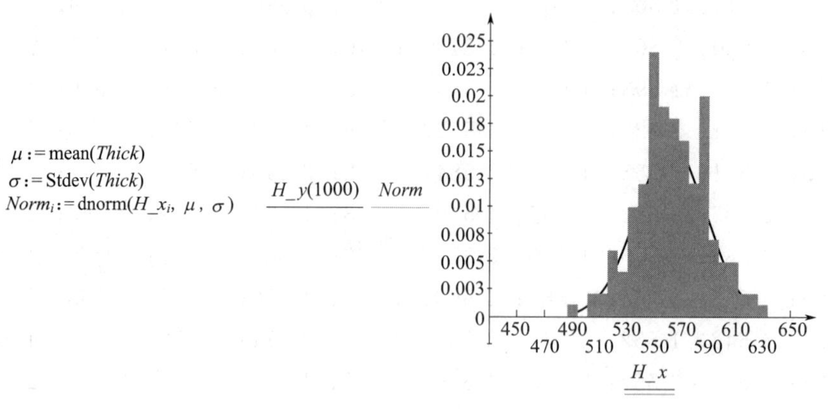

图 2-44 绘制数据的正态分布

6. 绘制 **B** 转置的图像并将轨迹类型更改为箱线图轨迹，从而在箱线图中查看这些统计数据。如图 2-46 所示。

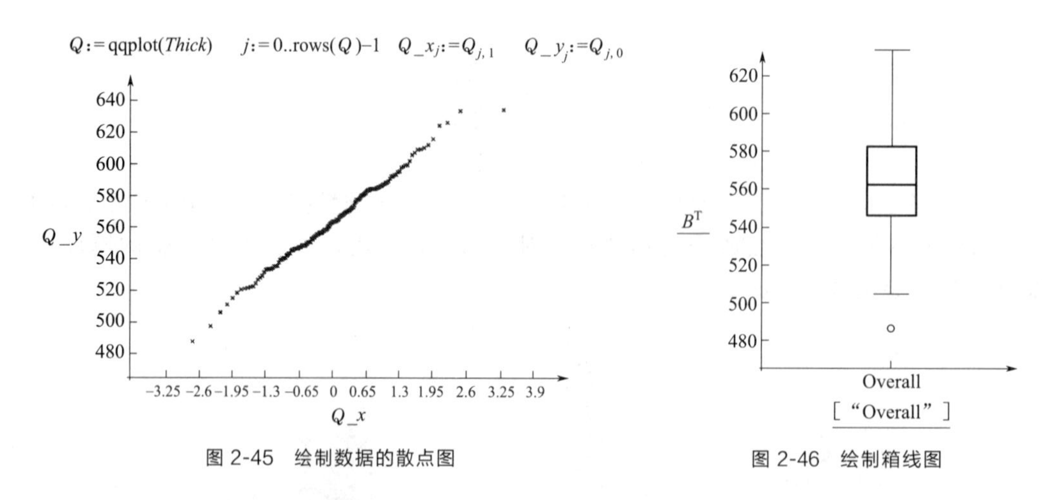

图 2-45 绘制数据的散点图

图 2-46 绘制箱线图

柱形图和正态概率图表明：正态分布是所测得厚度的合理逼近。箱线图表明：仅有一个相对接近剩余数据集的离群值。

7. 调用 vlookup 函数提取每个炉的厚度测量值。分别定义每个炉的厚度测量值 F1：=vlookup(1,Data,1),. . . ,F4：=vlookup(4,Data,1)。

8. 调用 augment 函数将矢量 ***F1***、***F2***、***F3*** 和 ***F4*** 合并到一个矩阵中，即 **F**：=*augment*(***F1***,***F2***,***F3***,***F4***)，其中每列包含其中一个炉的结果，之后调用 boxplot 函数计算每个数据集的统计数据并定义炉标签的矢量，即 ***B_F***：=boxplot(F) 和 Furnace：=[***"F1""F2""F3""F4"***]^{T}。

9. 创建箱线图查看数据集。在 *y* 轴表达式的矩阵中，每个数据集占一行，当数据集不具有相同数目的离群值时，显示 *NaN*：

$$\boldsymbol{B\_F}^{\mathrm{T}}=\begin{bmatrix} 546.75 & 556.5 & 580.25 & 515 & 626 & NaN & NaN \\ 551.75 & 566.5 & 584 & 525 & 602 & NaN & NaN \\ 546 & 562.5 & 579.75 & 505 & 625 & 487 & 634 \\ 541.5 & 560.5 & 584 & 506 & 607 & NaN & NaN \end{bmatrix}$$

从图 2-47 看出，该绘图为每个数据集绘制一个箱线图。箱线图表明：即使每个炉的厚度测量值变化相当大，但各炉之间的差异却很小。

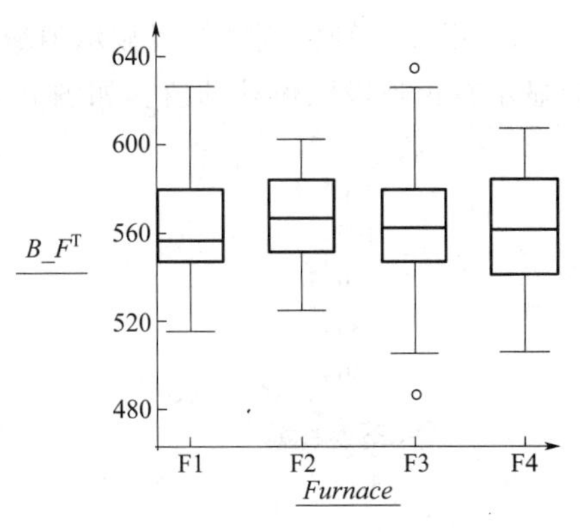

图 2-47 绘制箱线图

例 2.65 采用 3D 绘图功能，以绘制函数和矩阵两种方式创建 3D 绘图。

解：

1. 绘制含两个独立变量的函数，其中函数的结果表示 z 坐标。首先定义含两个独立变量的函数 $f(x,y):=x^2+y^2$。按 Ctrl+3 插入 3D 绘图并在轴表达式占位符中键入“f”，将含两个独立变量的函数绘制为曲面。如图 2-48 所示。

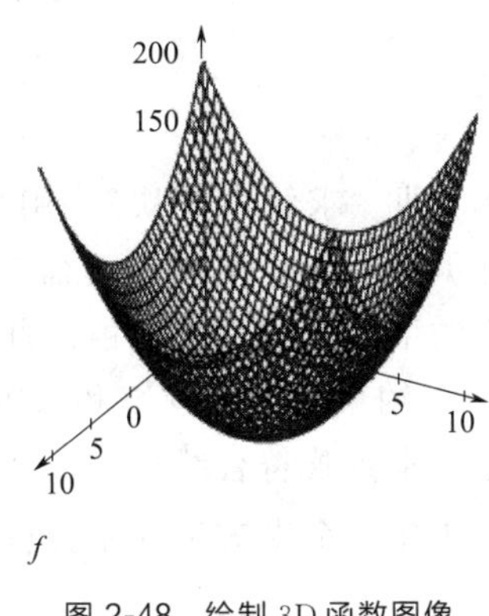

图 2-48 绘制 3D 函数图像

2. 更改 y 轴的刻度线以显示值域（5,20），并更改曲面填充和轨迹颜色。如图 2-49 所示。

3. 删除已编辑的每个刻度值并恢复默认的刻度值。如图 2-50 所示。

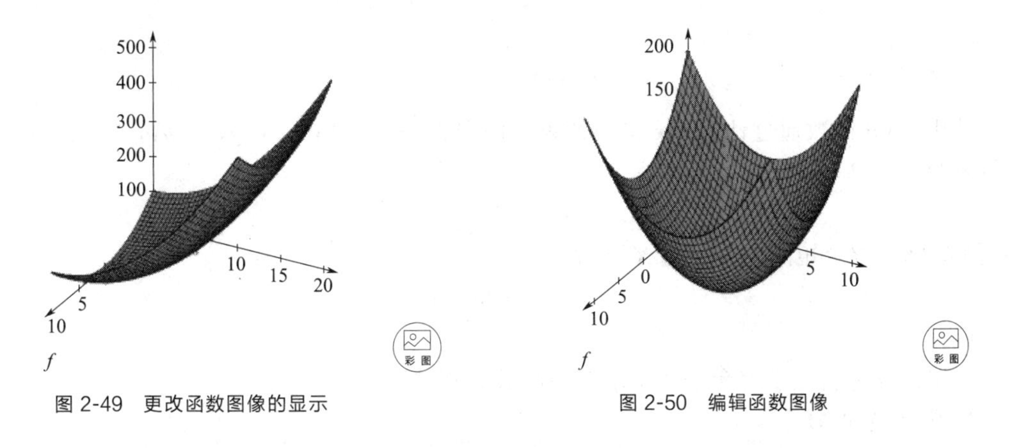

图 2-49 更改函数图像的显示

图 2-50 编辑函数图像

例 2.66 绘制从函数创建的矩阵。

解：

1. 使用 matrix 内置函数并根据例 2.65 的函数创建数据集。即 data:=matrix(10,10,f)。

2. 绘制矩阵并更改表面填充和轨迹颜色。该绘图从 0 到 9 显示函数 x 轴和 y 轴的值。如图 2-51 所示。

3. 更改 y 轴的刻度线以显示值域（5,20）。绘图显示的值域比矩阵极限值更广。绘图不会显示在矩阵极限值外的值。如图 2-52 所示。

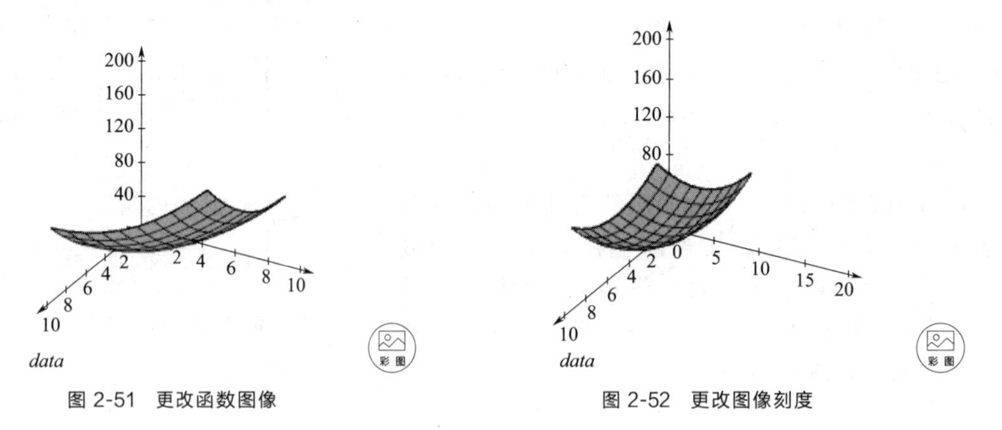

图 2-51　更改函数图像　　　　图 2-52　更改图像刻度

2.3.5　代数方程求解

Mathcad Prime 包含一组命令，即“求解命令块”。用户可将其用于求解线性、微分或偏微分方程组，最优化问题或线性编程问题。使用求解命令块可通过自然数学符号来解决，因此便于用户及文档读取者来辨识约束、函数和初始值。此类求解在步骤上大同小异，每个“求解命令块”均包含关键字 Given、约束集、方程组和求解函数。

求解方程组时可使用求解命令块来查找符合线性或非线性方程组的点。

例 **2.67**　使用求解命令块求解具有 n 个未知量的 n 方程组。

解：

可以使用求解命令块并定义估值、约束和求解器函数来求解具有 n 个未知量的 n 方程组。然后利用 Find 函数通过计算 vec 得到结果。

使用求解命令块求解方程组首先要给出带求解未知量的估计值，而后给出约束，求解函数。

估值：x：=1，y：=1，z：=0

约束条件：$2*x+y=5-2*z^2$；$y^3+4*z=4$；$x*y+z=e^z$

使用 Find 函数通过计算 vec 得到结果，即定义 vec：=Find(x,y,z) 后，输入“vec=”，可得解为 1.422，0.975，0.768。

例 **2.68**　求解矩阵式方程组 $\boldsymbol{X}^2=\begin{bmatrix}13 & 4 & 4\\4 & 9 & -3\\4 & -3 & 57\end{bmatrix}$。

解：

使用特征分析或求解命令块来求解矩阵式方程组。

1. 定义变量 $\boldsymbol{M}$。

$$M:=\begin{bmatrix}13 & 4 & 4\\4 & 9 & -3\\4 & -3 & 57\end{bmatrix}$$

2. 计算矩阵 $\boldsymbol{M}$ 的特征矢量。

$$Vec:=\mathrm{eigenvecs}(M)$$
$$Vals:=\mathrm{diag}(\mathrm{eigenvals}(M))$$

3. 查找 **X**。

$$X:=Vec\cdot\overrightarrow{\sqrt{Vals}}\cdot Vec^{T}$$

$$X=\begin{bmatrix}3.528 & 0.639 & 0.38\\0.639 & 2.915 & -0.31\\0.38 & -0.31 & 7.534\end{bmatrix}$$

$$X^{2}=\begin{bmatrix}13 & 4 & 4\\4 & 9 & -3\\4 & -3 & 57\end{bmatrix}$$

4. 使用求解命令块查找 **X**，计算 $\boldsymbol{X}sb^{2}$ 或 **M**。

估值　$Xsb:=M$

约束　$Xsb^2=M$

求解器　$Xsb:=\mathrm{Find}(Xsb)$

$$M:=Xsb^{2}=\begin{bmatrix}13 & 4 & 4\\4 & 9 & -3\\4 & -3 & 57\end{bmatrix}$$

2.3.6 微分方程求解

例 **2.69**　利用 ODE 求解器求解方程 $y_t''+0.5y_t'+3y_t=u_t$。

解：

输入为 heaviside 阶梯函数 $u(t)=\Phi(t)$。可以根据一阶 ODE 重写二阶方程：

$$x1'(t)=x2(t)\quad x2'(t)=-3\cdot x1(t)-0.5\cdot x2(t)+\Phi(t)$$

1. 定义用于指定方程组右侧的矢量函数。D 的自变量为 t，因变量矢量为 **X**。

$$D(t,X):=\begin{bmatrix}X_1\\-3\cdot X_0-0.5\cdot X_1+\Phi(t)\end{bmatrix}\quad X(t)=\begin{bmatrix}x1(t)\\x2(t)\end{bmatrix}$$

2. 定义 $x1$ 和 $x2$ 的初始值。

$$init:=\begin{bmatrix}0\\0\end{bmatrix}$$

3. 定义求解的初始时间和终止时间，以及时间步的数目。

$$Ti:=0\quad Tf:=30\quad N:=500$$

4. 调用 AdamsBDF 求解器来求解。

$$Sol:=AdamsBDF(init,Ti,Tf,N,D)$$

$$Sol=\begin{bmatrix}0 & 0 & 0\\0.06 & 0.002 & 0.059\\0.12 & 0.007 & 0.116\\0.18 & 0.016 & 0.169\\0.24 & 0.027 & 0.22\\0.3 & 0.042 & 0.266\\0.36 & 0.059 & 0.309\\ & \vdots & \end{bmatrix}$$

5. 从 Sol 提取时间和位移，然后绘制其相互关系图像。

$$t:=Sol^{\langle 0\rangle}\quad x:=Sol^{\langle 1\rangle}$$

6. 计算 x 的平均值和最大值。

$$mn:=\mathrm{mean}(x)=0.331\quad mx:=\max(x)=0.544$$

7. 绘制 x 随时间变化的图像，并使用标记表示其平均值和最大值。该绘图显示了瞬态响应特征，例如：上升时间、过冲以及沉降时间。如图 2-53 所示。

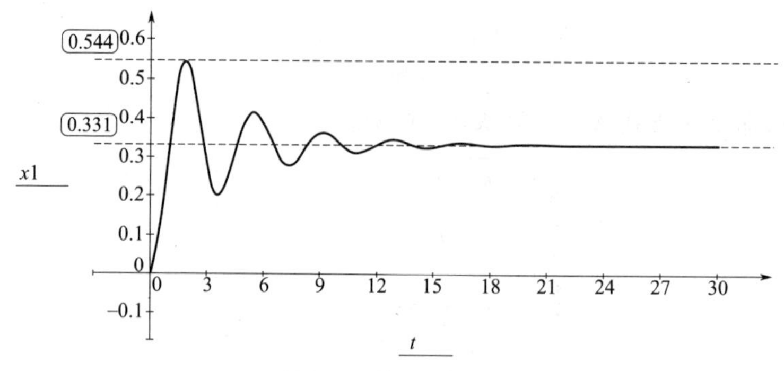

图 2-53 绘制函数图像

例 **2.70** 利用 ODE 求解器求解方程 $2y_t''+2y_t'+8y_t=u_t$。

解：

1. 定义输入函数 $u(t)$。

$$u(t):=\frac{1}{2}\cdot\cos\left(\frac{3\cdot\pi}{2}\cdot t\right)$$

2. 输入以下求解命令块。在数学选项卡的运算符和符号组中，单击运算符，然后单击导数运算符输入 x 的导数。定义问题的初始条件，然后调用 odesolve 函数。

$$m\cdot x''(t)+c\cdot x'(t)+k\cdot x(t)=u(t)$$
$$x(0)=1$$
$$x'(0)=0$$
$$x:=\mathrm{odesolve}(x(t),20)$$

3. 绘制 $0<t<10$ 范围中解的图像。如图 2-54 所示。

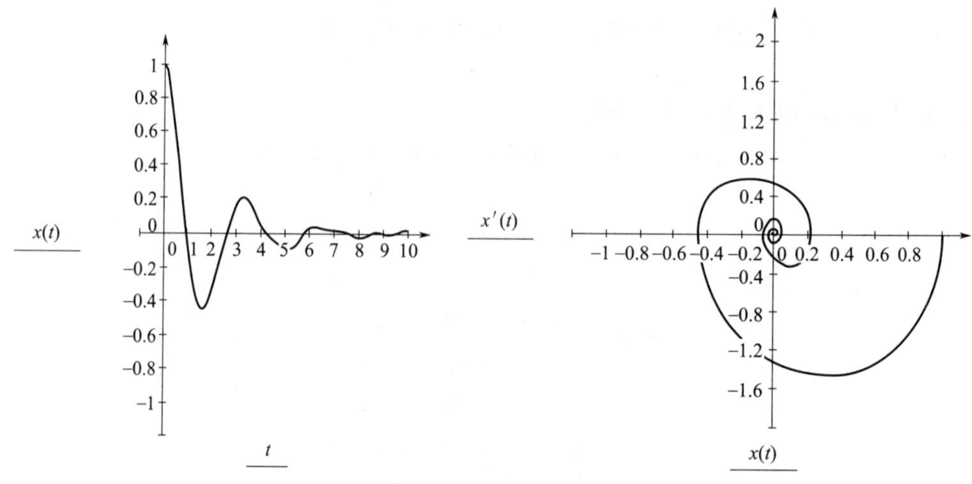

图 2-54 绘制函数图像

2.3.7 数据拟合和回归

例 **2.71** 非线性最小二乘拟合，通过求解命令块最小化数据集和拟合函数间的残差，对数据集进行建模的函数的参数进行拟合。与其他最优化问题一样，也可以对问题进行重新排列以寻找根。此处将残差设为零。

解：

1. 定义数据集。

$$u := \begin{bmatrix} 0.132 \\ 0.322 \\ 0.511 \\ 0.701 \\ 0.891 \\ 1.081 \\ 1.27 \\ 1.46 \\ 1.65 \\ 1.839 \\ 2.029 \\ 2.219 \end{bmatrix} \qquad v := \begin{bmatrix} 0.1 \\ 0.258 \\ 0.543 \\ 0.506 \\ 0.606 \\ 0.622 \\ 0.569 \\ 0.453 \\ 0.438 \\ 0.316 \\ 0.29 \\ 0.195 \end{bmatrix}$$

2. 定义一个拟合函数，即未知参数为 α 和 β 的 Wb。

$$Wb(u,\alpha,\beta) := \alpha \cdot \beta \cdot u^{\beta-1} \cdot \exp(-\alpha \cdot u^{\beta})$$

3. 定义残差，即数据集中的 v 值与利用 Wb 计算的 v 值之差。

$$resid(\alpha,\beta) := v - \overrightarrow{Wb(u,\alpha,\beta)}$$

4. 定义平方和。

$$SSE(\alpha,\beta) := \sum resid(\alpha,\beta)^2$$

5. 若要求出最佳拟合 Wb 函数的参数 α 和 β，可插入求解命令块，定义 α 和 β 的估值，然后调用 minimize 函数。

$$\alpha := 0.8 \qquad \beta := 1$$

$$\begin{bmatrix} \alpha 1 \\ \beta 1 \end{bmatrix} := \text{minimize}(SSE,\alpha,\beta)$$

6. 求解。

$$\begin{bmatrix} \alpha 1 \\ \beta 1 \end{bmatrix} = \begin{bmatrix} 0.502 \\ 2 \end{bmatrix}$$

7. 计算均方误差。如果存在真实解，则此值为零。

$$n := \text{length}(u) - 1$$

$$\frac{SSE(\alpha 1,\beta 1)}{n-2} = 0.002$$

8. 绘制数据集及拟合 Wb 函数的图像。如图 2-55 所示。

$$i := 0, 0.1 .. 4$$

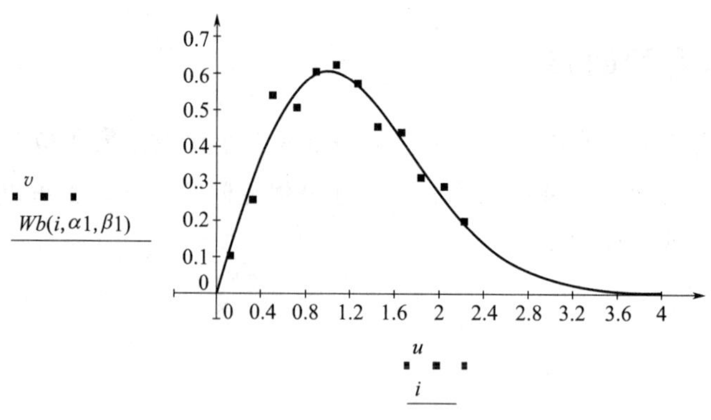

图 2-55 绘制函数图像

9. 若使用约束 $resid=0$ 来拟合参数，可使用 minerr 函数，而非 minimize 函数。

$$\alpha := 0.8 \qquad \beta := 1$$

$$resid(\alpha, \beta) = 0$$

$$\begin{bmatrix} \alpha 2 \\ \beta 2 \end{bmatrix} := \mathrm{minerr}(\alpha, \beta)$$

请注意：不能在此处使用 find 函数，因为 $\alpha 2$ 和 $\beta 2$ 没有精确解，此时将返回一个错误以指示解不存在。minerr 函数的工作方式与 find 函数相同，其唯一不同的是如果在经过一定数量的迭代后无法收敛到解，则会得到一个近似解。

10. 计算新参数的均方误差。

$$\frac{SSE(\alpha 2, \beta 2)}{n-2} = 0.002$$

11. 对比 minimize 和 minerr 所返回的结果。

$$\begin{bmatrix} \alpha 2 - \alpha 1 \\ \beta 2 - \beta 1 \end{bmatrix} = \begin{bmatrix} 0 \\ -0.0000000014 \end{bmatrix}$$

2.3.8 数据插值

2.3.8.1 一维插值

例 2.72 现有以下一组由自变量 x 组成的数据，计算 $x=5.0$ 和 10.0 时 y 的值。

x	2	3	4	5.5	7	9	11
y	5.2	7.9	9.5	11	11.8	12.7	14.5

1. 为 x 和 y 构造两个向量，注意：自变量的向量中的元素必须是升序的。

$$vx := \begin{bmatrix} 2.0 \\ 3.0 \\ 4.0 \\ 5.5 \\ 7.0 \\ 9.0 \\ 11.0 \end{bmatrix} \qquad vy := \begin{bmatrix} 5.2 \\ 7.9 \\ 9.5 \\ 11.0 \\ 11.8 \\ 12.7 \\ 14.5 \end{bmatrix}$$

2. 使用 lspline/pspline/cspline 函数计算所需的二阶导数，lspline 或 pspline 的语法是相同的。

$$vs:=\text{cspline}(vx,vy)$$

3. 使用 interp 函数创建一个函数来表示拟合曲线。

$$y(x):=\text{interp}(vs,vx,vy,x)$$

4. 计算 $x=5.0$ 和 10.0 时 y 的值。

$$y(5)=10.593\quad y(10)=13.416$$

5. 绘制拟合曲线。如图 2-56 所示。

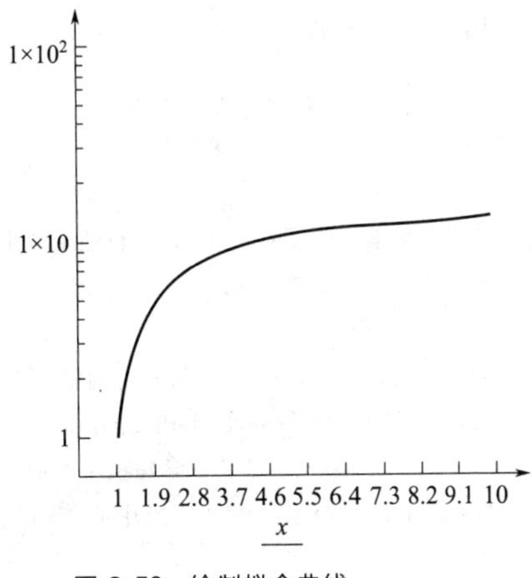

图 2-56　绘制拟合曲线

2.3.8.2　二维插值

例 **2.73**　现有以下一组 z 数据，它们依赖于两个独立变量 x 和 y，计算 $x=2.5$ 和 $y=7.0$ 时 z 的值。

x	y			
	5.2	7.9	9.5	11
2	11.173	12.209	12.714	13.139
3	12.126	13.163	13.668	14.092
4	12.93	13.967	14.472	14.896
5.5	13.966	15.002	15.507	15.932

1. 为 x 和 y 构造两个向量，注意：自变量的向量中的元素必须是升序的。

$$vx:=\begin{bmatrix}2.0\\3.0\\4.0\\5.5\end{bmatrix}\qquad vy:=\begin{bmatrix}5.2\\7.9\\9.5\\11.0\end{bmatrix}$$

2. 构造一个 x 和 y 向量的增广矩阵 $\boldsymbol{M}xy$。

$$Mxy:=\text{augment}(vx,vy)$$

3. 构造一个包含 z 数据的矩阵。

$$Mz:=\begin{bmatrix}11.173 & 12.209 & 12.714 & 13.139\\12.126 & 13.163 & 13.668 & 14.092\\12.93 & 13.967 & 14.472 & 14.896\\13.966 & 15.002 & 15.507 & 15.932\end{bmatrix}$$

4. 使用 cspline 函数计算二阶导数。

$$vs:=\text{cspline}(Mxy,Mz)$$

第一个参数是包含自变量的矩阵，第二个参数是包含因变量的矩阵。

5. 使用 interp 函数创建一个函数来表示拟合曲线。

$$z(x,y):=\text{interp}\left(vs,Mxy,Mz,\begin{bmatrix}x\\y\end{bmatrix}\right)$$

6. 计算 z 值。

$$z(2.5,7.0)=12.392$$

参考文献

[1] 陈华．数学实验［M］．北京：石油工业出版社，2020.

[2] 孙宏伟，陈兰．结构化学课程中波函数 3D 图的 VRML 实现［J］．大学化学，2019，34（7）：100-104.

[3] https：//ww2. mathworks. cn/help/［OL］．2021-2-1.

[4] 天工在线．MATLAB2020 从入门到精通［M］．北京：水利水电出版社，2020.

[5] 余敏．微积分基础-引入 Mathematica 软件求解［M］．2 版．上海：华东理工大学出版社，2016.

[6] Mathematica 基础及其在数学建模中的应用［M］．北京：国防工业出版社，2016.

[7] Wolfram 语言与系统参考资料中心．https：//reference. wolfram. com/language/# Machine Learning［OL］．2021-2-1.

[8] 董仁扬．Mathcad Prime 2.0 基础与应用技巧［M］．北京：机械工业出版社，2014.

第3章

数据回归与关联

回归分析是处理化学化工数据最常用的方法，通过对不规律散点的分析，可以得到变量之间的关联式，再用关联式预测真实状况下的状态。确定回归方程、检验回归方程的可信性等问题都是回归分析的任务。

本章实例配有 MATLAB、Mathematica、Mathcad 三种计算程序，可扫描本书二维码获取。

3.1 多元线性回归方法估计 Antoine 方程的参数

Antoine 方程被广泛用于计算纯组分的饱和蒸气压，它含有三个参数 A、B 和 C，其表达式通常为：

$$p_{\mathrm{v}}=10^{\left(A+\frac{B}{T+C}\right)} \tag{3-1}$$

式中，p_{v} 为饱和蒸气压，mmHg（1mmHg=133Pa）；T 为体系温度，℃。

不同温度下正丁烷的饱和蒸气压数据见表 3-1。采用多元线性回归方法确定 Antoine 方程的参数并判断回归方程的显著性。

表 3-1 不同温度下正丁烷的饱和蒸气压

序号	饱和蒸气压 p_{v}/mmHg	温度 T/℃	序号	饱和蒸气压 p_{v}/mmHg	温度 T/℃
1	10	−77.66	10	600	−6.566
2	50	−55.62	11	700	−2.642
3	100	−44.15	12	760	−0.495
4	150	−36.75	13	800	0.865
5	200	−31.15	14	900	4.05
6	250	−26.59	15	1000	6.96
7	300	−22.71	16	1200	12.18
8	400	−16.29	17	1500	18.87
9	500	−11.04			

问题分析

多元线性回归的模型为：

$$y_i=b_0+b_1x_{i1}+b_2x_{i2}+\cdots+b_px_{ip}+\varepsilon_i \quad (i=1,2,\cdots,n) \tag{3-2}$$

式中，y_i 为因变量；$x_{i1} \sim x_{ip}$ 为自变量；$b_0 \sim b_p$ 为回归方程的系数；ε_i 为原始数据因变量所包含的（测量）误差，通常认为测量误差服从正态分布，同时假设各个测量数据的随机误差之间独立，且测量误差与因变量本身独立；n 为观测数据的组数。

方程式(3-2) 的参数可以通过解以下线性方程组来获得：

$$\boldsymbol{X}^{\mathrm{T}}\boldsymbol{X}\boldsymbol{B}=\boldsymbol{X}^{\mathrm{T}}\boldsymbol{Y} \tag{3-3}$$

式中，$\boldsymbol{X}$ 是自变量的观测值矩阵；$\boldsymbol{B}$ 是参数向量；$\boldsymbol{Y}$ 是因变量的观测值向量。因此有：

$$\boldsymbol{X}=\begin{bmatrix} 1 & x_{1,1} & x_{1,2} & \cdots & x_{1,p} \\ 1 & x_{2,1} & x_{2,2} & \cdots & x_{2,p} \\ \vdots & \vdots & \vdots & & \vdots \\ 1 & x_{n,1} & x_{n,2} & \cdots & x_{n,p} \end{bmatrix}, \quad \boldsymbol{B}=\begin{bmatrix} b_0 \\ b_1 \\ \vdots \\ b_p \end{bmatrix} \quad \text{和} \quad \boldsymbol{Y}=\begin{bmatrix} y_1 \\ y_2 \\ \vdots \\ y_n \end{bmatrix}$$

模型中各系数和常数项采用最小二乘法求得。

问题求解

若要采用线性回归方法拟合 Antoine 方程，首先应对方程进行线性化处理。对式(3-1)两边取对数整理后得：

$$T\lg p_{\mathrm{v}}=(AC+B)+AT-C\lg p_{\mathrm{v}} \tag{3-4}$$

式中，lg 代表以 10 为底数的对数。令 $y=T\lg p_{\mathrm{v}}$，$x_1=T$，$x_2=\lg p_{\mathrm{v}}$，可以得到线性化的公式 $y=b_0+b_1x_1+b_2x_2$，其中 $b_0=AC+B$，$b_1=A$，$b_2=-C$。这样拟合非线性的 Antoine 公式就转化为对上述线性公式进行拟合。

求解结果及分析

通过 MATLAB 采用 regress 函数进行多元线性回归，得到 Antoine 方程线性回归结果列入表 3-2。

表 3-2 正丁烷 Antoine 方程的回归系数及 95%置信区间

参数	数值	95%置信区间下限	95%置信区间上限
b_0	689.8334	689.6165	690.0503
b_1	6.8080	6.8063	6.8096
b_2	−238.7811	−238.8560	−238.7062

由多元线性回归得到线性化方程的参数 b 后，还需将 b 换算为 Antoine 公式的参数 A、B、C，经换算得：$A=6.8080$，$B=-935.788$，$C=238.7811$，即 Antoine 公式为：

$$p_{\mathrm{v}}=10^{\left(6.8080-\frac{935.788}{T+238.7811}\right)} \tag{3-5}$$

文献理论值为 $A=6.83029$，$B=-945.90$，$C=240.00$。

正丁烷 Antoine 方程多元线性回归的拟合曲线见图 3-1。

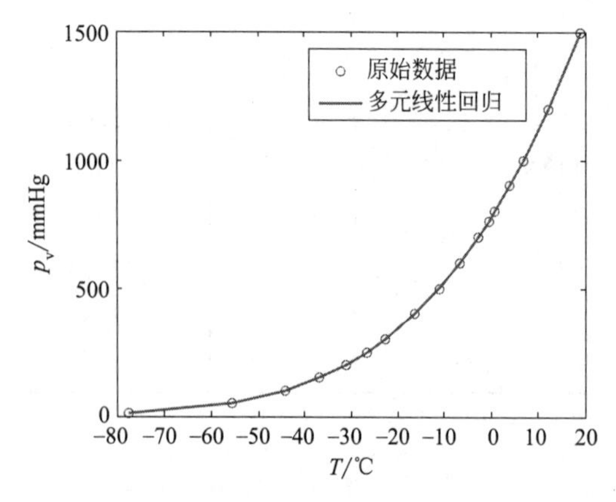

图 3-1 正丁烷 Antoine 方程的多元线性回归拟合曲线

残差图（residual plot）是以回归方程的自变量为横坐标，以残差为纵坐标，将每一个自变量下的残差描绘在该平面坐标上所形成的图形。残差由下式计算：

$$E_i = y_i - \hat{y}_i \tag{3-6}$$

其中，E_i 为残差，y_i 为因变量的观测值，$\hat{y}_i$ 为其计算值。当描绘的点围绕残差等于 0 的直线上下随机散布时，说明回归直线对原观测值的拟合情况良好。否则，说明回归直线对原观测值的拟合不理想。

正丁烷 Antoine 方程多元线性回归的残差图如图 3-2 所示。残差图表明残差在 0 处上下随机分布，而且回归系数的置信区间较窄，说明 Antoine 方程在所测量的范围内充分地表述了正丁烷的饱和蒸气压数据。

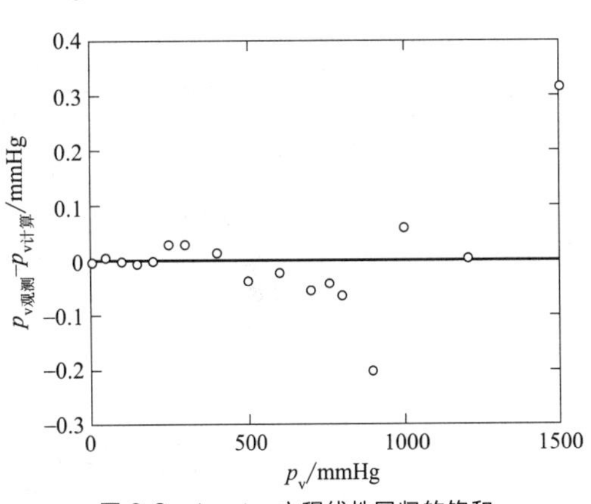

图 3-2　Antoine 方程线性回归的饱和蒸气压数据的残差图

3.2 非线性回归方法估计 Antoine 方程的参数 

不同温度下正丁烷的饱和蒸气压数据见表 3-1。采用非线性回归方法计算式(3-1) 中 Antoine 方程的参数并判断回归方程的显著性。

问题分析

非线性回归方程的一般形式如式(3-7) 所示：

$$y = f(x_1, x_2, \ldots, x_n; b_1, b_2, \ldots, b_m) + \varepsilon \tag{3-7}$$

式中，y 是因变量；x_1，x_2，…，x_n 为自变量；b_1，b_2，…，b_m 为拟合参数；ε 为因变量的测量误差。非线性回归法确定模型参数，以残差平方和最小为目标函数，残差平方和 LS 的计算公式如下：

$$LS = \sum_{i=1}^{n}(y_i - \hat{y}_i)^2 \tag{3-8}$$

式中，n 为数据点的个数；y_i 为因变量的观测值；$\hat{y}_i$ 为其计算值。模型的方差 σ^2 由下式计算：

$$\sigma^2 = \frac{\sum_{i=1}^{n}(y_i - \hat{y}_i)^2}{\nu} = \frac{LS}{\nu} \tag{3-9}$$

式中，ν 为自由度，它等于数据点的个数减去模型参数的个数（$n-m$）。[1] 由于方差考虑了数据个数对残差平方和大小的影响，因此通常用方差来比较不同模型拟合的好坏。

问题求解

利用式(3-1) 进行非线性回归，此时需要估计方程参数的初值。

求解结果及分析

通过 MATLAB 采用非线性最小二乘函数 lsqnonlin 进行非线性回归求取 Antoine 方程的参数。

设初值为 $A=6$，$B=-1000$，$C=200$，非线性回归的拟合曲线如图 3-3 所示，Antoine 方程的参数及其 95%置信区间见表 3-3。

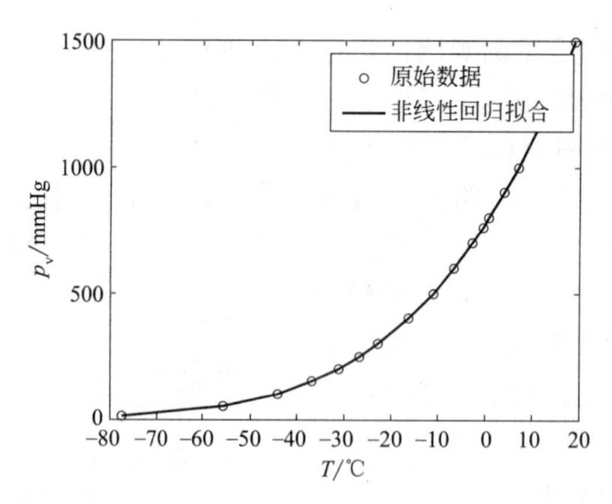

图 3-3 正丁烷 Antoine 方程的非线性回归拟合曲线

表 3-3 正丁烷 Antoine 方程参数及 95%置信区间

参数	初值	拟合值	95%置信区间下限	95%置信区间上限
A	6	6.817026	6.811677	6.822376
B	−1000	−939.9323	−942.4724	−937.3922
C	200	239.2855	238.9651	239.6058

方差由方程式(3-9)计算，其中自由度 $\nu=17-3=14$。残差平方和 LS 的值为 0.060312，所以模型的方差是 0.004308。

正丁烷 Antoine 方程非线性回归的残差图如图 3-4 所示。

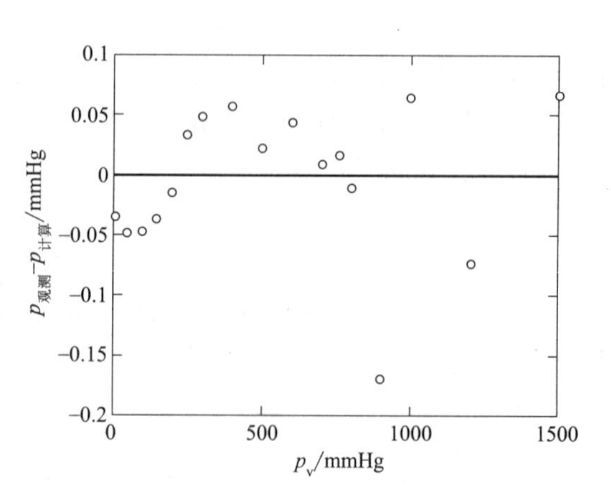

图 3-4 正丁烷 Antoine 方程非线性回归的残差图

由残差图可以看出，饱和蒸气压 p_v 的值越大，误差也越大，反之饱和蒸气压越小，误差越小。这表明实验误差与所测饱和蒸气压的大小有关。非线性回归参数的置信区间也比较窄，说明正丁烷的 Antoine 方程式在正丁烷饱和蒸气压实验数据范围内相关性显著。

也可以把 $\lg p_v$ 作为因变量进行回归，得到 Antoine 方程的非线性回归式。

3.3 多项式拟合方法关联气体的比热容公式

50～1500K 温度范围内丁烷气体的定压比热容数据见表 3-4，请根据已知数据关联丁烷定压比热容的计算公式。

表 3-4　不同温度下（50～1500K）丁烷的定压比热容

序号	温度 T/K	定压比热容 c_p/kJ·(kmol·K)$^{-1}$	序号	温度 T/K	定压比热容 c_p/kJ·(kmol·K)$^{-1}$
1	50	38.07	11	700	187.02
2	100	55.35	12	800	202.38
3	150	67.32	13	900	215.73
4	200	76.44	14	1000	227.36
5	273.16	92.30	15	1100	237.48
6	298.15	98.49	16	1200	246.27
7	300	98.95	17	1300	253.93
8	400	124.77	18	1400	260.58
9	500	148.66	19	1500	266.40
10	600	169.28			

注：API44 Hydrocarbon Project，Selected Values of Properties of Hydrocarbon and Related Compounds. Thermodynamics Research Center，1978.

问题分析

根据 Perry 的研究可知，气体的定压比热容通常用如下简单的方法表示：

$$c_p = a_0 + a_1 T + a_2 T^2 + a_3 T^3 \tag{3-10}$$

因此可采用多项式拟合方法关联该公式。

问题求解

对数据采用不同阶数的多项式表示并进行多项式拟合，并根据结果确定合适的计算公式。

求解结果及分析

通过 MATLAB 采用 polyfit 函数进行多项式拟合。

将二阶至五阶多项式拟合的系数及标准差列入表 3-5。表 3-5 中的结果表明，四阶与五阶多项式的标准差相近，且明显低于二阶、三阶多项式，说明四阶和五阶多项式可以很好地关联实验数据。

表 3-5　丁烷定压比热容多项式拟合的系数和标准差

阶数	二	三	四	五
a_0	23.092	24.0119	29.4457	30.8061
a_1	0.29113	0.28408	0.22006	0.19737
a_2	-8.6594×10^{-5}	-7.5084×10^{-5}	1.1303×10^{-4}	2.1449×10^{-4}
a_3		-5.0046×10^{-9}	-1.9726×10^{-7}	-3.7312×10^{-7}
a_4			6.3011×10^{-11}	1.9197×10^{-10}
a_5				-3.3622×10^{-14}
标准差	2.443	2.496	1.789	1.820

三阶和五阶多项式的拟合曲线见图 3-5 和图 3-6。可以看出，三阶多项式与五阶多项式

的拟合曲线相似，且观测数据基本上在拟合曲线上。

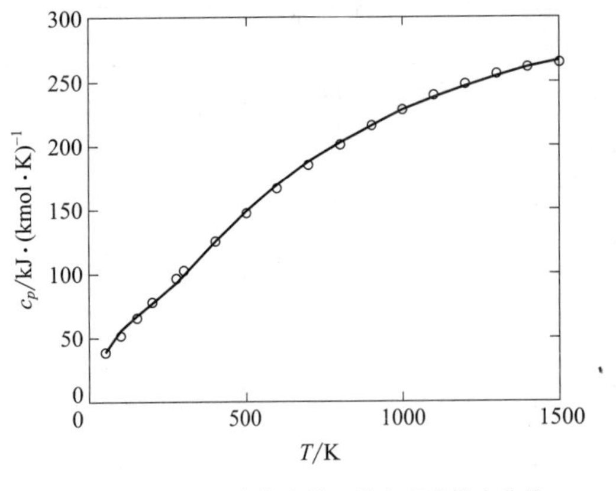

图 3-5 丁烷定压比热容的三阶多项式拟合曲线

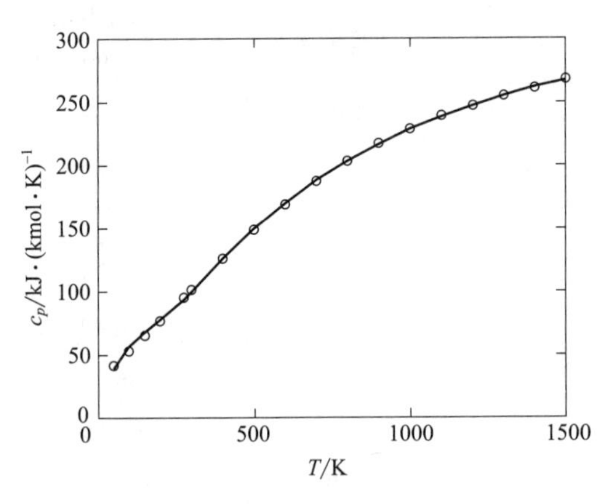

图 3-6 丁烷定压比热容的五阶多项式拟合曲线

三阶多项式的残差图见图 3-7，从图中可以看出明显的误差震荡，说明需要更多的参数来充分地描述数据。

五阶多项式的残差图见图 3-8。从图中可以看出残差是随机分布的，说明误差没有固定的趋势，证实了比热容五阶拟合多项式的相关性。

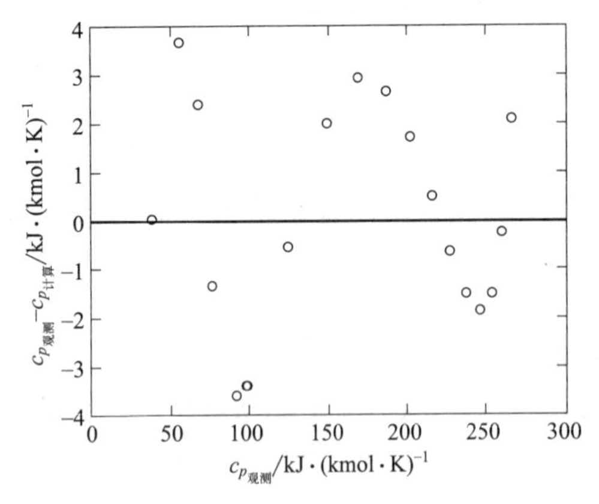

图 3-7 丁烷定压比热容三阶多项式的残差图

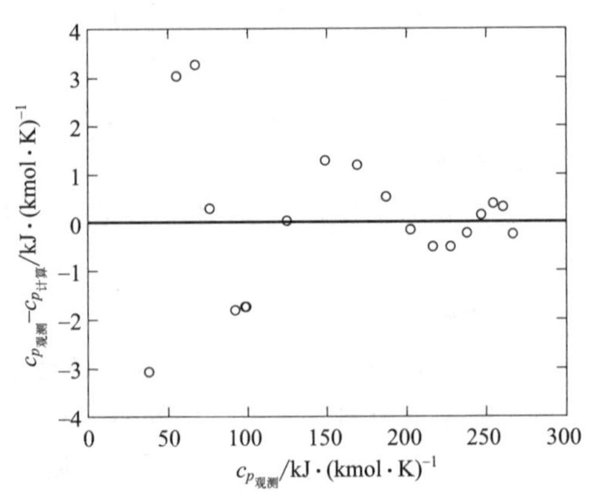

图 3-8 丁烷定压比热容五阶多项式的残差图

3.4 多项式拟合方法关联丁烷的热导率公式

20～200℉温度范围内丁烷气体的热导率数据见表 3-6，试拟合一阶到三阶多项式。

表 3-6 不同温度下正丁烷的热导率

序号	温度 T/°F	热导率 $k\times10^6$/cal·(s·cm·℃)$^{-1}$	温度 T/K	热导率 k/W·(m·K)$^{-1}$
1	20	30.99	266.5	0.01298
2	40	33.06	277.6	0.01384
3	60	35.54	288.7	0.01488
4	80	38.02	299.8	0.01592

续表

序号	温度 T/°F	热导率 $k\times10^6$/cal·(s·cm·℃)$^{-1}$	温度 T/K	热导率 k/W·(m·K)$^{-1}$
5	100	40.91	310.9	0.01713
6	120	43.39	322.0	0.01817
7	200	54.14	366.5	0.02267

注：Weast，R C. Handbook of Chemistry and Physics. 56th ed. Cleveland，Ohio：CRC Press，1975.

问题分析

当温度范围较窄时，Perry 认为低压气体的热导率可以用一个线性方程或一阶多项式很好地来关联。用二阶或更高阶的多项式也可以拟合热导率数据。

对于较宽的温度范围，Perry 推荐采用下式关联热导率：

$$k=cT^n \tag{3-11}$$

式中，T 是绝对温度。可对方程式(3-11) 直接进行非线性回归拟合，以确定参数 c 和 n。

问题求解

首先将温度与热导率数据变换为以国际单位制表示，结果列于表 3-6 中，对变换后的数据进行拟合。

对数据采用不同阶数的多项式并进行多项式拟合，并根据结果确定合适的计算公式。对方程式(3-11) 直接进行非线性回归拟合确定关联式。

求解结果及分析

通过 MATLAB 采用 polyfit 函数和 lsqnonlin 函数分别进行多项式拟合与非线性拟合。

将一阶至三阶多项式拟合的系数及标准差列入表 3-7。一阶和二阶多项式的标准差相同，三阶多项式的标准差明显减小。三阶多项式的残差图如图 3-9，可见误差随机分布，因此以三阶多项式关联正丁烷的热导率较为合适。

表 3-7　正丁烷热导率多项式的拟合系数和标准差

阶数	一	二	三
a_0	−0.01332	−0.005191	0.07240
a_1	9.7931×10^{-5}	4.6089×10^{-5}	-7.0311×10^{-4}
a_2		8.1789×10^{-8}	2.4761×10^{-6}
a_3			-2.5319×10^{-9}
标准差	1.202×10^{-4}	1.202×10^{-4}	5.151×10^{-5}

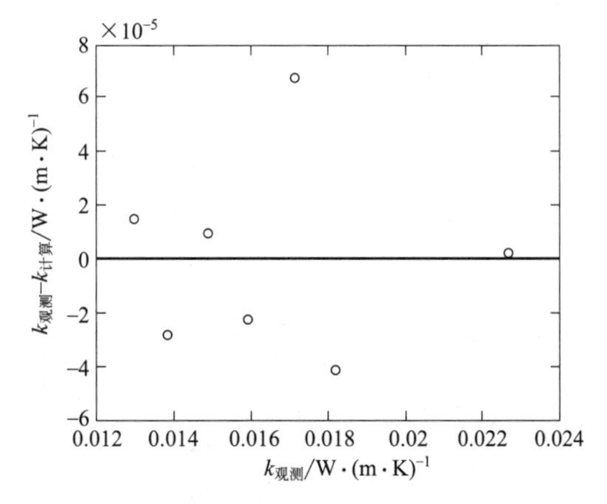

图 3-9　正丁烷热导率三阶多项式拟合残差图

对方程(3-11)直接进行非线性回归拟合，得到的参数值与95%置信区间见表3-8，拟合结果图和残差图分别见图3-10和图3-11。由表3-8可见，非线性拟合的参数 n 为1.76316，且参数的置信区间较窄。由图3-11可见，误差随机分布。因此非线性拟合的结果也可以满足要求。

表 3-8　正丁烷热导率非线性拟合参数值及置信区间

参数	初值	拟合值	95%置信区间
c	0.0001	6.8499×10^{-7}	1.7626×10^{-7}
n	1.8	1.76316	0.04474

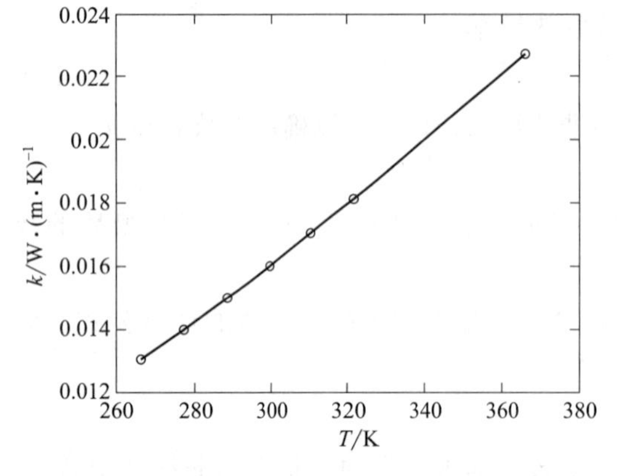

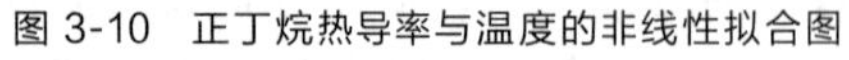
图 3-10　正丁烷热导率与温度的非线性拟合图

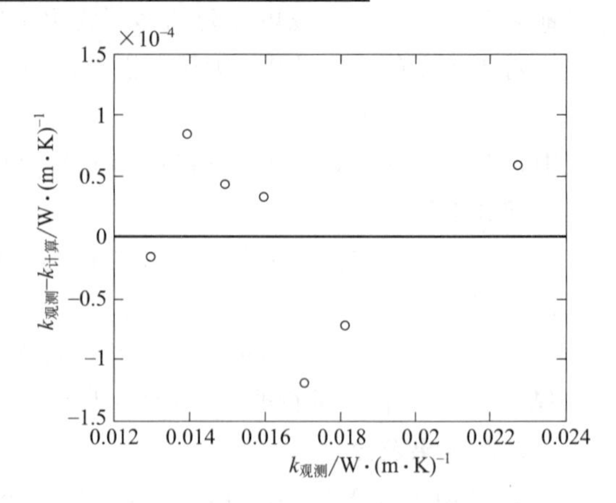

图 3-11　正丁烷热导率非线性拟合的残差图

3.5　多项式拟合方法关联丁烷的黏度公式

常压下正丁烷的黏度随温度变化的数据见表3-9，试根据实验数据确定正丁烷黏度的计算关联式。

表 3-9　不同温度下正丁烷的黏度数据

序号	温度 T/℃	黏度 μ/cP	温度 T/K	黏度 μ/$\times10^{-4}$Pa·s
1	−90	0.63	183.15	6.30
2	−85	0.58	188.15	5.80
3	−80	0.534	193.15	5.34
4	−75	0.496	198.15	4.96
5	−70	0.461	203.15	4.61
6	−65	0.430	208.15	4.30
7	−60	0.402	213.15	4.0
8	−55	0.377	218.15	3.77
9	−50	0.354	223.15	3.54
10	−45	0.334	228.15	3.34
11	−40	0.314	233.15	3.14
12	−35	0.297	238.15	2.97

问题分析

Perry 认为液体黏度的关联式与 Antoine 方程饱和蒸气压的计算相类似：

$$\lg(\mu)=A+B/(T+C) \tag{3-12}$$

式中，μ 是黏度；A、B、C 是参数。如果 T 的单位是 K，参数 C 还可以近似以下式计算：

$$C=17.71-0.19T_b \tag{3-13}$$

T_b 为以 K 为单位的正常沸点，正丁烷的沸点是 272.65K，所以 C 的近似值是-34.09。

Reid 用一个四参数方程为液体的黏度提供了一种可能的关联式：

$$\lg(\mu)=A+B/T+C\lg T+DT^2 \tag{3-14}$$

对以上两式进行回归分析，可以得到公式的参数，从而确定正丁烷黏度的关联式。

问题求解

首先将原始数据变换为国际单位制，结果列入表 3-9。

对 Perry 方程进行线性回归，即将方程(3-12) 进行线性化，令：

$$x=1/(T-34.09), y=\lg(\mu)$$

则式(3-12) 转化为一元线性回归式。

由一元线性回归方法得到 Perry 方程的参数 A、B，加上 $C=-34.09$，作为方程(3-12) 的非线性回归的初值，通过非线性回归确定 (3-12) 的参数。

Reid 方程采用多元线性回归方法进行拟合，得到式(3-14) 的参数。

求解结果及分析

通过 MATLAB 采用 regress 函数和 lsqnonlin 函数分别进行多元线性回归与非线性回归拟合。

对 Perry 方程进行非线性回归的结果见表 3-10，拟合曲线如图 3-12。Perry 方程的参数 $A=-4.4064$，$B=180.4309$，$C=-34.09$。由图 3-12 可见，非线性模型可以较好地关联正丁烷黏度数据，尽管如此，残差图 3-13 中残差的震荡分布还是比较明显的，这说明在如此宽的温度范围内不能用三参数方程充分地表述数据。

表 3-10 Perry 方程非线性回归的系数

参数	参数值	95%置信区间
A	-4.4064	0.2682
B	180.4309	91.6689
C	-34.09	43.09

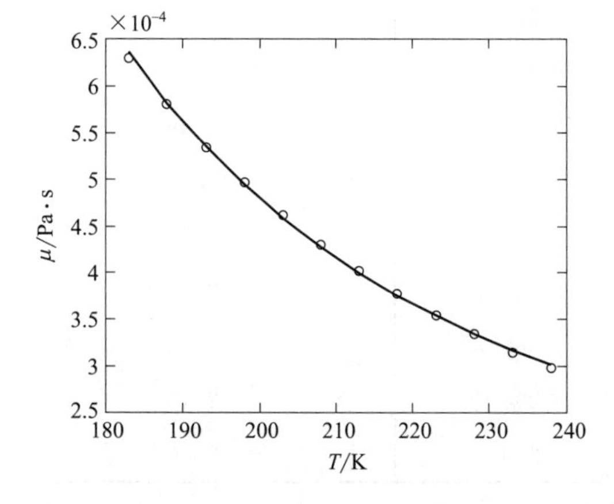

图 3-12 正丁烷黏度非线性回归拟合曲线

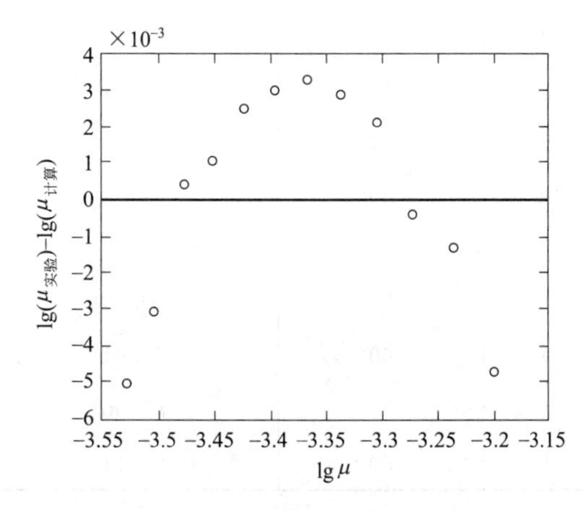

图 3-13 正丁烷黏度非线性拟合残差图

采用多元线性回归方法拟合式(3-14)的参数结果见表3-11，拟合曲线及残差图分别见图3-14和图3-15，由图3-15可见误差随机分布，比式(3-12)的结果更好。

表 3-11 Reid 拟合公式 $\lg(\mu)=A+B/T+C\lg T+DT^2$ 的系数

参数	参数值	95%置信区间
A	−14.1232	13.1047
B	458.4000	311.903
C	3.8405	5.1651
D	-8.0625×10^{-6}	8.505×10^{-6}

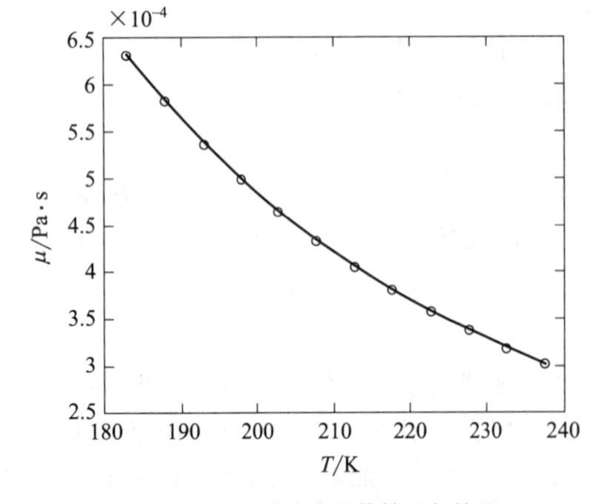

图 3-14 Reid 黏度方程线性回归结果

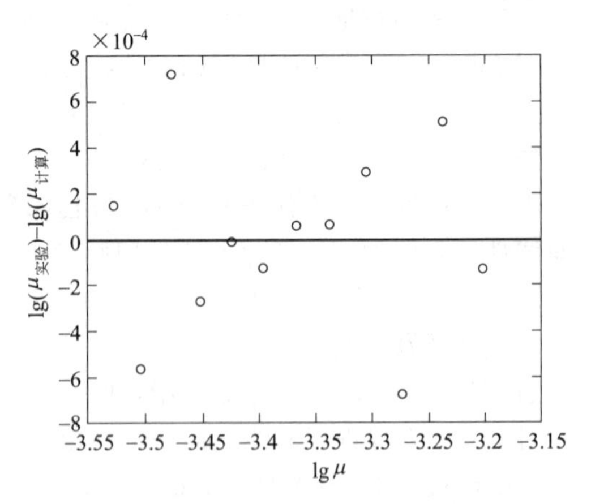

图 3-15 Reid 黏度方程线性回归残差图

3.6 多项式拟合方法关联丁烷的汽化热公式  

丁烷的汽化热数据见表3-12。试根据实验数据确定丁烷汽化热的关联式。

表 3-12 不同温度下丁烷的汽化热

序号	温度 T/°F	汽化热 ΔH/(kcal/kg)	温度 T/K	汽化热 ΔH/[$\times10^7$(J/kmol)]
1	0	94.72	255.37	2.30
2	10	93.61	260.93	2.28
3	20	92.78	266.48	2.26
4	30	91.94	272.04	2.24
5	40	90.83	277.59	2.21
6	50	89.72	283.15	2.18
7	60	88.61	288.71	2.16
8	70	87.50	294.26	2.13
9	80	86.11	299.82	2.10

续表

序号	温度 T/°F	汽化热 ΔH/(kcal/kg)	温度 T/K	汽化热 ΔH/[$\times10^7$(J/kmol)]
10	90	84.44	305.37	2.05
11	100	83.06	310.93	2.02
12	110	81.67	316.48	1.99
13	120	79.72	322.04	1.94
14	130	78.06	327.59	1.90
15	140	76.39	333.15	1.86

注：Weast，R C. Handbook of Chemistry and Physics. 56th ed. Cleveland，Ohio：CRC Press，1975.

问题分析

可以基于 Waston 关系式计算汽化热（Perry）：

$$\Delta H = A(T_c - T)^n \tag{3-15}$$

n 可以通过经验数据进行回归得到。丁烷的临界温度 T_c 是 425.16K(152.01℃)。此外，汽化热也可以通过一个四阶多项式来关联：

$$\Delta H = a_0 + a_1 T + a_2 T^2 + a_3 T^3 + a_4 T^4 \tag{3-16}$$

分别对以上两式进行回归，以便确定其参数。

问题求解

先对 Waston 关系式进行线性回归，方程两边取对数变为：

$$\lg(\Delta H) = \lg A + n\lg(425.16 - T) \tag{3-17}$$

再将原始数据的单位变为 K 和 J/kmol，见表 3-12，然后进行线性回归，用线性回归的结果作为初值进行非线性回归。

对四阶多项式(3-16）进行非线性回归确定其参数。

求解结果及分析

通过 MATLAB 采用 regress 函数和 nlinfit 函数分别进行多元线性回归与非线性回归拟合。

Waston 关系式线性回归结果见图 3-16，汽化热方程的结果为：

$$\Delta H = 3.8225\times10^6\times(425.16 - T)^{0.3511} \tag{3-18}$$

用线性回归的结果作为初值进行非线性回归，拟合参数及置信区间见表 3-13。两种方法得到的方程非常相似，仅在参数值上表现出微小的差别，这是因为非线性回归的最小平方目标函数是用 lg(ΔH）计算的，而非线性回归的目标函数是用 ΔH 计算的。

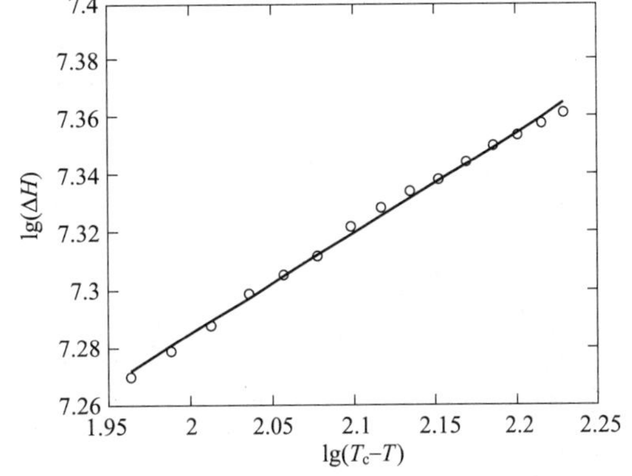

图 3-16 Waston 式线性关联式的拟合曲线

表 3-13 式(3-15)非线性回归拟合系数

系数	系数值	95%置信区间
A	3.869896×10^6	2.80458×10^5
n	0.3485571	0.0148363

非线性回归的拟合曲线和残差图分别见图 3-17 和图 3-18。图 3-18 非线性回归的残差图显示误差随机分布，说明这个方程能很好地描述数据。

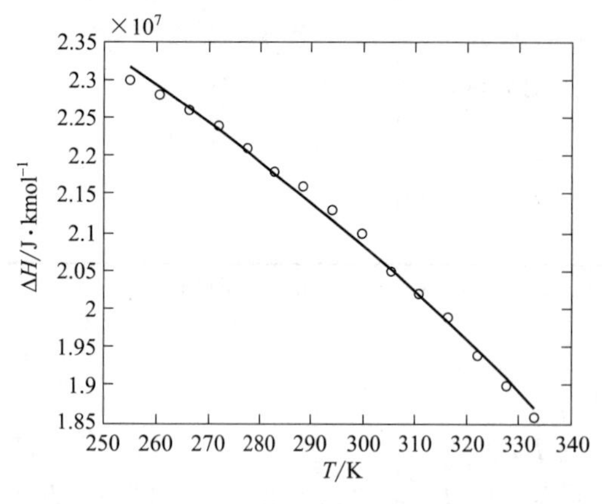

图 3-17 Waston 式非线性关联式的拟合曲线

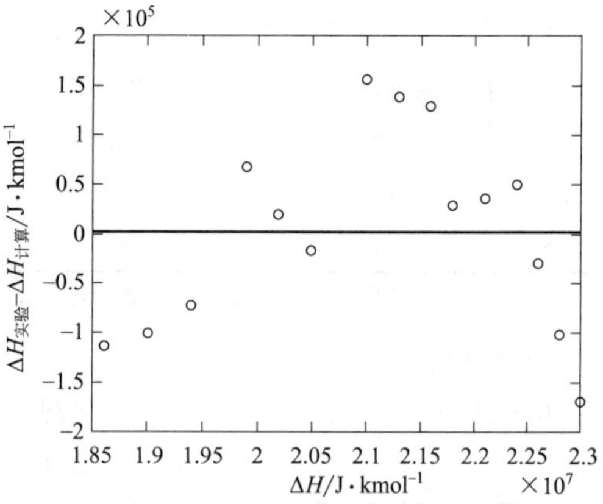

图 3-18 Waston 式非线性回归的残差图

对四阶多项式(3-16) 进行非线性回归，结果见表 3-14 和图 3-19、图 3-20。结果表明，式(3-16) 可以充分地描述这些数据。

表 3-14 式(3-16)拟合系数

系数	系数值	95%置信区间
a_0	2.64683×10^{8}	9.85492×10^{8}
a_1	-3.383766×10^{6}	1.34964×10^{7}
a_2	1.78492×10^{4}	6.91363×10^{4}
a_3	-41.632	157.004
a_4	0.0356804	0.133370

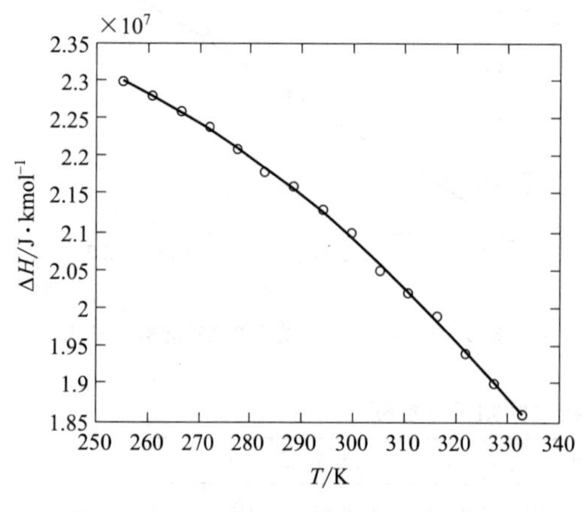

图 3-19 四阶多项式非线性回归拟合曲线

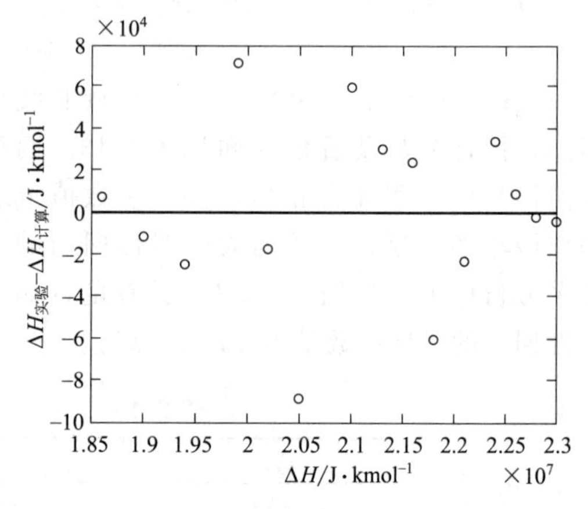

图 3-20 四阶多项式非线性回归的残差图

3.7　因次分析法确定液体在圆管中的热传递公式

Sieder 和 Tate 测得的某比重指数为 21 API 度油品的传热数据见表 3-15。试分别采用多元线性回归和非线性回归确定方程的参数并进行分析比较。

表 3-15　比重指数为 21 API 度油品的传热数据

序号	雷诺数 Re	普朗特数 Pr	黏度比 μ/μ_w	努塞特数 Nu	序号	雷诺数 Re	普朗特数 Pr	黏度比 μ/μ_w	努塞特数 Nu
1	368	545	0.109	15.7	14	67.2	520	0.161	12.5
2	381	535	0.112	14.1	15	269	507	0.121	13.5
3	875	345	0.076	16.0	16	655	436	0.114	15.3
4	645	348	0.074	15.0	17	22.6	3350	3.43	25.0
5	90.4	385	0.094	10.5	18	23.8	3160	5.28	21.0
6	90.8	390	0.101	10.7	19	20.9	3620	6.02	18.0
7	545	151	0.052	14.6	20	26.6	2780	6.30	21.2
8	1005	167	0.050	16.1	21	24.7	3100	6.62	18.0
9	978	168	0.050	16.2	22	29.6	2510	6.62	22.6
10	1523	160	0.051	17.4	23	26.5	2860	8.10	22.5
11	1560	158	0.051	17.3	24	29.2	2470	8.80	21.7
12	2100	159	0.053	21.2	25	27.8	2770	9.75	23.0
13	2110	159	0.056	21.4					

问题分析

因次分析是关联工程数据的重要工具，对某一特定问题，通过因次分析可以确定其无因次数组的数值。线性回归或非线性回归对于根据实验数据确定无因次数组的数值是非常有用的。

Geankoplis 用 Buckingham 方法对管道中的热传递进行研究，研究表明，努赛特数是雷诺数和普朗特数的函数：

$$Nu=f(Re,Pr) \quad 或 \quad \frac{hD}{k}=f\left(\frac{Du\rho}{\mu},\frac{C_p\mu}{k}\right) \tag{3-19}$$

方程式(3-19) 的一个典型的经验方程为：

$$Nu=aRe^bPr^c \tag{3-20}$$

当管中的流体为湍流时，广泛应用的热传递关联式为 Sieder-Tate 方程：

$$Nu=0.023Re^{0.8}Pr^{1/3}(\mu/\mu_w)^{0.14} \tag{3-21}$$

其中添加了一个无因次的黏度比，这个黏度比（μ/μ_w）是指流体温度下的黏度和壁温下的黏度之比。为方便起见，把方程式(3-20) 和方程式(3-21) 写成以下形式：

$$Nu=a_iRe^{b_i}Pr^{c_i} \tag{3-22}$$

$$Nu=d_iRe^{e_i}Pr^{f_i}Mu^{g_i} \tag{3-23}$$

当 $i=1$ 时，参数由线性回归确定，当 $i=2$ 时，参数由非线性回归确定。Mu 是黏度比。可以用多元线性回归和非线性回归程序进行线性和非线性回归。

问题求解

对方程式(3-22) 和方程式(3-23) 进行线性回归，需要把它们转化为线性方程。对方程两边取对数得：

$$\ln Nu = \ln a_1 + b_1 \ln Re + c_1 \ln Pr \tag{3-24}$$

$$\ln Nu = \ln d_1 + e_1 \ln Re + f_1 \ln Pr + g_1 \ln Mu \tag{3-25}$$

首先采用线性回归得到方程的参数，然后以线性回归的参数值作为初值，采用非线性回归进行关联。

求解结果及分析

通过 MATLAB 采用 regress 函数和 lsqnonlint 函数分别进行多元线性回归拟合与非线性拟合。

多元线性回归拟合的结果列于表 3-16 中。以表 3-16 中线性回归得到的参数值作为初值，可直接采用非线性回归得到方程式(3-22) 和方程式(3-23) 的参数，结果也列于表 3-16 中。对比参数 a 和 d、b 和 e 及 c 和 f，可见两个方程的回归结果也有较大差别。除了参数 a、d 和 f 有较宽置信区间外，其他参数的 95%置信区间都相对较小。

表 3-16 回归方程的参数值汇总

参数	方程式(3-24)和方程式(3-25)的线性回归		方程式(3-22)和方程式(3-23)的非线性回归	
	数值	95%置信区间	数值	95%置信区间
a	0.5142	5.2682	0.7570	1.5707
b	0.2088	0.1175	0.1775	0.1439
c	0.3739	0.1658	0.3413	0.2047
d	9.4642	4.2385	7.6905	14.1938
e	0.2039	0.07317	0.2053	0.1089
f	−0.03665	0.1756	−0.007361	0.2130
g	0.2319	0.08025	0.2142	0.09094

方程式(3-23) 线性回归和非线性回归的残差图如图 3-21 所示，由图可见误差都是随机分布的。由于不论是线性回归还是非线性回归都没有明显的误差分布，在这种情况下残差图对选择关联式是没有帮助的。

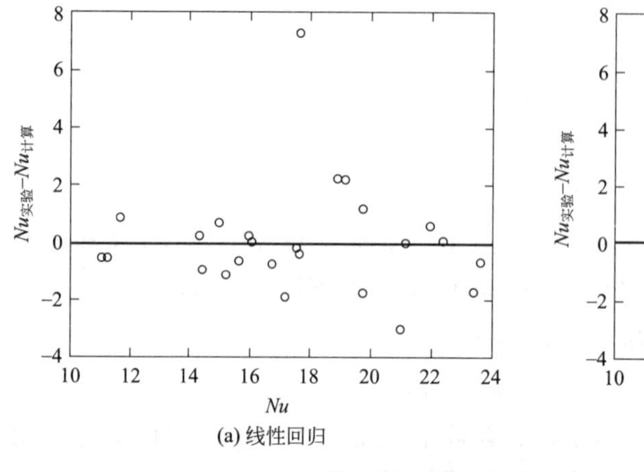

(a) 线性回归

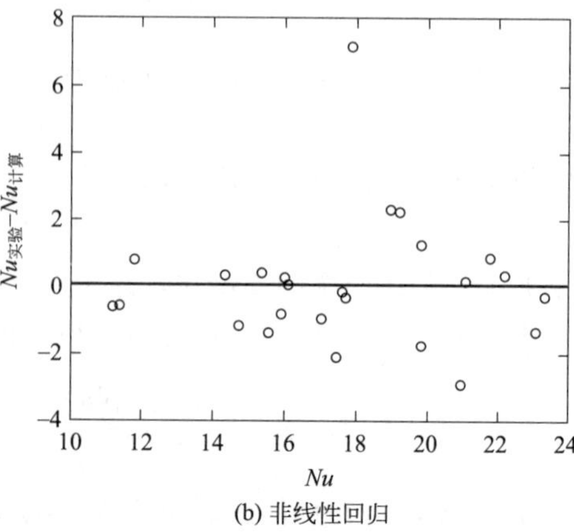

(b) 非线性回归

图 3-21 传热方程式(3-23)回归的残差图

我们可以对方差进行比较。因为在线性回归中因变量是 $\ln(Nu)$，而在非线性回归中因变量是 Nu，在比较关联式的方差时应该特别注意，应将它们转化为相同的变量再进行比较。基于努赛特数的方差定义如下：

$$\sigma^2=\frac{1}{\nu}\sum_{i=1}^{n}(Nu_{实验}-Nu_{计算})^2 \tag{3-26}$$

其中 ν 是自由度，等于数据点的个数减去参数的个数，$(n-m)$。相对方差定义为：

$$\sigma_r^2=\frac{1}{\nu}\sum_{i=1}^{n}\left(\frac{Nu_{实验}-Nu_{计算}}{Nu_{实验}}\right)^2 \tag{3-27}$$

方差的计算结果列于表 3-17 中。由表 3-17 可见，两式非线性回归的方差均比线性回归的方差稍小，说明通过非线性回归得到的关联式较好。这是因为 Nu 数越大，它对回归的影响就越大。而通过比较相对方差可见，线性回归方程的相对方差数值均较小，这是因为在线性回归中以 $\ln(Nu)$ 为因变量，减少了大的 Nu 值数据点对回归的影响。由此可以得出一般结论：如果能减小相对误差，通过取对数将方程线性化是有效的方法。因此回归方程的选择取决于实验的相对误差，由于该数据的相对误差未知，因此不能通过方差和相对方差数据确定选择哪一个回归方法。

表 3-17　热量传递关联式的方差

回归方程	方差 σ^2	相对方差 σ_r^2
线性回归方程式(3-24)	8.922	0.02999
线性回归方程式(3-25)	4.282	0.009507
非线性回归方程式(3-22)	8.734	0.03125
非线性回归方程式(3-23)	4.233	0.009976

由于式(3-25) 和式(3-23) 的方差和相对方差均较小，即采用式(3-23) 进行线性回归和非线性回归均可得到满意的结果。

3.8　用 Margules 方程关联二元活度系数

关联二元活度系数的 Margules 方程为：

$$\gamma_1=\exp[x_2^2(2B-A)+2x_2^3(A-B)] \tag{3-28}$$

$$\gamma_2=\exp[x_1^2(2A-B)+2x_1^3(B-A)] \tag{3-29}$$

式中，x_1 和 x_2 分别是组分 1 和组分 2 的摩尔分数；γ_1 和 γ_2 是活度系数；参数 A 和 B 对于特定的二元混合物是常数。

由方程式(3-28) 和方程式(3-29) 可以得到 Gibbs 自由能的表达式：

$$g=G_E/RT=x_1\ln\gamma_1+x_2\ln\gamma_2=x_1x_2(Ax_2+Bx_1) \tag{3-30}$$

表 3-18 列出了不同摩尔分数下乙醇和 1,1,1-三氯乙烷二元体系的活度系数。

① 用表 3-18 中的数据对方程(3-30) 进行多元线性回归，确定乙醇和 1,1,1-三氯乙烷二元系中的 Margules 方程的参数 A 和 B。

② 对方程式(3-28)和方程式(3-29)加和得到的方程，采用非线性回归估计参数 A、B 的数值。

③ 用参数置信区间、余值曲线和误差平方和比较①②两种回归方法的结果。

表 3-18 乙醇和 1,1,1-三氯乙烷二元体系的活度系数

编号	x_1	γ_1	γ_2	编号	x_1	γ_1	γ_2
1	0.1502	2.7815	1.0412	6	0.7499	1.0462	2.1097
2	0.2802	1.8966	1.1917	7	0.8201	1.0121	2.2695
3	0.3403	1.6377	1.2700	8	0.8498	1.0079	2.1820
4	0.5202	1.2138	1.5792	9	0.9402	0.9891	1.9823
5	0.6198	1.1192	1.8292				

问题分析

由式(3-30)可以计算出 Gibbs 自由能。一种方法是可以采用多元线性回归计算参数 A 和 B 的值。另一种方法是对方程式(3-28)和方程式(3-29)加和得到方程，并且对这个方程进行非线性回归来确定 A 和 B 的值。

问题求解

(1) Gibbs 自由能方程的线性回归

根据数据表 3-18，$x_2=1-x_1$，Gibbs 自由能可以用下式计算：$g=x_1\ln\gamma_1+x_2\ln\gamma_2$。

方程式(3-30)可以转化为线性形式：

$$g=Ax_1x_2^2+Bx_1^2x_2=a_1X_1+a_2X_2 \tag{3-31}$$

即多元线性回归的两个变量为 $X_1=x_1x_2^2$，$X_2=x_1^2x_2$。以 X_1 和 X_2 作为自变量，g 作为因变量进行多元线性回归得到 Margules 方程。

(2) 方程式(3-28)和方程式(3-29)加和式的非线性回归

定义数据 $(\gamma_1+\gamma_2)$ 为 $gsum$，并作为非线性回归的因变量。$gsum$ 的计算式如下：

$$gsum=\exp[x_2^2(2B-A)+2x_2^3(A-B)]+\exp[x_1^2(2A-B)+2x_1^3(B-A)] \tag{3-32}$$

以线性回归 A、B 的数据为初值，对式(3-32)进行非线性回归，来确定参数 A 和 B 的数值。

求解结果及分析

通过 MATLAB 采用 regress 函数和 lsqnonlint 函数分别进行多元线性回归拟合与非线性拟合。

(1) Gibbs 自由能方程的线性回归

以 X_1 和 X_2 作为自变量，g 作为因变量进行多元线性回归，结果如图 3-22 所示，图 3-23 为其残差图。参数 A 和 B 的数值及 95%置信区间见表 3-19。

表 3-19 Margules 方程参数多元线性回归结果

参数	数值	95%置信区间	95%置信区间下限	95%置信区间上限
a_1 或 A	1.71326	0.15542	1.55784	1.86868
a_2 或 B	0.927693	0.141837	0.785856	1.06953

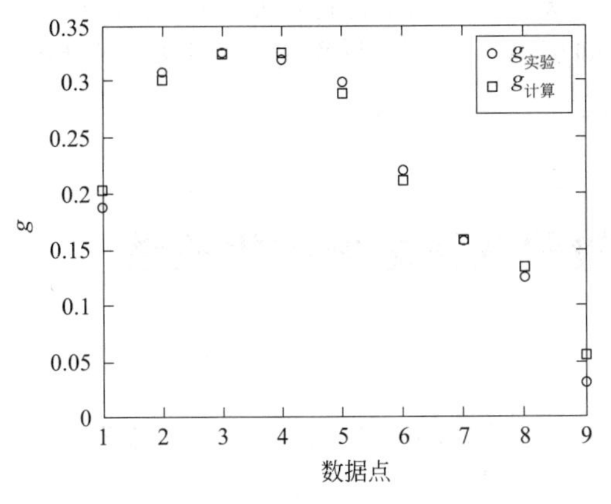

图 3-22　Margules 方程多元线性回归拟合曲线

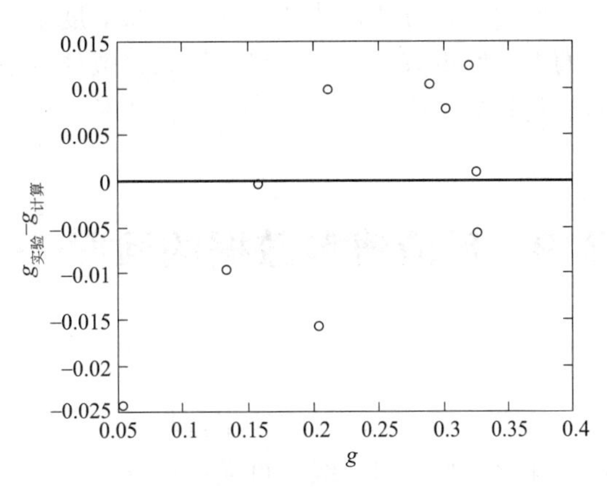

图 3-23　Margules 方程多元线性回归的残差图

(2) 方程式(3-28) 和方程式(3-29) 加和式的非线性回归

以表 3-19 中线性回归 A、B 的数据为初值，对式(3-32) 进行非线性回归，确定参数 A 和 B 的数值，回归系数及置信区间见表 3-20，拟合曲线如图 3-24 所示，残差图如图 3-25。

表 3-20　Margules 方程参数的非线性回归结果

参数	数值	95%置信区间	95%置信区间下限	95%置信区间上限
A	1.79327	0.18775	1.60552	1.98102
B	0.731596	0.147017	0.584579	0.878613

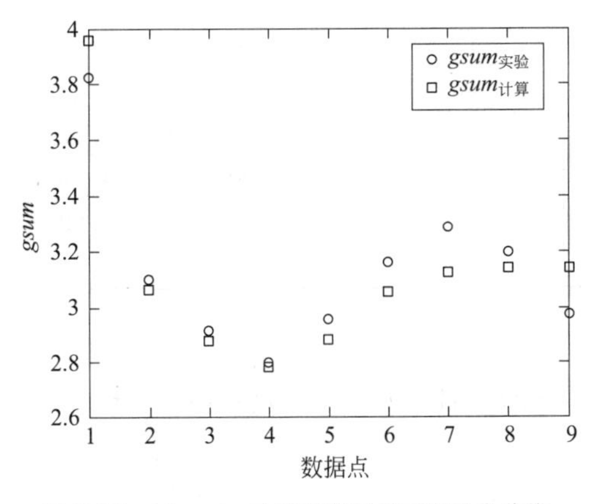

图 3-24　Margules 方程的非线性回归拟合曲线

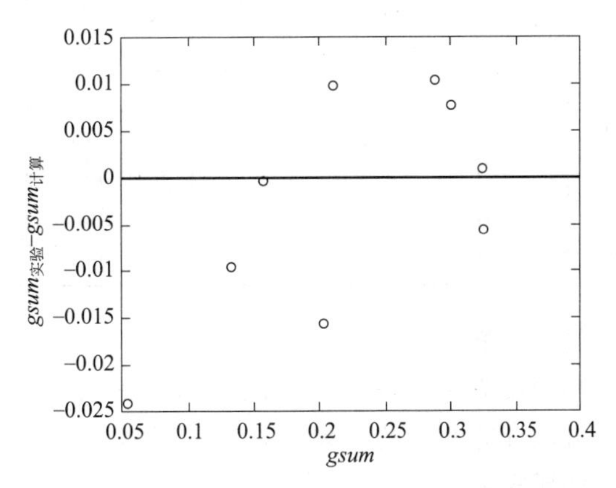

图 3-25　Margules 方程非线性回归的残差图

(3) 比较 (1) 和 (2) 回归的结果

两种回归的结果相似，参数的置信区间较窄，并且残差图表现出明显的随机分布。多元线性回归处理方法有着更好的适应性和更小的置信区间。

因为两种回归表达式不同，所以计算的变量或平方和不能直接作比较。以如下形式作比较：

$$SS=\sum_{i=1}^{n}[(\gamma_{1i实验}-\gamma_{1i计算})^2+(\gamma_{2i实验}-\gamma_{2i计算})^2] \tag{3-33}$$

经计算多元线性回归 $SS=0.2741$，非线性回归 $SS=0.07987$。

两种回归方法都能较精确地关联活度系数。以误差平方和来评价，非线性回归的活度系数的拟合度更好，而多元线性回归参数的置信区间更小。两种回归的残差图残差分布都没有明显的趋势。

3.9 反应速率数据的回归——检验变量之间的相关性

反应 A⟷R 的反应速率数据见表 3-21。Bacon 和 Downie 认为这些数据可能对应两个反应速率模型。对一级不可逆反应有：

$$r_R = k_0 c_A \tag{3-34}$$

对一级可逆反应有模型：

$$r_R = k_1 c_A - k_2 c_R \tag{3-35}$$

式中，r_R 是组分 R 的生成速率，kmol/(m^3 · s)；c_A 和 c_R 分别为 A 和 R 的浓度，kmol/m^3；k_0，k_1 和 k_2 是反应速率常数，s^{-1}。

(1) 应用表 3-21 中的数据计算两个速率表达式中的参数，确定哪个反应速率模型更适于用来关联这些数据。

(2) 确定 c_A 和 c_R 这两个变量是否相关，讨论回归变量之间的相关性的实际意义。

表 3-21 Bacon 和 Downie 反应速率数据

序号	r_R/[×10^{-8}kmol/(m^3 · s)]	c_A/(×10^{-4} kmol/m^3)	c_R/(×10^{-4} kmol/m^3)	序号	r_R/[×10^{-8}kmol/(m^3 · s)]	c_A/(×10^{-4} kmol/m^3)	c_R/(×10^{-4} kmol/m^3)
1	1.25	2.00	7.98	6	3.57	5.50	4.50
2	2.50	4.00	5.95	7	2.86	4.50	5.47
3	4.05	6.00	4.00	8	3.44	5.00	4.98
4	0.75	1.50	8.49	9	2.44	4.00	5.99
5	2.80	4.00	5.99				

问题分析

两种反应速率表达式(3-34) 和式(3-35) 都是标准的线性回归方程的形式，可采用线性回归方法计算两式的参数。

问题求解

对式(3-34) 和式(3-35) 进行线性回归，确定两个反应速率表达式中的参数。

检验变量之间是否具有相关性的一个简单方法是通过线性回归来确定一个变量和另一个变量之间是否为线性关系。

求解结果及分析

通过 MATLAB 采用 regress 函数进行线性回归拟合。

(1) 反应速率表达式的回归

将式(3-34) 和式(3-35) 线性回归的结果列于表 3-22。可以看出，双参数模型的方差比单参数模型的方差要小。但是 k_2 的置信区间范围较大且包含 0 和负值，所以相对于单参数模型来说，双参数模型的结果是可疑的。

表 3-22　反应速率方程多元线性回归的结果

参数	数值	95%置信区间	方差
k_0	6.551×10^{-5}	2.74×10^{-6}	2.34×10^{-18}
k_1	6.867×10^{-5}	4.51×10^{-6}	1.73×10^{-18}
k_2	-2.630×10^{-6}	3.18×10^{-6}	

(2) 检查变量的相关性及回归变量的显著性

c_R 对 c_A 数据回归结果见图 3-26，图 3-26 清楚地表明了实验数据 c_R 和 c_A 的线性关系。

对方程式(3-35) 进行回归时，假定自变量之间是相互独立的。通过回归得到 c_R 和 c_A 之间的关系为：

$$c_R=0.001-c_A \tag{3-36}$$

将式(3-36) 代入式(3-35) 中可得：

$$\begin{aligned} r_R &=k_1c_A-k_2(0.001-c_A) \\ &=-0.001k_2+(k_1+k_2)c_A \end{aligned} \tag{3-37}$$

上式也是一个线性关系式，令 $a_0=-0.001k_2$，$a_1=k_1+k_2$，即回归式为：

$$r_R=a_0+a_1c_A \tag{3-38}$$

对上式进行线性回归，结果见表 3-23。

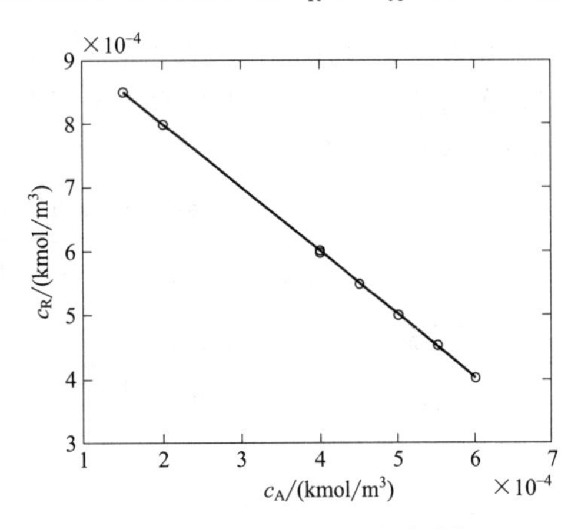

图 3-26　c_R 对 c_A 数据的拟合曲线

表 3-23　方程式 (3-38) 的回归结果

参数	数值	95%置信区间
a_0	-2.626×10^{-9}	3.167×10^{-9}
a_1	7.13×10^{-5}	7.38×10^{-6}

由表 3-23 可以看出，a_0 的值接近于 0，且置信区间比参数本身要大，所以它可以从关联式中剔除，从而导出方程式(3-34) 的不可逆模型，其反应速率常数为 $k_0=6.551\times10^{-5}\pm2.74\times10^{-6}$。不可逆模型的残差图见图 3-27，图中残差随机分布。因此 Bacon 和 Downie 的结论是选择不可逆模型作为反应速率方程。

实际上，由于 c_R 和 c_A 之间的不独立性，根据数据和回归结果不能得到明确的结论。由于这种相关关系，k_2 值不独立，且由关系式 $a_0=-0.001k_2$ 求得的 k_2 值不能作为 k_2 的估计值。这一点已经由表 3-23 中 a_0 的置信区间较大所证实。

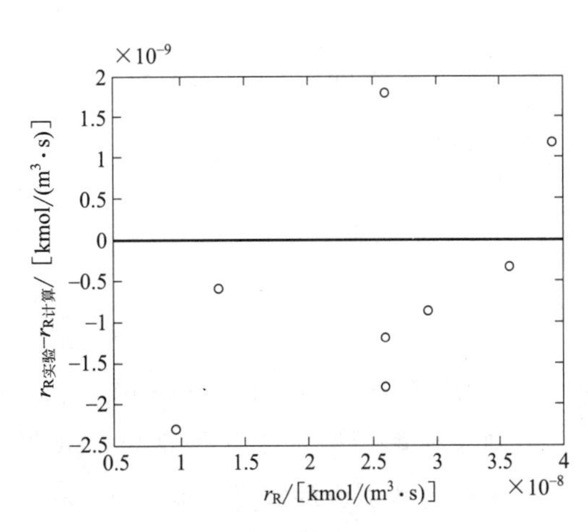

图 3-27　不可逆反应速率模型的残差图

因此在设计实验的过程中，要使变量之间相互独立，否则一些重要的信息会因变量之间的线性或其他关联关系而被遗漏。本例中，在给定的压力和温度下，二元气体混合物浓度的总和通常相等（为 1）。在这种情况下，通过实验测定反应速率时使用稀溶液是比较合适的。

3.10 NO 催化还原反应速率模型的建立

在反应器中进行 NO 催化还原反应：

$$NO+H_2 \xlongequal{} H_2O+\frac{1}{2}N_2$$

以 N_2 作为稀释剂，反应压力为常压，实验在 375℃下进行，催化剂量为 2.39g，测定在不同 H_2 分压和 NO 分压下的反应速率和 NO 总转化率，结果如表 3-24 所示。试根据已知数据确定其反应速率模型。

表 3-24　NO 催化还原反应的实验数据（T=375℃）

序号	p_{H_2}/atm	p_{NO}/atm	反应速率 r/[$\times10^{-5}$ mol/(min·g 催化剂)]	NO 总转化率/%
1	0.0092	0.0500	1.60	1.96
2	0.0136	0.0500	2.56	2.36
3	0.0197	0.0500	3.27	2.99
4	0.0280	0.0500	3.64	3.54
5	0.0291	0.0500	3.48	3.41
6	0.0389	0.0500	4.46	4.23
7	0.0485	0.0500	4.75	4.78
8	0.0500	0.0092	1.47	14.0
9	0.0500	0.0184	2.48	9.15
10	0.0500	0.0298	3.45	6.24
11	0.0500	0.0378	4.06	5.40
12	0.0500	0.0491	4.75	4.30

注：1. Ayen R J，Peters M S. Catalytic reduction of nitric oxide [J]. Industrial & Engineering Chemistry Process Design and Development，1962，1（3）：204-207.

2. 1atm=101325Pa。

问题分析

吸附在催化剂上的一个 NO 分子与相邻的 H_2 分子之间的反应可用 Langmuir-Hinshelwood 反应速率模型表示：

$$r=\frac{kK_{H_2}K_{NO}p_{H_2}p_{NO}}{(1+K_{NO}p_{NO}+K_{H_2}p_{H_2})^2} \tag{3-39}$$

式中，r 为反应速率，mol/(min·$g_{催化剂}$)；p_{H_2} 为 H_2 分压，atm；p_{NO} 为 NO 分压，atm；k 为表面反应的正向反应速率常数，mol/(min·$g_{催化剂}$)；K_{H_2} 为 H_2 的吸附平衡常数，atm^{-1}；K_{NO} 为 NO 的吸附平衡常数，atm^{-1}。

由于方程的形式较复杂，可以采用非线性回归方法来确定方程的参数。

问题求解

将式(3-39)取倒数，并把 $p_{H_2}p_{NO}$ 移到左边，然后使两边都变成1/2次方，则：

$$R=b_1+b_2p_{H_2}+b_3p_{NO} \tag{3-40}$$

式中，$R=\sqrt{\dfrac{p_{H_2}p_{NO}}{r}}$；$b_1=\dfrac{1}{\sqrt{kK_{H_2}K_{NO}}}$；$b_2=\dfrac{K_{H_2}}{\sqrt{kK_{H_2}K_{NO}}}$；$b_3=\dfrac{K_{NO}}{\sqrt{kK_{H_2}K_{NO}}}$。

对式(3-40)进行线性回归得到其参数，进而确定反应速率模型中参数的数值。

将由线性回归得到的 k、K_{H_2} 和 K_{NO} 作为非线性回归的初值，采用非线性回归估计反应速率模型中的参数。

求解结果及分析

通过MATLAB采用regress函数进行线性回归，利用lsqnonlin函数进行非线性回归求取参数 k、K_{H_2} 和 K_{NO} 值。

通过对式(3-40)进行线性回归，得到参数 b_1、b_2 和 b_3 的值，再由 b_1、b_2 和 b_3 表达式求出参数 k、K_{H_2} 和 K_{NO}，结果见表3-25。

表3-25　反应速率线性回归结果

(式3-40)参数	数值	95%置信区间	(式3-39)参数	数值
b_1	2.72783	0.65123	k	4.94136×10^{-4}
b_2	51.9136	8.8697	K_{H_2}	19.0311
b_3	38.9827	9.7022	K_{NO}	14.2907

将表3-25中线性回归参数 k、K_{H_2} 和 K_{NO} 的数值作为初值，利用非线性回归得到模型中参数 k、K_{H_2} 和 K_{NO} 的值，并计算其置信区间，结果见表3-26，残差图见图3-28。可见置信区间比较宽，残差比较大，但残差随机分布。

表3-26　反应速率非线性回归结果

(式3-39)参数	数值	95%置信区间
k	4.94×10^{-4}	2.06×10^{-4}
K_{H_2}	19.0311	8.1973
K_{NO}	14.2907	8.1540

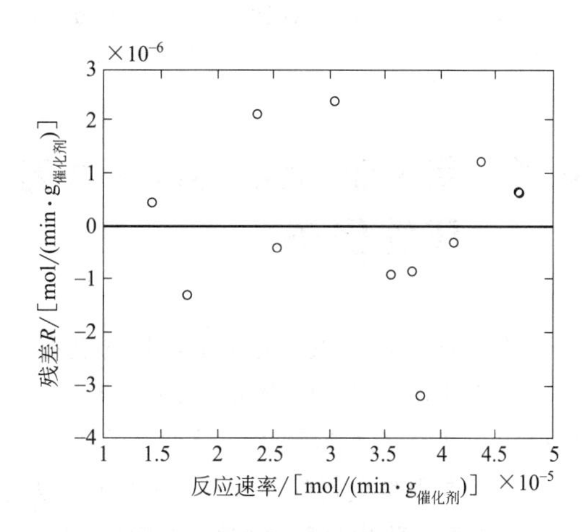

图3-28　反应速率非线性回归残差图

参考文献

[1] Cutlip M B, Shacham M. Problem Solving in Chemical and Biochemical Engineering with POLYMATH, Excel, and MATLAB [M]. 2nd ed. New York: Prentice Hall PTR, 2007.

[2] 黄江华. 实用化工计算机模拟——MATLAB在化学工程中的应用 [M]. 北京：化学工业出版社，2004.

第 4 章 化工热力学

扫码获取
线上学习资源

新工科建设对化工专业人才的培养质量提出了更高的要求，要求培养多元化、创新型卓越工程人才，并提升学生对复杂工程问题的处理能力。

化工热力学是化学工程的重要基础学科，是工业生产的基石，其涉及的计算问题大多较为繁复，待解变量之间的关系往往是非线性的或者不能用显函数形式来表达，这就给解析方法求解带来困难。而计算机的应用为热力学注入新的生命力，使繁复的热力学计算成为可能，并提高了计算的准确性，为更好更精确地控制化工生产过程提供理论依据。

要解决热力学计算问题，首先要根据待解问题的性质建立热力学模型，然后为热力学问题的数学表达式寻找数值方法，最后计算得到结果。本章重点讲述了化工生产过程中常见的热力学基本计算问题，涉及流体的 p-V-T 关系、热力学性质计算、相平衡等工程实例的实施方法，通过 MATLAB 等软件求解数学模型，把实际工程问题和数学建模相融合，注重培养学生的工程思维能力。通过本章学习，可深入理解化工过程计算的原理，进而实现对过程精准的控制，增强学生的职业素养。

本章实例配有 MATLAB、Mathematica、Mathcad 三种计算程序，可扫描本书二维码获取。

4.1 用 van der Waals 方程计算摩尔体积和压缩因子

流体的 p-V-T 关系是化工过程的基石，是化工过程开发和设计、安全操作和科学研究必不可少的基础数据。用于化工过程中确定容器和管线的尺寸、罐承受的压力等。更重要的是，根据 p-V-T 关系可以计算不易测定的热力学性质，进而进行相平衡和能量有效利用的计算。

状态方程是重要的 p-V-T 关系式，是经典热力学中推算其他性质不可缺少的模型之一。在化工生产过程中最容易控制的变量是温度 T 和压力 p，已知温度和压力求解比容是最常见的计算。现拟用立方型状态方程——van der Waals（范德华）方程计算摩尔体积和压缩因子。

（1）用 van der Waals 方程计算 $p=5.674\text{MPa}$ 和 $T=450\text{K}$ 下氨的摩尔体积和压缩因子。（氨的临界温度 $T_c=405.6\text{K}$、临界压力 $p_c=11.28\text{MPa}$）

（2）当对比压力 $p_r=1$、2、4、10、20 时，重复计算摩尔体积和压缩因子。

（3）当 p_r 改变时，压缩因子是怎么变化的？

问题分析

理想气体定律只适用于在低压下描述气体的 p-V-T 关系。对高压气体应采用更复杂的状态方程。在给定温度和压力下，用复杂的状态方程计算气体的摩尔体积和压缩因子是一个典型的数值计算过程。本问题就是利用实际气体状态方程，根据温度、压力来计算摩尔体积，主要涉及单一非线性代数方程式的求解。

问题求解

根据给定的状态方程，已知 p、V、T 三者之间任意两个值就可以求出另外一个。若求摩尔体积，立方型状态方程可采用解析法求解。

van der Waals 状态方程，其形式如下：

$$\left(p+\frac{a}{V^2}\right)(V-b)=RT \tag{4-1a}$$

式中，a、b 为各种物质特有的常数，即 van der Waals 常数，与临界参数的关系如下：

$$a=\frac{27R^2T_c^2}{64p_c} \tag{4-2a}$$

$$b=\frac{RT_c}{8p_c} \tag{4-2b}$$

式中，p 为气体绝对压力，Pa；V 为摩尔体积，$m^3 \cdot mol^{-1}$；T 为绝对温度，K；R 为通用气体常数，$R=8.314Pa \cdot m^3 \cdot mol^{-1} \cdot K^{-1}=8.314J \cdot mol^{-1} \cdot K^{-1}$；$T_c$ 为临界温度，K；p_c 为临界压力，Pa。

对比压力定义为：　$$p_r=\frac{p}{p_c}$$

对比温度为：　$$T_r=\frac{T}{T_c}$$

压缩因子为：　$$Z=\frac{pV}{RT} \tag{4-3}$$

方程(4-1a) 不能表达成 V 的显函数的形式，即不能直接用参数 T 和 p 来表达 V。然而，可以用非线性方程的数值计算解决这个问题。这是一个典型的数值计算过程，主要涉及单一非线性代数方程式的求解。为了用 MATLAB 求解方程，将式(4-1a) 写成如下形式：

$$f(V)=\left(p+\frac{a}{V^2}\right)(V-b)-RT \tag{4-4}$$

当 $f(V)$ 趋于 0 时，即得到方程的根 V，因此，求解式(4-4) 的根即可。由于 $T>T_c$ 时，立方型状态方程有一个实根，两个虚根，故可判断矩阵中的元素是否为实根，如果是实根即为所求的摩尔体积 V，再由式(4-3) 可求出压缩因子。

求解结果及分析

(1) MATLAB 非线性方程求解采用 solve 函数，计算结果参见表 4-1。

(2) 改变程序中的压力 p ($p=p_rp_c$) 和对比压力 p_r 的数据，重新计算，即可得到相应的摩尔体积和压缩因子，参见表 4-1。

表 4-1　450K 下氨的压缩因子

p/MPa	p_r	$V\times10^4/m^3 \cdot mol^{-1}$	Z
5.674	0.503	5.74825	0.871771
11.28	1.0	2.33339	0.703516

续表

p/MPa	p_r	$V\times10^4/m^3\cdot mol^{-1}$	Z
22.56	2.0	0.77217	0.465617
45.12	4.0	0.60638	0.731287
112.8	10.0	0.50867	1.53364
225.6	20.0	0.46169	2.78401

(3) 计算结果表明，大约在 $p_r=2.0$ 时，压缩因子 Z 有一个最小值，之后压缩因子开始逐渐增大。由计算结果可绘出在给定温度下压缩因子随对比压力的变化曲线，参见图 4-1。

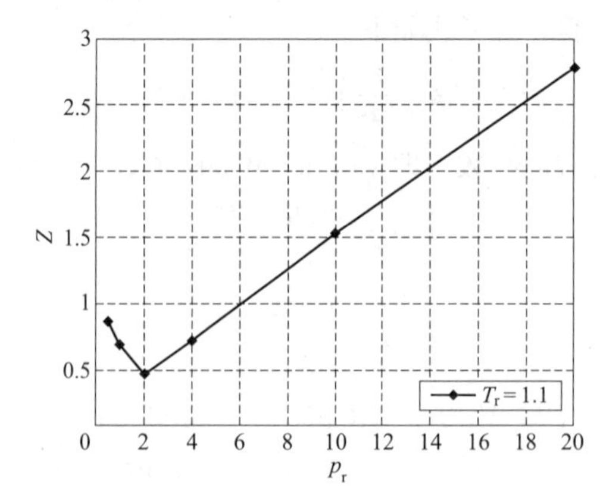

图 4-1 给定温度下氨的压缩因子随对比压力的变化关系

4.2 van der Waals 方程所得压缩因子图

采用 4.1 节的方法同样可以计算不同对比温度下，压缩因子随对比压力的变化关系，并且可以作出气体的压缩因子图，就像热力学教科书上经常提供的不同对比温度下压缩因子作为对比压力的函数。

现拟采用 van der Waals 方程计算 CO_2 压缩因子图，已知 CO_2 的临界温度 $T_c=304.2K$，临界压力 $p_c=7.376MPa$。

(1) 在对比压力 p_r 取值范围 $0.1\leqslant p_r\leqslant10$ 内，作压缩因子图，对比温度 $T_r=1.1$。

(2) 在 $T_r=1.3$ 时重复 (1)。

(3) 在 $T_r=2.0$ 时重复 (1)。

(4) 将不同对比温度下的计算结果绘于一张图上，就得到如 Sandler 的教科书中所给出的压缩因子图。

问题分析

此题是在温度和压力给定的情况下，用复杂的状态方程计算气体摩尔体积的数值计算过程。通过计算不同对比温度、不同对比压力下的压缩因子，并在固定对比温度下做出压缩因子随对比压力变化的曲线图。本问题涉及单一非线性方程求解（方法Ⅰ）或微分方程式求解（方法Ⅱ）。

问题求解

方法Ⅰ：第一种方法是直接利用 van der Waals 方程来求解，在特定的对比温度下，计算给定 T_r 和 p_r 下的摩尔体积 V 和压缩因子 Z。为了得到压缩因子随压力变化的曲线，必须重复解非线性方程，并用计算结果作图，即得到压缩因子图。这种方法虽然很直接，但需要做大量重复的计算。

方法Ⅱ：作压缩因子连续曲线的另一个更有效的方法是把 van der Waals 方程转化为微分方程来表达摩尔体积随对比压力的变化。对比压力和压缩因子确定后，这个微分方程就可以用来作连续的压缩因子图。

van der Waals 方程可以重排写为：

$$p=\frac{RT}{V-b}-\frac{a}{V^2} \tag{4-1b}$$

将上式对 V 微分，得：

$$\frac{\mathrm{d}p}{\mathrm{d}V}=-\frac{RT}{(V-b)^2}+\frac{2a}{V^3} \tag{4-5}$$

V 随 p_r 的变化关系可由下式确定：

$$\frac{\mathrm{d}V}{\mathrm{d}p_r}=\frac{\mathrm{d}V}{\mathrm{d}p}\times\frac{\mathrm{d}p}{\mathrm{d}p_r} \tag{4-6}$$

可知：

$$\frac{\mathrm{d}p}{\mathrm{d}p_r}=p_c$$

把上面导数的方程及将方程式(4-5) 两边分别取倒数后代入方程式(4-6)，从而得到 V 随 p_r 的变化关系，求解此微分方程即可：

$$\frac{\mathrm{d}V}{\mathrm{d}p_r}=\left[-\frac{RT}{(V-b)^2}+\frac{2a}{V^3}\right]^{-1}p_c \tag{4-7}$$

求解结果及分析

方法Ⅰ：(1) 同 4.1 节仍采用 solve 函数解出摩尔体积，然后求出压缩因子。在给定的对比温度下，计算一系列的数据点，即可作图。

(2) 和 (3) 同上，只是对比温度不同。

(4) 把不同对比温度下压缩因子随压力的变化关系绘于一张图上。

方法Ⅱ：常微分方程式(4-7) 的数值解可用 MATLAB 的 ode45() 求解。

(1) $T_r=1.1$ 时初值为 0.003665，结果参见图 4-2。

(2) 和 (3) 同上，只是对比温度不同，同时修改一下初值即可。

(4) 把不同对比温度下压缩因子随压力的变化关系绘于一张图上，结果参见图 4-3。

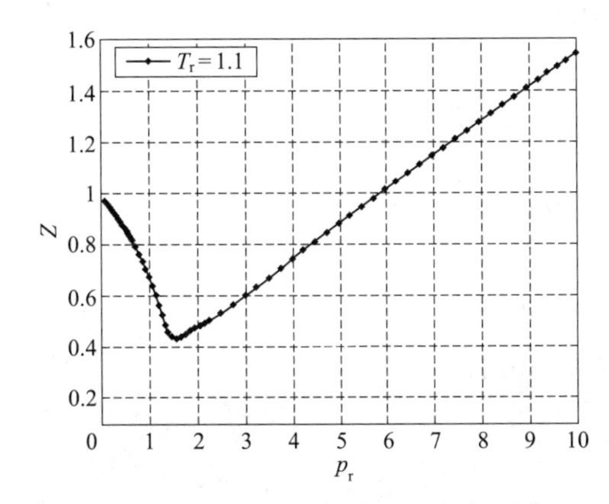

图 4-2 $T_r=1.1$ 时 CO_2 压缩因子随对比压力的变化关系图

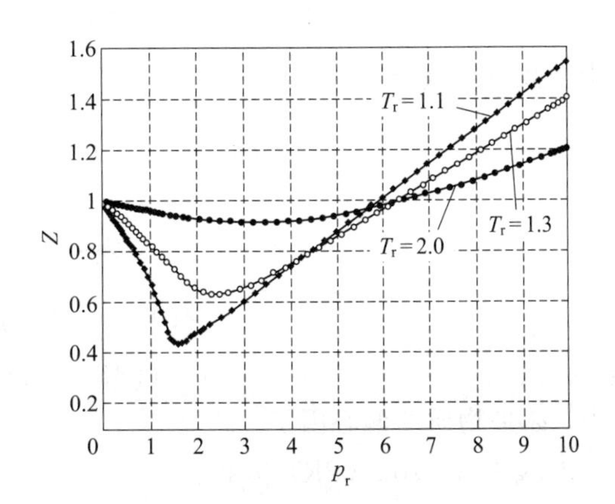

图 4-3 CO_2 压缩因子随对比压力的变化关系图

图 4-3 为用 van der Waals 方程计算的在不同 T_r 下压缩因子随对比压力的变化关系图，类似于 Sandler 教科书中所给出的压缩因子图。对 van der Waals 方程，在较高的对比温度和对比压力条件下，计算精度较低。

4.3 用不同状态方程所得压缩因子图

利用不同状态方程计算气体的摩尔体积和压缩因子，并绘制恒定温度下压缩因子与对比压力的关系曲线。

（1）计算 25MPa、410K 时 CO_2 的摩尔体积和压缩因子，已知 CO_2 的临界温度 $T_c=304.2K$，临界压力 $p_c=7.376MPa$。计算要依据 Redlich-Kwong（RK）、Soave-Redlich-Kwong（SRK）、Peng-Robinson（PR）方程中的一种状态方程。

（2）当 $T_r=1.1$、1.3 和 1.5 时，在 $0.5\leqslant p_r\leqslant 10$ 范围内绘制压缩因子图。

问题分析

此题同 4.2 节，是在温度和压力给定的情况下，用复杂的状态方程如 RK、SRK 等方程计算气体的摩尔体积的数值计算过程。本问题涉及单一非线性方程求解（方法Ⅰ）或微分方程式求解（方法Ⅱ）。

问题求解

Redlich-Kwong（RK）方程：

$$p=\frac{RT}{V-b}-\frac{a/T^{0.5}}{V(V+b)} \tag{4-8}$$

式中，a、b 为 RK 常数，是两个因物质而异的常数，可根据临界点的参数值来确定，关系如下：

$$a=0.427480\frac{R^2T_c^{2.5}}{p_c} \tag{4-9a}$$

$$b=0.086640\frac{RT_c}{p_c} \tag{4-9b}$$

Soave-Redlich-Kwong（SRK）方程：

$$p=\frac{RT}{V-b}-\frac{a(T)}{V(V+b)} \tag{4-10}$$

式中常数对纯组分：

$$a(T)=a_c\alpha(T_r)=0.42748\frac{R^2T_c^2}{p_c}\alpha(T_r) \tag{4-11a}$$

$$b=0.08664\frac{RT_c}{p_c} \tag{4-11b}$$

$$\alpha(T_r)=[1+m(1-T_r^{0.5})]^2 \tag{4-12a}$$

$$m=0.480+1.574\omega-0.176\omega^2 \tag{4-12b}$$

式中，ω 是物质的偏心因子。

Peng-Robinson（PR）方程：

$$p=\frac{RT}{V-b}-\frac{a(T)}{V(V+b)+b(V-b)} \tag{4-13}$$

$$a(T)=a_c\alpha(T_r)=0.45724\frac{R^2T_c^2}{p_c}\alpha(T_r) \tag{4-14a}$$

$$b=0.07780\frac{RT_c}{p_c} \tag{4-14b}$$

$$\alpha(T_r)=[1+m(1-T_r^{0.5})]^2 \tag{4-15a}$$

$$m=0.37464+1.54226\omega-0.26992\omega^2 \tag{4-15b}$$

表 4-2 给出了部分物质的 T_c、p_c 和 ω。

表 4-2　一些物质的基本物性数据

物质	T_c/K	p_c/MPa	ω	物质	T_c/K	p_c/MPa	ω
甲烷	190.6	4.600	0.008	氮	126.2	3.394	0.040
乙烷	305.4	4.884	0.098	氧	154.6	5.046	0.021
丙烷	369.8	4.246	0.152	氨	405.6	11.28	0.250
正丁烷	425.2	3.800	0.193	二氧化碳	304.2	7.376	0.225
异丁烷	408.1	3.648	0.176	一氧化碳	132.9	3.496	0.049
甲醇	512.6	8.096	0.559	一氧化二氮	309.6	7.245	0.160
氢	33.2	1.297	−0.22	水	647.3	22.05	0.344

求解结果及分析

（1）同 4.2 节，MATLAB 非线性方程求解仍采用 solve 函数，解出摩尔体积 V，然后求出压缩因子 Z。具体结果如下。

RK 方程：$V=0.9586\times10^{-4}\text{m}^3/\text{mol}$，$Z=0.7031$；

SRK 方程：$V=1.0717\times10^{-4}\text{m}^3/\text{mol}$，$Z=0.7860$；

PR 方程：$V=1.0077\times10^{-4}\text{m}^3/\text{mol}$，$Z=0.7390$。

（2）采用方法Ⅰ：在给定的对比温度下，计算一系列不同状态方程对应的数据点，即可作图。把不同对比温度下压缩因子随对比压力的变化关系绘于一张图上，结果参见图 4-4、图 4-5、图 4-6。

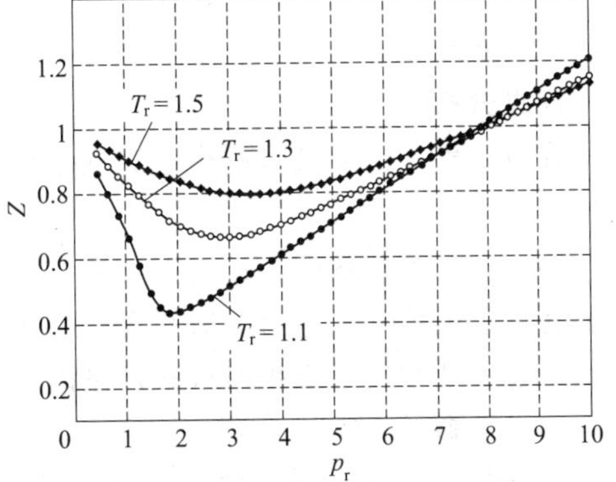

图 4-4　CO_2 压缩因子随对比压力的变化关系图（RK 方程）

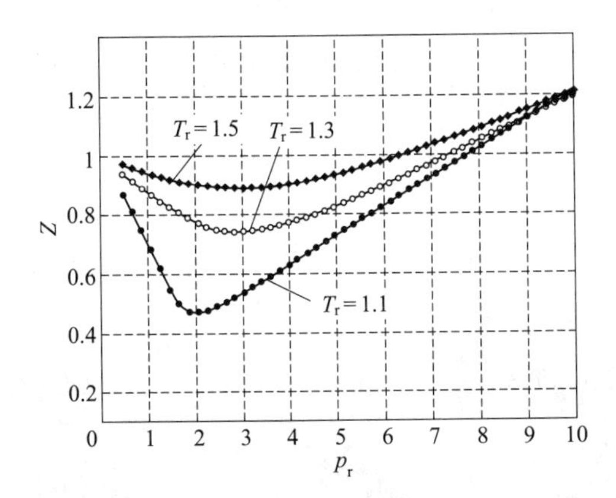

图 4-5　CO_2 压缩因子随对比压力的变化关系图（SRK 方程）

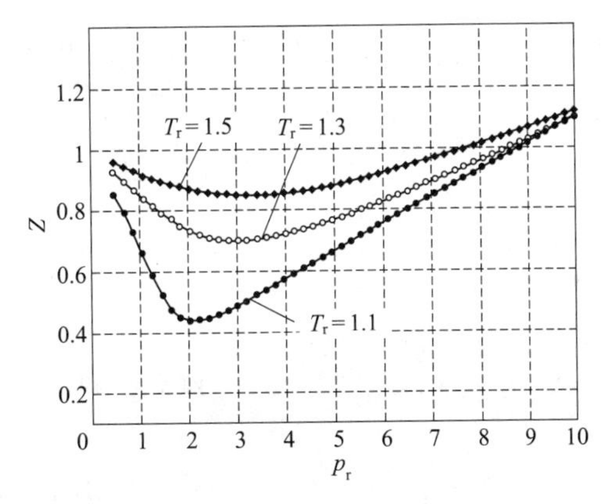

图 4-6　CO_2 压缩因子随对比压力的变化关系图（PR 方程）

本题也可采用方法Ⅱ将状态方程写成 V 随 p_r 变化关系的形式，用 MATLAB 的 ode45() 求解常微分方程的数值解，并作图。

由计算结果可以看出，SRK 方程和 PR 方程的预测精度相近。

4.4 真实气体绝热充气过程的计算

化工过程中常会遇到真实气体的充气过程，在这个过程中，性质的变化如充气结束后的状态、充气量都是人们关心的问题。

拟向高压气罐输送甲烷，但在充气前因高压气罐内还有上一次用后剩余的甲烷，故充气前罐内压力在 25℃时为 34atm。甲烷通过一根大管线向气罐充气，管线内甲烷的条件为 300atm、50℃。充气时打开连接大管线和气罐间的阀门，直到罐内压力达到 300atm 时为止。已知高压气罐的容积为 28L，如果充气过程很快，以至于充气过程可视为绝热过程，那么，充气结束时，罐内充入的甲烷量是多少？罐在充气结束时将含有多少甲烷？

假设甲烷服从 Beattie-Bridgeman（简称 B-B）状态方程，甲烷的理想状态等容摩尔热容表达式为：

$$C_V^{ig}=0.05756+0.7451\times10^{-3}T-0.1776\times10^{-6}T^2$$

式中，T 单位为 K；C_V^{ig} 的单位为 $\text{atm}\cdot\text{m}^3/(\text{kmol}\cdot\text{K})$。

问题分析

在真实气体的充气过程中，充气结束后的状态、充气量等的计算问题，可以转化为数值分析问题求解。

因为过程是绝热的，最终温度未知，故计算要比恒温过程复杂得多。为了解决这个问题需要找出其他关联式与 B-B 方程联立求解。

本题涉及非线性方程组求解，采用 Newton-Raphson 法求解非线性方程组。

问题求解

Beattie-Bridgeman（B-B）状态方程：

$$pV^2=RT\left[V+B_0\left(1-\frac{b}{V}\right)\right]\left(1-\frac{c}{VT^3}\right)-A_0\left(1-\frac{a}{V}\right) \tag{4-16}$$

式中，A_0、a、B_0、b 和 c 是 B-B 方程的五个常数。该方程可写成维里方程的形式如下：

$$p=\frac{RT}{V}+\frac{\beta(T)}{V^2}+\frac{\gamma(T)}{V^3}+\frac{\delta(T)}{V^4} \tag{4-17}$$

其中，

$$\beta(T)=RB_0T-\frac{Rc}{T^2}-A_0 \tag{4-18a}$$

$$\gamma(T)=A_0a-RB_0bT-\frac{RB_0c}{T^2} \tag{4-18b}$$

$$\delta(T)=\frac{RB_0bc}{T^2} \tag{4-18c}$$

B-B 方程式中的单位：p 为 atm；T 为 K；V 为 L/mol；$R=0.08206\text{L}\cdot\text{atm}/(\text{mol}\cdot\text{K})$。

表4-3给出了部分物质的B-B常数。

表4-3　部分物质B-B状态方程式的常数

气体	A_0/(atm·L^2/mol^2)	a/(L/mol)	B_0/(L/mol)	b/(L/mol)	$c\times10^{-4}$/(L·K^3/mol)
H_2	0.1975	−0.00506	0.02096	−0.04359	0.0504
N_2	1.3445	0.02617	0.05046	−0.00691	4.20
O_2	1.4911	0.02562	0.04624	0.004208	4.80
空气	1.3012	0.01931	0.04611	−0.001101	4.34
CO_2	5.0065	0.07132	0.10476	0.07235	66.00
NH_3	2.3930	0.17031	0.03415	0.19112	476.87
CO	1.3445	0.02617	0.05046	−0.00691	4.20
N_2O	5.0065	0.07132	0.10476	0.07235	66.00
C_2H_4	6.152	0.04964	0.12156	0.03597	22.68
CH_4	2.2769	0.01855	0.05587	−0.01587	12.83
C_2H_6	5.8800	0.05861	0.09400	0.01915	90.00
C_3H_8	11.9200	0.07321	0.18100	0.04293	120.00
n-C_4H_{10}	17.7940	0.12161	0.24620	0.094620	350.00

真实气体的热力学能是温度和热容的函数，可以表示为：

$$\mathrm{d}U=C_V\mathrm{d}T+\left[T\left(\frac{\partial p}{\partial T}\right)_V-p\right]\mathrm{d}V \tag{4-19}$$

理想气体的等容摩尔热容表达式为：

$$C_V^{\mathrm{ig}}=CVA+CVB\cdot T+CVC\cdot T^2 \tag{4-20}$$

式中，CVA、CVB和CVC为常数。

根据以上公式，并选$T=T_0$、$V\rightarrow\infty$时，$U=0$为参考状态，设计过程即可推导出用B-B方程表示热力学能的表达式：

$$U(T,V)=CVA(T-T_0)+\frac{CVB}{2}(T^2-T_0^2)+\frac{CVC}{3}(T^3-T_0^3)$$
$$-\frac{1}{V}\left(A_0+\frac{3Rc}{T^2}\right)+\frac{1}{2V^2}\left(A_0a-\frac{3RB_0c}{T^2}\right)+\frac{RB_0bc}{V^3T^2} \tag{4-21}$$

对甲烷，可知：$CVA=0.05756$，$CVB=0.7451\times10^{-3}$，$CVC=-0.1776\times10^{-6}$。

本问题为真实气体的充气过程，对罐作能量平衡，积分可得：

$$m_{\mathrm{f}}U_{\mathrm{f}}-m_{\mathrm{i}}U_{\mathrm{i}}=m_{\mathrm{in}}H_{\mathrm{in}} \tag{4-22}$$

写成以物质的量为基准的关系式为：

$$N_{\mathrm{f}}(H_{\mathrm{in}}-U_{\mathrm{f}})=N_{\mathrm{i}}(H_{\mathrm{in}}-U_{\mathrm{i}}) \tag{4-23}$$

式中，下标f、i分别表示体系终态和初始状态；下标in表示大管线中的状态；N为甲烷的量，mol；U和H分别为单位物质的量的热力学能和焓。上述能量平衡方程式中还有两个未知数N_{f}和U_{f}，可见为求出N_{f}必须再找出其他关系式，因为：

$$N_f=\frac{V}{V_f}$$

因此，对三个未知数 V_f、T_f、U_f 有三个方程式。

（1）能量平衡方程积分形式

$$N_f(H_{in}-U_f)=N_i(H_{in}-U_i)$$

（2）热力学能的表达式

$$U_f=U\left(T_f,\frac{V}{N_f}\right)=U(T_f,V_f) \tag{4-24}$$

（3）状态方程式

$$p_f=p\left(T_f,\frac{V}{N_f}\right)=p(T_f,V_f) \tag{4-25}$$

其中式(4-24）服从B-B方程条件，式(4-25）即B-B方程。式(4-23)、式(4-24）和式(4-25）构成一个非线性方程组。可使用数值方法求得该非线性方程组的近似解。这个方法称为Newton-Raphson方法。

将式(4-23)、式(4-24)、式(4-25）写成标准形式：

$$N_f(H_{in}-U_f)-N_i(H_{in}-U_i)=0 \tag{4-23a}$$

$$-U_f+CVA(T_f-T_0)+\frac{CVB}{2}(T_f^2-T_0^2)+\frac{CVC}{3}(T_f^3-T_0^3)$$

$$-\frac{N_f}{V}\left(A_0+\frac{3Rc}{T_f^2}\right)+\frac{N_f^2}{2V^2}\left(A_0a-\frac{3RB_0c}{T_f^2}\right)+\frac{N_f^3RB_0bc}{V^3T_f^2}=0 \tag{4-24a}$$

$$-p_f+\frac{RT_fN_f}{V}+\frac{N_f^2}{V^2}\beta(T)+\frac{N_f^3}{V^3}\gamma(T)+\frac{N_f^4}{V^4}\delta(T)=0 \tag{4-25a}$$

该非线性方程组可采用Newton-Raphson方法求解。

求解结果及分析

本题首先根据已知条件计算出充气前罐内气体的比容 V_i，则充气前罐内气体的量 $N_i=V/V_i$；U_i 可从 $U(T_i,V_i)$ 的表达式求出。H_{in} 可以先计算出 $U_{in}=U(T_{in},V_{in})$，V_{in} 从B-B方程求出，而 $H_{in}=U_{in}+p_{in}V_{in}$。

计算结果为：$N_i=41.25866$mol；$U_i=2.54279$L·atm/mol；$H_{in}=7.66223$L·atm/mol。将这些已知量代入式(4-23a)、式(4-24a)、式(4-25a）即得：

$$N_f(7.66223-U_f)-211.2214=0 \tag{4-23b}$$

$$-U_f+0.05756T_f+0.00037255T_f^2-5.92\times10^{-8}T_f^3-0.0357N_f\left(2.2769+\frac{31584.9}{T_f^2}\right)$$

$$+0.0006377N_f^2\left(0.042236-\frac{1764.65}{T_f^2}\right)+0.0004252\frac{N_f^3}{T_f^2}=0 \tag{4-24b}$$

$$-300+0.00293T_fN_f-0.001275N_f^2\left(\frac{10528.3}{T_f^2}-0.00458T_f+2.2769\right)$$

$$+0.0000455N_f^3\left(0.042236+7.27\times10^{-5}T_f-\frac{588.216}{T_f^2}\right)+1.518\times10^{-5}\frac{N_f^4}{T_f^2}=0 \tag{4-25b}$$

将以上三个非线性方程定义为函数 F，然后再定义函数 $JF(U_f,N_f,T_f)$，得到雅可比矩阵的符号解，并给出其数值解，得到雅可比矩阵函数 JF。将函数 F 以及得到的雅可比矩阵函数 JF 写入 MATLAB 程序中，采用 MATLAB 的 Newton-Raphson 函数［P, iter, err］= newton(F, JF, P, tolp, tolfp, max) 求解得到最终结果。

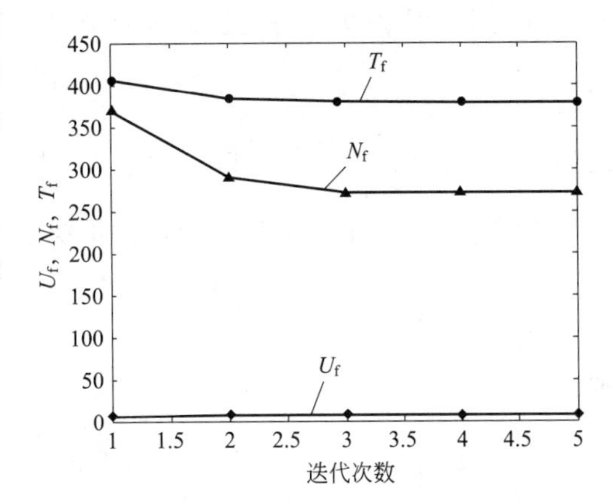

图 4-7　Newton-Raphson 法迭代过程

联立求解非线性方程组，参见图 4-7，得最终结果。

U_f = 6.8849L·atm/mol；

N_f = 271.71mol（罐内终态物质的量）；

T_f = 378.85K。

用 B-B 方程计算罐内原剩有气体的比容，可得到原有气体的量 N_i = 41.25866mol，最后计算得充气过程加入罐内的气体量为 230.45mol。

对于本问题，同时提供了 Mathematica 计算程序，本题的 Mathematica 计算程序要比 MATLAB 程序简单得多。首先根据已知条件计算出充气前罐内气体的比容 V_i、物质的量 N_i 和 U_i，进入罐内的 V_{in}、U_{in}，而 $H_{in}=U_{in}+p_{in}V_{in}$。然后，直接求解式(4-23a)、式(4-24a)、式(4-25a) 组成的方程组即得需要的结果。计算结果：U_f = 6.8789L·atm/mol、N_f = 269.65mol、T_f = 378.39K。充气过程加入罐内的气体量为 228.39mol。两种程序所得结果稍有误差，但在可接受的误差范围内。

4.5　真实气体的绝热压缩过程的计算

现有某种天然气（基本上是纯甲烷），温度 38℃，压力 14atm，在进入地下长输管线前将其压缩至 340atm，压缩过程在绝热条件下进行，试求压缩机出口温度和压缩功。如果压缩机：

（1）为可逆过程；

（2）为不可逆过程，效率为 0.75。

假定该气体服从 Beattie-Bridgeman 状态方程。

问题分析

本问题为计算真实气体在绝热压缩过程中的压缩功，与 4.4 节问题类似，可以转化为数值分析问题求解。该压缩过程可以视为恒熵与非恒熵条件，绝热情况下，计算压缩机出口的条件。首先需要根据绝热可逆过程(恒熵) 确定出口的条件，得到可逆过程的压缩功。而对于实际的不可逆过程(非恒熵) 的情况，则依据效率可以求出实际的功，得到实际过程的焓变，根据焓变即可求出压缩机出口的温度条件。对于理想气体求解很容易，但对真实气体而言，需要求解非线性方程组。

问题求解

(1) 因为压缩为一绝热可逆过程，这是一个恒熵过程，即天然气在压缩机进、出口处的熵值相等。根据此熵值再加上已经给定的压力 p_2，则出口气体的热力学状态即可确定。可采用三步法求出口温度 T_2。

对真实气体由状态 1 到状态 2 的变化过程，其熵变为：

$$\Delta S_{1-2}=-\Delta S_{1-a}+\Delta S_{a-b}+\Delta S_{b-2} \tag{4-26}$$

式中，$\Delta S_{1-a}=\int_{V_1}^{\infty}\left(\frac{\partial p}{\partial T}\right)_V \mathrm{d}V$；$\Delta S_{a-b}=\int_{T_1}^{T_2}\frac{C_V^{ig}}{T}\mathrm{d}T$；$\Delta S_{b-2}=\int_{\infty}^{V_2}\left(\frac{\partial p}{\partial T}\right)_V \mathrm{d}V$。

将维里形式的 B-B 方程在恒容的情况下对 T 微分得：

$$\left(\frac{\partial p}{\partial T}\right)_V=\frac{R}{V}+\frac{\beta'(T)}{V^2}+\frac{\gamma'(T)}{V^3}+\frac{\delta'(T)}{V^4} \tag{4-27}$$

则：

$$\Delta S_{1-2}=R\ln\frac{V_2}{V_1}+\frac{\beta'(T_1)}{V_1}+\frac{\gamma'(T_1)}{2V_1^2}+\frac{\delta'(T_1)}{3V_1^3}-\frac{\beta'(T_2)}{V_2}-\frac{\gamma'(T_2)}{2V_2^2}-\frac{\delta'(T_2)}{3V_2^3}$$
$$+CVA\ln\frac{T_2}{T_1}+CVB(T_2-T_1)+\frac{CVC}{2}(T_2^2-T_1^2) \tag{4-28}$$

已知恒熵的条件即 $\Delta S_{1-2}=0$，一个方程中存在两个未知数（T_2，V_2），因而还需要一个方程式即状态方程：

$$p(T_2,V_2)=\frac{RT_2}{V_2}+\frac{\beta(T_2)}{V_2^2}+\frac{\gamma(T_2)}{V_2^3}+\frac{\delta(T_2)}{V_2^4} \tag{4-29}$$

令

$$\Delta S_{1-2}=F(T_2,V_2)=0 \tag{4-30}$$

$$p_2-p(T_2,V_2)=G(T_2,V_2)=0 \tag{4-31}$$

这里需求解非线性方程式(4-30) 和方程式(4-31) 构成的方程组，可采用 MATLAB 的非线性方程组求解函数。T_2、V_2 初值的选择，假设气体为理想气体，C_p 不随温度而变，则有：

$$T_2=T_1\left(\frac{p_2}{p_1}\right)^{R/C_p} \tag{4-32}$$

$$V_2=V_1\left(\frac{p_1}{p_2}\right)^{C_V/C_p} \tag{4-33}$$

式中，$C_p=C_V+R$，V_1 从 B-B 方程求出。

（2）由于这是不可逆过程，$\Delta S_{1-2}>0$，所以不能由恒熵条件来确定出口温度。如果此稳流过程绝热，且不计动能、位能变化，则可以用能量平衡方程和效率来计算。

该过程的能量平衡方程为：$\Delta H=W_s$。

由（1）恒熵过程的计算，可知 $\Delta H_{rev}=W_{s,rev}$。

对不可逆过程，有 $\eta=\frac{W_{s,rev}}{W_{s,act}}$，则：

$$\Delta H_{act}=\frac{\Delta H_{rev}}{\eta} \tag{4-34}$$

对于不可逆过程，可以知道其出口的焓值和压力，而出口温度仍未知。如果能将 ΔH 以 T_1、p_1 和 T_2、p_2 的简单函数关系表示，则必须解出这一方程中能够满足 $\Delta H_{act}=\Delta H_{rev}/\eta$ 关系的 T_2。

$$\Delta H_{act}=\Delta H_{1-2}=\Delta U_{1-2}+\Delta(pV) \tag{4-35}$$

$$U(T,V)=CVA(T-T_0)+\frac{CVB}{2}(T^2-T_0^2)+\frac{CVC}{3}(T^3-T_0^3)$$
$$-\frac{1}{V}\left(A_0+\frac{3Rc}{T^2}\right)+\frac{1}{2V^2}\left(A_0a-\frac{3RB_0c}{T^2}\right)+\frac{RB_0bc}{V^3T^2} \tag{4-21}$$

$$pV=RT+\frac{\beta(T)}{V}+\frac{\gamma(T)}{V^2}+\frac{\delta(T)}{V^3} \tag{4-36}$$

由式(4-21)和式(4-36)可分别得到$U(T_1,V_1)$和p_1V_1以及$U(T_2,V_2)$和p_2V_2，于是：

$$H(T_1,V_1)=U(T_1,V_1)+p_1V_1$$
$$H(T_2,V_2)=U(T_2,V_2)+p_2V_2$$

得到关于焓的方程式：$\Delta H_{act}=\Delta H_{1-2}=H(T_2,V_2)-H(T_1,V_1)$。

令
$$F(T_2,V_2)=-\Delta H_{act}+[H(T_2,V_2)-H(T_1,V_1)]=0 \tag{4-37}$$
$$G(T_2,V_2)=p_2-p(T_2,V_2)=0 \tag{4-38}$$

即得到一组非线性方程。求解非线性方程组即得到所求结果。

求解结果及分析

(1) 可逆过程

首先从B-B方程求出$V_1=1.7868$L/mol，由式(4-21)可求出U_1，则$H_1=U_1+p_1V_1$。按式(4-32)、式(4-33)给定T_2、V_2的初值，然后联立方程(4-30)和方程(4-31)构成的方程组，即可求出压缩机出口的温度$T_2=594.27$K、比容$V_2=0.1606$L/mol，则可得到可逆过程的压缩功：

$$W_{s,rev}=\Delta H=H_2-H_1=118.18\text{L}\cdot\text{atm/mol}=11975.17\text{J/mol}$$

(2) 不可逆过程

不可逆过程的压缩功：

$$W_{s,act}=W_{s,rev}/\eta=118.18/0.75=157.57\text{L}\cdot\text{atm/mol}=15966.1\text{J/mol}$$

以(1)得到的T_2、V_2为初值，求解非线性方程(4-37)和方程(4-38)构成的方程组，得出不可逆过程压缩机出口的温度$T_2=666.2$K、比容$V_2=0.1810\text{L/mol}=0.1810\times10^{-3}\text{m}^3/\text{mol}$。

针对本问题提供了(1)和(2)的Mathematica计算程序，本题的Mathematica计算程序要比MATLAB程序简单。同时还提供了Mathcad计算程序。

4.6 用状态方程计算偏离函数

在实际过程中，物质的状态变化必然导致热力学性质的变化，即能量转化。如何合理利用能量，是化工热力学的两大任务之一，而焓、熵的计算是其重要基础。对于真实气体以及气体混合物性质的计算常采用状态方程法。

用RK、SRK、PR方程计算15.2MPa、310.8K下，含甲烷(1)、氮气(2)、乙烷(3)分别是$y_1=0.82$、$y_2=0.10$、$y_3=0.08$的天然气的摩尔体积、偏离焓和偏离熵。(所有的二元相互作用参数取为0，摩尔体积的实验值是144cm$^3\cdot$mol^{-1})。

问题分析

本题属于定组成均相混合物的热力学性质计算，并选用 RK、SRK、PR 方程为模型。采用状态方程计算气体的热力学性质，首先应由状态方程计算出摩尔体积和压缩因子，进而可以计算出偏离函数等热力学性质。

本问题同样是状态方程求解的过程，涉及非线性代数方程的求解。

问题求解

偏离函数定义为：

$$M-M_0^{ig}=M(T,p)-M^{ig}(T,p_0) \tag{4-39}$$

式中，M 代表在研究态（T,p）下的性质；M_0^{ig} 代表在参考态（T,p_0）下的理想气体的性质。其中，上标“ig”指参考态是理想气体状态，下标“0”指参考态的压力是 p_0。用状态方程计算偏离焓（等温焓差）和偏离熵（等温熵差）的公式如下：

$$\frac{H-H^{ig}}{RT}=Z-1+\frac{1}{RT}\int_{\infty}^{V}\left[T\left(\frac{\partial p}{\partial T}\right)_V-p\right]\mathrm{d}V \tag{4-40}$$

$$\frac{S-S_0^{ig}}{R}+\ln\frac{p}{p_0}=\ln Z+\frac{1}{R}\int_{\infty}^{V}\left[\left(\frac{\partial p}{\partial T}\right)_V-\frac{R}{V}\right]\mathrm{d}V \tag{4-41}$$

将合适的状态方程代入以上两式，积分化简即得用状态方程计算偏离函数的公式。

代入 RK 方程：

$$\frac{H-H^{ig}}{RT}=Z-1-\frac{1.5a}{bRT^{1.5}}\ln\left(1+\frac{b}{V}\right) \tag{4-42}$$

$$\frac{S-S_0^{ig}}{R}+\ln\frac{p}{p_0}=\ln\frac{p(V-b)}{RT}-\frac{a}{2bRT^{1.5}}\ln\left(1+\frac{b}{V}\right) \tag{4-43}$$

代入 SRK 方程：

$$\frac{H-H^{ig}}{RT}=Z-1-\frac{1}{bRT}\left[a-T\left(\frac{\mathrm{d}a}{\mathrm{d}T}\right)\right]\ln\left(1+\frac{b}{V}\right) \tag{4-44}$$

$$\frac{S-S_0^{ig}}{R}+\ln\frac{p}{p_0}=\ln\frac{p(V-b)}{RT}+\frac{1}{bR}\left(\frac{\mathrm{d}a}{\mathrm{d}T}\right)\ln\left(1+\frac{b}{V}\right) \tag{4-45}$$

其中

$$\frac{\mathrm{d}a}{\mathrm{d}T}=-m\left(\frac{aa_c}{TT_c}\right)^{0.5} \tag{4-46}$$

代入 PR 方程：

$$\frac{H-H^{ig}}{RT}=Z-1-\frac{1}{2^{1.5}bRT}\left[a-T\left(\frac{\mathrm{d}a}{\mathrm{d}T}\right)\right]\ln\frac{V+(\sqrt{2}+1)b}{V-(\sqrt{2}-1)b} \tag{4-47}$$

$$\frac{S-S_0^{ig}}{R}+\ln\frac{p}{p_0}=\ln\frac{p(V-b)}{RT}+\frac{1}{2^{1.5}bR}\left(\frac{\mathrm{d}a}{\mathrm{d}T}\right)\ln\frac{V+(\sqrt{2}+1)b}{V-(\sqrt{2}-1)b} \tag{4-48}$$

其中

$$\frac{\mathrm{d}a}{\mathrm{d}T}=-m\left(\frac{aa_c}{TT_c}\right)^{0.5} \tag{4-49}$$

对混合物，

$$\frac{\mathrm{d}a}{\mathrm{d}T}=\sum_{i=1}^{N}\sum_{j=1}^{N}y_iy_j\,\frac{1-k_{ij}}{2}\left[\sqrt{\frac{a_i}{a_j}}\left(\frac{\mathrm{d}a_j}{\mathrm{d}T}\right)+\sqrt{\frac{a_j}{a_i}}\left(\frac{\mathrm{d}a_i}{\mathrm{d}T}\right)\right] \tag{4-50}$$

本题的体系为混合物，首先要计算出混合物的方程参数，解出摩尔体积，然后求出压缩因子，即可代入计算偏离焓和偏离熵的公式得到需要的结果。在此取参考态的压力 $p_0=p$，所以计算得到的偏离焓和偏离熵也就是剩余焓和剩余熵。

求解结果及分析

MATLAB 非线性方程求解同 4.1 节，仍采用 solve 函数。不同状态方程计算结果参见表 4-4。对本题而言，RK 方程计算的摩尔体积误差最小。

表 4-4 不同状态方程计算的混合物热力学性质

项目	RK 方程	SRK 方程	PR 方程
方程参数 a	3414562.49 $MPa \cdot cm^6 \cdot K^{0.5} \cdot mol^{-2}$	182816.23 $MPa \cdot cm^6 \cdot mol^{-2}$	208472.73 $MPa \cdot cm^6 \cdot mol^{-2}$
$b/cm^3 \cdot mol^{-1}$	30.75593	30.75593	27.61786
摩尔体积 $V/cm^3 \cdot mol^{-1}$	143.25	147.31	139.50
压缩因子 Z	0.8426	0.8665	0.8206
$(H-H^{ig})/(RT)$	−0.8684	−0.8953	−0.9531
$H-H^{ig}/J \cdot mol^{-1}$	−2243.92	−2313.34	−2462.72
$(S-S_0^{ig})/R(p_0=p)$	−0.6499	−0.7031	−0.7002
$S-S_0^{ig}(p_0=p)/J \cdot (mol \cdot K)^{-1}$	−5.4035	−5.8452	−5.8211
摩尔体积计算值与实验值的误差/%	0.52	2.30	3.13

4.7 由状态方程计算蒸汽的热力学性质

工程上，工艺计算中用到物质的热力学性质如 H、S、C_p 值，大部分可通过查手册、图表获得，但图表毕竟有限，而且只能查到一部分，查不到的就需要计算，即使现有的热力学性质图表，也是通过计算绘制而成的（均由偏离函数及剩余性质算得）。通过计算机采用数值计算方法可得到需要的热力学性质。

这就要求开发一种简单的数值计算方法，能够得到水蒸气的热力学性质，而两参数的 Redlich-Kwong（RK）方程就能够满足工程计算精度的要求。

（1）现拟计算 100℃、200℃和 300℃时水蒸气的热力学性质，并与热力学教材中蒸汽表的数据进行比较。尤其要注意在某些范围内 RK 方程有多个解，最大的值是汽相的摩尔体积或比容，其余的解是多余的。

（2）在不同的范围内观察 RK 方程的预测结果：①临界点以下；②临界点附近；③临界点以上。

问题分析

本问题由一种状态方程计算摩尔体积和压缩因子，进而可以计算真实气体的热力学性质如焓变、熵变等。本问题涉及非线性代数方程求解。

问题求解

RK 状态方程已在 4.3 节中描述过，水的临界性质见表 4-2。

由于立方型状态方程是摩尔体积的三次方，故解方程可以得到三个根：

① 当 $T>T_c$ 时，立方型状态方程有一个实根，两个虚根，实根为气体的摩尔体积 V。

② 当 $T=T_c$ 时：

$\begin{cases} p\neq p_c \text{时，仅有一个实根，两个虚根，实根为气体的摩尔体积} V; \\ p=p_c \text{时，有三重实根，} V=V_c\text{。} \end{cases}$

③ 当 $T<T_c$ 时，方程可能有一个或三个实根，这取决于压力。当等温线位于两相区内且 p 为饱和蒸气压 p^s 时，方程最大的根是饱和蒸汽摩尔体积 V^{sv}，最小的根是饱和液体摩尔体积 V^{sl}，中间的根无物理意义。

理想气体的摩尔热容常表示成温度的多项式，如：

$$C_p^{ig}=A+BT+CT^2+DT^3 \tag{4-51}$$

式中，T 为温度，K；C_p^{ig} 为理想气体的摩尔热容，$J\cdot mol^{-1}\cdot K^{-1}$。

A、B、C、D 为与物质有关的常数。对水蒸气数值如表 4-5 所示。

表 4-5 水蒸气的理想气体摩尔热容与温度的关联式系数表

A	$B\times10^3$	$C\times10^5$	$D\times10^8$	温度范围/K
33.29758	0.718155	−0.9048465	3.262418	50～298
32.41502	0.342214	1.285147	−0.4408350	298～1500

如果要求某一状态下的焓值，必须要确定参考态以作为计算的起始点，参考态 T_0、p_0 下的焓 H_0^{ig} 是计算焓的基准。对水而言，参考态为 $T_0=0℃=273.15K$ 的液态水的焓值 $H_0^l=0kJ/kg$，蒸发焓 $\Delta H_0^{vap}=2501.3kJ/kg$。因此，理想气体在温度 T 下的焓值可由下式计算：

$$H_0^v=H_0^l+\Delta H_0^{vap}+\int_{T_0}^{T}C_p^{ig}dT \tag{4-52}$$

式中，$\int_{T_0}^{T}C_p^{ig}dT=A(T-T_0)+\frac{B}{2}(T^2-T_0^2)+\frac{C}{3}(T^3-T_0^3)+\frac{D}{4}(T^4-T_0^4)$

等温焓差的表达式如下：

$$\Delta H_T=H^v-H_0^v=pV-RT+\int_{\infty}^{V}\left[T\left(\frac{\partial p}{\partial T}\right)_V-p\right]dV \tag{4-53}$$

将 RK 方程代入上式，积分可得：

$$H^v-H_0^v=pV-RT-\frac{1.5a}{bT^{0.5}}\ln\left(1+\frac{b}{V}\right) \tag{4-54}$$

因此，水蒸气在任一温度 T 和压力 p 下的焓值可由下式计算：

$$H^v=H_0^l+\Delta H_0^{vap}+\int_{T_0}^{T}C_p^{ig}dT+pV-RT-\frac{1.5a}{bT^{0.5}}\ln\left(1+\frac{b}{V}\right) \tag{4-55}$$

计算中要注意单位保持一致。

求解结果及分析

在给定的压力和温度下，RK 方程可以用 MATLAB 函数 slove 进行代数方程求解得到摩尔体积。求出摩尔体积后，即可由式(4-55) 计算出焓值 H^v。

(1) 在 100℃、0.1MPa 下，由 RK 方程解得 $V=1.72328m^3/kg$，$H^v=2686.65kJ/kg$。蒸汽表给出的数值为 $V=1.696m^3/kg$，$H^v=2676.1kJ/kg$。注意其中的单位换算。

在该程序中，只要修改给定的温度和压力的数值即可得到不同温度、压力下蒸汽的比容和焓值。表 4-6 是给定三个温度，压力为 0.1MPa 下的计算结果（同时给出了 Mathematica

程序计算结果）。

注意：在输入的温度、压力条件下，要确保相态为汽相，程序中加入了相态判断，对于液相不适合用 RK 方程计算。

表 4-6　不同温度下蒸汽的比容和焓值（p=0.1MPa）

项目		100℃		200℃		300℃	
		MATLAB	Mathematica	MATLAB	Mathematica	MATLAB	Mathematica
比容 V/(m^3/kg)	计算值	1.72328	1.70997	2.18478	2.17549	2.64629	2.63862
	蒸汽表值	1.696	1.696	2.172	2.172	2.639	2.639
误差/%		1.61	0.82	0.59	0.16	0.28	−0.01
焓值 H/(kJ/kg)	计算值	2686.65	2685.3	2878.93	2877.99	3076.25	3075.48
	蒸汽表值	2676.1	2676.1	2875.4	2875.4	3074.5	3074.5
误差/%		0.39	0.34	0.12	0.09	0.06	0.03

（2）不同温度、压力下水蒸气的比容和焓值的计算结果见表 4-6（1）～表 4-6（5）。

表 4-6（1）　不同温度下蒸汽的比容和焓值（p=12.5MPa）

项目		400℃	500℃	600℃
比容 V/(m^3/kg)	计算值	0.0260484	0.0297435	0.0334386
	蒸汽表数值	0.02001	0.02559	0.03026
误差/%		30.18	16.23	10.50
焓值 H/(kJ/kg)	计算值	3199.71	3426.55	3655.57
	蒸汽表数值	3042.9	3343.3	3601.4
误差/%		5.15	2.49	1.50

表 4-6（2）　不同温度下蒸汽的比容和焓值（p=15MPa）

项目		400℃	500℃	600℃
比容 V/(m^3/kg)	计算值	0.0219028	0.0249821	0.0280613
	蒸汽表数值	0.01566	0.02080	0.02488
误差/%		39.86	20.11	12.79
焓值 H/(kJ/kg)	计算值	3185.0	3414.88	3646.15
	蒸汽表数值	2979.1	3310.6	3579.3
误差/%		6.91	3.15	1.87

表 4-6（3）　不同温度下蒸汽的比容和焓值（p=20MPa）

项目		400℃	500℃	600℃
比容 V/(m^3/kg)	计算值	0.0167208	0.0190302	0.0213397
	蒸汽表数值	0.009947	0.01477	0.01816
误差/%		68.10	28.84	17.51
焓值 H/(kJ/kg)	计算值	3156.91	3392.51	3628.06
	蒸汽表数值	2820.5	3241.1	3535.5
误差/%		11.93	4.67	2.62

表 4-6 (4)　不同温度下蒸汽的比容和焓值（p=25MPa）

项目		400℃	500℃	600℃
比容 $V/(m^3/kg)$	计算值	0.0136116	0.0154591	0.0173067
	蒸汽表数值	0.006014	0.01113	0.01413
误差/%		126.33	38.90	22.48
焓值 $H/(kJ/kg)$	计算值	3130.49	3371.37	3610.91
	蒸汽表数值	2582.0	3165.9	3489.9
误差/%		21.24	6.49	3.47

表 4-6 (5)　不同温度下蒸汽的比容和焓值（p=30MPa）

项目		400℃	500℃	600℃
比容 $V/(m^3/kg)$	计算值	0.0115388	0.0130784	0.014618
	蒸汽表数值	0.002831	0.008681	0.01144
误差/%		307.59	50.66	27.78
焓值 $H/(kJ/kg)$	计算值	3105.61	3351.38	3594.64
	蒸汽表数值	2161.8	3085.0	3443.0
误差/%		43.66	8.63	4.40

在不同的范围内观察 RK 方程预测结果，可以看出：①在临界点以下的范围，比容和焓值误差都比较小。②在临界点附近，RK 方程预测比容的误差明显增大，相应焓值的误差也增大。③在临界点以上的范围，RK 方程预测误差显著增大。尤其是比容的误差很大，焓值预测误差相对小些。

可见，无论是比容还是焓值，在相同压力下，随着温度升高，预测误差相应减小。在相同温度下，随着压力增加，两者误差均增大。

结果表明，RK 方程用于临界区附近误差较大，尤其对于比容的预测误差很大，说明 RK 方程不适用于临界区附近或超临界区域。

对于本问题，同时提供了 Mathematica 计算程序，Mathematica 程序计算结果比 MATLAB 程序计算结果更精确，更接近于水蒸气表的数值。此外还提供了 Mathcad 计算程序。

4.8 由不同状态方程计算纯流体的逸度系数 

在计算相平衡和化学平衡中，逸度系数是非常重要的性质，是必须计算的物性。对纯液体和纯气体可采用不同的状态方程计算。

(1) 现用 Redlich-Kwong 方程计算不同对比温度下，水的逸度系数随对比压力变化的关系，如在 T_r=1.3、1.5、2.0 及 $0.5 \leqslant p_r \leqslant 30$ 范围内绘制逸度系数图，即把所有结果绘制在同一个图上。

（2）用 Soave-Redlich-Kwong 方程重复（1）。

问题分析

本问题涉及流体热力学性质——逸度系数的计算。只要知道流体的 p-V-T 关系或状态方程，即可计算纯气体或纯液体的逸度系数。用状态方程表示的 p-V-T 关系适合用计算机计算。本问题同样涉及非线性方程的求解。

问题求解

逸度系数 ϕ 定义为物质的逸度与其压力之比，即 $\phi = f/p$。式中，f 为纯组分的逸度，其单位同压力 p。纯气体或定组成的气体混合物的逸度系数计算式如下。

van der Waals 方程：

$$\ln\phi = \ln\frac{f}{p} = Z - 1 - \frac{a}{RTV} - \ln\left[Z\left(1 - \frac{b}{V}\right)\right] \tag{4-56}$$

Redlich-Kwong（RK）方程：

$$\ln\phi = \ln\frac{f}{p} = Z - 1 - \ln\frac{p(V-b)}{RT} - \frac{a}{bRT^{1.5}}\ln\left(1 + \frac{b}{V}\right) \tag{4-57}$$

Soave-Redlich-Kwong（SRK）方程：

$$\ln\phi = Z - 1 - \ln\frac{p(V-b)}{RT} - \frac{a}{bRT}\ln\left(1 + \frac{b}{V}\right) \tag{4-58}$$

Peng-Robinson（PR）方程：

$$\ln\phi = Z - 1 - \ln\frac{p(V-b)}{RT} - \frac{a}{2^{1.5}bRT}\ln\frac{V + (\sqrt{2}+1)b}{V - (\sqrt{2}-1)b} \tag{4-59}$$

SRK、PR 方程既适用于气相也适用于液相。当存在三个实根时，最小的根是饱和液相摩尔体积 V_{min}，最大根是饱和蒸汽摩尔体积 V_{max}，中间的根无物理意义。

应先根据状态方程解出摩尔体积 V 和压缩因子 Z，再代入逸度系数计算公式即可计算纯组分的逸度系数。水的临界性质和偏心因子见表 4-2。

求解结果及分析

状态方程求解见 4.2 节和 4.3 节。RK 方程和 SRK 方程计算结果参见图 4-8 和图 4-9。可见，两个方程的计算结果相差比较大，尤其在温度、压力较高的情况下相差更大。因此，对不同的物系和条件应选择合适的状态方程进行计算，以保证结果的准确性。

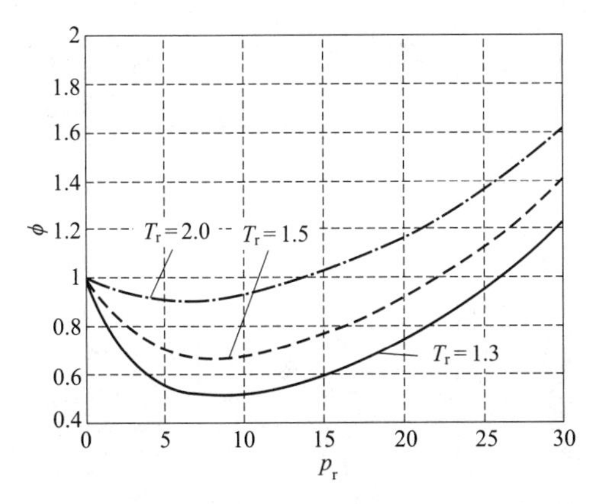

图 4-8 RK 方程计算的逸度系数图

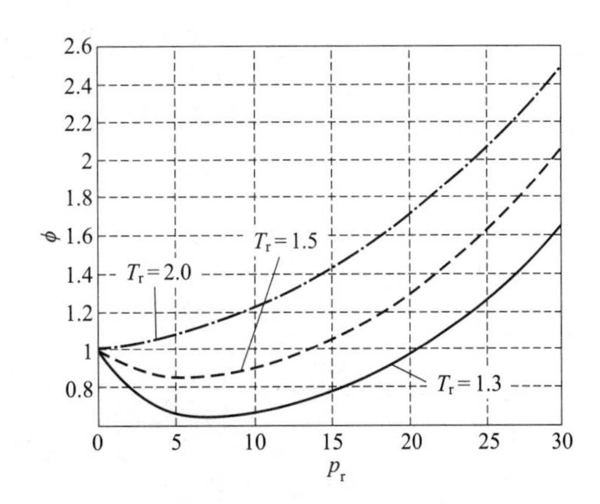

图 4-9 SRK 方程计算的逸度系数图

4.9 溶液中某组分偏摩尔焓的计算

在化工计算中常遇到一些没有相应公式来表达的变量和自变量数据组，这些给定的数据点往往是有限的。当需要求二个数据点之间某个给定自变量对应的函数变量时，就出现了所谓的插值问题。

由纯组分混合形成溶液时，常常伴有热效应，可以根据实验测定该混合热。现拟根据实测溶液的放热量，计算溶液中某组分的偏摩尔焓。

现有一实验，在恒温（0℃）及恒压下将水逐渐加入1kg液态氨中，并精确测量放出的热量，记录结果见表4-7。

表4-7 不同浓度氨水混合时的放热量

浓度/(kg水/kg氨)	放出的热量(−Q)/(kcal/含1kgNH_3的溶液)	浓度/(kg水/kg氨)	放出的热量(−Q)/(kcal/含1kgNH_3的溶液)
0.0	0.0	1.50	150.0
0.111	19.7	2.33	171.2
0.25	42.1	4.00	182.5
0.429	67.3	9.00	191.0
0.667	94.3	∞	198.9
1.00	121.6		

若取实验压力下0℃的纯液氨和纯水作为焓的基准态，试求：在该实验条件下，溶液中氨的质量分数为0.35时，水与氨的偏摩尔焓是多少？

问题分析

该问题就涉及求解两个数据点之间的某个数值的插值，插值方法有许多种：线性插值、n次多项式插值、样条函数插值等。不同的插值方法所得精度不同。为了放样时用各节点的光滑曲线，产生了样条插值。

该问题涉及三次样条插值、多项式拟合以及微分。

问题求解

对于给定的实验数据，先将实验数据换算成每千克含不同质量分数氨的溶液的焓值，见表4-8。

表4-8 不同浓度氨水溶液的焓值

浓度/($kgH_2O/kgNH_3$)	溶液质量/(kg/含1kgNH_3的溶液)	NH_3的质量分数/%	热量(−Q)/(kcal/含1kgNH_3的溶液	焓值(−H)/(kcal/kg溶液)
0.0	1.00	100	0.0	0.0
0.111	1.111	90	19.7	17.8
0.25	1.25	80	42.1	33.7
0.429	1.429	70	67.3	47.1
0.667	1.667	60	94.3	56.6
1.00	2.00	50	121.6	60.8
1.50	2.50	40	150.0	60.0
2.33	3.33	30	171.2	51.4
4.00	5.00	20	182.5	36.5
9.00	10.00	10	191.0	19.1
∞	∞	0	198.9	0.0

将 H 对 NH_3 的质量分数（x）作图，可得一曲线。在 NH_3 的质量分数 $x_S=0.35$ 处作 $H\sim x$ 曲线的切线，NH_3 质量分数为 0 和 1.0 的纵轴上的截距即为该溶液浓度下水及 NH_3 的偏摩尔焓值 $\overline{H}_{H_2O}$ 及 $\overline{H}_{NH_3}$。

$x_S=0.35$ 所对应的溶液的焓值为 H_S。可知：

$$\overline{H}_{NH_3}=H_S+(1-x_S)\left.\frac{dH}{dx}\right|_{x=x_S} \tag{4-60}$$

$$\overline{H}_{H_2O}=H_S-x_S\left.\frac{dH}{dx}\right|_{x=x_S} \tag{4-61}$$

式中求 H_S 是求插值的问题；求 $\left.\frac{dH}{dx}\right|_{x=x_S}$ 是求焓浓曲线 $H\sim x$ 在 x_S 处的一次导数，即求插值点的一次导数问题。

求解结果及分析

根据实验数据点首先进行三次样条插值，然后作出焓浓图，即 $H\sim x$ 曲线，参见图 4-10，然后对数据作多项式拟合，并对拟合的多项式求导，得出 $x_S=0.35$ 所对应的溶液焓值 $H_S=-56.561$kcal/kg 溶液，$\left.\frac{dH}{dx}\right|_{x=x_S}=-82.5127$，则可求得 $x_S=0.35$ 时水与氨的偏摩尔焓：$\overline{H}_{H_2O}=-27.68$kcal/kg 溶液；$\overline{H}_{NH_3}=-110.19$kcal/kg 溶液。

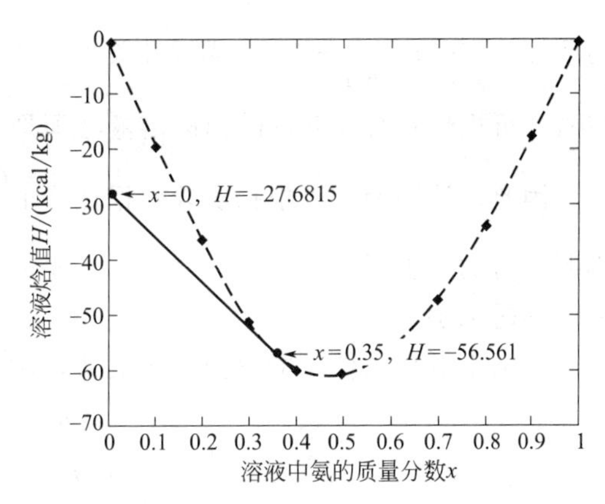

图 4-10 溶液焓值与溶液中氨的质量分数关系曲线

同时提供了 Mathematica 计算程序，其与 MATLAB 程序的计算结果稍有差别，此外还提供了 Mathcad 计算程序。

4.10 由汽液平衡数据识别溶液的活度系数模型

在化学工程的实验中，往往遇到各种不同的变量，如温度、压力、组成等，这些变量之间存在着两大类关系：一是他们之间存在着一种确定的函数关系；二是由于诸多因素的影响，或由于相互关系较为复杂，变量之间的关系具有某种不确定性，但在多次重复实验之后，可找出他们的内在规律，这种规律反映了变量之间的相互关系，称为回归关系。热力学中常遇到的是根据汽液平衡的实验数据确定活度系数模型。

氯仿（1）-乙醇（2）二元体系在 55℃时的 p-x_1-y_1 数据见表 4-9。并已知，在 $x_1=y_1=0.84$ 时形成最高压力共沸点。试求表达该体系活度系数的表达式。

已知组分（1）、组分（2）的有关第二维里系数为：$B_{11}=-963$，$B_{22}=-1523$，$\delta_{12}=52$（单位为 cm^3/mol）。

在 55℃时二组分的饱和蒸气压分别为：$p_1^s=617.84$mmHg，$p_2^s=279.86$mmHg。

表 4-9 氯仿（1)-乙醇（2）二元体系组成与平衡压力数据

平衡压力 p/mmHg	液相组成 x_1	汽相组成 y_1	平衡压力 p/mmHg	液相组成 x_1	汽相组成 y_1
365.0	0.10	0.31	630.0	0.60	0.75
455.0	0.20	0.50	642.0	0.70	0.79
522.0	0.30	0.60	650.0	0.80	0.805
577.0	0.40	0.66	652.0	0.84	0.84
608.0	0.50	0.71	649.5	0.90	0.895

问题分析

根据给定汽液平衡实验数据，判断适合体系的溶液活度系数模型。该体系的溶液活度系数模型可以有三种：Margules 方程、van Laar 方程和 Wilson 方程。

对符合 Margules 方程的溶液，$\dfrac{G^E/(RT)}{x_1x_2}$与 x_1 应成线性关系；而对符合 van Laar 方程的溶液，则$\dfrac{x_1x_2}{G^E/(RT)}$与 x_1 成线性关系。既不符合 van Laar 方程又不符合 Margules 方程的溶液，可视作符合 Wilson 方程(溶液必须是完全互溶的)。

因此，该问题可以根据实验数据计算出$\dfrac{G^E/(RT)}{x_1x_2}$，然后采用一元线性回归分析的方法，判断合适的活度系数模型。

问题求解

根据中低压条件下的汽液平衡关系，对二元体系：

$$\ln\gamma_1=\ln\frac{y_1p}{x_1p_1^s}+\frac{B_{11}(p-p_1^s)+p\delta_{12}y_2^2}{RT} \tag{4-62}$$

$$\ln\gamma_2=\ln\frac{y_2p}{x_2p_2^s}+\frac{B_{22}(p-p_2^s)+p\delta_{12}y_1^2}{RT} \tag{4-63}$$

由超额 Gibbs 自由能与活度系数的关系，对二元体系有：

$$\frac{G^E/(RT)}{x_1x_2}=\frac{\ln\gamma_1}{x_2}+\frac{\ln\gamma_2}{x_1} \tag{4-64}$$

Margules 方程：

$$\frac{G^E/(RT)}{x_1x_2}=A_{21}x_1+A_{12}x_2 \tag{4-65}$$

van Laar 方程：

$$\frac{x_1x_2}{G^E/(RT)}=\frac{x_1}{A'_{21}}+\frac{x_2}{A'_{12}} \tag{4-66}$$

可先从 Margules 方程来试探，如果能够用回归分析方法确认其线性是显著的，则溶液活度系数模型也就识别出来了。

求解结果及分析

根据给定的实验数据，由式(4-62）和式(4-63）计算各点 x_1 下的 $\ln\gamma_1$ 及 $\ln\gamma_2$，并由式(4-64）计算出$\dfrac{G^E/(RT)}{x_1x_2}$，然后将$\dfrac{G^E/(RT)}{x_1x_2}$与 x_1 采用 MATLAB 程序的 polyfit() 函数进行一元线性回归，就可以求得该直线的相关系数及直线的斜率、截距，参见图 4-11。

回归得线性方程为：

$$y=0.627414+0.833348x$$

由样本容量 $n=10$，查得可信度 $\alpha=0.01$ 时的临界相关系数为 $\gamma_\alpha=0.7646$，计算所得的相关系数 $\gamma=0.9765$，由于 $\gamma>\gamma_\alpha$，所以线性回归方程是高度可信的，即该体系可用 Margules 方程表达，模型识别完成。

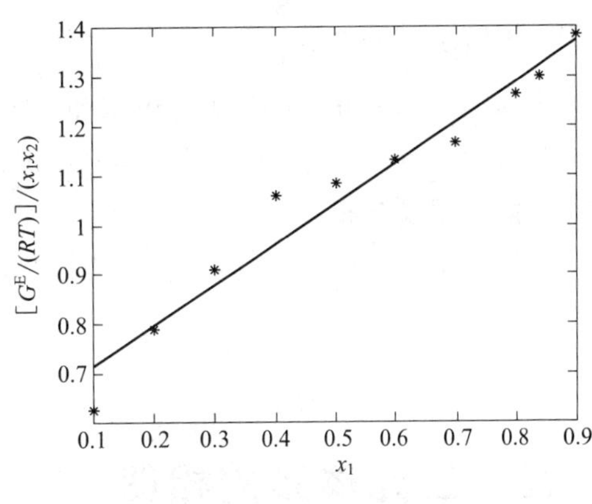

图 4-11　一元线性回归曲线

由化工热力学知识，可以证明 $\frac{G^E/(RT)}{x_1x_2}\sim x_1$ 直线在 $x_1=0$ 及 $x_1=1.0$ 处的截距分别为 A_{12} 及 A_{21}。则由直线回归方程可以求出：

$$A_{12}=0.6274,\quad A_{21}=1.4608$$

于是，根据 Margules 方程，该体系的活度系数可用下式表示：

$$\ln\gamma_1=x_2^2[A_{12}+2(A_{21}-A_{12})x_1]=x_2^2[0.6274+1.667x_1]$$

$$\ln\gamma_2=x_1^2[A_{21}+2(A_{12}-A_{21})x_2]=x_1^2[1.4607-1.667x_2]$$

4.11　多元理想体系汽液平衡组成计算

某溶液由苯、甲苯和乙苯三种组分构成。现测得该溶液在 75℃ 和 86℃ 时的压力各为 255.08mmHg 和 367.95mmHg。假设该溶液的液相服从 Raoult 定律，汽相服从 Dalton 定律，这三种纯组分的蒸气压服从 Antoine 方程：

$$\ln p^s=A-\frac{B}{T+C}$$

式中，p^s 的单位为 mmHg；T 的单位为 K；A、B、C 可由有关手册查出，见表 4-10。

表 4-10　Antoine 方程参数

组分	A	B	C
苯(1)	15.9008	2788.51	−52.36
甲苯(2)	16.0137	3096.52	−53.67
乙苯(3)	16.0195	3279.47	−59.95

试求在液相中各组分的摩尔分数 x_1、x_2 和 x_3。

问题分析

该问题是对理想体系多元汽液平衡的计算，涉及线性方程组的求解。

问题求解

由完全理想体系的汽液平衡关系式，可得如下线性方程组：

$$p_{1,T_1}^s x_1+p_{2,T_1}^s x_2+p_{3,T_1}^s x_3=p_1 \tag{4-67}$$

$$p_{1,T_2}^s x_1+p_{2,T_2}^s x_2+p_{3,T_2}^s x_3=p_2 \tag{4-68}$$

$$x_1+x_2+x_3=1 \tag{4-69}$$

其中，$\ln p_{i,T}^{s}=A_i-\dfrac{B_i}{T+C_i}$

先由 Antoine 方程计算苯、甲苯和乙苯在 T_1 和 T_2 下的饱和蒸气压，然后联立求解线性方程式(4-67)、式(4-68)、式(4-69)，即得各组分的摩尔分数 x_1、x_2 和 x_3。

求解结果及分析

结果如下：苯的摩尔分数 $x_1=0.2028$；甲苯的摩尔分数 $x_2=0.2923$；乙苯的摩尔分数 $x_3=0.5049$

4.12 二元体系的相图

试作环己烷（1)-苯（2）系统在 40℃时的 p-x-y 图。已知汽相可视为理想气体，液相活度系数与组成的关联式为：

$$\ln\gamma_1=0.458x_2^2,\quad \ln\gamma_2=0.458x_1^2$$

已知 40℃时，组分的饱和蒸气压为 $p_1^s=24.6\text{kPa}$、$p_2^s=24.4\text{kPa}$。

问题分析

二元体系的汽液相平衡关系常用相图来表示，相图可以直观地表示体系的温度、压力及各相组成的关系。本问题涉及数据点的作图。

问题求解

汽相为理想气体、液相为非理想溶液时的汽液平衡关系式：

对组分 1　　$py_1=p_1^s\gamma_1x_1$

对组分 2　　$py_2=p_2^s\gamma_2x_2$

以上两式相加，得总压为：

$$p=p_1^s\gamma_1x_1+p_2^s\gamma_2x_2 \tag{4-70}$$

组分 1 的汽相组成 y_1 与压力 p、液相组成 x_1 的关系式：

$$y_1=\frac{p_1^s\gamma_1x_1}{p_1^s\gamma_1x_1+p_2^s\gamma_2x_2}=\frac{1}{1+\dfrac{p_2^s\gamma_2x_2}{p_1^s\gamma_1x_1}} \tag{4-71}$$

对不同的 x_1 值，求出 γ_1、γ_2 值，由式(4-70）可求出 p，式(4-71）可求出 y_1，即可作图。

该问题比较简单，也可以用 Excel 作图，这里用 MATLAB、Mathematica 和 Mathcad 计算作图。

求解结果及分析

计算结果参见表 4-11，p-x-y 关系曲线参见图 4-12。

表 4-11　40℃时，环己烷（1)-苯（2)系统的 p-x-y 关系计算结果

x_1	γ_1	γ_2	p/kPa	y_1
0.0000	1.5809	1.0000	24.40	0.0000
0.1000	1.4492	1.0046	25.62	0.1391
0.2000	1.3406	1.0185	26.48	0.2491
0.3000	1.2516	1.0421	27.03	0.3417

续表

x_1	γ_1	γ_2	p/kPa	y_1
0.4000	1.1793	1.0760	27.36	0.4242
0.5000	1.1213	1.1213	27.47	0.5020
0.6000	1.0760	1.1793	27.39	0.5798
0.7000	1.0421	1.2516	27.11	0.6620
0.8000	1.0185	1.3406	26.59	0.7539
0.9000	1.0046	1.4492	25.78	0.8628
1.0000	1.0000	1.5809	24.60	1.0000

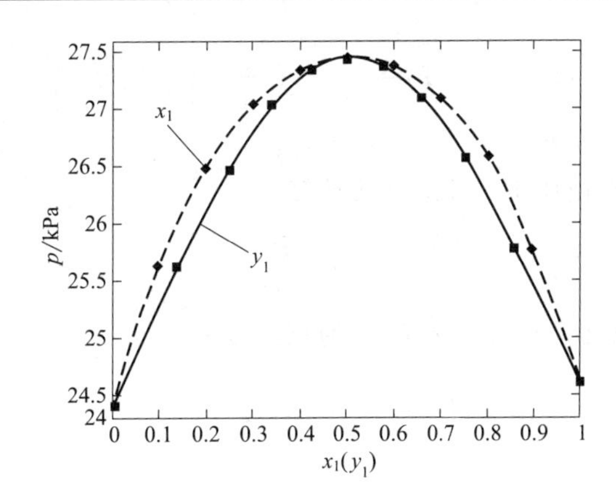

图 4-12　40℃时，环己烷（1)-苯（2）系统的 p-x-y 关系

4.13　多元理想体系的闪蒸计算

指定进料流量 F、组成 z_i（摩尔分数）、压力 p 和温度 T 作为独立变量，则需通过计算求汽化率 e 及平衡汽、液相组成 y_i、x_i。

已知某烃类混合物组成见表 4-12。闪蒸在−101℃、13.6atm 下进行，求其汽化率和汽、液相的组成，并确定进料的泡点温度和露点温度。

组分的饱和蒸气压 p_i^s 可由 Antoine 方程求得：

$$\lg p_i^s = A - \frac{B}{T+C} \tag{4-72}$$

式中，p_i^s 为饱和蒸气压，kPa；T 为温度，℃；A、B、C 是因物质而异的常数，甲烷、乙烷、丙烷的 Antoine 方程常数列于表 4-12。

表 4-12　进料组成和 Antoine 方程常数

组分	进料组成 z_i	A	B	C
甲烷	0.7619	5.963551	438.5193	272.2106
乙烷	0.2036	6.536453	797.7197	267.1465
丙烷	0.0345	6.079206	873.839	256.7609

问题分析

本题是理想的多组分烃类混合物的闪蒸计算问题。根据物料平衡和相平衡来计算平衡的汽化率和汽、液相的组成，涉及非线性代数方程求解。

问题求解

根据闪蒸的物料平衡和相平衡，并由$\sum(y_i - x_i)=0$可得闪蒸计算的目标函数：

$$F(e)=\sum_{i=1}^{N}(y_i-x_i)=\sum_{i=1}^{N}\frac{z_i(K_i-1)}{(K_i-1)e+1}=0 \tag{4-73}$$

式中，e为汽化率，定义为$e=V/F$，其中F为进料量，V为闪蒸后的汽相量；K_i为组分i的汽液平衡比（常数）。一旦确定了汽化率e，则平衡的汽、液相组成y_i、x_i即可用下式计算：

$$x_i=\frac{z_i}{(K_i-1)e+1} \tag{4-74}$$

$$y_i=K_i x_i \tag{4-75}$$

对理想体系，汽液平衡比K_i可由下式计算：

$$K_i=\frac{p_i^{s}}{p} \tag{4-76}$$

当$e=0$时，即为泡点，此时$T=T_b$（泡点温度）：

$$F(T)=1-\sum_{i=1}^{N}z_i K_i \tag{4-77}$$

解方程即得泡点温度。

当$e=1$时，即为露点，此时$T=T_D$（露点温度）：

$$F(T)=\sum_{i=1}^{N}\frac{z_i}{K_i}-1 \tag{4-78}$$

解方程即得露点温度。

求解结果及分析

通过MATLAB求解非线性方程可应用solve函数。结果参见表4-13。

表4-13　进料及平衡时的汽、液相组成

组分	z_i	K_i	x_i	y_i
甲烷	0.7619	1.8324	0.5372	0.9843
乙烷	0.2036	0.0394	0.3936	0.0155
丙烷	0.0345	0.0021	0.0692	0.0001
Σ	1.000		1.000	1.000

所求汽化率$e=0.5025$。进料的泡点温度为-110.28℃、露点温度为-46.40℃。

4.14　实验数据的热力学一致性检验 

在科学研究中，有时汽液平衡测定仪器的使用不当，或组成分析以及温度、压力测量的误差，常有可能使得到的数据不够准确、可靠。因此，在使用数据前需进行检验。另一方面，在设计工作中，对所需要的某二元体系的汽液平衡数据，常在有关文献中可以查到好几套，往往彼此不尽相同，这就要求进行合理选择，但究竟如何选用，如何取舍呢？就要借助于热力学一致性检验，这种方法在实际工作中被广泛应用。

实验数据是否可靠，可用 Gibbs-Duhem 方程来检验，若实验数据与 Gibbs-Duhem 方程符合，则称此汽液平衡数据符合热力学一致性。

从资料查得两套乙醇（1）-水（2）的汽液平衡数据，见表 4-14。一套是 25℃下的数据，另一套有两个温度 39.76℃和 54.81℃。作图后发现两套数据有矛盾，现希望用热力学一致性来校验哪一套数据可能正确一些。

表 4-14 从资料查得乙醇（1)-水（2）体系等温汽液平衡数据

t=25℃(Dorrte)			t=39.76℃(Wrewski)			t=54.81℃(Wrewski)		
x_1	y_1	p/mmHg	x_1	y_1	p/mmHg	x_1	y_1	p/mmHg
0.0	0.0	23.7	0.0	0.0	54.3	0.0	0.0	116.6
12.2	47.4	41.8	6.89	45.6	81.4	9.16	47.53	192.9
16.3	53.1	45.2	8.03	47.30	84.7	11.57	50.36	204.2
22.6	56.2	47.9	9.94	49.23	90.5	21.20	57.27	228.9
32.0	58.2	50.7	14.52	54.31	99.4	23.75	58.28	223.9
33.7	58.9	51.0	15.48	55.16	101.2	26.71	58.88	237.3
43.7	62.0	52.7	18.31	57.19	104.4	36.98	61.51	247.5
44.0	61.9	52.8	22.08	58.74	107.3	47.88	65.54	256.6
57.9	68.5	54.8	23.33	58.76	108.6	61.02	71.02	264.6
83.0	84.9	58.4	26.81	60.30	110.2	91.45	91.45	275.9
100.0	100.0	58.84	36.77	63.41	115.7	100.00	100.00	275.2
			44.31	65.83	119.5			
			48.08	67.26	121.9			
			60.89	71.89	125.3			
			77.96	81.29	129.2			
			93.90	93.97	131.5			
			95.52	95.52	131.4			
			100.00	100.00	129.8			

问题分析

汽液平衡实验数据的热力学一致性检验需要作图积分计算。本问题涉及三次样条插值、多项式拟合和数值积分。

问题求解

由于一般情况下压力对液相活度系数的影响很小，故 Gibbs-Duhem 方程实际上可应用于恒温（而非恒压）的体系，有：

$$\int_{x_1=0}^{x_1=1} \ln \frac{\gamma_1}{\gamma_2} \mathrm{d}x_1 = 0 \tag{4-79}$$

上式提供了相平衡数据的面积校验公式，将 $\ln\dfrac{\gamma_1}{\gamma_2}$ 对 x_1 作图，将得到如图 4-13 所示的图形。由于图中阴影部分的面积对应于式(4-79) 左边的积分，如果这部分面积等于零，即图中的面积Ⅰ等于面积Ⅱ，则所测得的实验数据是符合热力学一致性的，即说明该套数据是较为正确的。但要注意，面积检验对确定一组活度系数数据热力学上是否一致价值不大。

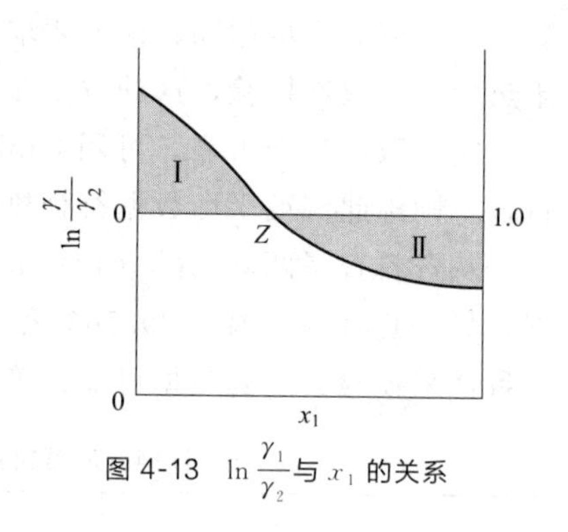

图 4-13 $\ln\dfrac{\gamma_1}{\gamma_2}$ 与 x_1 的关系

本体系压力较低，汽相可以被视为理想气体，纯组分在 25℃、39.76℃及 54.18℃下的饱和蒸气压见表 4-15。

表 4-15 乙醇和水的饱和蒸气压 单位：mmHg

组分	25℃	39.76℃	54.81℃
乙醇(1)	58.84	129.8	275.2
水(2)	23.7	54.3	116.6

根据低压下汽液平衡的关系式，用 $\gamma_i=\dfrac{py_i}{p_i^s x_i}(i=1,2)$ 计算 γ_1、γ_2，再分别计算 25℃、39.76℃及 54.18℃下各对应 x_1 下的三套数据：$\ln\dfrac{\gamma_1}{\gamma_2}\sim x_1$。为了求得图 4-13 所示的面积Ⅰ与Ⅱ之和，需要求出 $\int_{x_1=0}^{x_1=1}\ln\dfrac{\gamma_1}{\gamma_2}\mathrm{d}x_1$ 的积分值，这是一个数值积分问题。

但是，仅仅求出三套数据 $\int_{x_1=0}^{x_1=1}\ln\dfrac{\gamma_1}{\gamma_2}\mathrm{d}x_1$ 的值与零之差，还不能够确定哪套数据较为符合热力学一致性，还需要计算它们的百分误差 ε。

令 $I=\int_{x_1=0}^{x_1=1}\ln\dfrac{\gamma_1}{\gamma_2}\mathrm{d}x_1$，即 $\ln\dfrac{\gamma_1}{\gamma_2}\sim x_1$ 曲线所包含的曲面面积的代数和；计算 $\Sigma=\int_{x_1=0}^{x_1=1}\left|\ln\dfrac{\gamma_1}{\gamma_2}\mathrm{d}x_1\right|$，即 $\ln\dfrac{\gamma_1}{\gamma_2}\sim x_1$ 曲线所包含的曲面总面积。

$$\varepsilon=\frac{|I|}{\Sigma}\times100\%=\left|\frac{\text{面积Ⅰ}-\text{面积Ⅱ}}{\text{面积Ⅰ}+\text{面积Ⅱ}}\right|\times100\% \tag{4-80}$$

要求 $\Sigma=\int_{x_1=0}^{x_1=1}\left|\ln\dfrac{\gamma_1}{\gamma_2}\mathrm{d}x_1\right|$ 必须分别计算Ⅰ、Ⅱ的面积，而不能直接用数据积分从 0→1.0 对 $\left|\ln\dfrac{\gamma_1}{\gamma_2}\right|$ 进行积分。因此需要找到图中的 Z 点（曲线与 x 轴的交点）。

求解结果及分析

计算不同温度下各对应 x_1 下的 $\ln\dfrac{\gamma_1}{\gamma_2}$，将 $\ln\dfrac{\gamma_1}{\gamma_2}$ 对 x_1 作图，参见图 4-14。为了提高计算的准确性，在 MATLAB 中采用 interp1(x,y,x0,'spline') 对数据进行三次样条插值，外推得到 $x_1=0$ 和 $x_1=1$ 两个端点处 $\ln\dfrac{\gamma_1}{\gamma_2}$ 的数值。然后采用曲线拟合函数 polyfit(x,y,n) 将

$\ln\dfrac{\gamma_1}{\gamma_2}$拟合为 x_1 的多项式形式，最后进行数值积分，计算出 I 和Σ，得到误差，即可判断数据的热力学一致性。结果见表 4-16。

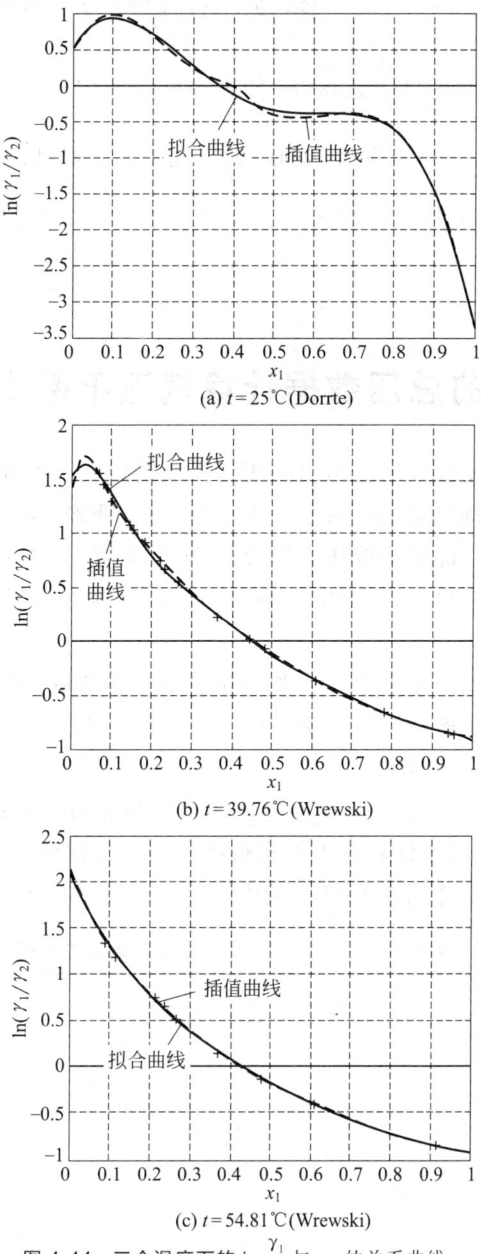

图 4-14　三个温度下的 $\ln\dfrac{\gamma_1}{\gamma_2}$ 与 x_1 的关系曲线

表 4-16　汽液平衡实验数据热力学一致性检验结果

温度/℃	$I=\int_{x_1=0}^{x_1=1}\ln\dfrac{\gamma_1}{\gamma_2}dx_1$	$\Sigma=\int_{x_1=0}^{x_1=1}\left\vert\ln\dfrac{\gamma_1}{\gamma_2}dx_1\right\vert$	误差/%
25.00	0.2495	0.7029	35.50
39.76	0.05868	0.6554	8.95
54.81	0.03224	0.6673	4.83

程序中可以先计算 $\ln\frac{\gamma_1}{\gamma_2}$ 与 x_1 的交点，然后积分计算面积Ⅰ和面积Ⅱ，也可以直接积分计算 I 和 Σ，两种方法计算结果是一样的。

由计算结果可以看出，25℃时的一套数据不符合热力学一致性，应该舍去。54.81℃时的一套数据较好。

对于本问题，同时提供了 Mathematica 计算程序，本程序中 $x_1=0$ 和 $x_1=1$ 两个端点处 $\ln\frac{\gamma_1}{\gamma_2}$ 的数值是根据 van Laar 方程计算的，利用此种方法得到的端点值在实验数据点有异常偏差时，会出现与邻近点不连贯的突变，发现 25℃下的一套数据点有此种现象，所以 25℃下的计算误差较大。

4.15 由恒温下的总压数据计算汽液平衡Ⅰ

一个系统汽液平衡的完整描述应给出两相的平衡组成、温度和压力。在一个典型的实验研究中，温度或总压是保持恒定的，对于一个 N 组分的系统，完整的测定要求在每一个平衡状态下必须获得的数据，即温度或压力以及 $2(N-1)$ 个摩尔分数。即使对于一个二元系统，这也是相当大的实验项目，而利用 Gibbs-Duhem 方程可计算某些需要的信息以减少实验工作。

二元体系汽液平衡数据对于计算多元和多相平衡是非常重要的。获得这些数据的一个方法是实验测定恒温下作为液相组成函数的总压，即测定恒温下的 p-x 数据，然后利用 Gibbs-Duhem 方程可得到 y-x 数据。

甲苯（1）和醋酸（2）二元体系 70℃时体系总压和液相组成的数据见表 4-17。

（1）用 Gibbs-Duhem 方程计算作为液相组成函数的汽相组成。

（2）计算甲苯和醋酸的作为液相组成函数的活度系数。

表 4-17　甲苯（1）-醋酸（2）体系 70℃时体系总压和液相组成

x_1	p/mmHg	x_1	p/mmHg
0.0000	136.0	0.5912	223.4
0.125	175.3	0.6620	225.0
0.231	195.6	0.7597	225.1
0.3121	204.9	0.8289	222.7
0.4019	213.5	0.9058	216.6
0.4860	218.9	0.9565	210.7
0.5349	221.3	1.000	202.0

问题分析

已知体系总压和液相组成，用 Gibbs-Duhem 方程计算汽相组成以及液相的活度系数，需对离散的数据进行数值微分和积分，在起始点利用 I'Hopital 法则处理。

问题求解

Gibbs-Duhem 方程的一个应用是在低压下，对温度恒定的二元体系汽液平衡的计算。对二元体系，Gibbs-Duhem 方程写成如下形式：

$$x_1\left(\frac{\mathrm{d}\ln\gamma_1}{\mathrm{d}x_1}\right)_{p,T}+x_2\left(\frac{\mathrm{d}\ln\gamma_2}{\mathrm{d}x_1}\right)_{p,T}=0 \tag{4-81}$$

式中，x_i 是液相中组分 i 的摩尔分数；γ_i 是组分 i 的液相活度系数。

低压下，汽相可以被视为理想气体，由汽液平衡关系，可得：

$$\gamma_i=\frac{y_i p}{x_i p_i^{\mathrm{s}}} \tag{4-82}$$

式中，y_i 是汽相中 i 组分的摩尔分数；x_i 是液相中 i 组分的摩尔分数；p 是体系压力；p_i^{s} 是 i 组分的饱和蒸气压。

将式(4-82) 代入式(4-81)，经变换可得：

$$\frac{\mathrm{d}y_1}{\mathrm{d}x_1}=\frac{y_1(1-y_1)}{y_1-x_1}\times\frac{\mathrm{d}\ln p}{\mathrm{d}x_1}\qquad (T=常数) \tag{4-83}$$

式(4-83) 联系了低压、恒温下处于汽液平衡状态的二元体系的 p、y_1 和 x_1 之间的关系，因此只要已知其中的两个就可求第三个。

方程式(4-83) 可用于已知 p-x_1 数据时求与 x_1 对应的 y_1 值。但 y_1 不能直接求解，由于式(4-83) 并不是 y_1 的显函数。此时必须从某一合适的点开始进行数值积分。H. C. Van Ness 指出，这种数值积分的方向应当是使压力增加。

如果计算从 $x_1=y_1=0$ 开始，利用 I'Hopital 法则，式(4-83) 可以化简为：

$$\left(\frac{\mathrm{d}y_1}{\mathrm{d}x_1}\right)_{x_1=y_1=0}=\frac{1}{p_2^{\mathrm{s}}}\left(\frac{\mathrm{d}p}{\mathrm{d}x_1}\right)_{x_1=y_1=0}+1\qquad (T=常数) \tag{4-84}$$

上式表明开始积分时仅需知道 p-x 线的起始斜率。

同理从 $x_1=y_1=1$ 开始，式(4-83) 可以化简为：

$$\left(\frac{\mathrm{d}y_1}{\mathrm{d}x_1}\right)_{x_1=y_1=1}=1-\frac{1}{p_1^{\mathrm{s}}}\left(\frac{\mathrm{d}p}{\mathrm{d}x_1}\right)_{x_1=y_1=1}\qquad (T=常数) \tag{4-85}$$

y_1 与 x_1 数据一旦确定之后，活度系数就可以直接由式(4-82) 求得。

利用 I'Hopital 法则，在 $x_1=y_1=0$ 时，$\gamma_2=1.0$，则有：

$$\gamma_1^{\infty}=\frac{p_2^{\mathrm{s}}}{p_1^{\mathrm{s}}}\left(\frac{\mathrm{d}y_1}{\mathrm{d}x_1}\right)_{x_1=y_1=0}\qquad (T=常数)$$

代入式(4-84)，得：

$$\gamma_1^{\infty}=\frac{1}{p_1^{\mathrm{s}}}\left[\left(\frac{\mathrm{d}p}{\mathrm{d}x_1}\right)_{x_1=y_1=0}+p_2^{\mathrm{s}}\right]\qquad (T=常数) \tag{4-86}$$

在 $x_1=y_1=1$ 时，$\gamma_1=1.0$，而

$$\gamma_2^{\infty}=\frac{1}{p_2^{\mathrm{s}}}\left[p_1^{\mathrm{s}}-\left(\frac{\mathrm{d}p}{\mathrm{d}x_1}\right)_{x_1=y_1=1}\right]\qquad (T=常数) \tag{4-87}$$

要注意此体系会产生共沸物。因此，积分应分为反方向的两部分，首先从 $x_1=0$ 作为起始点进行计算，由于在达到共沸点时，$\mathrm{d}\ln p/\mathrm{d}x_1$ 将会变号，如果在数值计算中不能同时发生则结果将会产生大的误差，为了避免这个问题，对共沸点以后的点，从 $x_1=1$ 开始计算。

求解结果及分析

计算结果参见表 4-18。

表 4-18 甲苯（1）-醋酸（2）体系汽液平衡计算结果

x_1	y_1	γ_1	γ_2	x_1	y_1	γ_1	γ_2
0.0000	0.0000	2.0405	1.000	0.5912	0.65381	1.2231	1.3911
0.125	0.37884	2.6302	0.9150	0.6620	0.67961	1.1435	1.5682
0.231	0.48042	2.0139	0.9718	0.7597	0.74401	1.0913	1.7632
0.3121	0.52691	1.7125	1.0362	0.8289	0.78627	1.0458	2.0455
0.4019	0.57462	1.5112	1.1165	0.9058	0.86303	1.0216	2.3157
0.4860	0.60997	1.3601	1.2214	0.9565	0.91433	0.9971	3.0511
0.5349	0.6309	1.2922	1.2914	1.000	1.000	1.000	2.9559

4.16 由恒温下的总压数据计算汽液平衡 Ⅱ

50℃时苯（1）和醋酸（2）二元体系的总压和液相组成的数据见表 4-19。

（1）用 Gibbs-Duhem 方程计算作为液相组成函数的汽相组成。

（2）计算苯和醋酸的作为液相组成函数的活度系数。

表 4-19 苯（1）-醋酸（2）体系 50℃时体系总压和液相组成

x_1	p/mmHg	x_1	p/mmHg
0.0000	57.52	0.8286	250.20
0.0069	58.2	0.8862	259.00
0.1565	126.00	0.9165	261.11
0.3396	175.30	0.9561	264.45
0.4666	189.50	0.9840	266.53
0.6004	224.30	1.000	271.00
0.7021	236.00		

问题分析

已知体系总压和液相组成，用 Gibbs-Duhem 方程计算汽相组成以及液相的活度系数，需对数据进行数值积分和微分，解常微分方程，在起始点利用 I′Hopital 法则处理。

问题求解

见 4.15 节解答部分。由于此体系不形成共沸物，积分沿一个方向进行便可以。由式(4-83)计算，要求 $\mathrm{d}\ln p/\mathrm{d}x_1$ 表达为 x_1 函数，求 y_1 需要对方程式从 $x_1=0$ 到 $x_1=1.0$ 进行积分。

对式(4-83）积分时，因 $x_1=0$ 和 $x_1=1.0$ 的初始条件很难利用，此时采用 I′Hopital 法则确定微分的初始条件，得式(4-84)。为了能够利用式(4-84）进行计算，初始值取很小的值，如 $x_1=0.00001$。同理，对积分的终点取 $x_1=0.99999$。

求解结果及分析

计算结果见表 4-20。三次多项式拟合的压力与液相组成 x_i 的关系曲线与数据点的图参见图 4-15，由图可以看出数据点（圆圈）和多项式计算值（曲线）一致性较好。拟合多项式为：

$$p=169.8916x_1^3-419.7706x_1^2+463.1543x_1+57.6195$$

表 4-20　苯（1）-醋酸（2）体系汽液平衡计算结果

x_1	y_1	γ_1	γ_2
0.0000	0.0000	1.9213	1.0000
0.0069	0.0588	1.9104	1.0017
0.1565	0.5917	1.6808	1.0138
0.3396	0.7657	1.4406	1.0679
0.4666	0.8240	1.3007	1.1447
0.6004	0.8666	1.1779	1.2834
0.7021	0.8939	1.1025	1.4529
0.8286	0.9291	1.0337	1.7969
0.8862	0.9484	1.0134	2.0246
0.9165	0.9602	1.0063	2.1577
0.9561	0.9778	1.0008	2.3311
0.9840	0.9918	0.9997	2.3970
1.000	1.0000	1.0000	2.3942

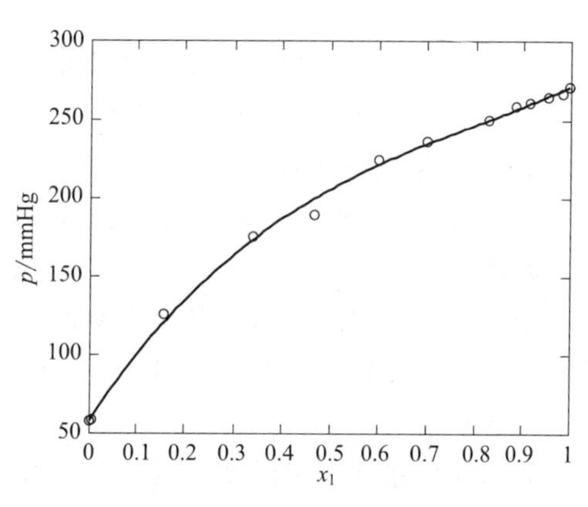

图 4-15　压力与液相组成的数据点和拟合曲线

4.17　由共沸点数据计算 Wilson 方程参数

对互溶体系，Wilson 方程常用来关联高度非理想溶液的活度系数。对二元体系，Wilson 方程为：

$$\ln\gamma_1=-\ln(x_1+\Lambda_{12}x_2)+x_2\left(\frac{\Lambda_{12}}{x_1+\Lambda_{12}x_2}-\frac{\Lambda_{21}}{x_2+\Lambda_{21}x_1}\right) \tag{4-88}$$

$$\ln\gamma_2=-\ln(x_2+\Lambda_{21}x_1)-x_1\left(\frac{\Lambda_{12}}{x_1+\Lambda_{12}x_2}-\frac{\Lambda_{21}}{x_2+\Lambda_{21}x_1}\right) \tag{4-89}$$

式中，Λ_{12} 和 Λ_{21} 是 Wilson 方程的方程参数，需由二元体系汽液平衡实验数据确定；x_1 和 x_2 分别为组分 1 和组分 2 的摩尔分数。

混合物的共沸数据（二元系统有 T^{az}、p^{az}、$x^{az}=y^{az}$）反映了系统的非理想性，是汽液平衡数据的重要特殊点，经常被用于求解活度系数方程的模型参数。特别是常压条件下的共沸点数据已有较多的积累。表 4-21 给出了一些含乙醇的二元体系共沸物的数据。

表 4-21　含有乙醇的二元共沸物

其他组分	常压沸点/℃	共沸点/℃	质量分数/%
乙酸乙酯	77.1	71.8	69.2
苯	80.2	68.2	67.6
甲苯	110.8	76.7	32

续表

其他组分	常压沸点/℃	共沸点/℃	质量分数/%
正戊烷	36.2	34.3	95
正己烷	68.9	58.7	79
四氯化碳	76.8	65.1	84.2

注：乙醇的常压沸点为 78.3℃。

（1）从表 4-21 中任选一个二元体系，计算 Wilson 方程的方程参数。

（2）用（1）得到的 Wilson 方程参数计算 $x_1=0$、$x_1=1$ 和共沸点处的泡点温度，并与表 4-21 的数据进行比较。

（3）用（1）得到的 Wilson 方程参数计算选择体系的泡点温度曲线，并作图。

问题分析

用二元体系共沸点的数据计算 Wilson 方程的方程参数，进而可采用得到的 Wilson 方程计算非理想混合物的泡点温度和汽、液相组成。本问题涉及非线性代数方程组的求解。

问题求解

若二元体系在一定温度、压力下能产生共沸，则可根据共沸数据较方便地求活度系数的模型参数。设汽相为理想气体，在共沸条件下，则：

$$\gamma_1=\frac{p}{p_1^s},\quad \gamma_2=\frac{p}{p_2^s}$$

可以根据共沸点的汽液平衡数据计算出共沸点的活度系数值，再结合具体的活度系数模型解出模型参数。

式中，p 是体系压力；p_i^s 是组分 i 的饱和蒸气压，可由 Antoine 方程求得：

$$\lg p_i^s=A-\frac{B}{T+C} \tag{4-72}$$

表 4-22 给出一些物质的 Antoine 方程常数。

表 4-22 一些物质的 Antoine 方程常数

组分	A	B	C	温度范围/K
乙醇	7.23710	1592.864	226.184	293～367
	6.937045	1419.051	209.5723	365～514
乙酸乙酯	6.273958	1269.990	220.4274	271～523
苯	6.927418	2037.582	340.2042	379～562
甲苯	5.999127	1253.273	203.9267	384～594
正戊烷	5.986606	1069.228	232.5237	269～341
正己烷	5.996943	1168.337	223.9891	298～343
四氯化碳	5.99114	1202.90	225.14	263～349

（1）针对二元体系，计算 Wilson 方程的参数。表 4-21 中给的是质量分数，计算时需要先换算成摩尔分数。然后根据 Antoine 方程求出饱和蒸气压，得到活度系数。由式(4-88)和式(4-89) 得到两个非线性方程组，求其数值解。

（2）活度系数方程参数求出后得到活度系数方程，就可以进行汽液平衡的计算了。对互溶体系，计算给定液相组成时的泡点温度，可用下式计算：

$$f(T_b)=1-\sum_{i=1}^{N}K_i x_i \tag{4-90}$$

式中，K_i 为汽液平衡常数，即 $K_i=\gamma_i p_i^s/p$，其中活度系数用 Wilson 方程计算。

（3）计算不同组成时的泡点温度，然后进行多项式拟合，并作图，即得泡点温度与组成的关系曲线。

求解结果及分析

（1）对乙醇（1）-正己烷（2）体系，计算其 Wilson 方程的参数。乙醇的分子量为 46.07，正己烷的分子量为 86.18。

MATLAB 非线性方程组求数值解采用 fsolve 函数，计算结果：

组成 $x_1=0.3321$，$x_2=0.6679$；方程参数 $\Lambda_{12}=0.078611$，$\Lambda_{21}=0.301746$。

（2）解泡点方程式(4-90)，得乙醇（1）-正己烷（2）体系在 $x_1=0.3321$ 时的泡点温度为 58.69℃，与表 4-21 给出的共沸温度 58.7℃相差很小。对该体系，由于 K_1 和 K_2 的值非常接近于 1，因此汽相组成 $y_1=0.3323$ 与液相组成 $x_1=0.3321$ 很接近。结果参见表 4-23。

对 $x_1=0$（纯正己烷），计算的泡点温度为 68.74℃；$x_1=1$（纯乙醇），计算的泡点温度为 78.30℃。这些结果与表 4-21 给出的纯组分沸点数据很相近。

（3）结果参见图 4-16 所示。

表 4-23 泡点温度计算结果

序号	1	2	3
x_1	0.3321	0.0	1.0
x_2	0.6679	1.0	0.0
γ_1	2.2926	25.5718	1.0
γ_2	1.3860	1.0	8.3274
T_b/℃	58.69	68.74	78.30
p_1^s/kPa	44.2200	68.5675	101.325
p_2^s/kPa	73.0883	101.325	135.5055
K_1	1.00052	17.3047	1.0
K_2	0.99974	1.0	11.1366
y_1	0.3323	0.0	1.0
y_2	0.6677	1.0	0.0

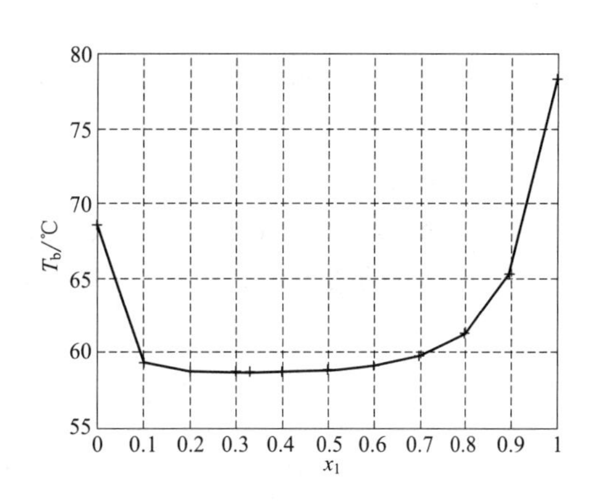

图 4-16 乙醇（1）-正己烷（2）体系泡点温度曲线

4.18 由 van Laar 方程计算非理想体系的汽液平衡

精馏塔的计算经常涉及对泡点温度的计算，如塔釜温度的计算就相当于泡点计算。

已知氯仿（1）和甲醇（2）体系在常压下的汽液平衡实验数据，见表 4-24。

表 4-24 氯仿（1）和甲醇（2）在 101.325kPa 下的汽液平衡数据

x_1	y_1	T_b/℃	x_1	y_1	T_b/℃
0.0400	0.1020	63.0	0.6500	0.6500	53.5(共沸点)
0.0950	0.2150	60.9	0.7970	0.7010	53.9
0.1960	0.3780	57.8	0.9040	0.7680	55.2
0.2870	0.4720	55.9	0.9700	0.87540	57.9
0.4250	0.5640	54.3			

（1）根据共沸点的数据计算 van Laar 方程的方程参数。

（2）计算表 4-24 给定液相组成 x_1 下的泡点温度 T_b 和汽相组成 y_1。

（3）比较泡点温度 T_b 和汽相组成 y_1 的计算值与实验值。

饱和蒸气压计算采用 Antoine 方程式(4-72)，氯仿和甲醇的 Antoine 方程常数如表 4-25。

表 4-25 氯仿（1）和甲醇（2）的 Antoine 方程常数

组分	A	B	C	温度范围/K
氯仿	6.07955	1170.966	226.232	263～333
甲醇	7.20587	1582.271	239.726	288～357

问题分析

对二元体系，可由共沸点的数据估算 van Laar 方程的方程参数，进而可采用得到的 van Laar 方程计算非理想混合物的泡点温度和汽、液相组成。本问题涉及非线性代数方程组的求解。

问题求解

可以采用与 4.17 节相同的方法，通过求解非线性方程组得到其数值解。

van Laar 方程形式如下：

$$\ln\gamma_1=\frac{A_{12}}{\left(1+\dfrac{A_{12}x_1}{A_{21}x_2}\right)^2},\quad \ln\gamma_2=\frac{A_{21}}{\left(1+\dfrac{A_{21}x_2}{A_{12}x_1}\right)^2} \tag{4-91}$$

对于 van Laar 方程而言，可以直接采用下式计算方程参数：

$$A_{12}=\ln\gamma_1\left(1+\frac{x_2\ln\gamma_2}{x_1\ln\gamma_1}\right)^2,\quad A_{21}=\ln\gamma_2\left(1+\frac{x_1\ln\gamma_1}{x_2\ln\gamma_2}\right)^2 \tag{4-92}$$

（1）可直接由式(4-92) 计算 van Laar 方程的方程参数。

（2）由表 4-24 可以看出，该体系的泡点温度变化不大，因此可以利用由共沸点得到的方程参数来计算不同液相组成的泡点温度。

求解结果及分析

（1）van Laar 方程的方程参数结果如下：

组成 $x_1=0.65$，$x_2=0.35$；方程参数 $A_{12}=0.9726$，$A_{21}=1.9209$。

（2）和（3）泡点温度的计算同 4.17 节，只不过 Wilson 方程用 van Laar 方程来替代。泡点温度 T_b 和汽相组成 y_1 的计算值与实验值的比较参见表 4-26 和图 4-17、图 4-18。可以看出计算值与实验值误差很小。

表 4-26　氯仿（1）和甲醇（2）在 101.325kPa 下的汽液平衡计算值与实验值数据

x_1	y_1		T_b/℃	
	实验值	计算值	实验值	计算值
0.0400	0.1020	0.1068	63.0	62.71
0.0950	0.2150	0.2237	60.9	60.58
0.1960	0.3780	0.3767	57.8	57.65
0.2870	0.4720	0.4701	55.9	55.86
0.4250	0.5640	0.5639	54.3	54.26
0.6500	0.6500	0.6500	53.5	53.50
0.7970	0.7010	0.6935	53.9	53.80
0.9040	0.7680	0.7577	55.2	55.03
0.9700	0.87540	0.8734	57.9	57.93

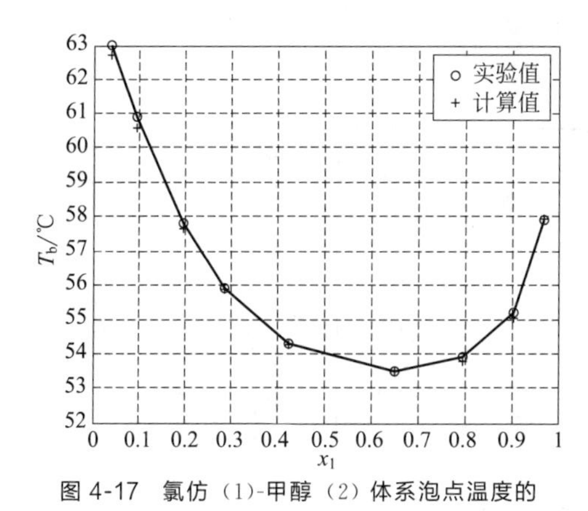

图 4-17　氯仿（1)-甲醇（2）体系泡点温度的实验值和计算值

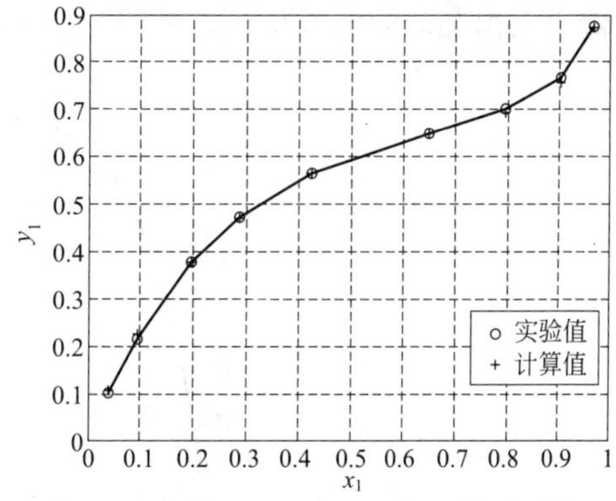

图 4-18　氯仿（1)-甲醇（2）体系汽相组成的实验值和计算值

4.19　非稳态混合过程的计算

有一个绝热良好的混合罐，罐中最初装有 25℃的水 100kg，如果同时打开两个进水阀门，使 80℃的水和 50℃的水均以 10kg/min 的流速进入罐内，同时在罐底部打开一出口阀门，以 20kg/min 的流速抽出罐中的水，水在罐中很好地混合，使流出罐的水温始终与罐内水的温度完全一致。如图 4-19。请找出罐内水的温度与时间的关系。已知水的 $C_p = C_V =$ 常数。

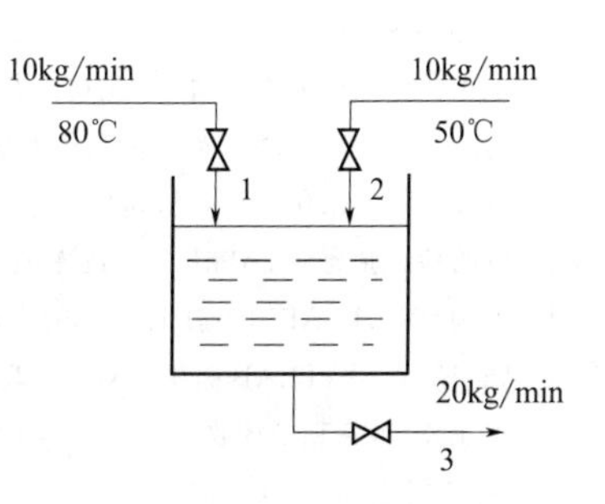

图 4-19　混合罐示意图

问题分析

非稳态混合过程的物料平衡和能量平衡，涉及微分方程的求解。

问题求解

对混合罐进行能量衡算，忽略动、位能的变化，可知：

$$\frac{d(mU)}{dt}=\dot{m}_1H_1+\dot{m}_2H_2-\dot{m}_3H_3 \quad (t\text{ 为时间}) \tag{4-93}$$

式中，$\dot{m}$ 为质量流量。

选 $T_R=0K$ 作为计算焓值的基准［即选取 $T_R=0K$ 作为参考态，且 $H(T_R)=0$］，那么对任一温度下的焓和热力学能有 $H=C_pT$，$U=C_VT$，而 $dU=C_VdT$，代入式(4-93)：

$$\frac{mC_VdT}{dt}=\dot{m}_1C_pT_1+\dot{m}_2C_pT_2-\dot{m}_3C_pT \tag{4-94}$$

因 $C_p=C_V=$常数，故上式简化为：

$$m\,dT=(\dot{m}_1T_1+\dot{m}_2T_2-\dot{m}_3T)dt$$

代入数据，化简得：

$$\frac{dT}{dt}=13-0.2T \tag{4-95}$$

计算此微分方程即可得温度与时间的关系：

$$T=65-40e^{-0.2t} \tag{4-96}$$

求解结果及分析

罐内水温随时间的变化关系见图 4-20 所示。

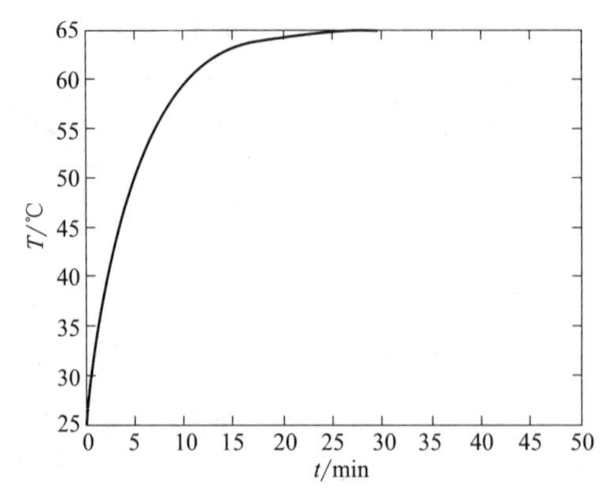

图 4-20 罐内温度与时间的关系

参考文献

［1］ Cutlip M B，Shacham M. Problem solving in chemical and biochemical engineering with POLYMATH™，Excel，and MATLAB［M］. 2nd ed. New York：Prentice Hall PTR，2007.

［2］ Sandler S I. Chemical engineering thermodynamics［M］. John Wiley & Sons，Inc. 1999.

［3］ 李恪. 化工热力学［M］. 北京：石油工业出版社，1985.

［4］ 冯新，宣爱国，周彩荣. 化工热力学［M］. 2版. 北京：化学工业出版社，2019.

［5］ 黄江华. 实用化工计算机模拟——MATLAB在化学工程中的应用［M］. 北京：化学工业出版社，2004.

［6］ 罗明检，张海燕. Mathematica软件在化工热力学教学中的应用［J］. 化工高等教育，2009，26（5）：73-77，87.

［7］ 冯剑. MATLAB在化工计算中的应用［J］. 化学工程师，2008，22（5）：25-27.

［8］ David M. MATLAB揭秘［M］. 郑碧波，译. New York：Mc Graw Hill，2008.

［9］ 王正盛. MATLAB数学工具软件实例简明教程［M］. 南京：南京航空航天大学，2002.

第5章

流体力学

为适应新旧动能转换，培养新一轮科技革命和产业变革急需的创新性科技人员，紧扣理工科专业人才核心能力培养的要求，本章主要通过化学工程及过程工程中涉及的流体流动基本微分方程，即微分连续性方程和 Navier-Stokes（纳维-斯托克斯）理论方程，在实际工程上精准应用的方法，采用 MATLAB 等数学软件处理动量传递基本数学模型，理论计算和数值模拟了流体在圆管、套管环隙、平壁中的速度分布，非稳态流动典型的三类 Stokes 问题，边界层理论和应用等动量传递的理论过程。严格将理论数学方程与计算软件结合，培养学生过程工程核心科学思想，使学生学习并掌握模型化、无量纲化、平均化、半经验化等理论处理过程工程的手段，使化工专业人才不仅能在石化、环境和制药等传统行业从事生产或科研工作，且可以在航空航天、电子、新能源和新材料等新兴产业大显身手，为解决国防、工业、农业等国计民生的科研问题献计献策，增强学生对祖国强烈的使命感，提升学生的爱国情怀。

流体流动是化工中的一个重要单元操作。流体流动的力学基础来源于动量传递过程，对流体流动这一单元操作的深入研究最终都归结于对动量传递这一重要传递过程的研究。对于任何处于不平衡状态流动的物系，存在某些物理量从高强度区向低强度区转移。动量传递过程的发生主要是由于物系内部存在速度梯度，因此对动量传递过程的研究主要是各物理过程的速度问题。

在工程实际中，主要研究流体的宏观运动规律，而不探讨流体分子的运动，因此可以将流体作为连续介质处理。动量传递的变化方程包括等温体系的微分质量衡算方程与微分动量衡算方程。在传递过程中，对单组分流体流动系统或者是不考虑组分浓度变化的多组分流体流动系统进行微分质量衡算所导出的方程称为连续方程，对流体流动系统进行微分动量衡算所导出的方程称为运动方程。流体连续性方程和动量传递的 Navier-Stokes 方程是通过微分衡算得出动量传递过程需要计算求解的基本模型方程。

本章主要针对不同的流体流动过程，运用计算机软件计算其微分方程的理论解和工程解，不涉及微分方程具体的推导和证明过程，这里不再赘述，下面将结合软件计算给出流体流动所涉及的微分方程的衡算式。

1. 不可压缩流体的连续性方程

在单组分流体系统（如液态水等）或组成均匀的多组分混合物系统（如溶液系统等）中，运用质量守恒原理进行微分质量衡算，所得方程称为连续性方程，由公式(5-1)给出：

$$\frac{\partial u_x}{\partial x}+\frac{\partial u_y}{\partial y}+\frac{\partial u_z}{\partial z}=0 \tag{5-1}$$

式中，u_x 为流体在 x 方向分速度，m/s；u_y 为流体在 y 方向分速度，m/s；u_z 为流体在 z 方向分速度，m/s。

2. 不可压缩流体纳维-斯托克斯方程(运动方程)

由公式(5-2) 至式(5-4) 描述：

x 分量

$$\frac{Du_x}{D\theta}=u_x\frac{\partial u_x}{\partial x}+u_y\frac{\partial u_x}{\partial y}+u_z\frac{\partial u_x}{\partial z}+\frac{\partial u_x}{\partial \theta}=X-\frac{1}{\rho}\times\frac{\partial p}{\partial x}+\nu\left(\frac{\partial^2 u_x}{\partial x^2}+\frac{\partial^2 u_x}{\partial y^2}+\frac{\partial^2 u_x}{\partial z^2}\right) \tag{5-2}$$

y 分量

$$\frac{Du_y}{D\theta}=u_x\frac{\partial u_y}{\partial x}+u_y\frac{\partial u_y}{\partial y}+u_z\frac{\partial u_y}{\partial z}+\frac{\partial u_y}{\partial \theta}=Y-\frac{1}{\rho}\times\frac{\partial p}{\partial y}+\nu\left(\frac{\partial^2 u_y}{\partial x^2}+\frac{\partial^2 u_y}{\partial y^2}+\frac{\partial^2 u_y}{\partial z^2}\right) \tag{5-3}$$

z 分量

$$\frac{Du_z}{D\theta}=u_x\frac{\partial u_z}{\partial x}+u_y\frac{\partial u_z}{\partial y}+u_z\frac{\partial u_z}{\partial z}+\frac{\partial u_z}{\partial \theta}=Z-\frac{1}{\rho}\times\frac{\partial p}{\partial z}+\nu\left(\frac{\partial^2 u_z}{\partial x^2}+\frac{\partial^2 u_z}{\partial y^2}+\frac{\partial^2 u_z}{\partial z^2}\right) \tag{5-4}$$

式中，ν 为流体的运动黏度，m^2/s；X，Y，Z 分别为 x、y、z 方向单位质量流体的质量力分量，m/s^2。

当化工过程及众多的过程工程中涉及大量不可压缩流体流动时，其过程特征为 $\rho=$常数，需要计算的流体力学动量传递方程组多数情况下采用更为简易的形式：

$$\begin{cases}\dfrac{\partial u_x}{\partial x}+\dfrac{\partial u_y}{\partial y}+\dfrac{\partial u_z}{\partial_z}=0\\ u_x\dfrac{\partial u_x}{\partial x}+u_y\dfrac{\partial u_x}{\partial y}+u_z\dfrac{\partial u_x}{\partial z}+\dfrac{\partial u_x}{\partial \theta}=X-\dfrac{1}{\rho}\times\dfrac{\partial p}{\partial x}+\nu\left(\dfrac{\partial^2 u_x}{\partial x^2}+\dfrac{\partial^2 u_x}{\partial y^2}+\dfrac{\partial^2 u_x}{\partial z^2}\right)\\ u_x\dfrac{\partial u_y}{\partial x}+u_y\dfrac{\partial u_y}{\partial y}+u_z\dfrac{\partial u_y}{\partial z}+\dfrac{\partial u_y}{\partial \theta}=Y-\dfrac{1}{\rho}\times\dfrac{\partial p}{\partial y}+\nu\left(\dfrac{\partial^2 u_y}{\partial x^2}+\dfrac{\partial^2 u_y}{\partial y^2}+\dfrac{\partial^2 u_y}{\partial z^2}\right)\\ u_x\dfrac{\partial u_z}{\partial x}+u_y\dfrac{\partial u_z}{\partial y}+u_z\dfrac{\partial u_z}{\partial z}+\dfrac{\partial u_z}{\partial \theta}=Z-\dfrac{1}{\rho}\times\dfrac{\partial p}{\partial z}+\nu\left(\dfrac{\partial^2 u_z}{\partial x^2}+\dfrac{\partial^2 u_z}{\partial y^2}+\dfrac{\partial^2 u_z}{\partial z^2}\right)\end{cases} \tag{5-5}$$

此方程适用于不可压缩流体，由不可压缩流体的连续性方程可以得出不可压缩流体的另一个特点$\nabla u=0$。该方程组即为不可压缩流体流动的动量传递微分方程组，理论上可以适用于不可压缩流体的层流、边界层流动和湍流，稳态流动和非稳态流体，理想流体和非理想流体的工程流动过程的理论和数值计算。通过对该微分方程组的联合积分求解，可以获得流体流动对象唯一的速度与压力分布解：

$$\begin{cases}u_x=u_x(x,y,z,\theta)\\ u_y=u_y(x,y,z,\theta)\\ u_z=u_z(x,y,z,\theta)\\ p=p(x,y,z,\theta)\end{cases}$$

针对上述的动量传递过程，利用计算得到的速度分布结果，进而计算出动量传递系数 C_D 或 f 等。但通过对式(5-5) 分析可以看出，该动量传递方程组的特点为：为非线性偏微分方程；质点上的力平衡，理论上计算过程的求解仅限适用于较规则的层流和边界层。方程组具体的求解结果可以分为以下四类：

① 对于非常简单的层流，方程经简化后，其形式非常简单，可直接积分求解——解析解。

② 对于某些简单层流，可根据流动问题的物理特征进行化简。简化后，积分求解——物理近似解。

③ 对于复杂层流，可采用数值法求解，将方程离散化，然后求差分解。

④ 对于湍流，可先进行适当转换，再根据问题的特点，结合实验，求半理论解。

式(5-5) 是不可压缩黏性流体纳维-斯托克斯运动方程中最普遍的运动微分方程。从理论上看，纳维-斯托克斯运动方程联立连续性方程，可以求解任何一个流动问题。但是，纳维-斯托克斯方程是二阶非线性的偏微分方程组，并且边界条件复杂，在数学上求解很难实现。在特定条件下，可以对奈维-斯托克斯方程进行简化，但是简化后的方程往往也难以直接求解。因此，考虑采用数学软件求解方程。

典型的化工流体流动一般包括层流、边界层流动和湍流流动这三种流动形态，其中层流又包括稳态层流和非稳态层流。研究层流和边界层速度分布的时候会遇到求解偏微分方程的解析解和数值解的问题。湍流是化工中重要的流动形态，在工程实际中，经常会遇到确定的流体湍流排出管路最优长度问题。在确定最优长度过程中，不仅涉及最优值的确定，还会遇到范宁摩擦因子与质量守恒方程联立求解流速的问题。如联立方程组（5-5）求解流体流速和动量传递系数 C_D 或范宁摩擦因子 f。

本章实例配有 MATLAB、Mathematica、Mathcad 三种计算程序，可扫描本书二维码获取。

5.1　圆管中轴向稳态层流速度分布求解

在物理学、化学、生物学和工程科学中经常遇到流体在圆管中的流动问题，流体在圆管中的流动是流体流动中比较重要的一种流动形态。本节考察不可压缩牛顿流体在水平圆管中做稳态层流流动的情况。设所考察的部位远离管道进、出口，且流动为沿轴向的一维流动。流动形式如图 5-1 所示，运用流体连续性方程和 Navier-stocks 方程求解水平圆管内速度分布。已知：对于 25℃的水，$\mu=8.937\times10^{-4}$kg/(m·s)，$\Delta p=500$Pa，$L=10$m 和 $R=0.009295$m。

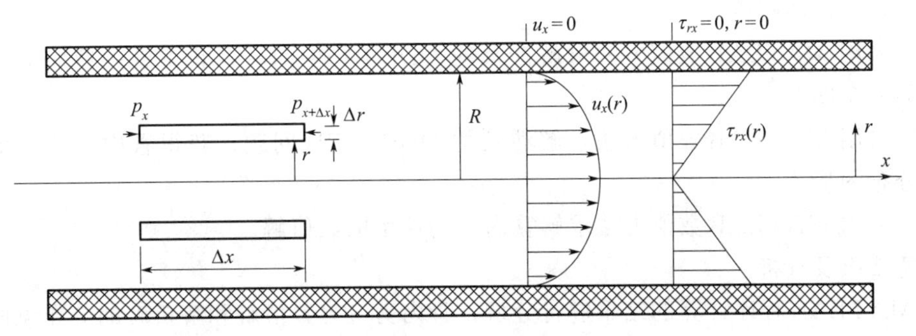

图 5-1　水平管路层流流动微元示意图

问题分析

本问题是化工单元操作中最常见的圆管内的流体流动过程计算，主要运用圆管流体的特征对方程(5-5) 进行化简，得到一维流体状态的微分方程再结合边界条件获得圆管内的唯一速度分布结果。此问题是化工原理流体流动单元操作的工程基础应用，可以解决工程中圆管流动、原油或天然气等流体的中远距离管道输送的阻力损失和动力供应问题。具体计算过程是在管中取一微元，运用动量守恒方程和动量传递方程，结合边界条件两次积分求解速度表达式。

在管中取一微元，其动量守恒可由式(5-6) 给出：

$$\frac{\mathrm{d}}{\mathrm{d}r}(r\tau_{rx})=\left(\frac{\Delta p}{L}\right)r \tag{5-6}$$

式中，r 为半径，m；τ_{rx} 为半径方向上的剪应力，$\mathrm{kg/(m \cdot s^2)}$；$\Delta p$ 为 L(m) 长度上的压降，Pa。

对牛顿型流体，剪应力与速度梯度成线性关系，其关系式为：

$$\tau_{rx}=-\mu\frac{\mathrm{d}u_x}{\mathrm{d}r} \tag{5-7}$$

式中，μ 为黏度，Pa·s。

式(5-6)、式(5-7) 的边界条件由公式(5-8) 给出：

$$\tau_{rx}=0, r=0; \quad u_x=0, r=R \tag{5-8}$$

平均速度 u_{m} 计算公式由式(5-9) 给出：

$$u_{\mathrm{m}}=\frac{1}{\pi R^2}\int_0^r u_x 2\pi r\,\mathrm{d}r \tag{5-9}$$

将公式(5-9) 两边对 r 求导，得到速度梯度，结果如下：

$$\frac{\mathrm{d}u_{\mathrm{m}}}{\mathrm{d}r}=\frac{2u_x r}{R^2} \tag{5-10}$$

边界条件由式(5-11) 给出：

$$r=0, u_{\mathrm{m}}=0 \tag{5-11}$$

由此，得到剪应力分布公式(5-6)。其中，过程剪应力为 $\tau_{rx}=-\mu\frac{\mathrm{d}u_x}{\mathrm{d}r}$。

上述计算过程的 MATLAB 求解流程如下：

(1) 采用 MATLAB 中的 dsolve() 函数，根据边界条件式(5-8) 求解微分方程组(5-5) 或式(5-6) 获得管内速度分布、剪应力分布；采用 MATLAB 中的 int() 函数求解公式(5-9) 获得管内平均流速的解析解。

(2) 采用 MATLAB 数值方法求解涉及的 ODE-BVPs 问题，获得管内剪应力数值解和解析解的分布图形。

(3) 采用 MATLAB 数值方法求解涉及的 ODE-BVPs 问题，获得管内流速数值解和解析解的分布图形。

(4) 采用 MATLAB 数值方法求解管内平均速率的数值解。

求解结果及分析

以 MATLAB 程序计算的结果进行分析，管内剪应力数值解和解析解的分布见图 5-2。由图 5-2 可得结论：

① 牛顿流体在圆管内作层流流动，流体所受剪应力与半径成正比，剪应力随着管径的增加而增大，在圆管中心处剪应力为 0，在壁面处剪应力达到最大值；

② 星号所代表的数值解与圆圈所代表的解析解完全重合，表明在此过程中采用打靶法求解 ODE-BVPs 问题，其结果精确度较高，数值结果与解析解相同。

管内流速数值解和解析解的分布见图 5-3。

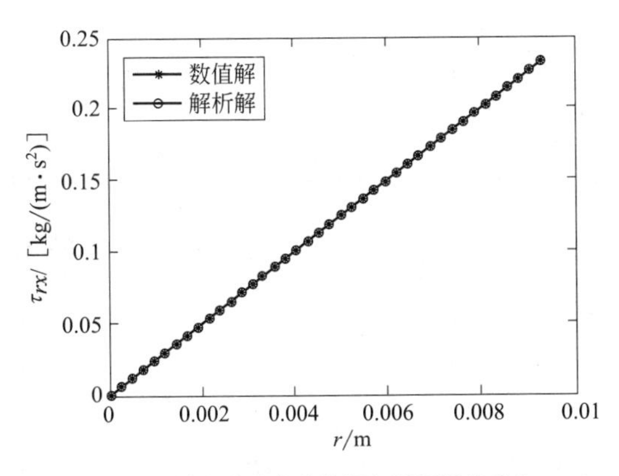

图 5-2　管内剪应力数值解和解析解的分布

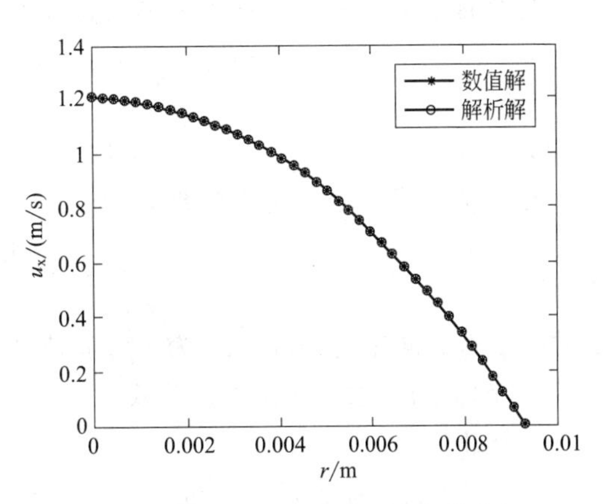

图 5-3　管内流速数值解和解析解的分布

由图 5-3 可得结论：

① 牛顿流体在圆管内作层流流动，流体流速随着半径的增加而减小，在圆管中心处流速达到最大值，在壁面处流速为 0，但流体流速与半径不具有线性关系；

② 星号所代表的数值解与圆圈所代表的解析解完全重合，表明此过程采用 MATLAB 中 bvp4c() 函数求解 ODE-BVPs 问题，其结果精确度较高，数值结果与解析解相同。

因此，本题采用 MATLAB 中的 dsolve() 函数求解微分方程解析解，用 ODE-BVPs 求解器求解流体流动的边值型微分方程数值解，用 plot() 函数绘制比较图形，使结果可视化。与普通求解方法相比，在求解圆管内层流流速和剪应力分布情况时采用 MATLAB 函数求解可以大大减少工作量，并且求解结果精确度更高。

5.2　套管环隙间轴向稳态层流速度分布

如图 5-4 所示，有两根同心套管，内管的外半径为 r_1，外管的内半径为 r_2，不可压缩流体在两管环隙间沿轴向稳态流过。假设所考察的部位远离进、出口，求解套管环隙内的速度分布的解析解和数值解。当内径 r_1 趋向于 0 时，比较圆管的速度分布与套管环隙间速度分布的异同。

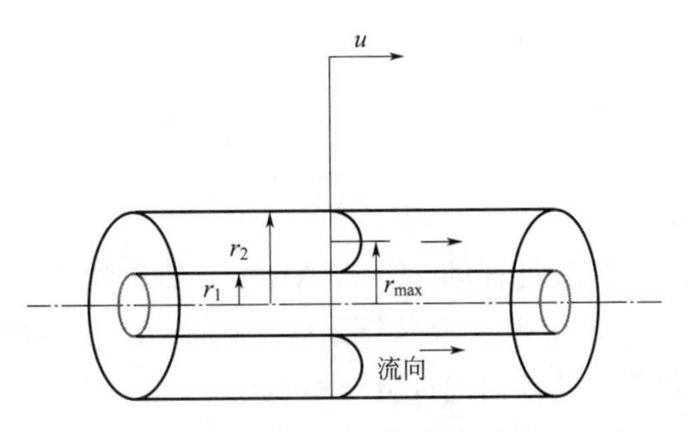

图 5-4　套管环隙中的稳态层流

已知数据：$r_1=0.025\text{m}$；$r_2=0.05\text{m}$；流体黏度 $\mu=1.94\times10^{-5}\text{Pa}\cdot\text{s}$；单位长度的压降 $\frac{\mathrm{d}p_{\mathrm{d}}}{\mathrm{d}z}=-0.176\text{Pa/m}$

问题分析

在物料的加热或者冷却时经常遇到流体在两根同心套管环隙空间轴向的流动，例如套管换热器。所以在此讨论同心套管环隙的轴向流动情况具有较大的工程意义。对于管内流动问题，要获得管内流速沿半径方向的分布，采用柱坐标系表示的连续方程和纳维-斯托克斯方程进行分析。

柱坐标系表示的不可压缩流体的连续性方程，由公式(5-12) 给出：

$$\frac{1}{r}\times\frac{\partial}{\partial r}(ru_x)+\frac{1}{r}\times\frac{\partial u_\theta}{\partial\theta}+\frac{\partial u_z}{\partial z}=0 \tag{5-12}$$

式中，r 为半径，m；u_x 为 x 方向速度，m/s；θ 为方位角。

由于流体沿一维 z 方向流动，即 $u_r=0$；$u_\theta=0$，式(5-12) 的化简结果如公式(5-13)：

$$\frac{\partial u_z}{\partial z}=0 \tag{5-13}$$

式中，z 为 z 向距离，m；u_z 为 z 方向速度，m/s。

柱坐标系的纳维-斯托克斯公式为：

r 分量

$$\frac{\partial u_r}{\partial\theta'}+u_r\frac{\partial u_r}{\partial r}+\frac{u_\theta}{r}\times\frac{\partial u_r}{\partial\theta}-\frac{u_\theta^2}{r}+u_z\frac{\partial u_r}{\partial z}=-\frac{1}{\rho}\times\frac{\partial p_d}{\partial r}+\nu\left\{\frac{\partial}{\partial r}\left[\frac{1}{r}\times\frac{\partial}{\partial r}(ru_r)\right]+\frac{1}{r^2}\times\frac{\partial^2 u_r}{\partial\theta^2}-\frac{2}{r^2}\times\frac{\partial u_\theta}{\partial\theta}+\frac{\partial^2 u_r}{\partial z^2}\right\}$$

θ 分量

$$\frac{\partial u_\theta}{\partial\theta'}+u_r\frac{\partial u_\theta}{\partial r}+\frac{u_\theta}{r}\times\frac{\partial u_\theta}{\partial\theta}+\frac{u_\theta u_r}{r}+u_z\frac{\partial u_\theta}{\partial z}=-\frac{1}{\rho r}\times\frac{\partial p_d}{\partial\theta}+\nu\left\{\frac{\partial}{\partial r}\left[\frac{1}{r}\times\frac{\partial}{\partial r}(ru_\theta)\right]+\frac{1}{r^2}\times\frac{\partial^2 u_\theta}{\partial\theta^2}+\frac{2}{r^2}\times\frac{\partial u_r}{\partial\theta}+\frac{\partial^2 u_\theta}{\partial z^2}\right\}$$

z 分量

$$\frac{\partial u_z}{\partial\theta'}+u_r\frac{\partial u_z}{\partial r}+\frac{u_\theta}{r}\times\frac{\partial u_z}{\partial\theta}+u_z\frac{\partial u_z}{\partial z}=-\frac{1}{\rho}\times\frac{\partial p_d}{\partial z}+\nu\left[\frac{1}{r}\times\frac{\partial}{\partial r}\left(r\frac{\partial u_z}{\partial r}\right)+\frac{1}{r^2}\times\frac{\partial^2 u_z}{\partial\theta^2}+\frac{\partial^2 u_z}{\partial z^2}\right]$$

式中，θ'为时间，s；r,θ,z 分别为径向坐标，方位角，轴向坐标；u_r,u_θ,u_z 分别为 r,θ,z 方向的速度分量，m/s；p_d 为流体平衡于 X_r,X_θ,X_z 的动压力分量，Pa。

根据圆管内一维动态稳流的特点，结合上述柱坐标系的纳维-斯托克斯公式，将其分别化简为 r 分量动量传递守恒式：

$$\frac{1}{r}\times\frac{\mathrm{d}}{\mathrm{d}r}\left(r\frac{\mathrm{d}u_z}{\mathrm{d}r}\right)=\frac{1}{\mu}\times\frac{\mathrm{d}p_d}{\mathrm{d}z} \tag{5-14}$$

式(5-14) 可进一步化简，化简结果用于 MATLAB 编程运算：

$$\frac{\mathrm{d}^2u_z}{\mathrm{d}r^2}=\frac{1}{\mu}\times\frac{\mathrm{d}p_d}{\mathrm{d}z}-\frac{1}{r}\times\frac{\mathrm{d}u_z}{\mathrm{d}r} \tag{5-15}$$

所有上式的边界条件为：

(1) $r=r_1$：$u_z=0$；(2) $r=r_2$：$u_z=0$；(3) $r=r_{max}$：$u_z=u_{max}$，$\frac{\mathrm{d}u_z}{\mathrm{d}r}=0$。

上述计算过程的 MATLAB 求解流程如下：

① 根据二阶微分方程(5-15) 和对应边界条件，采用 MATLAB 中的 dsolve() 函数求解套管环隙轴向速度分布解析解。

② 采用 MATLAB 中的 ode45() 函数求解常微分方程初值问题（ODE-IVP）的数值

解，得出套管环隙轴向速度分布数值解，并与相同情况下的解析解进行比较；采用 MATLAB 中求函数极限的 limit() 函数，求解内径 r_1 趋于 0 时圆管内的速度分布。

③ 采用 MATLAB 中的 plot() 函数绘制的套管环隙流动速度分布解析解与数值解图形，圆管与套管环隙流动速度分布的比较图形。

求解结果及分析

以 MATLAB 程序的计算结果分析，针对套管环隙的轴向速度分布解析解计算结果见软件表达式，化简为理论公式(5-16)：

$$u_z=\frac{1}{2\mu}\times\frac{\mathrm{d}p_\mathrm{d}}{\mathrm{d}z}\left(\frac{r^2-r_1^2}{2}-r_{\max}^2\ln\frac{r}{r_1}\right) \tag{5-16}$$

式中，$\frac{\mathrm{d}p_\mathrm{d}}{\mathrm{d}z}$为 z 方向单位长度的压降，Pa/m；$r_{\max}$ 为最大流速对应的管径，m。

对应 MATLAB 软件计算，将已知变量和自变量代入，求得速度解析解的数值结果，解析结果与 u_z 极限值见表 5-1。

表 5-1　套管环隙内和圆管内的速度分布

r /m	u_z 数值解 /(m/s)	u_z 解析解 /(m/s)	u_z 极限值 /(m/s)	r /m	u_z 数值解 /(m/s)	u_z 解析解 /(m/s)	u_z 极限值 /(m/s)
0.0250	0.0000	0.0000	5.6701	0.0400	0.6760	0.6722	3.6289
0.0275	0.2878	0.2871	5.6134	0.0425	0.5806	0.5764	2.8918
0.0300	0.4963	0.4949	5.4433	0.0450	0.4356	0.4309	2.0412
0.0325	0.6337	0.6316	5.1598	0.0475	0.2433	0.2381	1.0773
0.0350	0.7062	0.7035	4.7629	0.0500	0.0055	0.0000	0.0000
0.0375	0.7190	0.7157	4.2526				

分析套管环隙内和圆管内的速度分布表 5-1 可知：

① 随着半径 r 的增加，套管环隙中的流速 u_z 先增加后减小，存在最大值；

② u_z 数值解与解析解近似，但是存在差距，是由 MATLAB 求解微分方程的函数的精确度造成的；

③ 求极限后 u_z 数值与环隙中流速相差很大，说明直圆管与套管环隙的速度分布完全不同，虽然两者的微分计算式是一致的，但边界条件严重限制了其理论和数值解的结果。

由 MATLAB 软件计算求解套管环隙内速度分布结果及与圆管内速度分布结果的比较分别见图 5-5、图 5-6。

分析套管环隙内速度分布图 5-5 可知：

① 套管环隙内流速随半径 r 先增加，后减小，存在一个最大流速；

② 在套管边壁处，流体流速为 0；

③ 星号代表的数值解与圆圈代表的解析解图形基本重合，但有微小差别，说明 ode45() 函数精确度虽然较高，但与实际值还是存在一些误差。

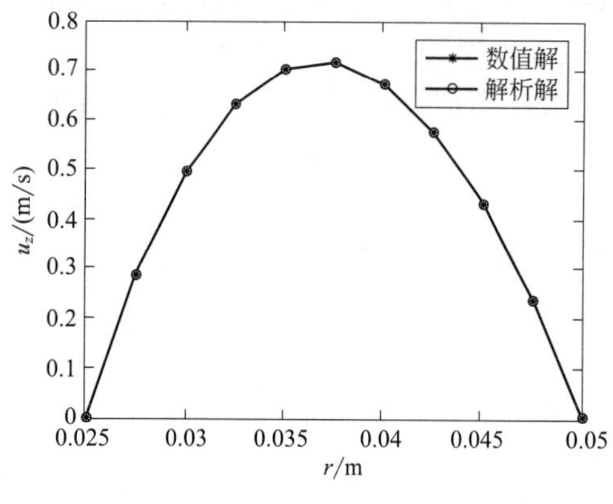

图 5-5　套管环隙速度分布数值解与解析解比较

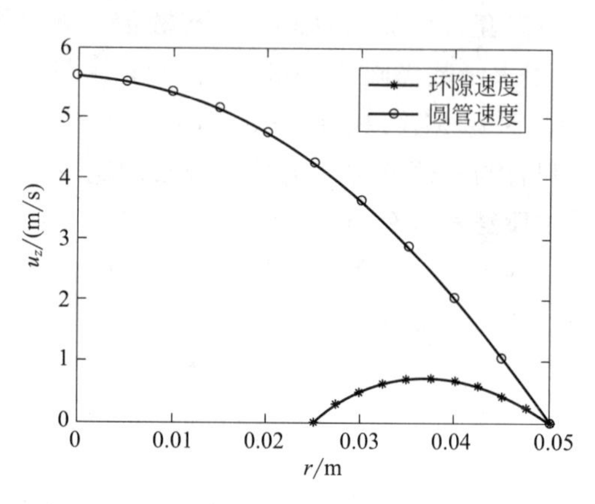

图 5-6　套管环隙与圆管内速度分布

由对比图 5-6 可知：

① 圆圈所代表的圆管内速度分布与星号所代表的环隙内速度分布完全不同；

② 圆管内流速随半径增加而逐渐减小，在管中心处流速最大，在边壁处流速为 0，流速最小；

③ 环隙内流速随半径的增加先增大后减小，存在一个最大流速，与圆管内速度分布完全不同；套管环隙由于两层壁面的影响作用，速度分布先增加后减小；圆管内只有一层壁面影响速度分布，使得管内速度单调变化；相同的物系所处的流动环境不同，最终导致其流速分布也不同。

因此，本题采用 MATLAB 中的 dsolve() 函数求解微分方程解析解，用 limit() 函数求解函数的极限值，用 ode45() 函数求解初值型微分方程数值解，用 plot() 函数绘制比较图形，使结果可视化。与普通求解方法相比，在求解套管环隙内层流流速和极限情况下的圆管层流流速分布情况时，采用 MATLAB 函数求解可以减少工程实际计算量，提高工作效率，并且求解结果精确度较高。Mathcad 与 Mathematica 计算程序的分析结果与之类似，只是计算软件和程序上不同。

5.3　两平壁间稳态层流速度分布求解

如图 5-7 所示，平壁的宽度远远大于两平壁间的距离，可以忽略平壁宽度方向流动的变化，即认为平壁为无限宽，流体在平壁间的流动仅为简单的一维流动，根据图 5-7 的坐标系，流体沿 x 方向流动，z 方向为自由流动空间，y 方向为两平板受限流动区域，其受限流动边界为 $y=2y_0$，已知流体的流动速度 u_x，计算 u_x 在此平板壁间受限区域的速度分布。

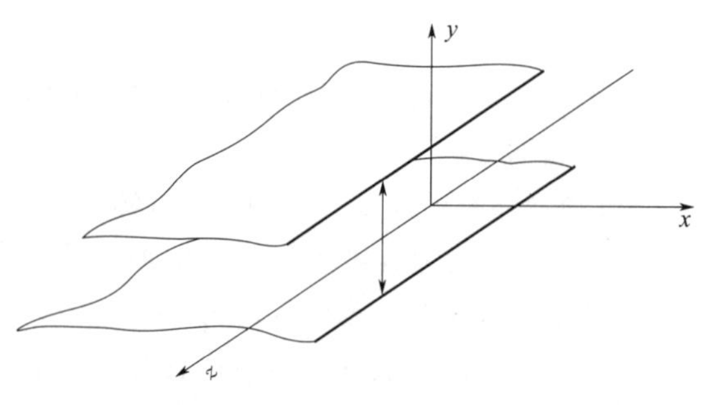

图 5-7　平板间的稳态层流示意图

问题分析

在工程实际中，经常遇到流体在两平壁间作平行稳态层流流动的问题，例如板式热交换器、各种平板式膜分离等装置。这类装置的特点是平壁的宽度远远大于两平壁间的距离，可以忽略平壁宽度方向流动的变化。此类流体流动模型的计算求解，由流体流动直角坐标系的微分方程可知，该流体仅沿 x 方向流动，$u_y=0$；$u_z=0$，则其流动过程中微分守恒关系的连续性方程为：

$$\frac{\partial u_x}{\partial x}+\frac{\partial u_y}{\partial y}+\frac{\partial u_z}{\partial z}=0$$

式中，u_x 为 x 方向分速度，m/s；u_y 为 y 方向分速度，m/s；u_z 为 z 方向分速度，m/s。

化简后结果为：

$$\frac{\partial u_x}{\partial x}=0 \tag{5-17}$$

其动量传递守恒的微分关系 Navier-Stokes 运动方程为：

x 方向

$$u_x\frac{\partial u_x}{\partial x}+u_y\frac{\partial u_x}{\partial y}+u_z\frac{\partial u_x}{\partial z}+\frac{\partial u_x}{\partial \theta}=X-\frac{1}{\rho}\times\frac{\partial p}{\partial x}+\nu\left(\frac{\partial^2 u_x}{\partial x^2}+\frac{\partial^2 u_x}{\partial y^2}+\frac{\partial^2 u_x}{\partial z^2}\right)$$

考虑流动特点和模型边界限制，其化简结果为：

$$\frac{\partial p}{\partial x}=\mu\left(\frac{\partial^2 u_x}{\partial y^2}\right) \tag{5-18}$$

y 方向

$$u_x\frac{\partial u_y}{\partial x}+u_y\frac{\partial u_y}{\partial y}+u_z\frac{\partial u_y}{\partial z}+\frac{\partial u_y}{\partial \theta}=Y-\frac{1}{\rho}\times\frac{\partial p}{\partial y}+\nu\left(\frac{\partial^2 u_y}{\partial x^2}+\frac{\partial^2 u_y}{\partial y^2}+\frac{\partial^2 u_y}{\partial z^2}\right)$$

结合流动几何模型化简为：

$$\frac{\partial p}{\partial y}=\rho Y=-\rho g \tag{5-19}$$

z 方向

$$u_x\frac{\partial u_z}{\partial x}+u_y\frac{\partial u_z}{\partial y}+u_z\frac{\partial u_z}{\partial z}+\frac{\partial u_z}{\partial \theta}=Z-\frac{1}{\rho}\times\frac{\partial p}{\partial z}+\nu\left(\frac{\partial^2 u_z}{\partial x^2}+\frac{\partial^2 u_z}{\partial y^2}+\frac{\partial^2 u_z}{\partial z^2}\right)$$

化简结果为：

$$\frac{\partial p}{\partial z}=0 \tag{5-20}$$

因为$\frac{\partial u_x}{\partial x}=0$；$\frac{\partial u_x}{\partial z}=0$，所以 u_x 仅仅是 y 的函数。由式(5-18) ～式(5-20)，得出公式：

$$\frac{\mathrm{d}^2 u_x}{\mathrm{d}y^2}=\frac{1}{\mu}\times\frac{\partial p}{\partial x} \tag{5-21}$$

此即为可以应用 MATLAB 编程计算的数学方程，无限平板壁稳态层流的边界条件为：

$$y=y_0,u_x=0;\qquad y=0,\frac{\mathrm{d}u_x}{\mathrm{d}y}=0。$$

基于以上数学模型，可以将平板间流体流动问题更为一般化，今有两平行的水平平板，如图 5-8 所示。平板间有两层互不相溶的不可压缩流体。这两层流体的密度、黏度和厚度分别为 ρ_1、μ_1、h_1 和为 ρ_2、μ_2、h_2，设两板静止，流体在常压力梯度作用下发生层流运动。已知数据：$h_1=0.01\text{m}$；$h_2=0.01\text{m}$；$\mu_1=0.001\text{Pa}\cdot\text{s}$；$\mu_2=0.0008\text{Pa}\cdot\text{s}$。

对于多参数流体流动过程，无限平板壁间稳态层流的流动偏微分方程式(5-19) 至式(5-21) 仍然适用。此时的流体流动边界条件改变为：

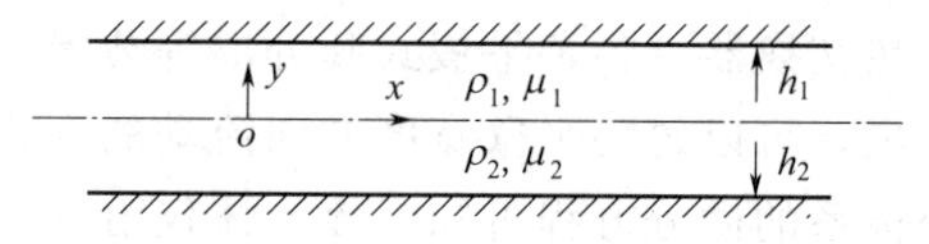

图 5-8 两平板间流体流动示意图

$$y=h_1, u_{x1}=0$$
$$y=-h_2, u_{x2}=0$$
$$y=0, u_{x1}=u_{x2}$$
$$y=0, \mu_1\frac{\mathrm{d}u_{x1}}{\mathrm{d}y}=\mu_2\frac{\mathrm{d}u_{x2}}{\mathrm{d}y}$$

对该流体流动问题利用 MATLAB 编程求解过程如下：

① 根据二阶微分方程式(5-21) 和各自对应的边界条件，采用 dslove() 函数求解两平板间两种流体速度分布的解析解；

② 采用 MATLAB 求解常微分方程初值问题（ODE-IVP）数值解的 ode45() 函数求解两平板间两种流体速度分布的数值解，并与解析解比较；

③ 采用 plot() 函数绘制速度分布的解析解与数值解比较图形。

求解结果及分析

根据 MATLAB 程序计算结果，可以得出两平板间两种流体速度分布理论表达式 u_{x1}、u_{x2}，将其化为对应模型参数的解析结果分别为：

$$u_{x1}=-\frac{h_1^2}{2\mu_1}\times\frac{\partial p}{\partial x}\left[\frac{y^2}{h_1^2}-1+\frac{\frac{\mu_1h_2^2}{\mu_2h_1^2}-1}{\frac{\mu_1h_2}{\mu_2h_1}+1}\left(\frac{y}{h_1}-1\right)\right]$$

$$u_{x2}=\frac{h_2^2}{2\mu_2}\times\frac{\partial p}{\partial x}\left[\frac{y^2}{h_2^2}-1+\frac{1-\frac{\mu_2h_1^2}{\mu_1h_2^2}}{1+\frac{\mu_2h_1}{\mu_1h_2}}\left(\frac{y}{h_2}+1\right)\right]$$

根据 MATLAB 程序计算分析得出两平板壁间两种流体层流流动速度分布的数值解，并将其与理论解进行比较，其结果如表 5-2 所示。

表 5-2 u_x 数值解和解析解的比较

y /m	u_{x1} 数值解 /(m/s)	u_{x1} 解析解 /(m/s)	y /m	u_{x2} 数值解 /(m/s)	u_{x2} 解析解 /(m/s)
0.0000	0.0015	0.0015	−0.0100	0.0000	0.0000
0.0010	0.0015	0.0015	−0.0090	0.0003	0.0003
0.0020	0.0015	0.0014	−0.0080	0.0006	0.0006
0.0030	0.0014	0.0014	−0.0070	0.0009	0.0008
0.0040	0.0013	0.0013	−0.0060	0.0011	0.0010
0.0050	0.0012	0.0011	−0.0050	0.0013	0.0012
0.0060	0.0011	0.0010	−0.0040	0.0014	0.0013
0.0070	0.0009	0.0008	−0.0030	0.0016	0.0014
0.0080	0.0007	0.0005	−0.0020	0.0016	0.0015
0.0090	0.0004	0.0003	−0.0010	0.0017	0.0015
0.0100	0.0002	0.0000	0.0000	0.0017	0.0015

对比分析表5-2的计算结果可知，距离 y 相同，解析解与MATLAB数值计算所得结果相差不大，有略微差别。用MATLLAB中求解微分方程数值解的ODE-IVP函数命令计算得出相应结果。受ODE-IVP函数精确度的影响，求解结果有微小差别，但对结论影响不大，并且用MATLAB数值方法求解微分方程比较简便易得。在求解过程中应该考虑将所求问题程序化，以便更加方便地得出所需要的结果。

根据MATLAB软件计算得到的不同流体在平板壁间速度分布 u_{x1} 和 u_{x2}，进行解析解与数值解比较，绘制图5-9、图5-10、图5-11来分析数值结果与理论解析计算结果的关系。

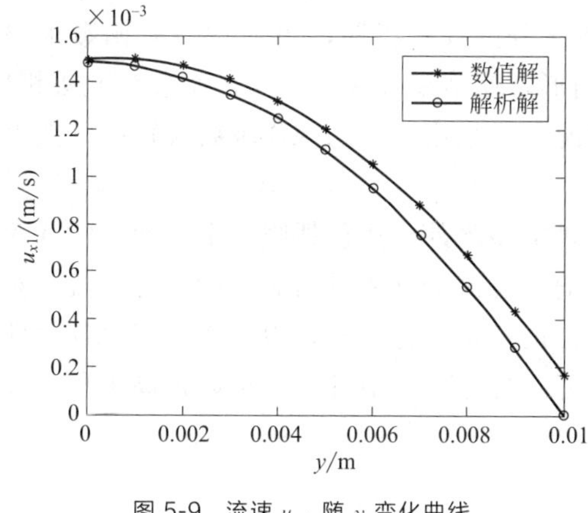

图5-9 流速 u_{x1} 随 y 变化曲线

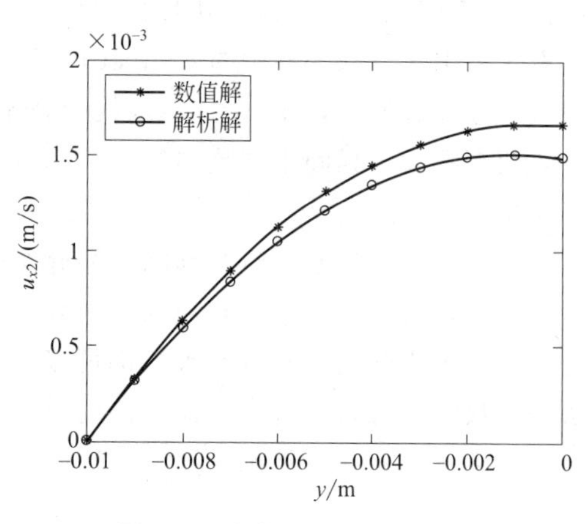

图5-10 流速 u_{x2} 随 y 变化曲线

由流体1的流速 u_{x1} 随 y 变化曲线图5-9，可知：

① 在 $y=0$m处（即两水平板中心位置），上层流体流速 u_{x1} 达到最大值；

② 流体流速 u_{x1} 随 y 的增加而减小，在 $y=0.01$m处，即与水平板相切的位置，流体流速达到最小，此时 $u_{x1}=0$m/s；

③ 图中的星号点曲线代表 u_{x1} 数值解，圆圈点曲线代表 u_{x1} 解析解。两条曲线没有完全重合，在部分点处有差别，说明所求得的数值解与解析解之间存在略微差距。差距原因是数值解求解过程的程序化。根据解析解所绘制的图形与实际情况相吻合，数值解图形有微小差别。

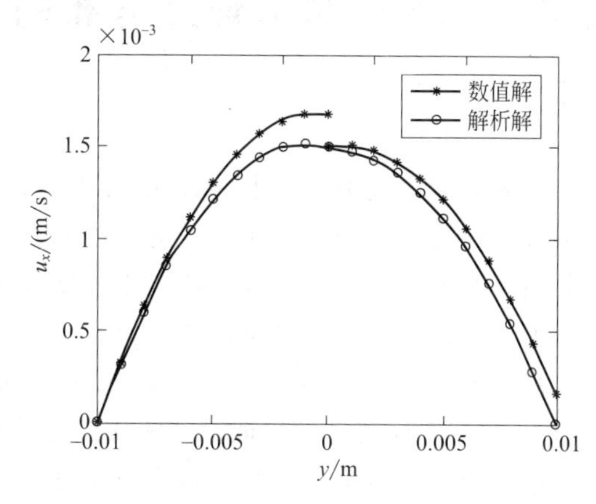

图5-11 流速 u_x 随 y 变化曲线

由流体2的流速 u_{x2} 随 y 变化曲线图5-10分析可得出结论：

① 在 $y=0$m处（即两水平板中心位置），下层流体流速 u_{x2} 达到最大值；

② 流体流速 u_{x2} 随 y 的增加而增加，在 $y=-0.01$m处，即与水平板相切的位置，流体流速达到最小，此时 $u_{x2}=0$m/s；

③ 图中的星号点曲线代表 u_{x2} 数值解，圆圈点曲线代表 u_{x2} 解析解。两条曲线没有完全重合，在部分点处有差别，说明所求得的数值解与解析解之间存在略微差距。差距原因是数值解求解过程的程序化。根据解析解所绘制的图形与实际情况相吻合，数值解图形有微小差别。

平板间整体流速 u_x 随 y 分布关系如图 5-11 所示：

由该图 5-11 可以得出结论：

① 图中星号点所组成图形表示数值解图形，圆圈点所组成图形表示解析解图形，从上图可以看出，数值解图形在 $y=0\text{m}$ 时，流速不相同，与实际情况有些出入；

② 解析解图形符合实际情况。由此我们可以得出平板内流体流速分布的特点，在平板中心处，流体流速达到最大，在平板壁面处，由于平板壁面力的作用，流体流速为最小，$u_x=0\text{m/s}$；

③ 数值解与实际有微小差别，这与求解二阶常微分方程的程序化过程有关。在程序化的过程中 MATLAB 中求解 ODE-IVP 问题的函数使结果产生微小偏差。

本题采用 MATLAB 中的 dsolve() 函数求解微分方程解析解，用 ode45() 函数求解初值型微分方程数值解，用 plot() 函数绘制比较图形，使结果可视化。与普通求解方法相比，在求解两无限大平板间不同流体层流流速分布情况时，采用 MATLAB 函数求解可以大大减少工作量。

化工中涉及的稳态层流流动除上述介绍的几种类型之外，还包括竖直平壁面上的降落液膜运动、湿壁塔内的降落液膜流动、液膜沿斜面的稳态流动（质量力驱动的稳态层流）和流体与固体粒子之间的相对运动等，都可以采用类似的模型简化方法，得到 MATLAB 软件编程所需的数学方程，结合实际流体流动过程的边界条件进行数值计算，可以提高工程计算效率，且求解结果保持高精确度要求。

5.4 非稳态层流速度分布的求解——斯托克斯第一问题

流体力学研究中，寻求 Navier-Stokes 方程理论解一直是流体力学工程的核心和非线性偏微分方程组研究的重点问题。由于该方程的高度非线性和偏微分属性，至今仍未寻找到获得其通解的方法。通过计算机利用相关软件寻求某些特定过程的数值解，再通过与该过程的理论解进行稳定性分析以验证数值计算方法的精度和合理性，推动特定微分方程组解法研究，系统形成偏微分方程组的解理论和方法是流体力学研究至关重要的思路之一。早在 1851 年，Stokes 就理论构造了“流体内摩擦对摆锥运动的影响”，给出了无限大平板突然启动和作简谐振动运动的两类基本非稳态过程的理论精确解，被相应地通称为“斯托克斯第一问题”和“斯托克斯第二问题”。此两类基本非稳定问题已经成为黏性流体力学理论教学和科学研究中应用及验证 Navier-Stokes 方程数值解的经典模型和案例。此类问题的数值解和精确解在开展流体流动应用和非稳定流动的理论中具有重要的意义。

斯托克斯第一问题指的是无限大平板在黏性液体中突然以匀速 U 滑动而引起的黏性流体流动过程随时间变化的一类最简单的非稳态流动模型。该类问题是非稳态流动中不多的可以通过数学分析方法获得精确解析解的模型，从而可以应用于进一步分析工程中因为流体黏性在壁面产生非稳态涡量、涡量在流体中扩散的原因以及最终又因流体黏性涡量在流体中耗散的过程。

具体问题描述为：有一无限长的平板，其上半空间充满了不可压缩流体，在某一时刻 $t=0$，平板突然以速度 U 沿 x 方向运动，如图 5-12 所示。由于黏性的作用，平板上侧流体将随之产生运动，如不考虑重力作用，试分析 $t>0$ 时流体的流动。假设 y 方向的距离为 0.1m。已知变量数值：$U=0.1\mathrm{m/s}$；$\nu=\dfrac{\mu}{\rho}=1.0\times10^{-6}\mathrm{m^2/s}$。

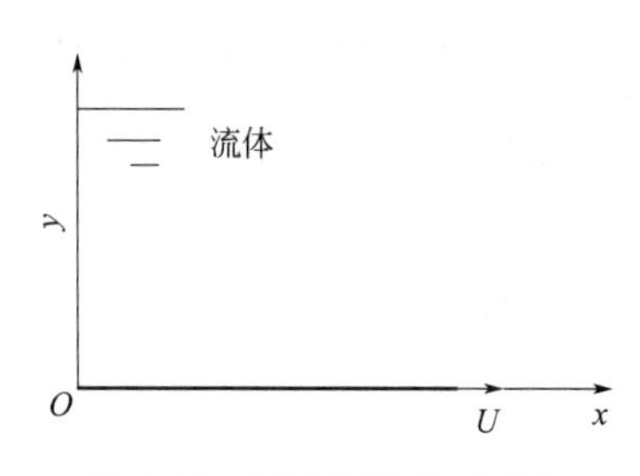

图 5-12　平板突然运动示意图

问题分析

对不可压缩流体流动，此斯托克斯第一问题流场具有以下几何特征：

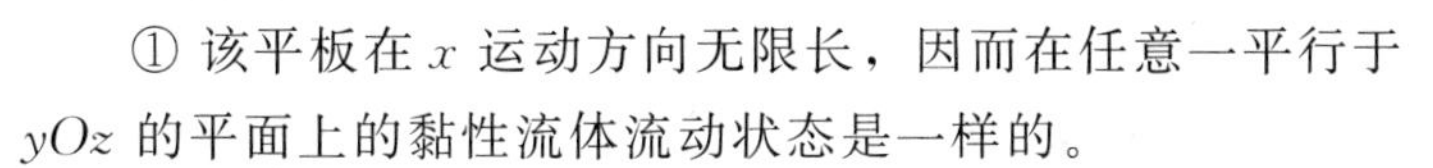

① 该平板在 x 运动方向无限长，因而在任意一平行于 yOz 的平面上的黏性流体流动状态是一样的。

② 平板在 z 方向无限宽，又沿 x 方向移动，因此流场可以看成 xOy 平面上的流场分布。u 沿着 x 方向，在 y 方向上产生动量传递或者流动剪应力分布，即：$u=u_x$。对于平面问题，$u_x=u_x(t,y)$。

③ 流场以上的几何特征可用数学式表达，构成该流动模型下通用 Navier-Stokes 方程化简的基础，如下：

$$\frac{\partial}{\partial x}=0,\quad u_z=0,\quad \frac{\partial}{\partial z}=0,\quad \frac{\partial u_y}{\partial y}=0,\quad u_y(x,0)=u_y(x,\infty)=0$$

式中，u_x,u_y,u_z 分别为 x,y,z 方向的速度，m/s。

将 Navier-Stokes 方程在流动方向 x 和动量传递方向 y 上简化为下面的流体流动控制方程，如式(5-22) 所示：

$$\begin{cases}\dfrac{\partial u_x}{\partial t}=\nu\dfrac{\partial^2 u_x}{\partial y^2}\\[2mm]\dfrac{\partial p}{\partial y}=0\end{cases}\tag{5-22}$$

式中，ν 为流体的运动黏度，$\mathrm{m^2/s}$；t 为时间，s；$\dfrac{\partial p}{\partial y}$ 为 y 方向单位长度压降，Pa/m。

模型理论解的边界条件为：

$$(1)\ u(t,0)=U,t>0;\quad (2)\ u(t,0.1)=0$$

运动初始条件为：

$$u(0,y)=0,\quad t\leqslant0$$

方程式(5-22) 为二维二阶偏微分方程，其理论计算可以简单地采用拉普拉斯变换，也可通过构造 Gauss 函数分离变量将方程转换为一维微分方程。由于采用 MATLAB 等数学软件作为数值计算工具，在此对时间变量 t 进行拉普拉斯变换，先构造式(5-23)：

$$\begin{cases}\overline{f}(s)=L[f(t)]=\displaystyle\int_0^\infty f(t)\mathrm{e}^{-st}\,\mathrm{d}t\\[2mm]\overline{U}(s,y)=\displaystyle\int_0^\infty u(t,y)\mathrm{e}^{-st}\,\mathrm{d}t\end{cases}\tag{5-23}$$

式中，s 为拉普拉斯变换复域空间的自变量。

对方程式(5-22) 进行拉普拉斯变换，得到：

$$\int_0^\infty\frac{\partial u}{\partial t}\mathrm{e}^{-st}\,\mathrm{d}t=ue^{-st}\ \Big|_0^\infty+s\int_0^\infty ue^{-st}\,\mathrm{d}t=s\overline{U}(s,y)\tag{5-24}$$

方程式(5-22) 在 x 方向上的简化 Navier-Stokes 方程式为：

$$s\overline{U}(s,y)=\nu\frac{\partial^2\overline{U}(s,y)}{\partial y^2}$$

即
$$\frac{\partial^2\overline{U}(s,y)}{\partial y^2}-\frac{s}{\nu}\overline{U}(s,y)=0 \tag{5-25}$$

求解式(5-25)，得到：

$$\overline{U}(s,y)=A(s)\mathrm{e}^{-\sqrt{\frac{s}{\nu}}y}+B(s)\mathrm{e}^{\sqrt{\frac{s}{\nu}}y} \tag{5-26}$$

将边界条件（1）进行变换，利用：

$$\int_0^\infty u(t,0)\mathrm{e}^{-st}\,\mathrm{d}t=\overline{U}(s,0)$$

$$\int_0^\infty U\mathrm{e}^{-st}\,\mathrm{d}t=U\int_0^\infty \mathrm{e}^{-st}\,\mathrm{d}t=U\frac{1}{s}\mathrm{e}^{-st}\Big|_0^\infty=\frac{U}{s}$$

化简后，边界条件（1）由下式给出：

$$\overline{U}(s,0)=\frac{U}{s}$$

将上式代入式(5-26)，得到通解的待定系数：

$$A=\frac{U}{s}$$

同理，将边界条件（2）变换为$\overline{U}(s,\infty)=0$，代入式(5-26)，得到通解的待定系数$B=0$。

将A和B的待定系数结果代入式(5-26)，则得出该类问题的理论解为：

$$\overline{U}=U\mathrm{e}^{-\sqrt{\frac{s}{\nu}}y}/s$$

将上式拉普拉斯计算结果进行拉普拉斯反变换，则得出最终的理论解如下：

$$u(t,y)=U\left[1-erf\left(\frac{y}{2\sqrt{\nu t}}\right)\right] \tag{5-27}$$

因此，该类斯托克斯第一问题速度分布的解析解为：

$$\frac{u(t,y)}{U}=erf\left(\frac{y}{2\sqrt{\nu t}}\right) \tag{5-28}$$

式中，$u(t,y)$为流体在空间中的流速，m/s；U为木板移动的速度，m/s；ν为运动黏度，m^2/s；t为时间，s。

式(5-28)中，$erf(z)=\frac{2}{\sqrt{\pi}}\int_0^z \mathrm{e}^{-x^2}\,\mathrm{d}x$为误差函数。

利用MATLAB编程数值计算求解过程如下：

① 采用dsolve()函数和拉普拉斯变换函数laplace()及逆拉普拉斯变换函数ilaplace()计算速度分布的解析解。

② 计算不同时刻和空间位置的速度分布变化图形。

③ 计算在某一位置（$y=0.01$m）流体流动速度随时间变化曲线，并计算在某一时刻（$t=400$s）时的速度沿y向的空间分布曲线，对比在某一时刻（$t=400$s）时，速度沿y向空间分布的数值解与解析解分布曲线。

求解结果及分析

以MATLAB程序计算的结果进行分析，得出该斯托克斯第一问题上述分析的理论解为：

$$u(t,y)=U\left[1-erf\left(\frac{y}{2\sqrt{\nu t}}\right)\right]$$

根据该速度分布值计算其空间变化图形，如图 5-13 所示。

由图 5-13 斯托克斯第一问题速度空间分布图，可知：

① 当时间 $t=0$ 时，其流动速度为 0；

② 在某一位置，速度随作用时间的增加而增大；

③ 离平板的距离越大，速度越小。在某一位置处，速度为 0，平板对流体不再有作用力。

流体空间流场中某一固定位置（$y=0.01\text{m}$）处的速度随时间变化曲线可由式(5-27) 的理论计算结果得出，如图 5-14 所示。

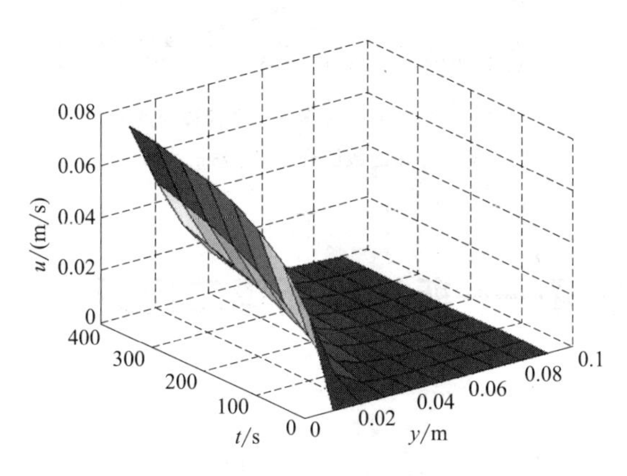

图 5-13　斯托克斯第一问题速度分布理论解的空间变化图

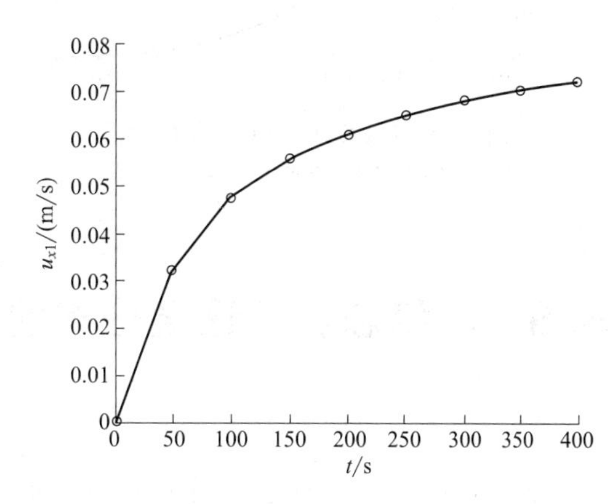

图 5-14　斯托克斯第一问题流体流速随时间变化曲线（$y=0.01\text{m}$）

由图 5-14 流场空间中某固定位置（$y=0.01$）处流体流速随时间变化曲线可知，在某一位置 y 处，流体流速随时间的增加而逐渐增大。

此外，可以计算获得流体流动在某一时刻的速度沿 y 向的空间分布曲线，在时刻 $t=400\text{s}$ 时，其速度空间分布如图 5-15 所示。

对图 5-15 某时刻（$t=400\text{s}$）流体速度空间分布进行分析，得知固定时刻有如下规律：

① 在板壁面处，流体流速最大；

② 平板在黏性流体中的突然流动，由于黏性的作用，平板周围的流体将随之产生运动，随着 y 距离的增加，流体流速 u 逐渐减小，在某一位置处，流体流速减小到 0。

针对某一时刻（$t=400\text{s}$），分析流体流动速度沿 y 向的数值解与解析解分布，得到曲线如图 5-16 所示。

对图 5-16 动量传递 y 方向的速度分布数值解与解析解比较分析可知：

① 星号代表的数值解与圆圈代表的解析解完全重合，表明数值解求解精确度较高；

② 在本题求解过程中采用 MATLAB 中的 MOL 函数求解二阶偏微分方程，所得数值结果与解析解结果吻合度较高，表明采用 MOL 法求解二阶偏微分方程精确度较高，此类求解过程可以考虑采用此函数。

此斯托克斯第一问题的结果说明在流场给定点上，流体的速度随时间的增加而增加，只有在 $t\to\infty$ 时速度 u 才能达到 U；在给定时刻，流体的速度 u 随着离开板面的距离增加而减少，只有在离板面无穷远处的速度才为 0。

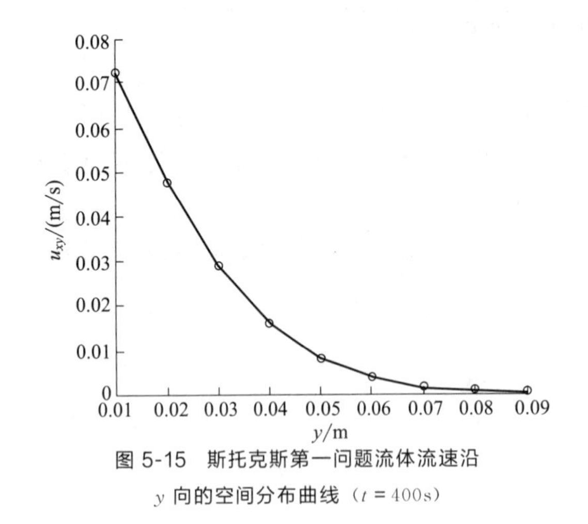

图 5-15 斯托克斯第一问题流体流速沿 y 向的空间分布曲线（$t=400$s）

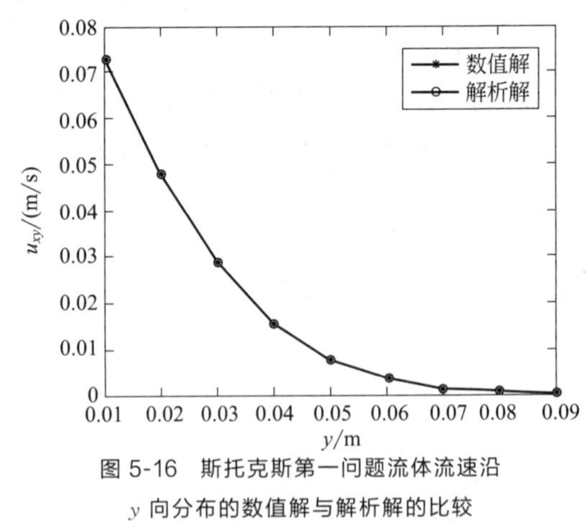

图 5-16 斯托克斯第一问题流体流速沿 y 向分布的数值解与解析解的比较

5.5 非稳态层流速度分布的求解——斯托克斯第二问题

斯托克斯第二问题是做周期振动的平板引起黏性流体动量传递过程的非定常流动。具体问题描述为：有一无限长的平板，其上半空间充满了不可压缩流体，在某一时刻 $t=0$，平板突然以速度 $U(t)=U_0\cos\omega t$ 沿平行于 x 方向做简谐振动，如图 5-17 所示。由于黏性的作用，流场中流体将随之产生振动，如不考虑重力作用，试分析 $t>0$ 时刻流场的速度分布。

问题分析

与斯托克斯第一问题相似，得到的控制方程由公式(5-22) 给出：

$$\frac{\partial u}{\partial t}=\nu\frac{\partial^2 u}{\partial y^2} \tag{5-22}$$

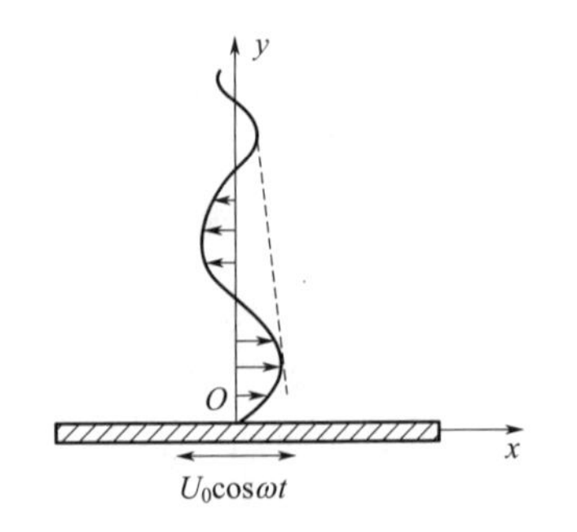

图 5-17 斯托克斯第二问题平板突然进行简谐运动的物理过程示意图

斯托克斯第二问题与其第一问题的关键不同之处在于平板的瞬时运动方式不同，第一问题是平板瞬时以恒定速度运动产生恒定的动量传递源，而第二类问题的核心是平板瞬时以物理简谐振动产生一波动的动量传递源，使得非稳态动量传递过程的计算复杂程度增加。根据物理中简谐振动的运动方程，进而得出此类问题的边界条件为：(1) $u(t,0)=U_0\cos\omega t$；(2) $u(t,\infty)=0$。

运用波动理论的数学等式 $e^{i\omega t}=\cos\omega t+i\sin\omega t$，将边界条件 (1) 改写为：

$$u(t,0)=\mathrm{Re}\{U_0 e^{i\omega t}\}$$

整体边界条件为：（1）$u(t,0)=U_0\mathrm{e}^{\mathrm{i}\omega t}$；（2）$u(t,\infty)=0$。

上述微分方程式(5-22）的分离变量特定解为：

$$u=f(y)U_0\mathrm{e}^{\mathrm{i}\omega t} \tag{5-29}$$

将其代入微分方程(5-22)，得出该微分方程的理论形式为：

$$\mathrm{i}\omega U_0 f(y)=\nu U_0 f''(y)$$

化简后结果为 $\mathrm{i}\omega f(y)=\nu f''(y)$，该微分方程可以变形为：

$$f''-\frac{\mathrm{i}\omega}{\nu}f=0 \tag{5-30}$$

利用5.4节的方法，由MATLAB等数学软件计算求解。采用laplace变换和逆变换，或者分离变量的方法构造函数求解上述方程，本算例采用分离变量的方法来求解上述方程，得到的分离变量理论解的结果化简为：

$$f=A\mathrm{e}^{\sqrt{\frac{\mathrm{i}\omega}{\nu}}y}+B\mathrm{e}^{-\sqrt{\frac{\mathrm{i}\omega}{\nu}}y} \tag{5-31}$$

下面通过边界条件分别确定该理论解中的待定系数 A 和 B，将数学中虚数 i 的等式 $\mathrm{i}=\mathrm{e}^{\mathrm{i}\pi/2}=\cos\frac{\pi}{2}+\mathrm{i}\sin\frac{\pi}{2}$、$\mathrm{i}^{1/2}=\mathrm{e}^{\mathrm{i}\pi/4}=\cos\frac{\pi}{4}+\mathrm{i}\sin\frac{\pi}{4}=\frac{1+\mathrm{i}}{\sqrt{2}}$，代入式(5-31)，转换为：

$$f(y)=A\mathrm{e}^{\sqrt{\frac{\omega}{2\nu}}y(1+\mathrm{i})}+B\mathrm{e}^{-\sqrt{\frac{\omega}{2\nu}}y(1+\mathrm{i})} \tag{5-32}$$

确定上式(5-32）中的待定系数 A 和 B，运用边界条件（2），在 $y\to\infty$ 时，$u=0$，得 $A=0$，化简给出微分方程的特解为：

$$f(y)=B\mathrm{e}^{-\sqrt{\frac{\omega}{2\nu}}y(1+\mathrm{i})}$$

将此式代入式(5-29)，得到该微分方程的分离变量特定解为：

$$u=BU_0\mathrm{e}^{\mathrm{i}\omega t}\mathrm{e}^{-\sqrt{\frac{\omega}{2\nu}}y(1+\mathrm{i})}$$

此外，由边界条件（1），得 $B=1$，将上式化简为：

$$u=U_0\mathrm{e}^{\mathrm{i}\omega t}\mathrm{e}^{-\sqrt{\frac{\omega}{2\nu}}y(1+\mathrm{i})}$$

选取上式流体速度计算结果的实部，合并式(5-32）计算得出速度分布公式为：

$$u=\mathrm{Re}\left[U_0\mathrm{e}^{-\sqrt{\frac{\omega}{2\nu}}y}\mathrm{e}^{\mathrm{i}\left(\omega t-\sqrt{\frac{\omega}{2\nu}}y\right)}\right]=U_0\mathrm{e}^{-\sqrt{\frac{\omega}{2\nu}}y}\cos\left(\omega t-\sqrt{\frac{\omega}{2\nu}}y\right)$$

因此，最终求解得出流场的解析解速度分布为：

$$u=U_0\mathrm{e}^{-\sqrt{\frac{\omega}{2\nu}}y}\cos\left(\omega t-\sqrt{\frac{\omega}{2\nu}}y\right) \tag{5-33}$$

式中，u 为流体流速，m/s；U_0 为平板的移动速度，m/s；v 为流体的运动黏度，$\mathrm{m^2/s}$；t 为时间，s。

此类问题利用MATLAB编程数值计算求解过程如下：

① 采用dsolve() 函数和拉普拉斯变换函数laplace() 及逆拉普拉斯变换函数ilaplace() 计算速度分布的解析解。

② 计算不同时刻和空间位置的速度分布变化图形。

③ 计算在某一位置（$y=0.01\mathrm{m}$）流体流动速度随时间的变化曲线，并计算在某一时刻（$t=900\mathrm{s}$）时的速度沿 y 向的空间分布曲线，对比在某一时刻（$t=900\mathrm{s}$）时，速度沿 y 向空间分布的数值解与解析解分布曲线。

求解结果及分析

以 MATLAB 程序的计算结果进行分析，得出斯托克斯第二问题速度理论解分布式(5-33)的计算结果，如图 5-18 所示。

由图 5-18 斯托克斯第二问题速度变化图，分析可知：

① 此斯托克斯第二非稳态过程，起始时间 $t=0$ 时，速度为 0；

② 随着离板面的距离增大，速度值逐渐减小；在距离板面一定距离时，速度减小到 0；

③ 某空间固定位置处，速度随时间的变化具有动量传递源的周期性。

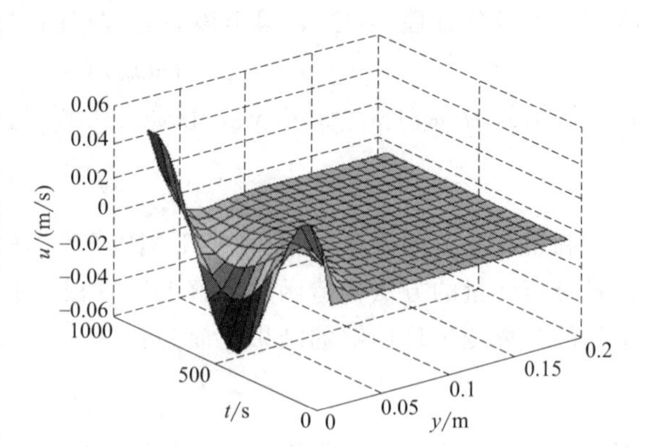

图 5-18 斯托克斯第二问题速度理论解的时间空间变化图

针对流体速度场中不同时刻和不同空间位置的速度分布变化关系，分别计算该速度场在固定空间为 $y=0.01\text{m}$ 处和时刻 $t=900\text{s}$ 时的速度分布情况。其结果如图 5-19 和图 5-20 所示。

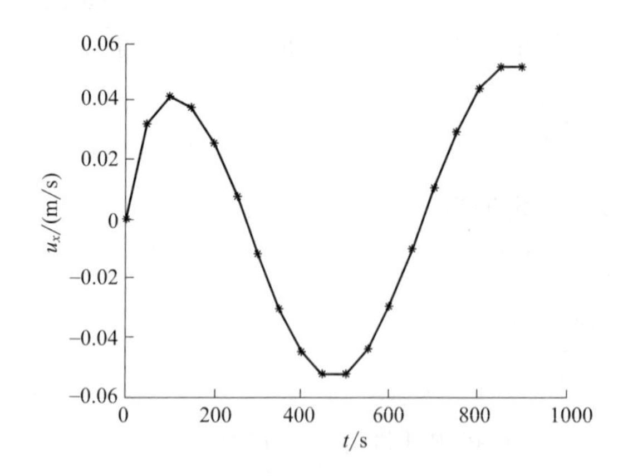

图 5-19 斯托克斯第二类非稳态过程固定位置 $y=0.01\text{m}$ 处的速度数值解随时间变化图

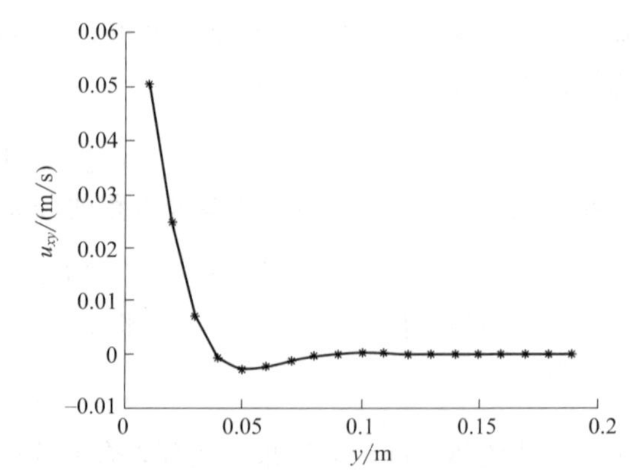

图 5-20 斯托克斯第二类非稳态过程某时刻 $t=900\text{s}$ 时的速度数值解随空间变化图

分析图 5-19 固定空间区域的速度数值解随时间变化关系可知：作周期振动的平板引起黏性流体的非定常流动，流动过程中流体在某一位置处的速度随时间呈周期性变化，这与平板的周期性振动有关。平板的周期性振动导致流体流速随时间周期性变化。

由图 5-20 斯托克斯第二类非稳态过程中某时刻的速度场随空间区域的变化关系可知，作周期振动的平板引起黏性流体的非定常流动，某一时刻流体沿 y 向速度先增加后减小，流速有一个转向的过程。某一时刻，流体流速由负方向转向正方向，并且流速逐渐减小，直至某一位置流体流速为 0。

进一步分析流场内流体速度在不同时刻和不同空间位置的分布变化关系，比较数值计算和理论计算结果的关系，揭示计算过程和计算方法的影响，并分析该振动源在时间周期变化的基础上，向固定空间产生动量传递的量变化过程。其固定位置 $y=0.01\text{m}$ 处速度场的数值计算和理论解之间对比关系如图 5-21 所示。

由图 5-21 对比分析可以得出如下结论：星号所代表的数值结果与圆圈所代表的解析结果在非稳态起始时刻未能很好地完全重合，数值求解过程在非稳态起始阶段存在误差，说明数值计算的方法仍未能很好揭示理论解所揭示的动量传递机理和过程，需要进一步理论研究和实验揭示。在最初时间内，误差比较大，随着时间的增加，误差逐渐减小，最终在动量传递开始后约 400s，数值解与解析解基本吻合。

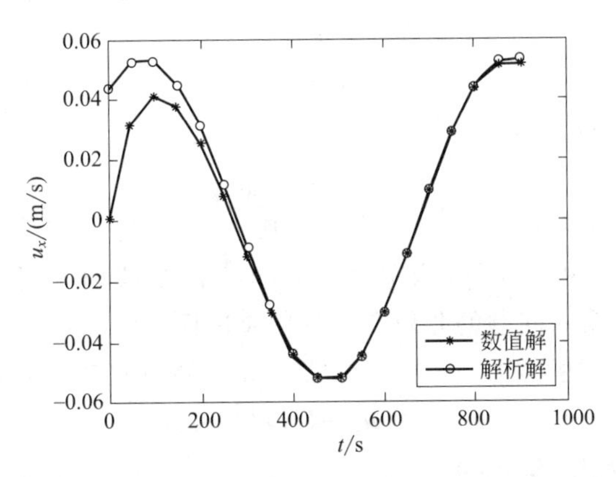

图 5-21　某一位置周期振动源流场速度随时间变化解析解与数值解比较（$y=0.01$m）

5.6　非稳态层流速度分布的求解——斯托克斯第三问题

在上述两类斯托克斯非稳态层流流动的动量传递过程计算中，流体运动动量的传递在其传递方向上是自由传递过程，并未受到传递空间的制约，斯托克斯第三类非稳态动量传递过程是将无限平板内流体流动与斯托克斯非稳态动量传递过程结合而发展起来的一类更为复杂的动量传递方程的理论计算过程。在该类过程计算中计算机编程软件的数值计算过程的优势得以充分体现。该类非稳态动量传递过程描述如下：对于无限平板间的流动，某时刻，上板突然以恒定速度 U 匀速滑动，下板始终保持固定，该恒定动量传递源随着时间不断向平板间流体传递动量，引起的黏性流体的非稳态流动过程。即：如图 5-7 所示，有两个无限长的平板，其间充满了不可压缩黏性流体，在某一时刻 $t=0$，上平板突然以速度 U 沿 x 方向运动，下板静止，确定该非稳态流场的速度分布。

问题分析

该类动量传递过程的微分控制方程与上两类问题有相似之处，此类非稳态动量传递过程仅边界条件发生了变化，从而引起了动量传递计算方法发生了本质上的改变。该动量传递过程的 Navier-Stokes 方程在流体流动的 u_x 方向的化简控制方程仍为：

$$\frac{\partial u}{\partial t}=\nu\frac{\partial^2 u}{\partial y^2} \tag{5-22}$$

该类斯托克斯动量传递的边界条件为：(1)$u(t,0)=0$；(2)$u(t,h)=U$。动量传递的初始条件为 $u(0,y)=0$。

由于该问题的控制方程的边界条件是非齐次的偏微分方程，难以通过直接构造函数分解变量变换求解。为解决该问题，对流体动量传递引发的流场速度变化预先做出转换，运用下式：

$$u(t,y)=\omega(t,y)+u_s(y)$$

将上述速度表达式代入式(5-22)，利用上述揭示的该类问题边界条件和初始条件，将微分控制方程式(5-22) 分解成两个独立变化的问题，由式(5-22) 等价分解得：

$$\frac{d^2 u_x}{dy^2}=0 \tag{5-34}$$

边界条件：$u_s(0)=0, u_s(h)=U$。

$$\frac{\partial \omega}{\partial t}=\nu \frac{\partial^2 \omega}{\partial y^2} \tag{5-35}$$

分别采用 MATLAB 中的函数求解式(5-34) 平板壁内流体稳态动量传递过程和式(5-35) 中的斯托克斯第一问题的非稳态动量传递过程。

理论求解分别得出上述方程式(5-34) 和式(5-35) 的速度表达式，并化简得：

$$u_s=Uy/h$$

接下来利用分离变量法求解式(5-35)。

令 $\omega(t,y)=T(t)Y(y)$，代入式(5-35) 后，无量纲化并分离变量，计算得：

$$T'Y=\nu TY''$$

整理后，假定其特征解为 λ，由微分方程解法可知：

$$\frac{T'}{\nu T}=\frac{Y''}{Y}=-\lambda^2$$

将上述方程裂解为两个独立的变量微分方程，分别化简，求解得到：

$$\begin{cases} T(t)=c\mathrm{e}^{-\lambda^2 \nu t} \\ Y(y)=A\sin\lambda y+B\cos\lambda y \end{cases}$$

将其代入 $\omega(t,y)=T(t)Y(y)$，计算得出流体的速度分布为：

$$\omega(t,y)=(A\sin\lambda y+B\cos\lambda y)c\mathrm{e}^{-\lambda^2 \nu t} \tag{5-36}$$

运用该类问题的各自边界条件确定上式中的待定系数 A 和 B，由 $\omega(t,0)=0$，得 $B=0$；当 $\omega(t,h)=0$，$\sin\lambda y=0$，得出该速度分布的特征值为：

$$\lambda=n\pi/h\,(n=1,2,\cdots)$$

将上式方程特征值 λ 代入式(5-36)，可得如下速度分布表达式：

$$\omega(t,y)=\sum_{n=1}^{\infty} a_n \sin(n\pi y/h)y\mathrm{e}^{-(n\pi/h)^2 \nu t} \tag{5-37}$$

代入该模型的初始条件，确定上式中的常数，计算整理得到：

$$\omega(t,y)=-u_s(y)=\sum_{n=1}^{\infty} a_n \sin(n\pi y/h)$$

由级数展开，得

$$a_n=-\frac{2}{h}\int_0^h u_s \sin(n\pi y/h)\mathrm{d}y=-\frac{2U}{h^2}\int_0^h y\sin(n\pi y/h)\mathrm{d}y$$

将方程式(5-34) 的积分计算结果 $u_s=Uy/h$ 和式(5-37) 代入式 $u(t,y)=\omega(t,y)+u_s(y)$，整理计算得出该类斯托克斯第三类非稳态动量传递过程的速度分布关系如下：

$$u(t,y)=Uy/h+\sum_{n=1}^{\infty}a_n\sin(n\pi y/h)\mathrm{e}^{-(n\pi/h)^2\nu t} \tag{5-38}$$

利用 MATLAB 软件计算机编程求解过程如下：

① 应用数值方法求解速度的空间分布图形；

② 流场中给定位置点，计算速度随时间变化图形；

③ 某一时刻，流速随 y 向距离的变化关系图。

求解结果及分析

由 MATLAB 编程计算得出该类问题速度的时间和空间分布，如图 5-22 所示。

分析图 5-22 速度的时间和空间分布的计算结果可知，该非稳态动量传递过程：

① 在时间 $t=0$ 时，流体流速为 0；

② 斯托克斯第三问题描述的是上板移动，下板静止引起的板间流体流动，因此，距离下板越远，流体的流速越大，在上板附近处，流体流速达到最大值；

③ 在某一位置处，随着时间增加，流体流速逐渐增加。

针对流场中给定位置点 $y=0.01\text{m}$，其流体流动速度随时间的变化关系如图 5-23 所示。

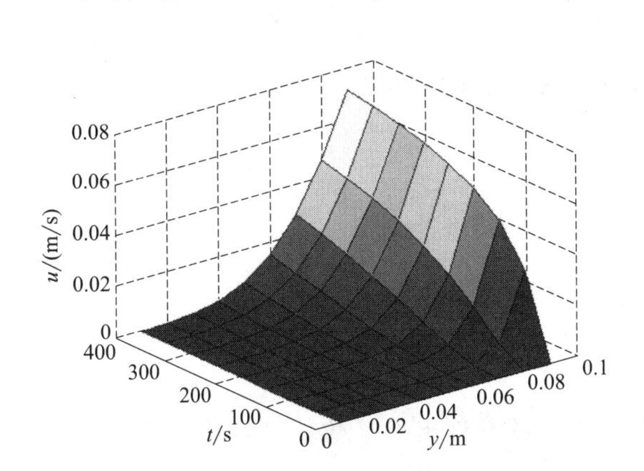

图 5-22　斯托克斯第三类非稳态动量传递过程速度的时间和空间分布图

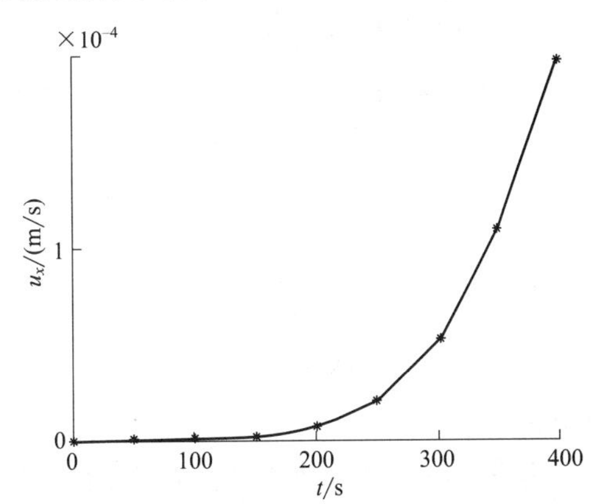

图 5-23　流场中某位置（$y=0.01\text{m}$）处速度随时间变化图

由图 5-23 分析可知，该非稳态传递过程的流场空间在某固定的位置处，流动的速度会随着时间增加而不断地增加，而且在固定位置处，动量传递发生一定时间后，流体流速呈快速增加的趋势，这些主要都是由受限的流动空间内非稳态动量传递的累计效应导致的。

针对某一动量传递发生的瞬时，计算流场流速随动量传递 y 方向距离的变化关系，如图 5-24 所示。

分析图 5-24 可知，对于该类非稳态动量传递过程，在某一时刻动量传递量一定的条件下，流体流速随 y 向距离的增加而逐渐增大，此时动量传递方向为 y 轴负方向。在底层板面处流体流速为 0，在上层板附近某一位置处，流体流速达到最大值。上板移动对流体产生的作用力由上到下逐渐减小。

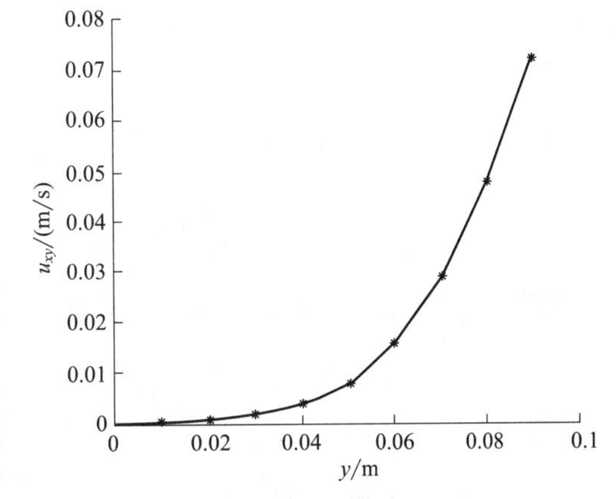

图 5-24　某一时刻流速随 y 向距离变化图形

5.7 边界层内动量传递过程的速度及厚度分布

本章节主要介绍基本的计算机数学软件在流体流动理论和工程问题中的应用，扩展关于Navier-Stokes方程理论解与数值计算解方法之间的联系，提升计算软件的应用和研究。前述流体流动中的动量传递过程主要指的是流体在常见的圆管、可便利研究数值计算的两平板之间的传递过程，包含了稳态层流过程、非稳态的经典的三种理论模型。针对流体流动过程的动量传递，Navier-Stokes方程的理论应用还体现在对流体边界层内速度场的计算和揭示其动量传递过程，以及对流体边界层发展距离的研究计算。本节主要是将计算机软件数值计算与边界层理论结合求解在流体边界层内的动量传递过程。

某黏性流体以速度 u_0 稳态流过平板壁面形成层流边界层，在边界层内流体的剪应力不随 y 方向变化，边界层内流动形式如图 5-25 所示。

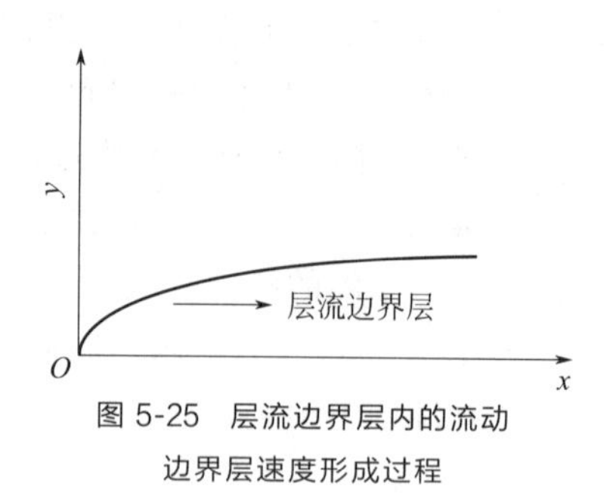

图 5-25 层流边界层内的流动边界层速度形成过程

① 试从适当边界条件出发，确定边界层内速度分布的表达式 $u_x = u_x(y)$；

② 试从卡门边界层积分动量方程：

$$\rho \frac{\mathrm{d}}{\mathrm{d}x}\int_0^{\delta} u_x(u_0 - u_x)\,\mathrm{d}y = \mu \left.\frac{\mathrm{d}u_x}{\mathrm{d}y}\right|_{y=0} \tag{5-39}$$

出发，确定 δ_x 的表达式。

式中，μ 为流体黏度，Pa·s；u_x 为 x 方向流速，m/s；δ 为边界层厚度，m；u_0 为流动初速度，m/s。

为方便编写计算机程序，从卡门边界层积分动量方程出发，数值计算确定 δ_x 的分布，对流动状态赋初值：$u_0 = 1.0\mathrm{m/s}$；$\delta = 0.05\mathrm{m}$；$\nu = 8.93\times10^{-7}\mathrm{m^2/s}$。

问题分析

用MATLAB和Mathematica分别求解边界层内流体速度分布的解析解与数值解，由于边界层内剪应力表达式 $\tau = \mu\frac{\mathrm{d}u_x}{\mathrm{d}y}$ 不随 y 变化，$\frac{\mathrm{d}u_x}{\mathrm{d}y}$ 为常数，为简化编程和计算，假定卡门边界层积分方程中的速度分布为直线，设 $u_x = a + by$。代入边界层的边界条件：

$$y=0, u_x=0;\quad y=\delta, u_x=u_0$$

卡门边界层积分动量方程的形式化简为：

$$\frac{\mathrm{d}}{\mathrm{d}x}\int_0^{\delta}\frac{u_x}{u_0}\left(1-\frac{u_x}{u_0}\right)\mathrm{d}y + \frac{u_{ys}}{u_0} = \frac{\tau_s}{\rho u_0^2}$$

直接计算该边界层方程左边的速度分布值，即：

$$\frac{\mathrm{d}}{\mathrm{d}x}\int_0^{\delta}\frac{u_x}{u_0}\left(1-\frac{u_x}{u_0}\right)\mathrm{d}y = \frac{\mathrm{d}}{\mathrm{d}x}\left[\delta\int_0^1(1-\eta)\eta\,\mathrm{d}\eta\right] = \frac{1}{6}\times\frac{\mathrm{d}\delta}{\mathrm{d}x} = \frac{\tau_s}{\rho u_0^2} \tag{5-40}$$

将其一阶微分关系代入界层内剪应力式 $\tau = \mu\frac{\mathrm{d}u_x}{\mathrm{d}y}$，计算得：

$$\tau_s = \mu \frac{\partial u_x}{\partial y}\bigg|_{y=0} = \mu u_0 \frac{\partial}{\partial y}\left(\frac{y}{\delta}\right)\bigg|_{y=0} = \frac{\mu u_0}{\delta}$$

最终计算得到：

$$\delta \mathrm{d}\delta = \frac{6\nu}{u_0}\mathrm{d}x \tag{5-41}$$

以上公式中 τ 为剪应力，$\mathrm{N/m^2}$。

取 $u_0=1.0\mathrm{m/s}$；$\delta=0.05\mathrm{m}$；$\nu=8.93\times10^{-7}\mathrm{m^2/s}$。由该边界层流动的边界条件 $x=0$、$\delta=0$，即可一阶积分计算求解上述速度式(5-41) 和厚度的数学表达式。

上述计算过程的 MATLAB 求解流程如下：

① 采用 MATLAB 中的 dsolve() 函数，根据公式(5-39) 和对应的边界条件求解边界层速度分布的解析解；采用 MATLAB 中的 dsolve() 函数，根据公式(5-40) 和边界条件式(5-41) 求解边界层厚度分布的解析解。

② 分析本例的数值求解为 ODE-IVP 问题，故采用 MATLAB 中的 ode45() 函数，求解边界层速度分布的数值解和边界层厚度分布的数值解，并与解析解进行比较。

③ 采用 MATLAB 中的 plot() 函数绘制边界层速度分布数值解和解析解比较图形；并结合 MATLAB 计算，由 plot() 函数绘制边界层厚度分布数值解和解析解比较图形。

求解结果及分析

根据 MATLAB 等计算机软件编程计算出边界层内的速度分布数值解，并与其解析解进行对比，流体边界层的速度分布解析解：

$$u_x = u_0 y/\delta$$

速度分布解析解和数值解比较结果由表 5-3 给出。

表 5-3　卡门边界层方程计算的边界层内速度 u_x 分布的数值解与解析解

y /m	u_x 数值解 /(m/s)	u_x 解析解 /(m/s)	y /m	u_x 数值解 /(m/s)	u_x 解析解 /(m/s)
0.0000	0.0000	0.0000	0.0030	0.6000	0.6000
0.0005	0.1000	0.1000	0.0035	0.7000	0.7000
0.0010	0.2000	0.2000	0.0040	0.8000	0.8000
0.0015	0.3000	0.3000	0.0045	0.9000	0.9000
0.0020	0.4000	0.4000	0.0050	1.0000	1.0000
0.0025	0.5000	0.5000			

分析表 5-3 可知：

层流边界层流速数值解与解析解完全相同，说明 MATLAB 中的 ODE-IVP 函数求解的数值解精确度较高。

针对边界层厚度分布，分别计算其解析解和数值解，流体边界层厚度分布解析解为：

$$\delta = \frac{3.4641\sqrt{x}\sqrt{\nu}}{\sqrt{u_0}}$$

计算得到的边界层厚度分布解析解和数值解比较结果由表 5-4 给出。

表 5-4 卡门边界层方程计算的边界层厚度 δ 的数值解与解析解

x /m	δ 数值解 /m	δ 解析解 /m	x /m	δ 数值解 /m	δ 解析解 /m
0.1000	0.0010	0.0010	0.6000	0.0025	0.0025
0.2000	0.0015	0.0015	0.7000	0.0027	0.0027
0.3000	0.0018	0.0018	0.8000	0.0029	0.0029
0.4000	0.0021	0.0021	0.9000	0.0031	0.0031
0.5000	0.0023	0.0023	1.000	0.0033	0.0033

由表 5-4 可以得出结论：层流边界层厚度分布数值解与解析解完全相同，说明 MATLAB 中的 ODE-IVP 函数求解的数值解精确度较高。

此外，通过对边界层速度分布解析解和数值解的计算，比较边界层速度分布数值解和解析解的关系，以确定该编程数值计算的准确性，如图 5-26 所示。

分析图 5-26 可知：

星号代表的层流边界层流速数值解与圆圈代表的解析解完全重合，说明 MATLAB 中的 ODE-IVP 函数求解的数值解精确度较高；随着 y 向距离的增加，流体流速也逐渐增加，流体流速与 y 呈线性关系。

针对数值编程计算获得的边界层厚度分布数值解和解析解，对其进行绘图比较，如图 5-27 所示。

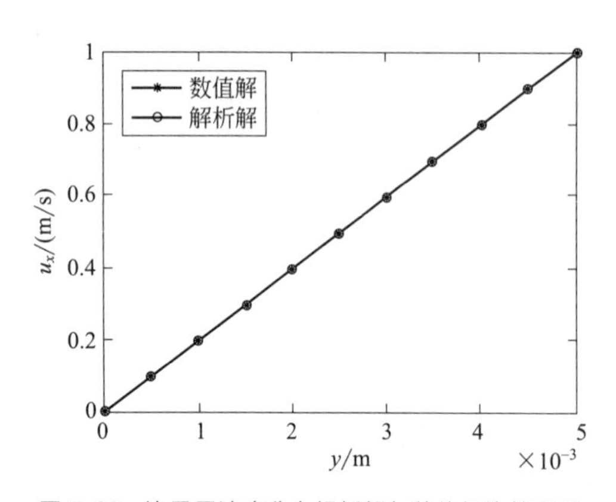

图 5-26 边界层速度分布解析解与数值解比较图形

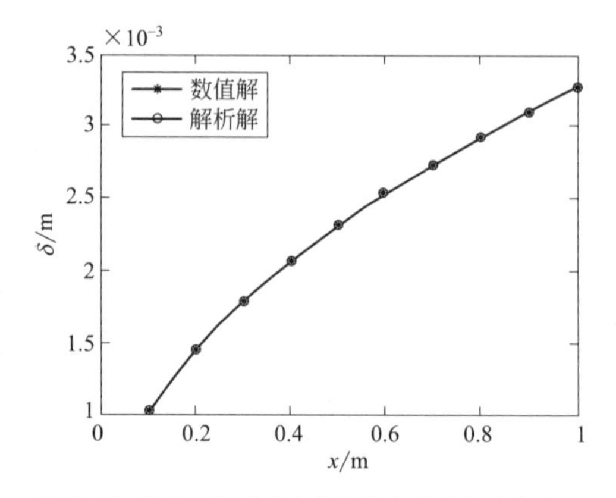

图 5-27 边界层厚度分布解析解与数值解比较图形

分析图 5-27 可以得出结论：星号代表的层流边界层厚度数值解与圆圈代表的解析解完全重合，说明 MATLAB 中的 ODE-IVP 函数求解的数值解精确度较高；随着 x 向距离的增加，流体的边界层厚度也逐渐增加。

5.8 圆柱形容器湍流排出管路最优长度的确定 

本节我们主要讨论整体应用 Navier-Stokes 能量守恒方程、非稳态流动的质量守恒方程理论和数值计算流体湍流流动的工程实际问题。运用数学软件编程数值求解非线性方程和微分代数方程，在化工设计和生产中常应用到的是解决确定管路长度的实际问题，该类工程问题模型简单，通过基本的模型简化可以获得理论解，数值解法与理论解相结合使管路长度的确定更加方便、准确、省时，能够满足实际设计的精度要求。

典型的化工管路问题是在某些实际生产过程或者救灾抢险的工程中，要在紧急情况下最快地排出容器中的流体，涉及管路系统的设计问题及不同解决方案的优化选择问题。有些工程师认为，管路越短容器中流体排出的时间就越短。还一些人则认为，管路越长排出时间越短。而另有人认为，排出管路的长度有一个最优值。因此，需要对不同长度的管路分别计算流体的排出时间，以确定排水时间最小的管路长度，并期望在排水过程中流体始终为湍流流动。

现假设一个简单的容器如图 5-28 所示，排出管路为普通 1/2inch（英寸，1inch＝0.0254m）的 40 号钢管，粗糙度$\varepsilon=0.00015$。容器直径为 $D_1=3$ft（英尺，1ft＝0.3048m），液体的初始高度均为 $H_0=6$ft，容器中液体的温度为 60℉，容器排至最后 H_f 为 1.0inch。变量需满足条件：$1\text{inch}\leqslant H\leqslant 6\text{ft}$，$1\text{inch}\leqslant L\leqslant 10\text{ft}$，优化设计该容器排出管路。

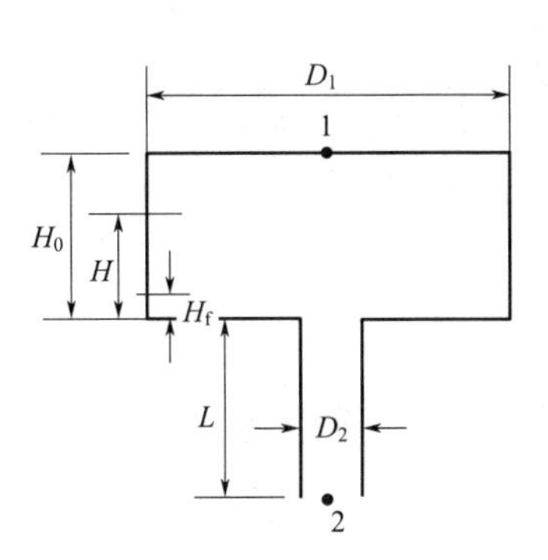

图 5-28　容器排出管路模型

问题分析

针对该实际工程的管路设计问题，首先需要明确具体的设计求解内容：

① 应用稳态流动动量传递平衡机理即 Navier-Stokes 积分方程计算流体湍流速度，并假设只在管中有摩擦损失，考察不同的 L、H 对 v_2、f 及 Re 的影响，并校验流动状态为湍流。

② 为近似计算排出时间而假设摩擦因子为常数，并由湍流下的经验式计算。

③ 若进口和流动压缩效应可忽略，但摩擦因子却发生变化，重复计算②。分析在该部分得到的结果与②中的计算结果有何不同？确定需要推荐的管长 L 为多少？

④ 当 H_0 为 3ft 时重复计算②和③的过程，再次确定需要推荐的管长 L 为多少？

根据上述的分析，稳态流动的能量平衡可在点 1 至点 2 间应用，如图 5-28 所示。由等温机械能守恒关系的 Bernoulli 方程，假定流体不可压缩可得到方程：

$$\frac{1}{2}(v_2^2-v_1^2)+g(z_2-z_1)+\frac{p_2-p_1}{\rho}+\sum F+W_S=0 \tag{5-42}$$

注意该方程仅仅是一个近似计算式，因为该方程忽略了随时间变化的项，但在对该问题整体性考虑中是合理的。由此得到了平均出口速度的表达式：

$$v_2^2=\frac{2g(H+L)}{1+4f\left(\frac{L}{D_2}\right)} \tag{5-43}$$

其中范宁摩擦因子可由显式方程计算：

$$f=\frac{1}{16\left\{\lg\left[\frac{\varepsilon/D}{3.7}-\frac{5.02}{Re}\lg\left(\frac{\varepsilon/D}{3.7}+\frac{14.5}{Re}\right)\right]\right\}^2} \tag{5-44}$$

式中，$\frac{\varepsilon}{D}$为表面相对粗糙度；Re 为雷诺数。

流体排出管路的时间由下式确定：

$$t_f=\frac{D_1^2}{D_2^2}(\sqrt{H_0+L}-\sqrt{H_f+L})\sqrt{\frac{2}{g}\left(1+\frac{4fL}{D_2}\right)} \tag{5-45}$$

式中，D_1 为容器直径，ft；D_2 为管路直径，ft；H_0 为初始液面高度，ft；H_f 为最终液面高度，ft；L 为排出管路长度，ft。

其中 t_f 为达到最终液位要求 $H_f=1\text{inch}$ 时所用的时间。这里 f 为 $H=6\text{ft}$ 时计算得到的范宁摩擦因子的平均值。从 $L=0.0833\text{ft}$ 到 10ft 计算，直到发现最优值或比较清晰的排出时间变化曲线，从而确定管长和排出时间。

由容器中流体非稳态流动的质量平衡可得：

$$\frac{dH}{dt}=-\frac{D_2^2v_2}{D_1^2} \tag{5-46}$$

问题①可转化为通过求解非线性方程式(5-43)而计算得到出口速度，其中范宁摩擦因子可通过求解显式方程(5-44)得到。其中物性方程可以采用：

$$\rho=62.122+0.0122T-1.54\times10^{-4}T^2+2.65\times10^{-7}T^3-2.24\times10^{-10}T^4$$

$$\ln\mu=-11.0318+\frac{1057.51}{T+214.624}$$

来确定水的密度和黏度（直接代入英制单位）。

问题③和④的数值计算可将方程式(5-43)代入质量平衡方程式(5-46)，然后从 H_0 到 H_f 积分即可获得该近似值。计算过程只是用与一系列 L 相对应的范宁摩擦因子重复求解方程式(4-45)。

求解结果及分析

根据 MATLAB 编程计算结果，数值求解得出流体湍流速度，并变化 L、H 考察其对 v_2、f 和 Re 的影响。结果列于表 5-5。

表 5-5　60°F下容器排水管路的计算结果

L/ft	H/ft	f	v_2/(ft/s)	Re
1/12	1/12	0.0088	3.1648	10800
1/12	6	0.0073	19.3038	66000
10	1/12	0.0077	10.0061	34200
10	6	0.0075	12.3496	42200
5	3	0.0076	11.5800	39600

由表 5-5 可知，该设计的流动过程中，雷诺数 Re 均大于 4000，满足流体湍流流动的要求。

问题③中由 MATLAB 计算求解不同的管长对应的排出时间，当范宁摩擦因子 $f=0.0062$ 时，绘制排出时间随排出管长变化的关系，如图 5-29 所示。

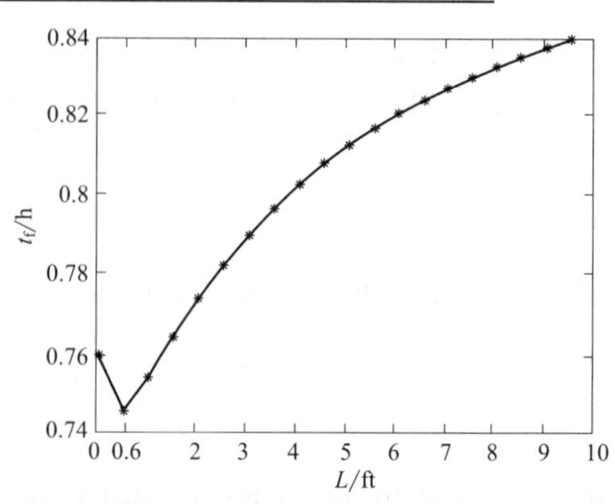

图 5-29　排出时间随排出管长变化关系图（$f=0.0062$）

由图 5-29 可以发现其最优的排出管长，即当排出管长为 0.6ft 时，所需的排出时间最短，最短排出时间为 0.7457h。

由 MATLAB 计算问题③中当摩擦因子发生变化时，确定最优的管长和排出时间，范宁摩擦因子 $f=0.00825$，此时 $H=0.0833\text{ft}$；排出管长度 L 的取值从 0.0833ft 至 10ft 范围优化。其排出时间随排出管路变化关系由图 5-30 给出。

由图 5-30 可以得出优化的结果为：当排出管长为 0.61ft 时，所需的排出时间最短，最短排出时间为 0.7586h。综合图 5-29 和图 5-30，确定当初始液面高度 $H_0=6\text{ft}$ 时，排出管长取 $L=0.6\text{ft}$ 得到的排出时间最短，最短排出时间为 0.7457h。

由 MATLAB 计算问题④：当 H_0 为 3ft 时重复计算②的过程。当范宁摩擦因子为 $f=0.0062$ 时，排出时间随排出管路变化关系如图 5-31 所示。

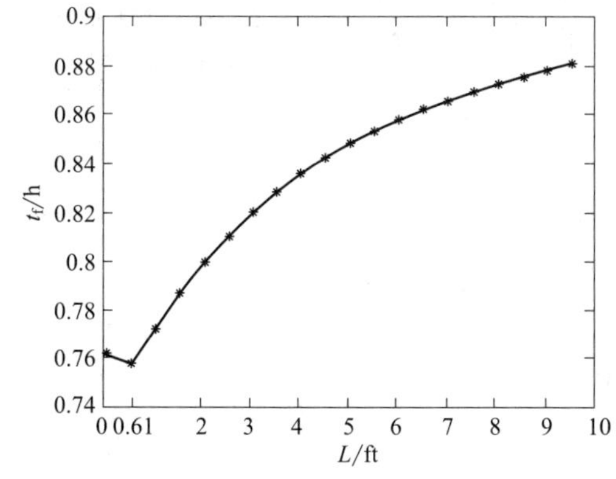

图 5-30 排出时间随排出管长变化关系图（$f=0.00825$）

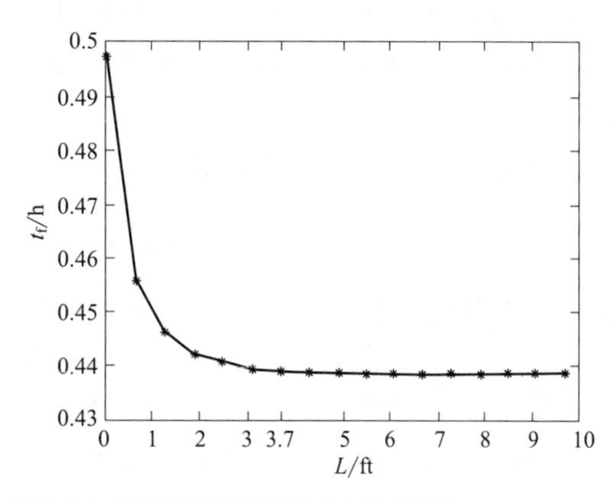

图 5-31 排出时间随排出管长变化关系图（$f=0.0062$）

由图 5-31 可知，当排出管长为 3.7ft 时，所需的排出时间最短，最短排出时间为 0.4391h。

当摩擦因子发生变化时，由 MATLAB 计算确定最优的管长和排出时间，范宁摩擦因子为 $f=0.00825$ 时，此时 $H=0.0833\text{ft}$。计算确定的排出时间随排出管路变化关系如图 5-32 所示。

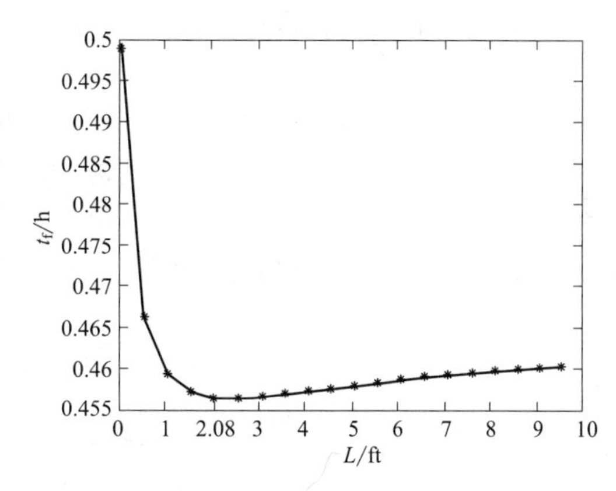

图 5-32 排出时间随排出管长变化关系图（$f=0.00825$）

由图 5-32 可得：当排出管长为 2.08ft 时，所需的排出时间最短，最短排出时间为 0.4565h。综合图 5-31 和图 5-32，确定当初始液面高度 $H_0=3\text{ft}$ 时，推荐最优的排出管路取 $L=3.7\text{ft}$，此时得到的排出时间最短，最短排出时间为 0.4391h。

5.9 黏性流体沿垂直圆柱体壁面稳态层流

化工生产中经常遇到塔式分离或者反应器，流体沿塔内壁的流动，可以看成黏性流体沿垂直圆柱体壁面稳态层流的流动模型，应用动量传递过程的 Navier-Stokes 方程理论和数值计算求解模型，在工业过程中被广泛研究。本节拟构造黏性流体沿垂直圆柱体的外表面以稳

态的层流液膜向下流动，求液膜流速。如图 5-33 所示。该液体的密度和黏度分别为 ρ 和 μ。且已知：$\mu=0.001\text{Pa}\cdot\text{s}$；$g=9.81\text{N/kg}$；$\rho=997\text{kg/m}^3$。

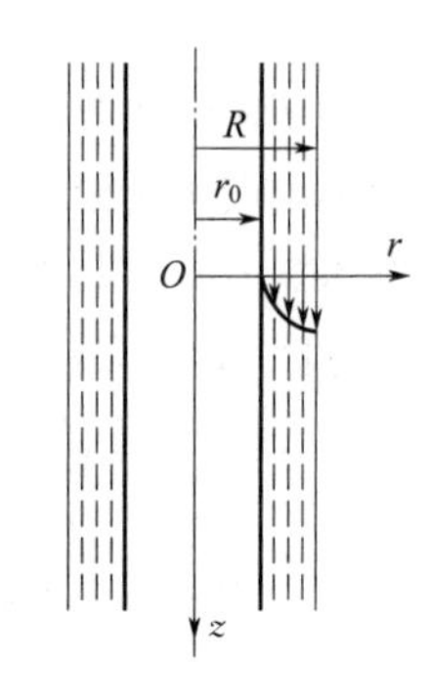

图 5-33　液膜沿管外壁层流示意图

问题分析

由流动模型几何特征给出 Navier-Stokes 方程的简化条件，采用柱坐标的表达形式，分析得出参变量变化关系如下：

$$\frac{\partial}{\partial\theta'}=0;u_r=u_\theta=0;X_z=g$$

式中，θ' 为时间，s；r、θ 分别为径向坐标、方位角；u_r、u_θ 分别为 r、θ 方向的速度分量，m/s；X_z 为 z 方向的质量力分量，kg/m^3。

根据连续性方程由柱坐标系得出：

$$\frac{1}{r}\times\frac{\partial}{\partial r}(\rho r u_r)+\frac{1}{r}\times\frac{\partial}{\partial\theta}(\rho u_\theta)+\frac{\partial}{\partial z}(\rho u_z)=0$$

式中，z 为轴向坐标；u_z 为 z 方向的速度分量，m/s；ρ 为流体密度，kg/m^3。

其模型简化为：

$$\frac{\partial u_z}{\partial z}=0$$

Navier-Stokes 方程由柱坐标系方程表达：

$$\rho\left(u_r\frac{\partial u_z}{\partial r}+\frac{u_\theta}{r}\times\frac{\partial u_z}{\partial\theta}+u_z\frac{\partial u_z}{\partial z}\right)=\rho g-\frac{\partial p}{\partial z}+\mu\left[\frac{1}{r}\times\frac{\partial}{\partial r}\left(r\frac{\partial u_z}{\partial r}\right)+\frac{1}{r^2}\times\frac{\partial^2 u_z}{\partial\theta^2}+\frac{\partial^2 u_z}{\partial z^2}\right]$$

并在径向 r 方向，得出简化式为：

$$\rho g+\mu\frac{1}{r}\times\frac{\partial}{\partial r}\left(r\frac{\partial u_z}{\partial r}\right)=0 \tag{5-47}$$

由于

$$\frac{\partial u_z}{\partial z}=0,\frac{\partial u_z}{\partial\theta}=0$$

故 $u_z=u_z(r)$，化简后得到可编程计算的微分方程：

$$\rho g+\mu\frac{1}{r}\times\frac{\text{d}}{\text{d}r}\left(r\frac{\text{d}u_z}{\text{d}r}\right)=0 \tag{5-48}$$

上式由边界条件 $r=R$，$\frac{\text{d}u_z}{\text{d}r}=0$；$r=r_0$，$u_z=0$ 求解出速度分布关系。代入已知数据物性参数，$\mu=0.001\text{Pa}\cdot\text{s}$；$g=9.81\text{N/kg}$；$\rho=997\text{kg/m}^3$。流动几何模型参数 $r_0=1.0\text{m}$；$R=1.0005\text{m}$。

上述计算过程的 MATLAB 求解流程如下：

① 运用 MATLAB 求解二阶微分方程符号解的方法，根据边界条件求解微分方程(5-48)的解析解；

② 运用数值方法，求解微分方程(5-48) 的数值解。将①所求的解析解与②所得数值解进行比较；

③ 分别求解流速 u_z 随 r 的变化图形，将解析解图形与数值解图形进行比较。

求解结果及分析

MATLAB 程序计算得出 u_z 沿半径方向速度分布的解析解如下：

$$u_z=\frac{\rho g}{2\mu}\left[R^2\ln\frac{r}{r_0}+\frac{1}{2}(r_0^2-r^2)\right]$$

分别计算 u_z 沿 r 方向速度分布的解析解与数值解，其对比结果列于表 5-6。

表 5-6 黏性流体沿垂直圆柱体壁面稳态层流流速 u_z 的解析解与数值解

r /m	u_z 数值解 /(m/s)	u_z 解析解 /(m/s)	r /m	u_z 数值解 /(m/s)	u_z 解析解 /(m/s)
1.0000	0.0000	0.0000	1.0002	0.9171	0.9171
1.0001	0.2323	0.2323	1.0003	1.0272	1.0272
1.0001	0.4402	0.4402	1.0003	1.1127	1.1127
1.0002	0.6236	0.6236	1.0004	1.1739	1.1739
1.0002	0.7826	0.7826	1.0005	1.2228	1.2228

对表 5-6 中的数据对比分析可知：在半径 r 相同的情况下，圆柱体外表面液膜稳态层流流动速度分布的解析解与数值解相同。求解解析解要先求出微分方程的符号解，然后将已知数据代入进行计算。而用 MATLAB 数值解方法只需采用 MATLAB 中求解微分方程数值解的函数命令，程序便会给出相应的结果，并且得出的结果与解析解基本相同。因此，采用 MATLAB 数值解的方法求解微分方程比较简便易得。所以，在求解过程中应该考虑将所求问题程序化，以便更加方便地得出结果。

程序计算得出 u_z 沿 r 方向分布的解析解与数值解对比如图 5-34 所示。

在黏性流体沿垂直圆柱体壁面稳态层流情况下，由图 5-34 可以得出如下结论：

① 在 $r=1.0$m 即 $r=r_0$ 处，流体流速为最小值，并且流速 $u_z=0$m/s。

② 垂直圆柱体外表面层流液膜内流体流速 u_z 随 r 的增加而增大，在液膜边缘，流体流速达到最大值。

③ 图中星号所代表的点为 u_z 数值解，圆圈代表的为 u_z 解析解，二者重合，表明所得数值解与解析解完全相同。数值计算能更简便地求出所要求结果和获得与实际相符合的表达图形。

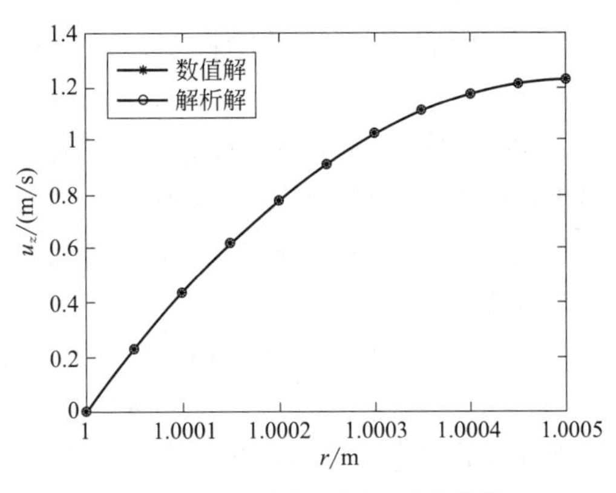

图 5-34 u_z 速度随半径 r 变化曲线

5.10 流体与固体粒子之间的相对运动（沉降的爬流计算）

在不可压缩的牛顿型流体的运动方程组 Navier-Stokes 方程中，如忽略惯性项，此方程可以简化为线性高阶的偏微分方程组，理论上可以得出解析近似解，斯托克斯阻力定律就是由此推导出来的。该过程的特点是该过程是雷诺数非常小的一种流动，一般 $Re\leqslant 0.1$，对这样的流动而言，流体运动方程中的惯性项与黏性项相比很小，可以忽略不计。沉降即为此类典型的爬流过程。

如：有一球形固体颗粒，其直径为 0.1mm，在常压和 30℃的静止空气中沉降，已知沉降速度为 0.01m/s，试求：

（1）距颗粒中心 $r=0.3$mm、$\theta=\pi/4$ 处空气与球体之间的相对速度；

（2）颗粒表面出现最大剪应力处的 θ 值（弧度）和最大剪应力值；

（3）空气对球体施加的形体曳力、摩擦曳力和总曳力。

已知：30℃空气的物性 $\rho=1.165\mathrm{g/m^3}$，$\mu=1.86\times10^{-5}\mathrm{Pa\cdot s}$。

问题分析

该流动模型中半径 r 方向的速度计算公式，可由相关理论化简线性计算 Navier-Stokes 方程求得：

$$u_r=u_0\cos\theta\left[1-\frac{3}{2}\left(\frac{r_0}{r}\right)+\frac{1}{2}\left(\frac{r_0}{r}\right)^3\right] \tag{5-49}$$

θ 方向速度计算公式为：

$$u_\theta=-u_0\sin\theta\left[1-\frac{3}{4}\left(\frac{r_0}{r}\right)-\frac{1}{4}\left(\frac{r_0}{r}\right)^3\right] \tag{5-50}$$

式中，u_0 为颗粒的沉降速度，m/s；θ 为夹角；r 为半径，m。

由速度矢量分解计算空气与球体之间的相对速度，得出：

$$u_{相对}=\sqrt{u_r^2+u_\theta^2}$$

上述计算过程的 MATLAB 求解流程如下：

① 运用 MATLAB 直接计算线性计算 Navier-Stokes 方程，求解式(5-49) 中的 u_r 和式(5-51) 中的 u_θ，并代入 $r=0.3$mm，$\theta=\pi/4$ 得出该处空气与球体之间的相对速度。

② 根据球坐标的剪应力计算式，编程计算颗粒表面剪应力 $\tau_{r\theta}$ 随 θ 值的变化规律，计算出最大剪应力值及其对应弧度 θ 值。

③ 运用数值方法，分别编程计算空气对球体施加的形体曳力、摩擦曳力和总曳力。

求解结果及分析

由 MATLAB 程序计算得出空气与球体之间的相对速度为：

$$u_{相对}=8.2\times10^{-3}\mathrm{m/s}$$

编程计算出颗粒表面出现最大剪应力处的 θ 值（弧度）和最大剪应力值，根据已知条件做出剪应力随角度变化图，如图 5-35 所示。

由图 5-35 分析可知：当 $\theta=\dfrac{\pi}{2}$时，剪应力 τ 最大，最大剪应力为 $0.0056\mathrm{N/m^2}$；

针对空气对球体施加的形体曳力，编程计算得出该形体曳力为 $F_{\mathrm{df}}=5.84\times10^{-8}$N；编程软件计算出空气对球体施加的摩擦曳力为 $F_{\mathrm{ds}}=1.17\times10^{-7}$N；空气对球体施加的总曳力为 $F_{\mathrm{d}}=1.75\times10^{-7}$N。其他数值软件 Mathcad 与 Mathematica 计算程序的分析结果与之类似，只在编程语言和程序上存差异。

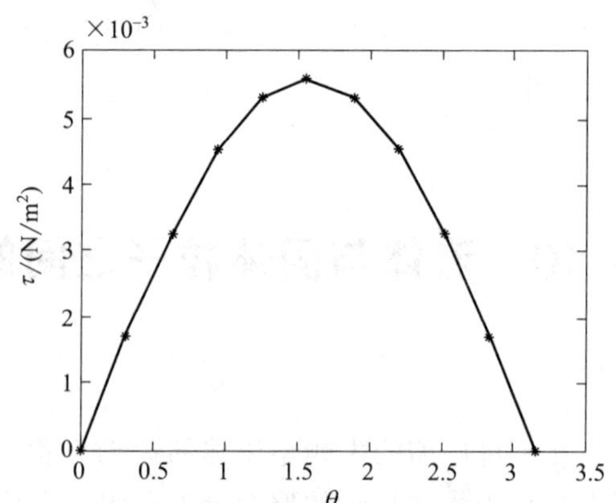

图 5-35　爬流运动中流体剪应力随角度变化图形

参考文献

[1] 陈涛，张国亮．化工传递过程基础［M］．3版．北京：化学工业出版社，2009.

[2] 陈晋南．传递过程原理［M］．北京：化学工业出版社，2013.

[3] White F M. Fluid mechanics［M］. 3rd ed. New York：McGraw-Hall Book Company，1979.

[4] Cutlip M B，Shacham M. Problem solving in chemical and biochemical engineering with POLYMATH，Excel，and MATLAB［M］. 2nd ed. New York：California University Press，2009.

[5] 黄华江．实用化工计算机模拟［M］．北京：化学工业出版社，2004.

[6] 张志涌．精通 MATLAB R2011a［M］．北京：北京航空航天大学出版社，2011.

[7] 黄华江．实用化工计算机模拟［M］．北京：化学工业出版社，2004.

[8] D. 尤金．Mathematica 使用指南［M］．邓建松，彭冉冉，译．北京：科学出版社，2002.

[9] 吴剑，胡波．掌握和精通 Mathematica 4.0［M］．北京：机械工业出版社，2001.

[10] Andrew A D. Calculus projects using mathematica［M］．北京：清华大学出版社，2003.

[11] 丁大正．Mathematica5.0 在大学数学课程中的应用［M］．北京：电子工业出版社，2006.

[12] 余敏，叶柏英．微积分基础——引入 Mathematica 软件求解［M］．上海：华东理工大学出版社，2006.

[13] 陈宁馨．现代化工数学［M］．北京：高等教育出版社，2002.

[14] Stephen W. MATHEMATICA 全书［M］．赫孝良，周义仓，译．西安：西安交通大学出版社，2002.

[15] 阳明盛，林建华．Mathematica 基础及数学软件［M］．大连：大连理工大学出版社，2006.

第 6 章

传质

质量传递（简称传质）是物质在介质中因化学势差的作用发生由化学势高的部位向化学势低的部位迁移的过程，化学势的差异可由浓度、温度、压力和外加电场所引起。

质量传递有分子扩散和对流扩散两种方式。本章对涉及两种方式的基本定律进行了阐述，讲述了化工过程中常见的传质案例，涉及双组分一维传质、球形固体的升华、药物溶解和释放、催化剂床层中的扩散和反应、平板中的非稳态传质等应用案例，建立了相应的数学模型，通过 MATLAB 等软件求解偏微分方程，将化工过程模拟基础理论知识与工程实际问题结合，注重强化传质理论知识，培养软件思维、工程应用能力。通过本章的学习，可以深入理解传质的基本方式和原理，从而实现化工过程中的传质速率控制；增强学习的兴趣和对本专业的热情，有助于树立正确的世界观、人生观和价值观；增强学习专业课程的自信，可潜意识地在学习中建立科学的思维方式；富有创新意识和过程强化意识。

本章实例配有 MATLAB 或 Mathematica、Mathcad 计算程序，可扫描本书二维码获取。

6.1 斯蒂芬管中的双组分一维传质

如图 6-1 所示，在圆柱形斯蒂芬管底部的纯液层 A 蒸发，进入含 A、B 两种组分的混合气体中。A 组分蒸发速度相对较慢，因此可假设 A 液体的液面恒定不变。含有 A 组分的气体混合物都通过了斯蒂芬管的顶部，因此，可知在点 2 处 A 的分压 p_{A2} 及 A 的摩尔分数 x_{A2} 与整个高度 Z_2 的平面的值相同。因为 B 组分和 A 组分是不互溶的，所以在液体 A 的表面没有溶解的 B 组分，故在高度 Z_1 的平面上，A 的分压为 p_{A1}。液体表面 A 组分的摩尔分数可由式(6-1) 求得：

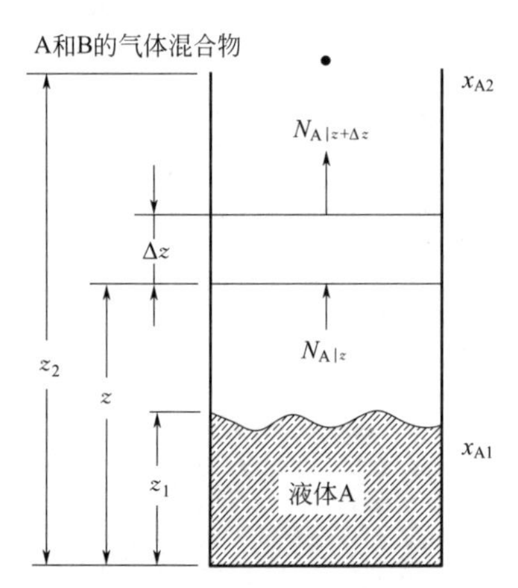

图 6-1 A 通过 B 的气相扩散过程

$$x_{A1}=\frac{p_{A0}}{p} \tag{6-1}$$

式中，p_{A0} 为组分 A 的分压，Pa；p 为总压，Pa。

对该系统简化，先假设温度和压力恒定不变，且气体 A 和气体 B 为理想气体。因此，在气体 A 从液体表面通过气体B扩散到斯蒂芬管上部的过程中，气体B可以看作是静止不动的。这就是某一组分通过静止气膜扩散的典型例子。

(1) 扩散过程中组分A的物料平衡

在 z_1 和 z_2 之间取一个长度微元 Δz，如果在扩散过程中没发生化学反应，则 z 方向上的物料平衡如式(6-2) 所示：

$$\frac{\mathrm{d}N_A}{\mathrm{d}z}=0 \tag{6-2}$$

式中，N_A 为A组分的扩散通量，mol/(m^2·s)。

(2) 二元扩散菲克定律

在直角坐标系中，组分A的菲克定律表达式为：

$$N_A=-D_{AB}c\frac{\mathrm{d}x_A}{\mathrm{d}z}+\frac{c_A}{c}(N_A+N_B) \tag{6-3}$$

总通量＝扩散通量＋主体流动通量

式中，c 为总摩尔浓度，mol/m^3；D_{AB} 为组分A在组分B中的分子扩散系数，m^2/s；c_A 为A组分的摩尔浓度，mol/m^3；N_B 为B组分的扩散通量，mol/(m^2·s)。

式(6-3) 中，总浓度 c 为常数；B组分是不流动的，因此 $N_B=0$；混合物中A的摩尔分数 x_A 可以用浓度关系 c_A/c 来表示。因此，菲克定律表达式可写为：

$$N_A=-D_{AB}\frac{\mathrm{d}c_A}{\mathrm{d}z}+x_A N_A \tag{6-4}$$

由上式求解 N_A 并结合式(6-3) 整理得：

$$\frac{\mathrm{d}x_A}{\mathrm{d}z}=\frac{-(1-x_A)N_A}{D_{AB}c} \tag{6-5}$$

(3) 边界条件

这个含有对流的扩散问题可以通过联立等式(6-2) 和式(6-5) 及边界条件（在 z_1 处 x_A 值）进行求解。x_{A1} 可由式(6-1) 求得，z_2 处A的摩尔分数 x_{A2} 的值即通过斯蒂芬管的气体混合物中A的摩尔分数。

对于恒温恒压的理想气体，总浓度 c 和二元扩散系数 D_{AB} 可被认为是常数。由式(6-5) 可得 N_A。将 N_A 值代入式(6-2)，然后利用前面给定的边界条件进行两次积分便可得解析解的表达式：

$$\frac{1-x_A}{1-x_{A1}}=\left(\frac{1-x_{A2}}{1-x_{A1}}\right)^{\frac{z-z_1}{z_2-z_1}} \tag{6-6}$$

气-液界面扩散通量 N_A 的解析解如式(6-7)：

$$N_{Az}\big|_{z=z_1}=\frac{D_{AB}c}{(z_2-z_1)(x_B)_{Lm}}(x_{A1}-x_{A2}) \tag{6-7}$$

其中，

$$(x_B)_{Lm}=\frac{x_{B2}-x_{B1}}{\ln(x_{B2}/x_{B1})}=\frac{x_{A1}-x_{A2}}{\ln[(1-x_{A2})/(1-x_{A1})]} \tag{6-8}$$

在扩散通道长为0.238m的斯蒂芬管中，对甲醇蒸气通过停滞干空气层的扩散过程进行研究。测量过程是在甲醇的气相分压为68.4kPa、温度为328.5K的条件下进行的，总压为99.4kPa。在此条件下甲醇在空气中的扩散系数为 $D_{AB}=1.991\times10^{-5}$ m^2/s。求：

① 使用数值法计算在稳态下斯蒂芬管中甲醇的扩散通量；

② 绘制从甲醇液面到空气流中甲醇的摩尔分数变化图；

③ 将①的计算结果与等式(6-7)的计算结果相比较；

④ 用式(6-6)计算的摩尔分数边界值来校验数值法得到的计算值；

⑤ 当温度变为298.15K，重复计算步骤①到②，甲醇在该温度下的蒸气压为16.0kPa；

⑥ 如果斯蒂芬管中的温度从甲醇液面的328.5K到管口流出气体的295K呈线性变化，重复计算步骤①和②。

已知，温度变化对二元气相扩散系数的影响，即其扩散系数与温度变化的1.75次方成正比，其表达式为：

$$D_{AB}=D_{AB}|_{T_1}\left(\frac{T}{T_1}\right)^{1.75} \tag{6-9}$$

其中，T_1 温度下气相扩散系数为已知。

问题分析

本例题是某一组分通过另一停滞组分扩散的典型问题，利用物料平衡和菲克定律可得关于通量和组分摩尔分数的微分方程，然后结合边界条件进行求解，本例题考虑了温度对扩散系数的影响。

问题求解

利用方程式(6-5)，结合液面处和管口处的边界条件，即可得到扩散通量。结合式(6-2)和式(6-5)，利用边界条件即可确定组分的摩尔分数随扩散方向的变化。

求解结果及分析

①②③的求解结果如下。

要求甲醇液面到空气流中甲醇的摩尔分数变化，即求式(6-5)的积分结果，其中边界条件为：$z=0$ 时 $x_A=0.688$；$z=0.238$m 时 $x_A=0$。设计一个 MATLAB 迭代循环，控制 N_A 的值，使最终积分值 $x_{Af}=0$。循环结构如下所示：

```
while(err>1e-5)&(k<20)
    x(k+1)=x(k)-f(k)*(x(k)-x(k-1))/(f(k)-f(k-1));
    [t,y]=ode45(@p601ABCODEfun,tspan,y0,options,x(k+1));
    f(k+1)=y(end,1);
    disp([k+1,x(k=1),f(k+1),y(end,1)]);
    err=abs(f(k+1));
    k=k+1;
end
```

用 MATLAB 程序求解得数值解 $N_A=3.5461\times10^{-3}$ mol/(m^2·s)，与由式(6-7)得到的解析解 $N_A=3.5462\times10^{-3}$ mol/(m^2·s)非常吻合，能达到4位有效数字相同。轻微改变 N_A 值，x_A 值就会有很大的变化。如表6-1中的结果1和3所示，只是对 N_A 做了轻微的变化，x_A 值就与0有了很大的偏离。

表6-1 不同初始条件最终结果的比较

序号	N_A/[mol/(m^2·s)]	$x_A\|_{z=0.238}$
1	3.5460×10^{-3}	3.29834×10^{-5}
2	3.5461×10^{-3}	-6.56437×10^{-6}
3	3.5462×10^{-3}	-3.27029×10^{-5}

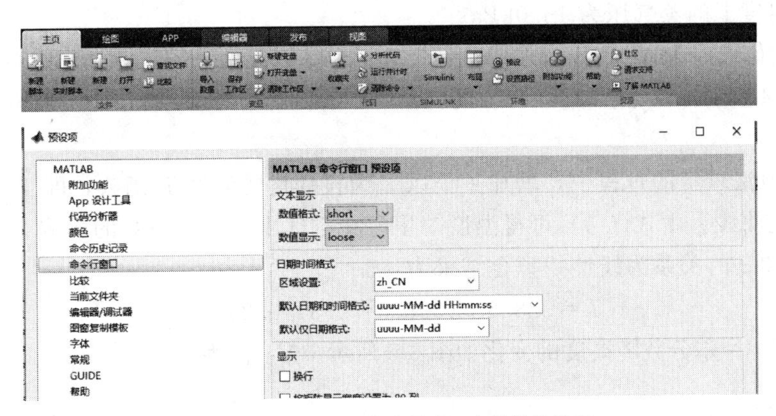

图 6-2 MATLAB 命令行窗口有效位数设定

提示： MATLAB 程序显示的数值默认只是 4 位小数，最后一位采用四舍五入。可以通过主页｜预设，在“预设项”窗口选择“命令行窗口”，在右侧文本显示｜数值格式中，将“short”更改为“long”。如图 6-2。

由 MATLAB 数值解可绘出在扩散过程中甲醇摩尔分数的变化曲线，如图 6-3 所示。由图可知数值解与解析解结果吻合很好。

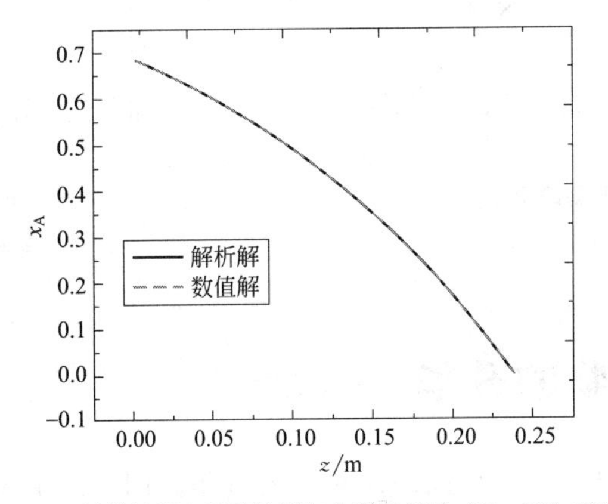

彩图

图 6-3 扩散过程中甲醇的摩尔分数变化图（$T=328.5$K）

④ 方程式(6-6) 是一个非线性方程，由其可求解得解析解。即已知 x_A 可求得唯一的 z，同理已知 z 就可求得对应的 x_A。任意给定一 z 值，数值法和解析法求得的 x_A 值至少有 5 位有效数字相同，见表 6-2。

表 6-2 甲醇摩尔分数数值解和解析解结果的比较

z/m	x_A(数值解)	x_A(解析解)
0.0714	0.55750517	0.557505
0.1428	0.37243054	0.37243
0.2142	0.10994795	0.109948

⑤ $T=298.15$K 时，由式(6-9) 可得：

$$D_{AB}=1.991\times10^{-5}\times\left(\frac{298.15}{328.5}\right)^{1.75}=1.68\times10^{-5}\text{m}^2/\text{s}$$

且甲醇在该温度下的蒸气压为16.0kPa。

将相关数值代入MATLAB程序中重新计算，得在该温度下的扩散过程中甲醇的摩尔分数变化，如图6-4所示。在此条件下，N_A 的数值解和解析解均为 4.9350×10^{-4} mol/(m^2 · s)，吻合非常好。

⑥ 在数值法求解的过程中，增加一个以 z 为自变量的温度 T 函数，即 $T=f(z)$，便可得温度的变化曲线。由式(6-9)可得温度对甲醇在空气中的扩散系数的影响。

温度 T 和 z 的关系为线性，拟合结果为：

$$T=328.5-(328.5-295)/0.238\times z \tag{6-10}$$

此条件下，甲醇摩尔分数随高度的变化如图6-5所示。N_A 值为 3.4074×10^{-3} mol/(m^2 · s)。

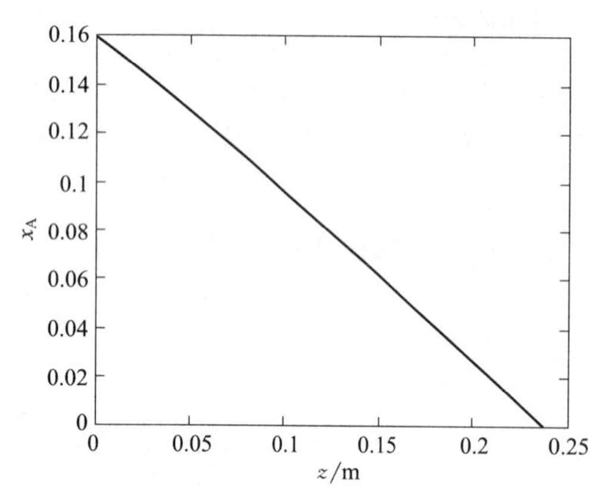

图6-4 扩散过程中甲醇的摩尔分数变化图（T =298.15K）

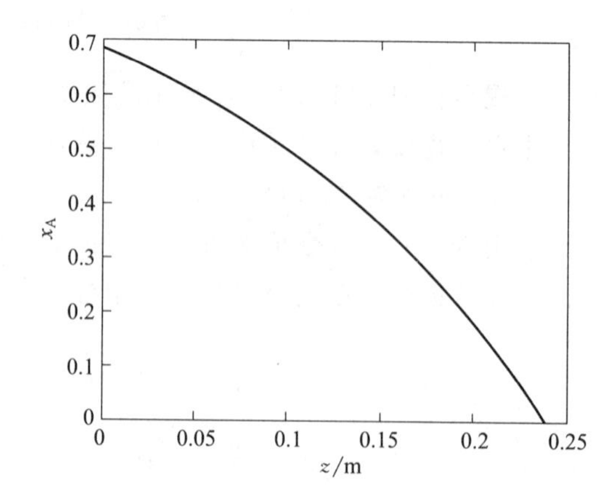

图6-5 甲醇摩尔分数随高度的变化（考虑温度对扩散系数的影响）

6.2 球形固体物的升华 

在25℃，1个大气压下，考虑固态二氯苯的升华。固态二氯苯用A来表示，悬浮于静止空气中，空气用B来表示。二氯苯的球形颗粒的半径为 3×10^{-3}m。在此温度下，A物质的蒸气压为1mmHg，且其在空气中的扩散系数为 7.39×10^{-6}m^2/s。A的密度为1458kg/m^3，分子量为147。

（1）用近似解析法估计此扩散问题中粒子表面的初始升华速率（通量）。

（2）使用打靶法求解常微分方程，计算静止空气中二氯苯固体球表面的升华速率，并将计算结果与（1）中的计算结果相比较。

（3）证明（1）中粒子的初始升华速率与通过静止条件下外部传质系数预测结果一致。

（4）假设将一个二氯苯粒子放入0.05m^3 的密闭空间内，计算其完全升华所必需的时间。

问题分析

A物质从球的表面通过静止的B物质的扩散过程如图6-6所示。

在单位时间间隔 Δt 内，从 r 到 $r+\Delta r$ 微元体积内，A物质的平衡式：

输入量+生成量=输出量+累积量

$$(N_A 4\pi r^2)\big|_r \Delta t+0=(N_A 4\pi r^2)\big|_{r+\Delta r} \Delta t+0 \tag{6-11}$$

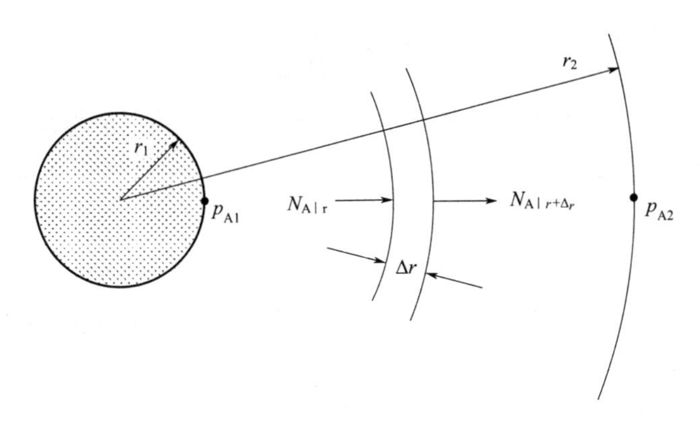

图6-6 固体球表面的扩散平衡

式中，N_A 为半径为 r 的扩散通量，mol/(m^2·s)；$4\pi r^2$ 为半径为 r 时球的表面积，m^2；r 为半径，m。

将上式两边同除以 Δt，同时对 Δr 取极限得下式：

$$\frac{\mathrm{d}(N_A r^2)}{\mathrm{d}r}=0 \tag{6-12}$$

A通过静止物B的扩散过程，用分压表示的菲克定律表达式为：

$$N_A=-\frac{D_{AB}}{RT}\times\frac{\mathrm{d}p_A}{\mathrm{d}r}+\frac{p_A}{p}N_A \tag{6-13}$$

式中，D_{AB} 为组分A在组分B中的扩散系数，m^2/s；R 为气体常数，8.314m^3·Pa/(mol·K)；T 为绝对温度，K；p 为总压，Pa。

重新整理式(6-13)得：

$$\frac{\mathrm{d}p_A}{\mathrm{d}r}=-\frac{RTN_A\left(1-\frac{p_A}{p}\right)}{D_{AB}} \tag{6-14}$$

边界条件：

① 球半径 $r=3\times10^{-3}$m（球表面）时，压力 $p_A=(1/760)\times1.01325\times10^5$Pa；

② 球半径 r 非常大时，压力 $p_A=0$Pa。

将式(6-12)进行积分，并将其代入式(6-14)可得解析解，结果见下式(6-15)：

$$N_{A1}=\frac{D_{AB}p}{RTr_1}\times\frac{(p_{A1}-p_{A2})}{p_{BM}} \tag{6-15}$$

式中，下标1、2分别代表位置；p_{BM} 可由式(6-16)求得：

$$p_{BM}=\frac{p_{B2}-p_{B1}}{\ln(p_{B2}/p_{B1})}=\frac{p_{A1}-p_{A2}}{\ln[(p-p_{A2})/(p-p_{A1})]} \tag{6-16}$$

物质A从球粒子表面向周围气体传质的过程可用A通过静止物B的传质系数来描述。

由气体普遍化关系来计算气体间传质系数，如式(6-17)所示：

$$Sh=2+0.552Re^{0.53}Sc^{1/3} \tag{6-17}$$

对于处于静止状态的气体，Re 为0，所以 Sh 的最小值为2；其中修伍德数 Sh 的定义式如下式(6-18)：

$$Sh=k'_c\frac{D_p}{D_{AB}} \tag{6-18}$$

式中，k'_c为传质系数（基于浓度和等分子反方向扩散结果），m/s；D_p 为粒子直径，m。

粒子雷诺数的定义式：

$$Re=\frac{D_p v\rho}{\mu} \tag{6-19}$$

式中，D_p 为粒子直径，m；v 为气体运动速度，m/s；μ 为气体黏度，Pa·s。

施密特数的定义式：

$$Sc=\frac{\mu}{\rho D_{AB}} \tag{6-20}$$

式中，ρ 为气体密度，kg/m^3。

用传质系数来表示从 A 球面向静止物 B 扩散的扩散通量 N_A：

$$N_A=\frac{k'_c p}{RT}\times\frac{(p_{A1}-p_{A2})}{p_{BM}} \tag{6-21}$$

本例题通过基于质量守恒定律得到的微元控制方程和经验关联式两种方法求得了球形表面的扩散通量，并对其进行了比较。

问题求解

该问题的解析解较为容易得到，如式(6-15）和式(6-16）所示。数值解需要求解方程式(6-12）和式(6-14)，结合相应的边界条件。

求解结果及分析

(1)(2) 问题的求解结果如下。

方程式(6-15）和式(6-16）给出了扩散通量解析解。联立式(6-12)、式(6-14）及式(6-22)，可求得相应的数值解。

$$N_A=\frac{(N_A r^2)}{r^2} \tag{6-22}$$

可用 MATLAB 对这些微分方程式进行积分，以满足相应的边界条件。物质 A 的压力 p_A 随径向距离的变化如图 6-7。

数值计算的最终结果是：在半径 r 非常大的时候（$r=4$m)，A 的分压几乎为 0。最终状态时半径 r 是随意的，只要满足 A 的分压为 0 即可。换句话说，最终状态时的半径数值与 A 的分压是没有关系的。球表面 A 的扩散通量的解析解和以上计算的结果非常吻合，$N_A=1.326\times10^{-7}$ kmol/(m^2·s)，能达到 4 位有效数字相同。解析法与数值解求得的最终结果基本完全相等。

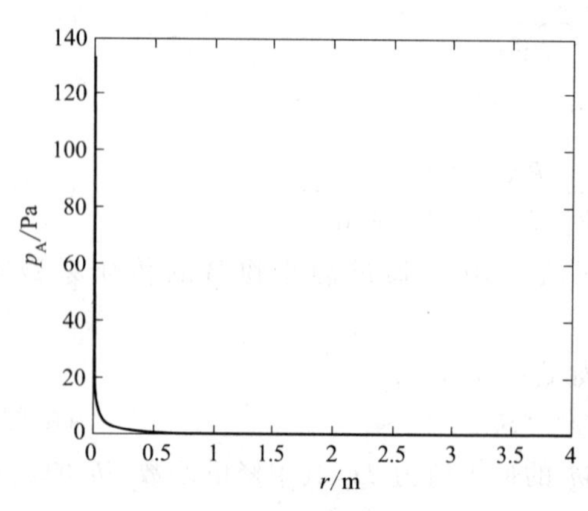

图 6-7 压力随径向距离的变化

(3) 由式(6-17）和式(6-18）得 $N_{Sh}=k'_c\frac{D_p}{D_{AB}}=2$，因此 $k'_c=\frac{D_{AB}}{r}$，与式(6-15）解析解比较，发现通过基于外部传质系数预测的通量与解析解一致。

(4) 分别利用气相和固相物料平衡，可以得到封闭空间气相压力和固体半径的时间导数：

$$\frac{\mathrm{d}p_{\mathrm{A}}}{\mathrm{d}t}=\frac{4\pi r^2 k'_{\mathrm{c}} p}{V}\times\frac{(p_{\mathrm{A1}}-p_{\mathrm{A2}})}{p_{\mathrm{BM}}} \tag{6-23}$$

$$\frac{\mathrm{d}r}{\mathrm{d}t}=-\frac{M_{\mathrm{A}} k'_{\mathrm{c}} p}{\rho_{\mathrm{A}} RT}\times\frac{(p_{\mathrm{A1}}-p_{\mathrm{A2}})}{p_{\mathrm{BM}}} \tag{6-24}$$

通过 MATLAB 求解得到粒子半径和压力随时间的变化，如图 6-8 和图 6-9 所示。完全升华约需要 110s。

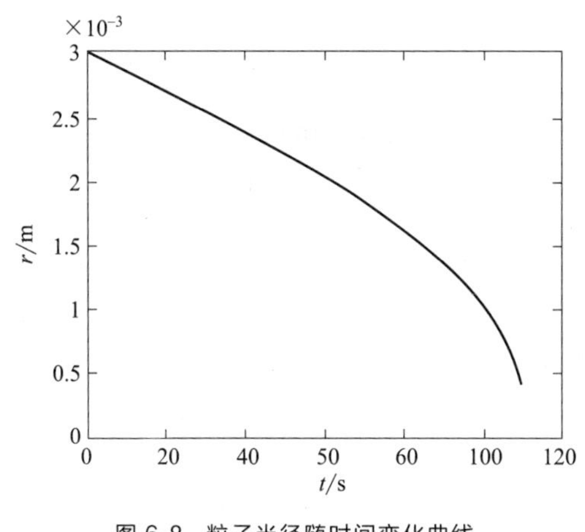

图 6-8 粒子半径随时间变化曲线

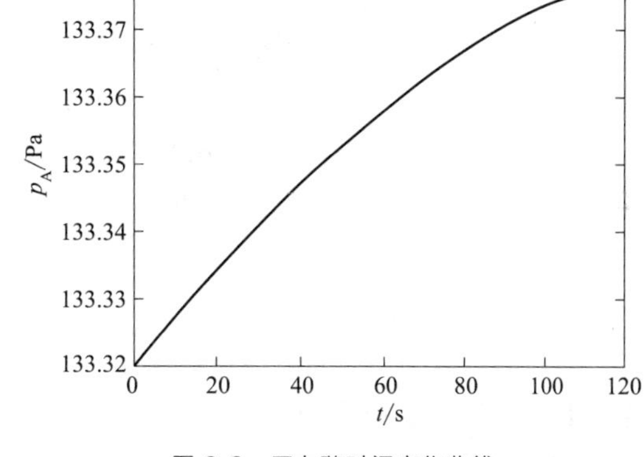

图 6-9 压力随时间变化曲线

6.3 药片包裹层溶解的药物释放过程 

某一种药丸向人体传输一种特殊的药物 D。药丸的中心是一个纯药物 D 的固体球，其球的表面覆盖有一层使人尝起来可口的糖衣物质 A。同时 A 物质的另一个作用是控制内部药物 D 的释放速度。由于溶解度的不同，外层覆盖物和内部药物在胃的传播速度不同。规定：c_{AS} 为糖衣 A 在胃中浓度，$\mathrm{mg/cm^3}$；c_{DS} 为药物 D 在胃中浓度，$\mathrm{mg/cm^3}$；c_{DB} 为药物在身体内的浓度，$\mathrm{mg/cm^3}$。

以下是使用的三种不同的药丸：①$D_{\mathrm{A}}=5\mathrm{mm}$，$D_{\mathrm{D}}=3\mathrm{mm}$；②$D_{\mathrm{A}}=4\mathrm{mm}$，$D_{\mathrm{D}}=3\mathrm{mm}$；③$D_{\mathrm{A}}=3.5\mathrm{mm}$，$D_{\mathrm{D}}=3\mathrm{mm}$。

已知，药丸内层和外层密度$=1414.7\ \mathrm{mg/cm^3}$；药丸外层糖衣 A 在胃中的溶解度 $S_{\mathrm{A}}=1.0\ \mathrm{mg/cm^3}$；药丸内的药物 D 在胃中的溶解度 $S_{\mathrm{D}}=0.4\ \mathrm{mg/cm^3}$；胃中液体的体积 $V=1.2\mathrm{L}$；药物在胃中的停留时间 $\tau=V/v_0=4\mathrm{h}$，v_0 为液体体积流速；修伍德数 $Sh=k_{\mathrm{L}}\dfrac{D_{\mathrm{p}}}{D_{\mathrm{AB}}}=2$；糖衣 A 和药物 D 在胃中的有效扩散系数 $D_{\mathrm{A}}=D_{\mathrm{D}}=0.6\mathrm{cm^2/min}$。

某人同时吃下了这三颗药片，假设胃中所有的物质充分混合且药片全部溶解在胃中。绘制在吃药后 12h 之内 c_{AS} 和 c_{DS} 与时间的关系图。

问题分析

本例题主要描述的是固体溶解于液体的非稳态过程。其中涉及了药丸直径变化的常微分方程和胃中药物和糖衣浓度变化的常微分方程。

问题求解

由这三个药丸所列的微分方程联立进行求解。只有当外面的糖衣完全溶解后，药丸内部的药物才能释放出来。药物的溶解过程和固体升华过程类似。

由药丸 1 内的物料平衡得：

$$\frac{\mathrm{d}D_1}{\mathrm{d}t}=-\frac{2k_{L1}}{\rho}(S_A-c_{AS}) \qquad (D_1=0.5\mathrm{cm}, t=0\mathrm{min}) \tag{6-25}$$

根据上式可得式(6-26) 和式(6-27)：

$$\frac{\mathrm{d}D_1}{\mathrm{d}t}=-\frac{2k_{L1}}{\rho}(S_D-c_{DS}) \qquad (10^{-5}\leqslant D_1\leqslant 0.3\mathrm{cm}) \tag{6-26}$$

$$\frac{\mathrm{d}D_1}{\mathrm{d}t}=0 \qquad (D_1\leqslant 10^{-5}\mathrm{cm}) \tag{6-27}$$

$$k_{L1}=\frac{2\times 0.6}{D_1} \tag{6-28}$$

式中，D_1 为药丸 1 的直径。

同理，由 D_2 和 D_3 可得到药丸 2 和药丸 3 的相似方程。

胃中糖衣 A 物质物料平衡的偏微分方程如式(6-29) 所示：

$$\frac{\mathrm{d}c_{AS}}{\mathrm{d}t}=\frac{1}{V}[S_{W1}k_{L1}(S_A-c_{AS})\pi D_1^2+S_{W2}k_{L2}(S_A-c_{AS})\pi D_2^2+S_{W3}k_{L3}(S_A-c_{AS})\pi D_3^2]-\frac{c_{AS}}{\tau} \tag{6-29}$$

当方程右边每一个药丸的直径大于 0.3cm 时，S_{W1}、S_{W2} 和 S_{W3} 为 1，否则为 0。这样表示了糖衣到胃的传质过程。

同理可得药物 D 在胃中的物料平衡式，如式(6-30) 所示：

$$\frac{\mathrm{d}c_{DS}}{\mathrm{d}t}=\frac{1}{V}[(1-S_{W1})k_{L1}(S_D-c_{DS})\pi D_1^2+(1-S_{W2})k_{L2}(S_D-c_{DS})\pi D_2^2+$$

$$(1-S_{W3})k_{L3}(S_D-c_{DS})\pi D_3^2]-\frac{c_{DS}}{\tau} \tag{6-30}$$

式中，先前定义的 S_{W1}、S_{W2} 和 S_{W3} 可表示药物到胃中的传质过程。

求解结果及分析

用 MATLAB 程序求解这三种药丸溶解过程其直径和浓度与时间的关系，如图 6-10 和图 6-11 所示。

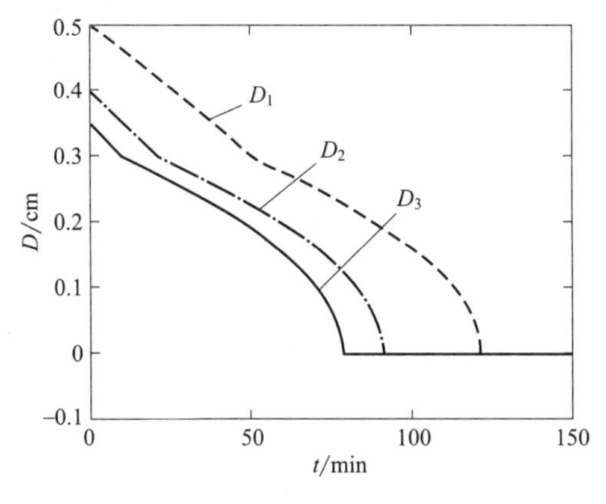

图 6-10　药丸直径随时间变化曲线图

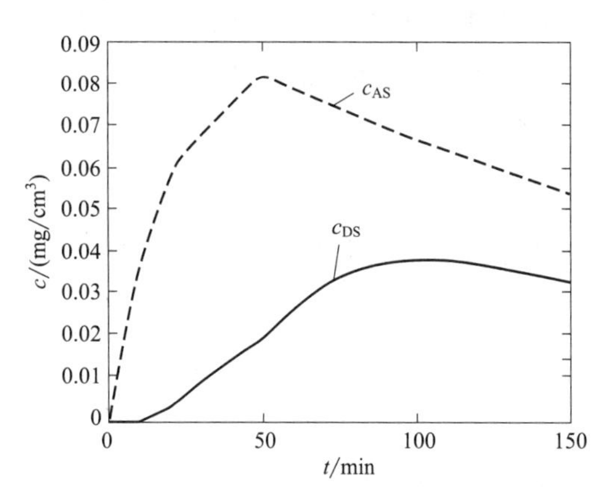

图 6-11　药物和糖衣浓度随时间变化曲线图

6.4　等温条件下催化剂粒子中的扩散及其反应 

在等温条件下，多孔型催化剂粒子内同时存在扩散和反应。

(1) 计算球形粒子中一级不可逆反应中浓度 c_A 的变化和效率因子 η。其中 $R=0.5\text{cm}$；$D_e=0.1\text{cm}^2/\text{s}$；$c_{AS}=0.2\text{mol/cm}^3$；$k''a=6.4\text{s}^{-1}$。

(2) 比较 η 的理论解与上述步骤 (1) 的计算结果。

(3) 设催化剂粒子为长圆柱体，重复步骤 (1) 的计算。圆柱的尺寸为：

$R=0.5\text{cm}$；$D_e=0.1\text{cm}^2/\text{s}$，$c_{AS}=0.2\text{mol/cm}^3$，$k''a=6.4\text{s}^{-1}$。

问题分析

在等温条件下，多孔型催化剂粒子内部扩散和反应是同时进行的，可用等温内部效率因子 η 来描述。与反应同时进行的扩散过程的效率因子表达式为：

$$\eta=\frac{\text{粒子内平均反应速率}}{\text{粒子表面浓度条件下的反应速率}} \tag{6-31}$$

常规的解决方法是用常微分方程来描述粒子几何内的物质平衡。这种方法常用到菲克定律。假设在催化剂粒子中仅发生反应物的扩散。

问题求解

球形催化剂微元体积的物料平衡，如下式：

$$\frac{\mathrm{d}}{\mathrm{d}r}(N_A r^2)=-k''ac_A r^2 \tag{6-32}$$

式中，N_A 为 A 的扩散通量，$\text{mol}/(\text{m}^2\cdot\text{s})$；$r$ 为催化剂球粒的半径，m；k''为球粒内部的一级反应常数，s^{-1}；a 为单位粒子体积的表面积，m^2/m^3；c_A 为反应物浓度 mol/m^3。

式(6-32) 的初始条件是粒子中心无通量。因此在 $r=0$ 时，N_A 及其组合变量 $N_A r^2$ 均为 0。

A 物质扩散的菲克定律表达式为：

$$\frac{\mathrm{d}c_A}{\mathrm{d}r}=\frac{N_A}{-D_e} \tag{6-33}$$

式中，D_e 为反应物 A 在多孔粒子的有效扩散系数。

式(6-33) 的边界条件是：当 $r=R$（球粒半径）时，粒子表面 A 物质的浓度为$c_A=c_{AS}$。

由于在式(6-32)中使用了一组合变量($N_A r^2$)，因此应给出式(6-33)中变量 N_A 用组合变量($N_A r^2$)表示的表达式：

$$N_A = \frac{N_A r^2}{r^2} \tag{6-34}$$

效率因子可由下式求得：

$$\eta = \frac{\int_0^R k'' a c_A (4\pi r^2) \mathrm{d}r}{k'' a c_{AS}\left(\frac{4}{3}\pi R^3\right)} = \frac{3}{c_{AS} R^3}\int_0^R c_A r^2 \mathrm{d}r \tag{6-35}$$

上式与式(6-32)等价。

在解式(6-32)～式(6-34)的过程中，为了便于求解效率因子，可以将等式(6-35)两边对 r 求导：

$$\frac{\mathrm{d}\eta}{\mathrm{d}r} = \frac{3 c_A r^2}{c_{AS} R^3} \tag{6-36}$$

上式的初始条件为：$r=0$，$\eta=0$。

联立微分方程式(6-32)、式(6-33)和式(6-36)求解。如果在 $r=R$ 时，同时满足式(6-32)和式(6-33)的边界条件，则效率因子为 $r=R$ 时的 η 值。

当催化剂粒子为圆柱形时可用相似的方法求得反应速率的表达式，进而求得数值解。满足边界条件时，这些问题的数值解可以提供浓度变化和效率因子值。

一级反应扩散问题效率因子解析法表达式如下：

$$\eta = \frac{3}{\phi^2}\{\phi[\coth(\phi)] - 1\} \tag{6-37}$$

式中，coth() 为双曲余切函数。

用西勒模数表示 ϕ 如下：

$$\phi = R\sqrt{\frac{k'' a c_{AS}^{n-1}}{D_e}} \tag{6-38}$$

式中，n 为反应级数。

求解结果及分析

(1) 和 (2) 问题的求解结果如下。

球形催化剂颗粒。需联立常微分方程式(6-32)、式(6-33)、式(6-35)以及代数方程式(6-34)、式(6-37)和式(6-38)来求解。MATLAB 程序已经给出了用上述方程求解的程序，几点说明如下。

在求解过程中可能出现被 0 除的情况。可以通过使用逻辑语句：“If... else... end”来解决。以式(6-34)为例：

```
if(r==0)
    NA=0;
else NA=NAr^2/(r^2);
end
```

打靶法被用来确定当 $r=0$ 时 c_A 的初始值，以满足粒子表面浓度的条件，$c_A=c_{AS}=0.2\text{mol/cm}^3$。MATLAB 程序误差语句如下：

err=CA−CAS

球形催化剂颗粒内的浓度分布如图 6-12 所示。效率因子数值解和解析解吻合很好。$\eta=0.563$。

（3）当粒子为圆柱形时对应的方程式如下。

物料平衡微分方程式如下：

$$\frac{\mathrm{d}}{\mathrm{d}r}(N_A r)=-k''ac_A r \tag{6-39}$$

菲克定律微分方程式：

$$\frac{\mathrm{d}c_A}{\mathrm{d}r}=\frac{N_A}{-D_e} \tag{6-40}$$

代数式：

$$N_A=\frac{N_A r}{r} \tag{6-41}$$

效率因子的积分式：

$$\eta=\frac{\int_0^R k''ac_A(2\pi r)\mathrm{d}r}{k''ac_{AS}(\pi R^2)}=\frac{3}{c_{AS}R^2}\int_0^R c_A r\,\mathrm{d}r \tag{6-42}$$

效率因子的微分式：

$$\frac{\mathrm{d}\eta}{\mathrm{d}r}=\frac{2c_A r}{c_{AS}R^2} \tag{6-43}$$

圆柱形催化剂颗粒内的浓度分布如图 6-13 所示。效率因子数值解和解析解吻合很好，$\eta=0.432$。

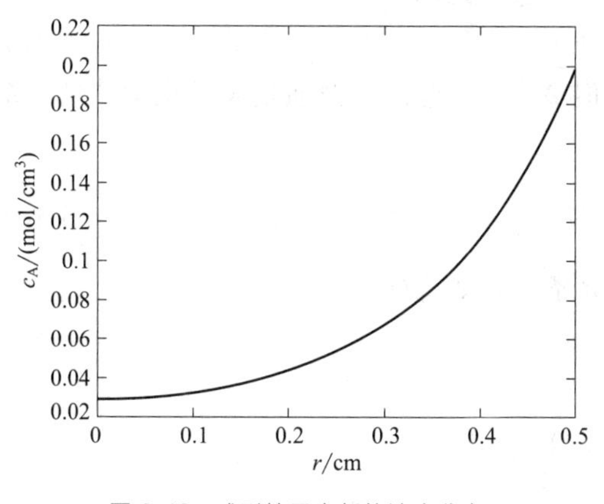

图 6-12　球形粒子内部的浓度分布

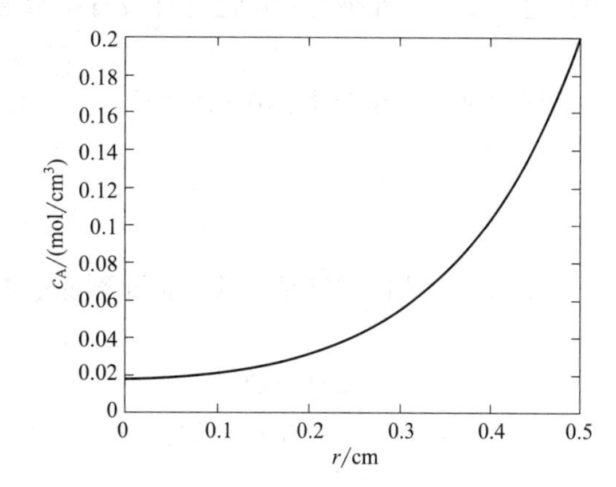

图 6-13　圆柱形粒子内部的浓度分布

6.5　催化床层中同时发生扩散和可逆反应

在催化剂床层的某一点处，其相组分 A 和 B 发生可逆反应如式(6-44) 所示：

$$2\mathrm{A} \rightleftharpoons \mathrm{B} \tag{6-44}$$

反应物 A 的速率方程如下式(6-45) 所示：

$$r'_A = -k\left(c_A^2 - \frac{c_B}{K_C}\right) \tag{6-45}$$

式中，速率单位为 $mol/(cm^3 \cdot s)$；速率常数 k 为 $8\times10^4 cm^3/(s\cdot mol)$；平衡常数 $K_C = 6\times10^5 cm^3/mol$。

催化剂床层高度为 $L=0.2cm$；在此床层中 A 组分在 B 组分的有效扩散系数为 $D_e = 0.01cm^2/s$。反应混合物中仅包含气相组分 A 和 B，因此只考虑二元气相扩散问题。A 和 B 的总浓度为 $c_T = 4\times10^{-5} mol/cm^3$。

（1）用隐式有限差分法计算给定反应的效率因子。将催化剂床层分成 10 个相等的间距，分别计算其 c_A 和 N_A 值，并列表。催化剂床层表面反应物的浓度为：$c_{AS} = 3\times10^{-5} mol/cm^3$；$c_{BS} = 1\times10^{-5} mol/cm^3$。

（2）使用打靶法重复步骤（1）中的计算，并将计算结果列入同一个表中。

（3）比较（1）（2）两种方法的计算结果，评出认为较优的方法。

问题分析

本例题是催化床层中同时发生扩散和可逆反应，比较隐式有限差分法和打靶法的结果。计算有效扩散系数时，需考虑可逆反应和两组分同时扩散的物料平衡。

问题求解

（1）多孔型催化剂层中 A、B 组分的物料平衡

由多孔型催化剂层表面 z 方向上 A 组分的物料平衡，可得到关于 A 组分物料平衡的常微分方程如式(6-46)：

$$\frac{dN_A}{dz} = -k\left(c_A^2 - \frac{c_B}{K_C}\right) \tag{6-46}$$

根据边界条件，在催化剂层的底部没有扩散通量，于是有式(6-47)：

$$N_A|_{z=L} = 0 \tag{6-47}$$

同样对于 B 组分也存在相似的微分方程式。但 A、B 组分的扩散通量满足化学计量关系如式(6-48)：

$$N_B = -\frac{1}{2}N_A \tag{6-48}$$

注意，上式同样满足多孔型催化剂底层的边界条件，如式(6-49)：

$$N_B|_{z=L} = 0 \tag{6-49}$$

（2）二元扩散菲克定律

在此二元体系中，A 物质的扩散方程如式(6-50) 所示：

$$N_A = -D_e\frac{dc_A}{dz} + x_A(N_A + N_B) \tag{6-50}$$

其中催化剂层的有效扩散系数如式(6-51)：

$$D_e = \frac{D_{AB}\varepsilon_p\sigma}{\tilde{\tau}} \tag{6-51}$$

式中，D_{AB} 为二元扩散系数，m^2/s；ε_p 为催化剂的空隙度；σ 为压缩因子；$\tilde{\tau}$ 为弯曲度。

将式(6-48) 和 x_A 的定义式代入式(6-50) 得式(6-52)：

$$\frac{dc_A}{dz}=\frac{\frac{c_A}{c_T}\left(\frac{N_A}{2}\right)-N_A}{D_e} \tag{6-52}$$

其初始条件：

$$c_A|_{z=0}=c_{AS} \tag{6-53}$$

对于B物质也同样有相似的微分方程，但通过整个气相的物料平衡来计算 c_B 更容易，如式(6-54)：

$$c_B=c_T-c_A \tag{6-54}$$

仅用 c_A 来表示，如式(6-55) 所示：

$$\frac{dN_A}{dz}=-k\left[c_A^2-\frac{(c_T-c_A)}{K_C}\right] \tag{6-55}$$

求解结果及分析

(1) 隐式有限差分法的公式参考文献 [4]。效率因子计算公式为：

$$\eta=\frac{N_{A1}/L}{k[c_{A1}^2-(c_T-c_{A1})/K_C]} \tag{6-56}$$

根据计算结果，效率因子为0.302。得到最终 c_A 和 N_A 随床层高度变化曲线图6-14和图6-15。

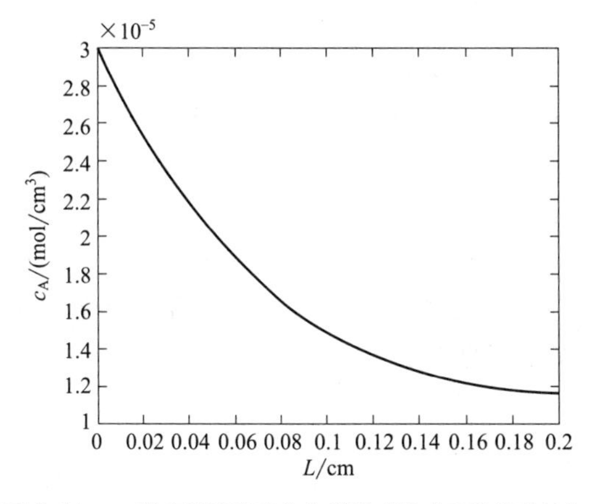

图6-14 c_A 随床层高度变化曲线图（隐式有限差分法）

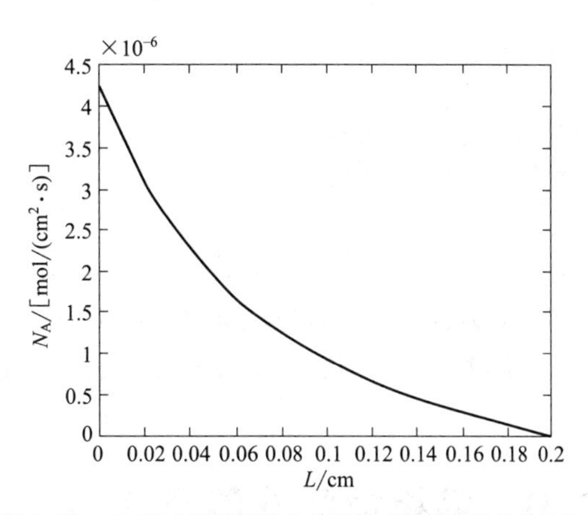

图6-15 N_A 随床层高度变化曲线图（隐式有限差分法）

(2) 打靶法的公式参考文献 [4]。效率因子微分方程为：

$$\frac{d\eta}{dz}=\frac{(c_A^2-c_B/K_C)}{(c_{AS}^2-c_{BS}/K_C)L} \tag{6-57}$$

边界条件为：$\eta|_{z=0}=0$。

根据计算结果，效率因子为0.30。得到最终 c_A 和 N_A 随床层高度变化曲线图6-16和图6-17。

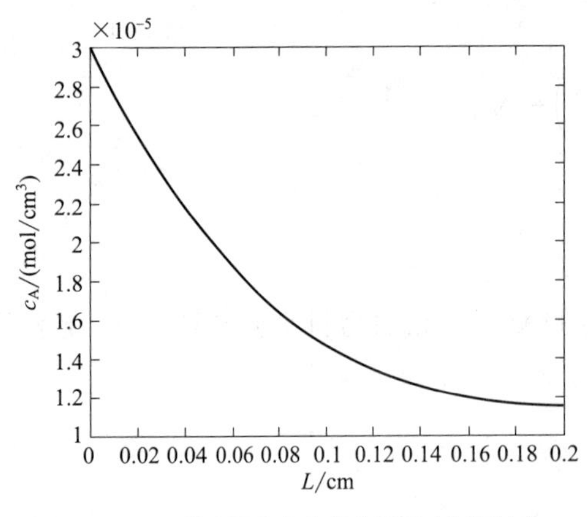

图 6-16 c_A 随床层高度变化曲线图（打靶法）

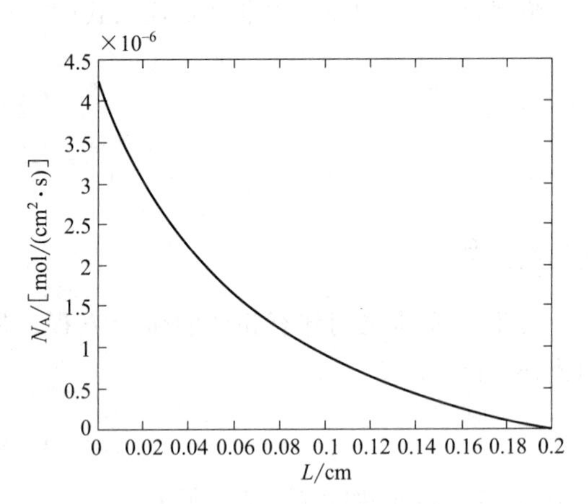

图 6-17 N_A 随床层高度变化曲线图（打靶法）

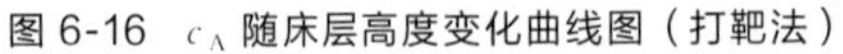

其中，隐式有限差分法和打靶法的计算结果如表 6-3 所示。

表 6-3 隐式法和打靶法结果比较

Z	隐式有限差分法		打靶法	
	$c_A/\times10^{-5}$(mol/cm³)	$N_A/\times10^{-6}$[mol/(cm²·s)]	$c_A/\times10^{-5}$(mol/cm³)	$N_A/\times10^{-6}$[mol/(cm²·s)]
0	3	4.270	3	4.261
0.02	2.548	3.062	2.525	3.048
0.04	2.164	2.267	2.155	2.250
0.06	1.886	1.660	1.868	1.645
0.08	1.655	1.243	1.645	1.229
0.10	1.493	0.908	1.476	0.900
0.12	1.365	0.663	1.350	0.648
0.14	1.272	0.455	1.260	0.439
0.16	1.208	0.290	1.198	0.278
0.18	1.173	0.136	1.160	0.129
0.20	1.163	0	1.150	0

（3）对两种方法计算结果的比较表明，隐式有限差分法和打靶法的计算结果非常相似。隐式有限差分法计算结果的准确性可通过取更多节点求解来提高。

6.6 平板中的非稳态传质

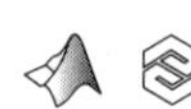

将厚度为 0.004m 的物料平板的一面突然暴露到含有组分 A 浓度 $c_{A0}=6\times10^{-3}\text{kmol/m}^3$ 的溶液中，而另一面由一个绝缘固体支撑，无传质发生。在平板内初始浓度分布为，组分 A 从溶液测浓度 $c_A=1\times10^{-3}\text{kmol/m}^3$ 线性变化到固体侧浓度 $c_A=2\times10^{-3}\text{kmol/m}^3$。扩散系数 $D_{AB}=1\times10^{-9}\text{m}^2/\text{s}$。分布系数与靠近平板的溶液浓度 c_{AL_i} 以及固体平板表面上的浓度 c_{A_i} 有关，其表达式如下式(6-58) 所示：

$$K=\frac{c_{AL_i}}{c_{A_i}} \tag{6-58}$$

此处 $K=1.5$。平板表面的对流传质系数可以认为无限大。求：

（1）每隔 0.0005m，用数值直线法计算 2500s 时平板中的浓度。

（2）将计算结果与 Geankoplis 中的数据作对比。

（3）当 $t=20000\text{s}$，绘制 $x=0.001$，0.002，0.003 和 0.004m 处的浓度随时间变化的平面图。

问题分析

本例题是平板中的非稳态传质，主要采用数值直线法对常微分方程求解，并与解析解比较。

问题求解

偏微分方程可用于表示组分 A 在平板中的非稳态传质如式(6-59) 所示：

$$\frac{\partial c_A}{\partial t}=D_{AB}\frac{\partial^2 c_A}{\partial x^2} \tag{6-59}$$

初始条件下 c_A 的浓度剖面图，在 $t=0$ 时呈线性。由于上述等式为 c_A 的二次偏微分方程，所以需要两个边界条件。由平板表面的分布系数可得式(6-60)：

$$c_{A_i}\big|_{x=0}=\frac{c_{A_0}}{K} \tag{6-60}$$

并且在绝缘平板边界处的扩散通量为 0，即如式(6-61)：

$$\frac{\partial c_A}{\partial x}\Big|_{x=0.004}=0 \tag{6-61}$$

初始条件如表 6-4 所示。

表 6-4　平板内初始浓度分布

x/m	c_A/(kmol/m³)	节点 n	x/m	c_A/(kmol/m³)	节点 n
0	1.0×10^{-3}	1	0.0025	1.625×10^{-3}	6
0.0005	1.125×10^{-3}	2	0.003	1.75×10^{-3}	7
0.001	1.25×10^{-3}	3	0.0035	1.825×10^{-3}	8
0.0015	1.375×10^{-3}	4	0.004	2.0×10^{-3}	9
0.002	1.5×10^{-3}	5			

过程求解及分析

（1）和（2）问题的求解结果如下。

方程式(6-59) 右侧的二阶偏导数可以采用二阶中心差分离散化，结果如下：

$$\frac{dc_{An}}{dt}=\frac{D_{AB}}{(\Delta x)^2}\left[c_{A(n+1)}-2c_{An}+c_{A(n-1)}\right]\quad(2\leqslant n\leqslant 8) \tag{6-62}$$

当传质系数为有限值时，裸露表面处的边界条件为：

$$k_c(c_{A0}-Kc_{A1})=-D_{AB}\frac{\partial c_A}{\partial x}\bigg|_{x=0} \tag{6-63}$$

方程右侧偏微分项采用二阶三点向前差分离散并代入，得到：

$$c_{A1}=\frac{2k_c c_{A0}\Delta x-D_{AB}c_{A3}+4D_{AB}c_{A2}}{3D_{AB}+2k_c K\Delta x} \tag{6-64}$$

当趋于无穷大时，方程式(6-64) 简化为方程式(6-60)。

得到 $t=2500\text{s}$ 时，$x=0.001$，0.002，0.003 和 0.004m 处的浓度 c_{A3}（程序中对应 y2）、c_{A5}（程序中对应 y4）、c_{A7}（程序中对应 y6）和 c_{A9} 随时间变化的平面图，如图 6-18 至图 6-21 所示。其中 c_{A9} 利用如下关系得到：

$$c_{A9}=\frac{4c_{A8}-c_{A7}}{3}$$

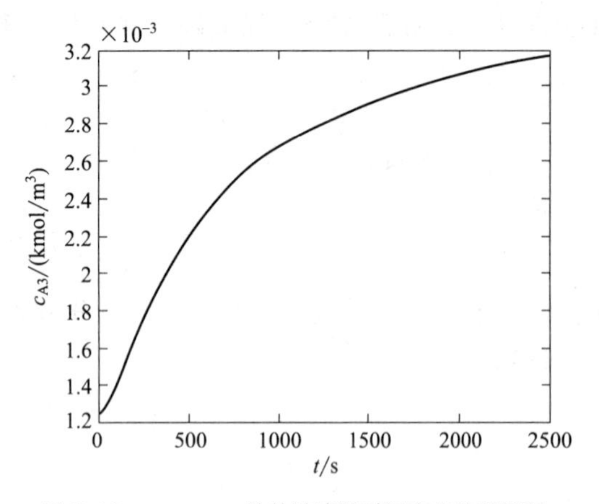

图 6-18　$x=0.001$ 处的浓度随时间变化的平面图

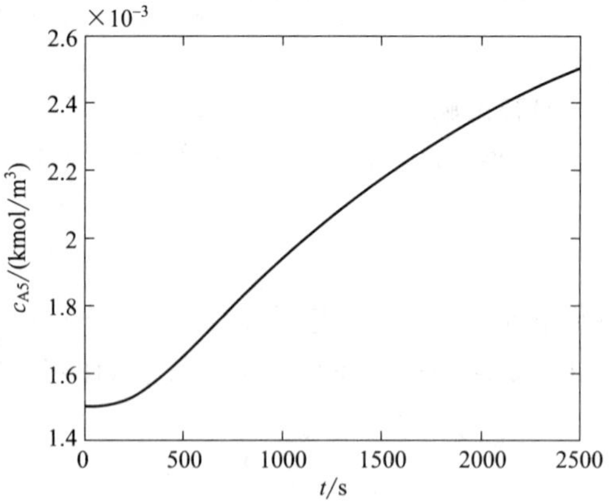

图 6-19　$x=0.002$ 处的浓度随时间变化的平面图

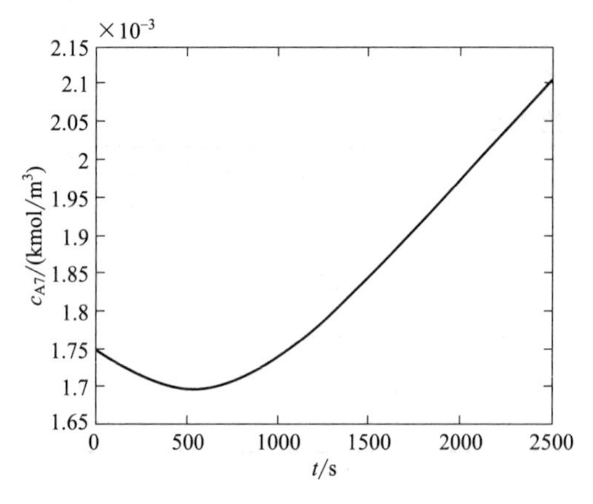

图 6-20　$x=0.003$ 处的浓度随时间变化的平面图

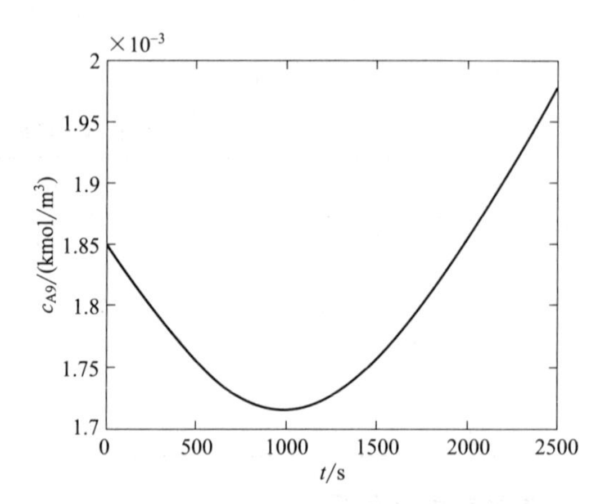

图 6-21　$x=0.004$ 处的浓度随时间变化的平面图

数值计算结果与手工计算结果比较如表 6-5 所示。

表 6-5　$t=25000\text{s}$ 平板的非稳态传质数据

距平板表面的距离/m	n	手工计算($\Delta x=0.001\text{m}$) c_A/(kmol/m³)	差分法(1)($\Delta x=0.0005\text{m}$) c_A/(kmol/m³)
0	1	0.004	0.004
0.001	2	0.003188	0.003169
0.002	3	0.002500	0.002509
0.003	4	0.002095	0.002108
0.004	5	0.001906	0.001977

（3）更改计算时间，得到 $t=20000\mathrm{s}$ 时的浓度变量随着时间的变化，如图 6-22 所示。

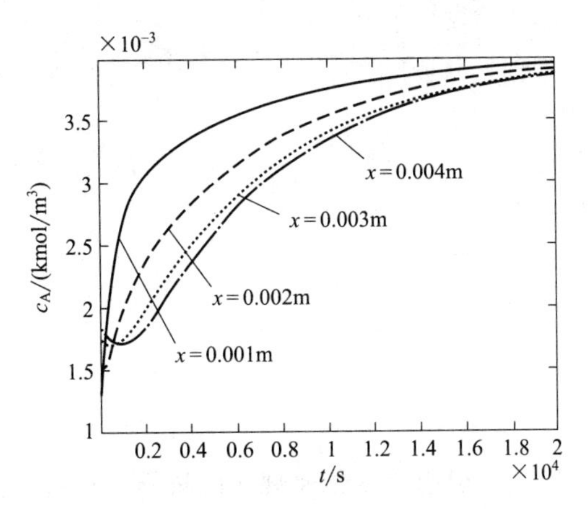

图 6-22 不同位置浓度变量随时间的变化

参考文献

[1] 陈涛，张国亮．化工传递过程基础［M］．3 版．北京：化学工业出版社，2009.

[2] Bird R B，Stewart W E，Lightfoot E N. Transport phenomena［M］．New York：Wiley，1960.

[3] Geankoplis C J. Transport processes and unit operations［M］．3rd ed. Englewood Cliffs NJ：Prentice Hall，1993.

[4] Cutlip M B，Shacham M，Cutlip M B. Problem solving in chemical and biochemical engineering with POLYMATH，Excel，and MATLAB［M］．Englewood Cliffs NJ：Prentice Hall，2008.

[5] Fogler H S . Elements of chemical reaction engineering［M］．2nd ed. Englewood Cliffs NJ：Prentice Hall，1992.

第7章 传热

扫码获取
线上学习资源

传热学是一门研究由温差而引起热量传递规律的科学，在新时代节能环保以及开发新能源以解决能源危机的趋势下，传热学是进行相关研究开发以及理论创新所必不可少的一门课程。

热量传递主要有三种基本方式：热传导、热对流和热辐射。本章对涉及三种方式的基本定律进行了阐述，讲述了化工过程中常见的传热案例，涉及多层平壁稳态热传导，单管和套管式换热器、薄板非稳态辐射，二维非稳态导热等工程应用案例，建立了相应的数学模型，通过 MATLAB 等软件求解了偏微分方程，将化工过程模拟基础理论知识与工程实际问题结合，注重强化学生的传热理论知识，培养软件思维、工程应用能力。通过本章的学习，可以深入理解传热的基本方式和原理，从而实现化工过程中的传热速率控制；增强学习的兴趣和对本专业的热情，有助于树立正确的世界观、人生观和价值观；增强学习专业课程的自信，可潜意识地在学习中建立科学的思维方式；富有创新意识和节约能源的意识。

本章实例配有 MATLAB 或 Mathematica、Mathcad 计算程序，可扫描本书二维码获取。

7.1 多层平壁一维稳态热传导

一冷藏室墙壁由松木、软木板和混凝土三层构成，各层厚度分别为 15.0mm，100.0mm 和 75.0mm。相对应的热导率分别为 0.151W/(m·K)，0.0433W/(m·K) 和 0.762W/(m·K)。图 7-1 为墙壁示意图，松木、软木板和混凝土各层分别用 A、B 和 C 表示。各界面的温度如图 7-1 所示。

(1) 如果内表面的温度为 255K，外表面的温度为 298K，计算通过这面墙的热通量。

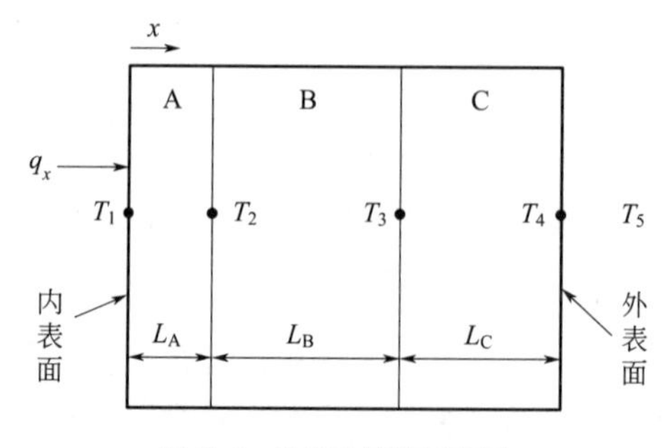

图 7-1 冷藏室墙壁示意图

（2）建议用增加软木板厚度的方法减少50%的热损失，求所需要的软木板的厚度。

（3）在步骤（1）中，用一种新材料代替软木板，它的热导率为 $k=2.5\times e^{(-1225/T)}$。其中，$T$ 的单位为K。重复步骤（1），并对这面墙的温度分布作图。

（4）用一垂直平面表示墙的外壁，其自然对流的传热系数为 $h=1.37\left|\frac{T_5-T_4}{6}\right|^{1/4}$，其中，$T_4$ 和 T_5 的单位都为K。注意，求 h 时要用绝对值。考虑，当只知道内表面的温度为255K时，利用以上信息重复步骤（3）。当环境温度 $T=298$K时，计算外壁温度并对墙的温度分布作图。

问题分析

本例题是典型的固体内部热传导问题，利用傅里叶定律进行分析，结合第一类和第三类边界条件，并利用热量传递过程界面处温度连续和热通量连续的特性，确定热通量和固体温度分布，例题中还考虑了热导率为常数和变量的情况。

问题求解

该问题求解过程中使用的公式包括傅里叶定律和牛顿冷却定律，分别如公式(7-1）和公式(7-2）所示：

$$\frac{q_x}{A}=-k\frac{dT}{dx} \tag{7-1}$$

式中，q_x 为 x 方向上传递的热量，W；A 为垂直热流方向的面积，m^2；k 为材料的热导率，W/(m·K)；x 为传热距离，m。

$$\frac{q_x}{A}=h(T_w-T_f) \tag{7-2}$$

式中，h 为对流传热系数，W/(m^2·K)；T_w 为固体表面温度，K；T_f 为流体主体温度，K。

求解结果及分析

（1）公式(7-1）是一个常微分方程，可对其进行积分求解。利用MATLAB的dsolve命令求解常微分方程，求得其积分形式如式(7-3）所示：

$$T=-\frac{q_x}{kA}x+C_1 \tag{7-3}$$

MATLAB的求解过程如下：

```
function T=fun_x(x)
T=dsolve('DT=(-qx/A)/k','x')
```

利用热通量相等和合比定理求得冷藏室墙壁热通量表达式为：

$$q_x/A=\frac{T_1-T_4}{L_A/k_A+L_B/k_B+L_C/k_C} \tag{7-4}$$

利用温度边界条件、壁厚和热导率等数值，可求出热通量 $q_x/A=-17.15\text{W/m}^2$，

注意，负号表示热通量实际上沿 x 的负方向。因为热量实际上是传入了冷藏室内部。这种有用的转换是根据热量的传递建立传热方程，并假定传热沿 x 轴为正方向，所得结果的负号表明传热的实际方向。

（2）增加软木板厚度达到减少50%热损失的目的，计算过程如下：

$$q_x'/A=0.5q_x/A=-17.15\times0.5=-8.575\text{W/m}^2,$$

又由式(7-4)，可求得 $L_B'=0.208\text{m}$。

（3）当某种材料的热导率为温度的函数时，其微分方程用解析法求解比较困难。当热导率 k_B 表示为温度 T 的函数时，一种解决方法是求解由方程式(7-1)给出的各材料常微分方程组。由于 T 随着位置变化而变化，因此可用 MATLAB 中的“if... else if...”语句来控制关于 T 的方程，这样来求解上述微分方程组。

```
if(x<=LA)dTdx=0-(Qx/kA);
    else if(x<=LA+LB & x>LA)dTdx=0-(Qx/kB);
        else dTdx=0-(Qx/kC);
        end
    end
```

在该过程中可用打靶法确定热通量的值，从而满足终止边界条件。初始条件为当 $x=0$ 时 $T=255\text{K}$，应满足的边界条件为当 $x=L_A+L_B+L_C=0.19\text{m}$ 时，$T=298\text{K}$。用变量 Q_x 表示热通量（q_x/A），利用打靶法确定函数的初值，其中利用 ode45 函数求积分值，控制边界条件的程序如下：

```
while(err>1e-3)&(k<20)
    x(k+1)=x(k)-f(k)*(x(k)-x(k-1))/(f(k)-f(k-1));
    [t,y]=ode45(@p701CODEfun,tspan,y0,options,x(k+1));
    f(k+1)=y(end,1)-298;
    disp([k+1,x(k=1),f(k+1),y(end,1)]);
    err=abs(f(k+1));
    k=k+1;
end
```

利用 MATLAB 源程序可直接得到用一种新材料代替软木板后冷藏室墙壁的温度分布，如图 7-2 所示。

（4）求解过程要用到自然对流的传热系数 h 来计算 T_4 到 T_5，在积分过程中 Q_x 是已知的。另外，要再次用到一种技巧来约束 Q_x 的值，得到 $T_5=298\text{K}$，即：

$$\varepsilon(T)=Q_x-h(T_4-T_5)$$

即当 Q_x 达到最佳值时，$\varepsilon(T)$ 应趋近于 0。

利用 MATLAB 程序可直接得到冷藏室墙壁的温度分布，如图 7-3 所示。

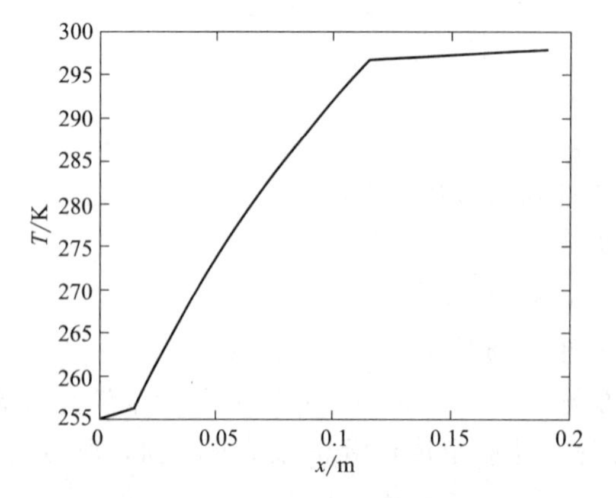

图 7-2　一种新材料代替软木板后通过多层平面传热的温度分布

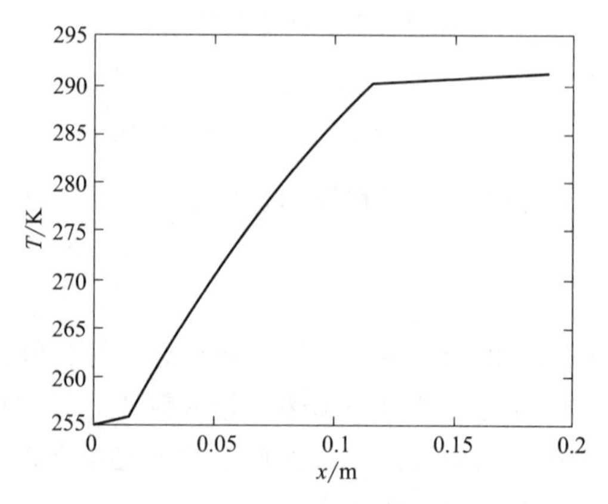

图 7-3　通过多层平面传热的温度分布

7.2　通电和绝热条件下金属线中的热传导

当电流通过金属导线时，会产生热量，其计算式为：

$$q=\frac{I^2}{k_e} \tag{7-5}$$

式中，q 单位为 W/m^3；I 为电流密度，A/m^2；k_e 为电导率，S/m。该金属线半径为 R_1，且处处相等。可以作一个合理的假设，q 为常数且不随位置而变化。

如图 7-4 所示，在金属导线厚度为 Δr，长度为 L 的薄层壳上，其能量平衡可写为微分方程式(7-6)：

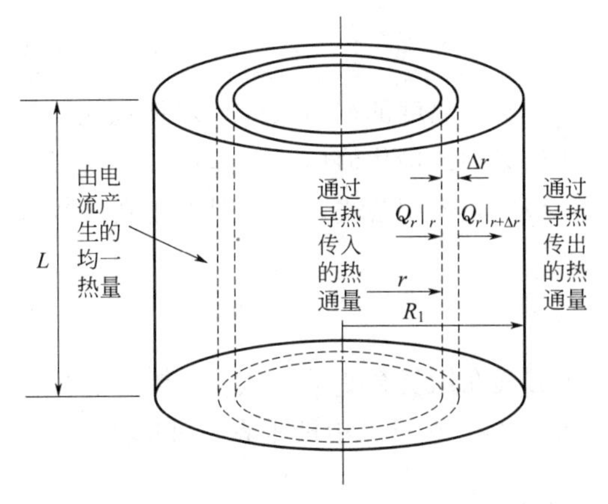

图 7-4　壳体热平衡的微元示意图

$$\frac{d}{dr}(rQ_r)=qr \tag{7-6}$$

其中热通量 Q_r 可由傅里叶定律得到，如式(7-7)：

$$Q_r=-k\frac{dT}{dr} \tag{7-7}$$

(1) 计算金属线内的温度和热通量，并画出图形，其中金属线表面温度保持不变为 $T_1=15℃=288.15K$，电导率为 $k_e=1.4\times10^5\exp(0.03T)$S/m，热导率为 $k=5W/(m\cdot K)$。金属线的半径 $R_1=0.004$m，电流强度保持为 400A。

(2) 金属线表面还有一个与环境对流有关的散热系数，即 $h=1.32(|\Delta T|/D)^{1/4}$，其中 h 的单位为 $W/(m^2\cdot K)$，ΔT 的单位为 K，D 的单位为 m。计算金属表面的热通量，并画出其内部的温度分布图。环境温度为 $T_b=15℃=288.15K$。金属线半径为 $R_1=0.004$m，总电流为 50A。

(3) 若金属线被一绝热层覆盖，其外径为 $R_2=0.015$m，它的热导率为 $k_I=0.2W/(m\cdot K)$。计算该绝热层外表面的热通量，并画出金属线和绝热层的温度分布。由此说明绝热层的作用。

问题分析

本题目为典型的傅里叶定律在柱坐标系下的应用，考虑了内热源存在的情况，且为第三类边界条件，在不同热导率的固体中的导热问题。

问题求解

(1) 将产热方程式(7-5) 代入方程式(7-6) 可得

$$\frac{d}{dr}(rQ_r)=\frac{I^2r}{k_e} \tag{7-8}$$

其中初始条件为：在 $r=0$，$Q_r=0$ 时，复合变量（$rQ_r=0$）。由方程式(7-7) 描述的傅里叶定律可变形为式（7-9）：

$$\frac{dT}{dr}=-\frac{Q_r}{k} \tag{7-9}$$

其中，终点边界条件为已知的，即 $r=R_1$ 处 $T=T_1$。这样该问题涉及边值问题，可以应用打靶法来确定当 $r=0$ 时初始条件 T_0 的最优值，以满足 $r=R_1$ 时的边界条件 T_1。在终止条件处表示误差的目标函数可写为式(7-10)：

$$\varepsilon(T_0)=T\big|_{r=R_1}-288.15 \tag{7-10}$$

这样，关于温度的初始条件必须最优化，以得到已知温度为 288.15K 的终止条件。当确定了初始条件的最优值后，方程式(7-10) 右边的值在终止条件处近似为零。

该问题若用公式表达，则需用到代数方程式 (7-11)：

$$Q_r=\frac{rQ_r}{r} \tag{7-11}$$

这个方程在用复合变量 (rQ_r) 求解方程式(7-9) 以确定 Q_r 的过程中是必须的。为避免方程式(7-11) 在计算中被零除，可应用“if... else if...”语句：

```
if(r>0)
    Qr=rQr/r;
else Qr=0;
end
```

这样该问题就要求联立求解方程式(7-8) 至方程式(7-11)，如下：

```
k=5;
ke=140000*exp(.0035*T);
R1=.004;err=T-288.15;
I=400/(3.1416*R1^2);
qdot=I^2/ke;
dTdr=0-(Qr/k);
drQrdr=qdot*r;
```

这个方程组给出了用于确定初始条件 $T\big|_{r=0}$ 的单变量搜索问题。

(2) 相比于问题 (1)，唯一区别在于需要考虑金属线与环境对流传热的影响，对计算程序的影响体现在打靶法过程中的约束条件由 $T(f)=288.15\text{K}$ 变为：

$$\varepsilon(T_0)=Q_r\big|_{r=R_1}-h(T\big|_{r=R_1}-T_b) \tag{7-12}$$

当 $\varepsilon(T_0)$ 趋近于 0 时，即为最佳的 Q_r，也能得到这种情况下的金属线的温度分布及热通量分布图。

(3) 绝热层内无热量产生，在绝热层内对应的微分方程如下所示：

$$\frac{\mathrm{d}}{\mathrm{d}r}(rQ_r)=0 \quad (R_1<r\leqslant R_2) \tag{7-13}$$

$$\frac{\mathrm{d}T}{\mathrm{d}r}=-\frac{Q_r}{k_\mathrm{I}} \quad (R_1<r\leqslant R_2) \tag{7-14}$$

$$Q_r=\frac{(Q_r r)}{r} \quad (R_1<r\leqslant R_2) \tag{7-15}$$

上述变化可以用 MATLAB 中的“if... else if...”的功能来完成。

```
if r<R1
  dTdr=0-(Qr/k)
  drQrdr=qdot * r;
else if(r>=R1)&(r<=R2)
  dTdr=0-(Qr/k1)
  drQrdr=0;
    end
end
```

这样，问题（2）部分边界条件就可以应用于上述 R_2 处的方程中。

求解结果及分析

（1）温度分布见图 7-5。计算得到的温度分布显示 $r=0$ 时斜率为零，并且达到要求的边界条件，$r=0.004$m 时，$T=288.15$K（15℃）。

热通量 Q_r 与半径的关系是非线性的，如图 7-6 所示。

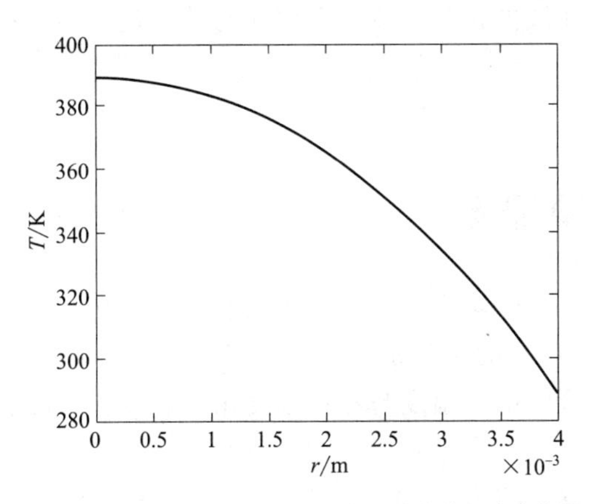

图 7-5 表面温度为 288.15K 的金属线内的温度分布图

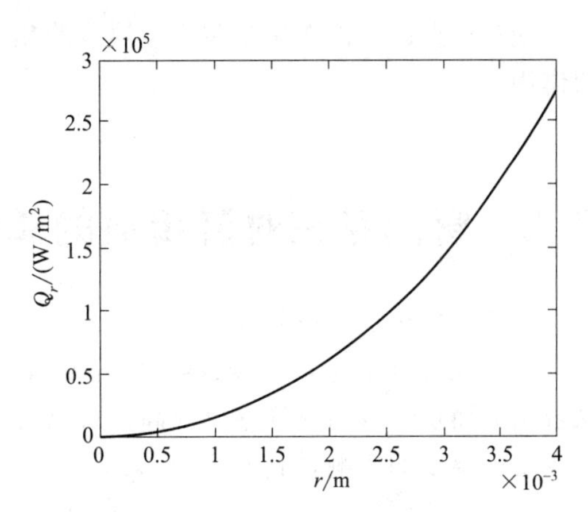

图 7-6 表面温度为 288.15K 的金属线内的热通量分布图

（2）得到金属线的温度分布如图 7-7 所示。金属线的热通量分布如图 7-8 所示。

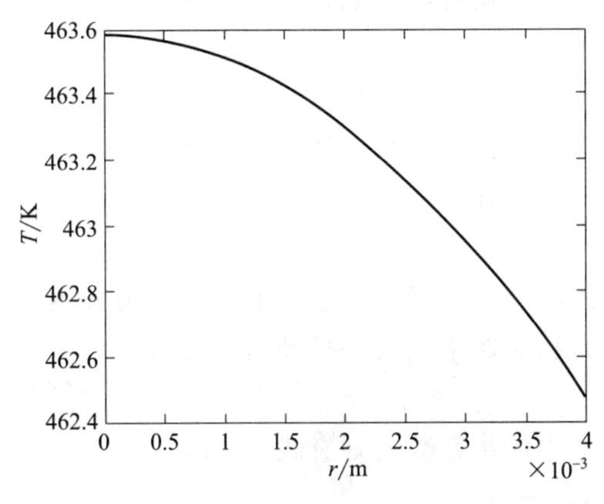

图 7-7 环境温度为 288.15K 的金属线内的温度分布图

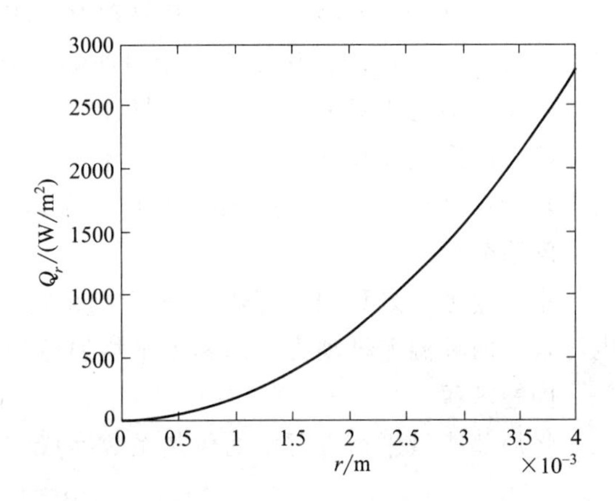

图 7-8 环境温度为 288.15K 的金属线内的热通量分布图

(3) 得到金属线在包了一层绝热层后的相关温度分布及热通量分布如图 7-9 及图 7-10 所示。

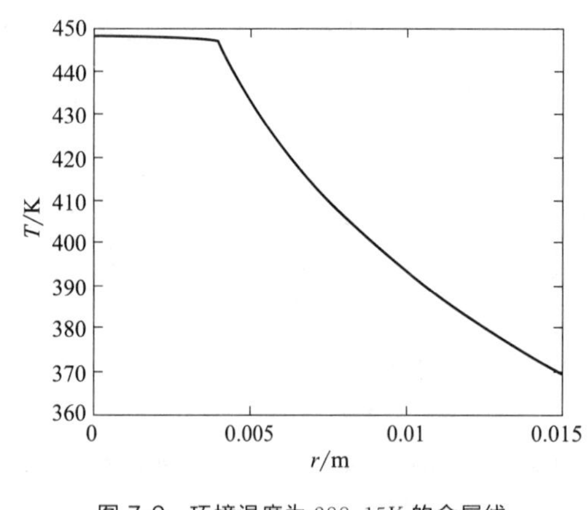

图 7-9 环境温度为 288.15K 的金属线及绝热层的温度分布图

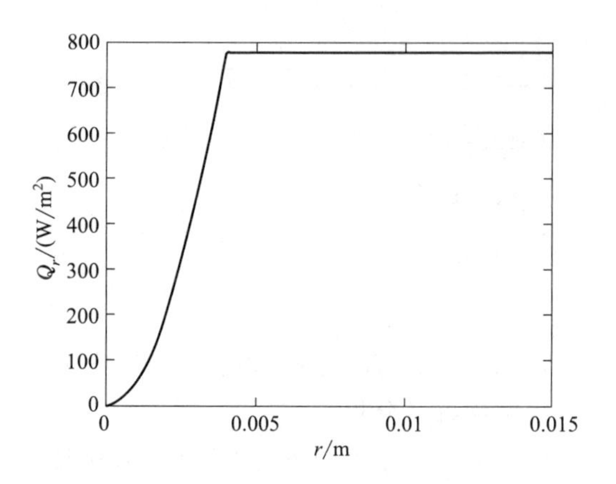

图 7-10 环境温度为 288.15K 的金属线及绝热层的热通量分布图

绝热层在此处的作用是防止金属线的热量向外散失，起到隔绝金属线与外界进行热交换的作用。

7.3 管侧存在对流传热的单管换热器

一简单换热器，单管内径为 $D=0.01033\text{m}$，管长均为 $L=8\text{m}$，管内流动着被加热物料——轻烃，流率为 $m=1\text{kg/s}$，用温度为 $T_s=170℃$ 的蒸汽加热。由于管外蒸汽冷凝传热系数很大而且管壁的热导率也很高，所以可假定管内壁的温度与蒸汽温度相等。该轻烃的黏度主要受温度的影响，其关系为：

$$\mu=\exp[-12.86+1436/(T-153)] \tag{7-16}$$

黏度单位为 kg/(m · s)，温度单位为 K。其他的物理性质与温度无关：$\rho=850\ \text{kg/m}^3$，$c_p=2000\text{J/(kg · K)}$，$k=0.14\text{W/(m · K)}$。轻烃的入口温度为 $T_1=40℃$。

(1) 计算轻烃的出口温度，其物理性质用轻烃的平均温度查取，温度推动力用算术平均温差。Sieder-Tate 公式用于确定管内油侧湍流的 h_i。

(2) 推动力用对数平均温差重复计算 (1)。

(3) 沿换热器长度方向上，由局部的能量平衡得到微分方程，然后用求解微分方程的方法重复计算 (1)。其中可用 Sieder-Tate 关联式以及局部的物理性质计算局部的传热系数。

问题分析

本例题主要是利用局部热量平衡预测换热流体的出口温度，属于初值问题，另外本例题也比较了两种温差推动力，即算术平均温差推动力和对数平均温差推动力的差异。

问题求解

将局部能量平衡方程中的传热系数换成整体平均传热系数，则有式(7-17)：

$$q=h_iA\Delta T \tag{7-17}$$

式中，h_i 为基于管内表面积的平均对流传热系数，W/(m^2 · K)；A 为内表面积，m^2。

管内流体总能量平衡如式(7-18) 所示：

$$q_{T}=mc_{p}(T_{2}-T_{1}) \tag{7-18}$$

式中，q_T 为总传热速率；(T_2-T_1) 表示流体通过换热器后的温度差。

① 算术平均传热温差推动力。当推动力沿管长方向变化不是很大时，流体进、出口温差可写为式(7-19) 所示：

$$\Delta T=\Delta T_{m}=[(T_{1}'-T_{1})+(T_{2}'-T_{2})]/2 \tag{7-19}$$

其中，下标 1 代表管子进口位置，下标 2 代表管子出口位置，如图 7-11 所示。

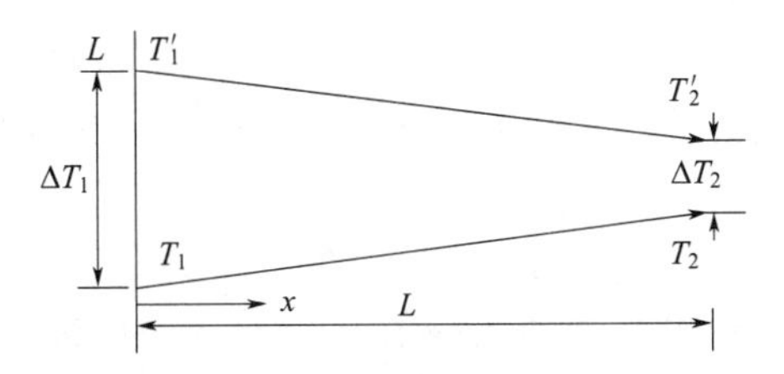

图 7-11 单管换热器的温度分布示意图

② 对数平均温差推动力。当温度推动力沿换热器长度变化较大时，出、入口传热温差的对数平均值可用方程式(7-20) 表示：

$$\Delta T=\Delta T_{lm}=\frac{[(T_{1}'-T_{1})-(T_{2}'-T_{2})]}{\ln[(T_{1}'-T_{1})/(T_{2}'-T_{2})]} \tag{7-20}$$

③ 局部温差推动力。换热器中距入口处的一体积微元内，其能量平衡如图 7-12 所示。

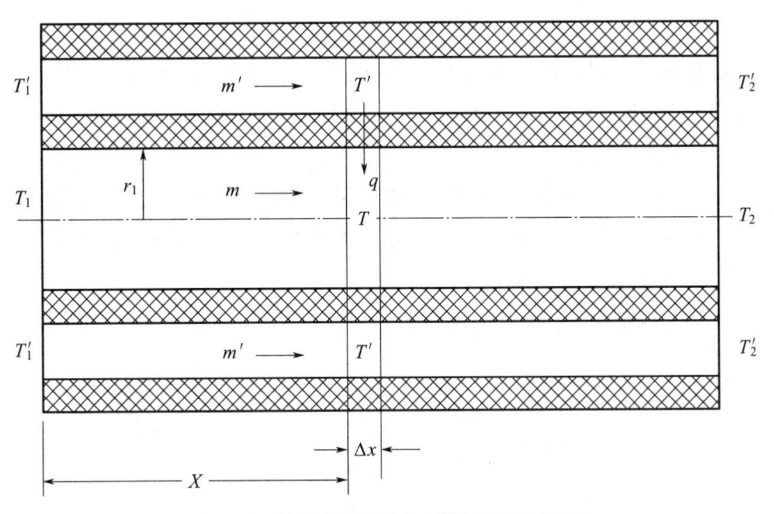

图 7-12 单管换热器的微元能量平衡示意图

在管内的这一微元中，由稳态能量平衡可得：

输入量＋生成量＝输出量＋累积量

$$mc_{p}T|_{x}+q+0=mc_{p}T|_{x+\Delta x}+0 \tag{7-21}$$

式中，m 为管中流体的质量流率，kg/s；q 项代表由管外热流体向管内轻烃传入的热量，由局部微元传热方程式(7-17) 得式(7-22)：

$$q=h_{i}(2\pi r_{i}\Delta x)(T'-T) \tag{7-22}$$

结合方程式(7-21) 和式(7-22)，并取极限 $\Delta x\rightarrow 0$ 可得以下微分方程：

$$\frac{\mathrm{d}}{\mathrm{d}x}(mc_pT)=h_i(2\pi r_i)(T'-T) \tag{7-23}$$

对于 m 和 c_p 为常数的情况，上述微分方程可简化为式(7-24)：

$$\frac{\mathrm{d}T}{\mathrm{d}x}=\frac{h_i(2\pi r_i)(T'-T)}{mc_p} \tag{7-24}$$

作为换热器长度的函数的管内温度分布，可由上述常微分方程来预测。初始条件为：当 $x=0$ 时 $T=T_1$。将上述方程积分到 $x=L$ 则可得轻烃的出口温度。

求解结果及分析

(1) 在换热器的稳态操作过程中，由方程式(7-17)计算的从壳程蒸汽传出的总热量必须等于由式(7-18)计算得到的传入轻烃的总热量。由这些方程得到的 q_T 可用于求解流出物温度 T_2，如式(7-25)：

$$h_iA\Delta T=mc_p(T_2-T_1) \tag{7-25}$$

式中，A 为管子的内表面积，$A=2\pi r_iL$。物性的计算涉及的温度用平均温度 $\frac{273.15+40+T_2}{2}$，即得到一个相关的非线性方程，因为在指数函数和非线性函数中均存在未知数 T_2，因此不能直接求得 T_2 的解，可用 MATLAB 的 fzero 函数求解该非线性方程，估计得到的 T_2 在 300K，解得 $T_2=392.72\text{K}=119.57℃$。

(2) 求解过程与问题(1)的求解大同小异，注意传热温差用的是进、出口温差的对数平均值，即只是 ΔT 由 ΔT_m 换成了 ΔT_{lm}。为便于应用，将方程式(7-25)两边同乘以 ΔT 中的对数项，将方程改写为式(7-26)：

$$h_iA[(T_1'-T_1)-(T_2'-T_2)]=mc_p(T_2-T_1)\ln[(T_1'-T_1)/(T_2'-T_2)] \tag{7-26}$$

其中 T_1' 和 T_2' 是换热前后加热蒸汽的温度，可近似认为相等，都等于 $T_s=170℃$。与(1)相似，可用 MATLAB 的 fzero 函数求解该非线性方程，估计得到的 T_2 在 400K，解得 $T_2=388.0\text{K}=114.85℃$。

(3) 由式(7-24)作为换热器长度的函数的管内温度分布，可由上述常微分方程来预测。初始条件为：当 $x=0$ 时 $T=T_1$。对上述方程使用 ode45 函数积分到 $x=L$，便可得管子的出口温度，结果为 387.92K，即 114.77℃。

得到管内轻烃温度随管长的分布情况如图 7-13 所示。

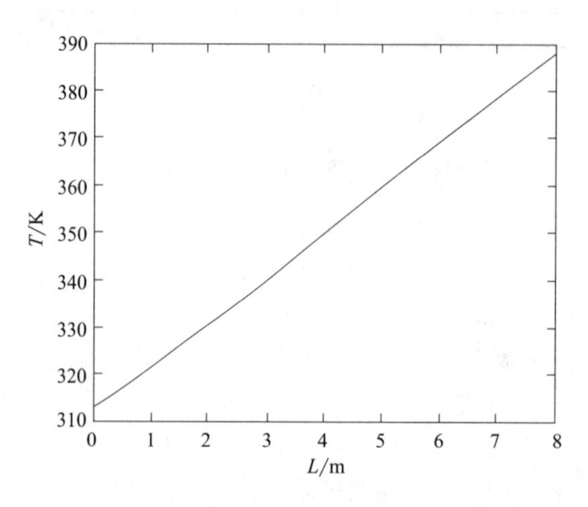

图 7-13 轻烃温度随管长的变化曲线图

7.4　套管换热器

如图 7-14 所示为一并流套管换热器示意图，冷却液体流率为 $m$kg/h，进、出口温度分别为 T_1、T_2。管程流体的质量流率为 m'kg/h，它相应地从入口温度 T'_1 被冷却到出口温度 T'_2。

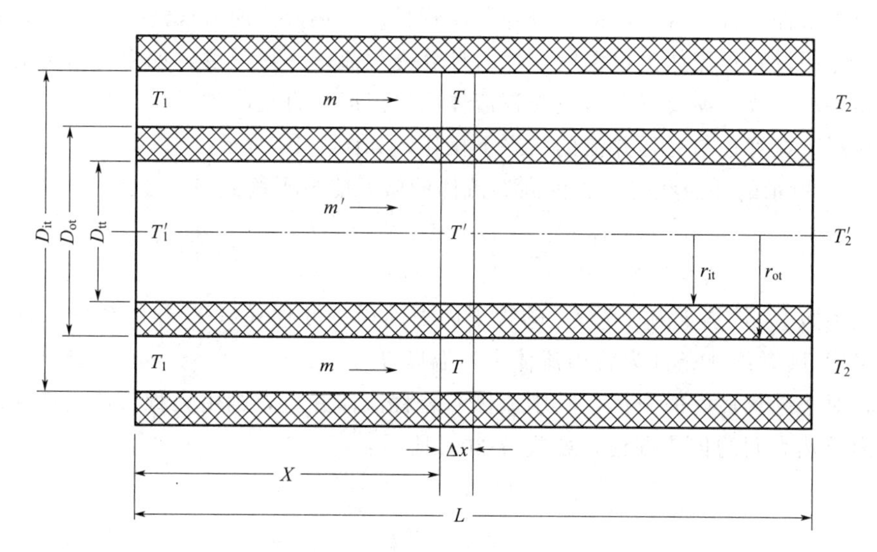

图 7-14　套管换热器的并流示意图

苯在套管换热器中被水冷却。冷流体水的流率往往是该热液体质量流率的三倍。冷却水入口保持 18.3℃。管侧和壳侧的局部对流传热系数可由 Dittus-Boelter 关联式计算得到：

$$Nu=0.023Re^{0.8}Pr^{n} \tag{7-27}$$

或者

$$\frac{hD}{k}=0.023\left(\frac{Du\rho}{\mu}\right)^{0.8}\left(\frac{c_p\mu}{k}\right)^{n} \tag{7-28}$$

其中，加热时 $n=0.4$，冷却时 $n=0.3$。注意 Re 中的 $u\rho$ 项可以很方便地表示成质量通量或质量流速，即 $u\rho=m/A_C$，其中 m 为质量流率，A_C 为流通截面积。

换热管是由热导率为常数 380.7W/(m·℃) 的铜制造的，换热器壳体的外层绝热性良好，易大型化。假设冷却水和苯流体的物性不变，如下。

冷却水物性：比热容 $c_p=4183$J/(kg·℃)，密度为 998.2kg/m^3，热导率为 0.6W/(m·K)，黏度 0.001Pa·s。

苯物性：比热容 $c_p=1877.54$J/(kg·℃)，密度为 846.6kg/m^3，热导率为 0.136W/(m·K)，黏度 4.4×10^{-4}Pa·s。

其他信息为：苯的流率 $m=1350$kg/h，入口温度 $T'_1=65.56$℃，出口温度 $T'_2=26.67$℃，内管直径 $d_i=0.022$m，壁厚为 0.00165m。

(1) 若苯走管程，冷却水走壳程，且为并流流动，计算为达到要求的出口温度而需要的管长。

（2）若苯走壳程，冷却水走管程，且为并流流动，计算管长。

问题分析

本例题主要是解决管壳式换热器达到流体目标温度所需管长的问题，主要考虑了并流操作方式和冷热流体走管、壳程的情况。就操作方式而言，并流情况下求解相对容易。

问题求解

由能量守恒定理，利用冷热流体交换的热量相等可以得到换热流体沿管长变化的微分方程，结合初始条件和目标温度，即可得到所需管长。冷热流体逆流换热较为复杂，对于壳程流体，需要先假设壳程流体出口温度，然后计算壳程流体入口温度，如果与给定值一致，结束计算，如果不一致，需要重新假设壳程流体出口温度，直至收敛。

该换热器可在管程与壳程并流的状态下操作，如图 7-14 所示。

如图 7-14 所示的并流状态，管内高温流体的微元能量平衡式(7-29)：

$$\frac{\mathrm{d}T'}{\mathrm{d}x}=-\frac{U_{\mathrm{i}}(\pi D_{\mathrm{i}})(T'-T)}{m'c'_p} \tag{7-29}$$

其中总传热系数 U_{i} 是基于内径为 D_{i} 的管子内表面积。方程式(7-28）的初始条件只是管内流体入口温度 T'_1，终止条件为管内流体出口温度 T'_2。

同理，对于绝热良好的壳体，其中流体与管程流体并流，则由壳程流体的微元能量平衡可得基于内传热表面的传热方程，如式(7-30）所示：

$$\frac{\mathrm{d}T}{\mathrm{d}x}=\frac{U_{\mathrm{i}}(\pi D_{\mathrm{i}})(T'-T)}{mc_p} \tag{7-30}$$

其中总传热系数也同样基于管内径。壳程流体的进、出口温度相应地分别为 T_1、T_2。

基于管内表面积的总传热系数可由下式(7-31）计算：

$$U_{\mathrm{i}}=1/[1/h_{\mathrm{i}}+(r_{\mathrm{ot}}-r_{\mathrm{it}})D_{\mathrm{it}}/(k_{\mathrm{t}}D_{\mathrm{tlm}})+D_{\mathrm{it}}/(D_{\mathrm{ot}}h_{\mathrm{o}})] \tag{7-31}$$

式中，下标 t 表示管子的材料和尺度；D_{tlm} 项表示管子对数平均直径。

壳体环形空间内流体的传热系数，可应用当量直径来计算，所谓当量直径就是环形壳的外径减去环形壳的内径。然后该当量直径可以用来计算传热关联式中的雷诺数和努塞尔数。

求解结果及分析

（1）若苯走管程，冷却水走壳程，且为并流流动，其微元能量平衡如式(7-32）所示：

$$\frac{\mathrm{d}T'}{\mathrm{d}x}=\frac{U_{\mathrm{i}}(\pi D_{\mathrm{i}})(T'-T)}{m'c'_p} \tag{7-32}$$

其中，管内表面积的总传热系数可由下式(7-33）计算：

$$U_{\mathrm{i}}=1/[1/h+(r_{\mathrm{ot}}-r_{\mathrm{it}})D_{\mathrm{it}}/(k_{\mathrm{t}}D_{\mathrm{tlm}})+D_{\mathrm{it}}/(D_{\mathrm{ot}}h_{\mathrm{o}})] \tag{7-33}$$

得到当 $L=21.9\mathrm{m}$ 时，$T_{\mathrm{f}}=T_2=299.82\mathrm{K}$。苯温度随管长的变化曲线如图 7-15 所示。

（2）若苯走壳程，冷却水走管程，且为并流流动，则其微元能量平衡同（1）中所示，不同的是，苯走壳程则壳体环形空间内流体的传热系数，可应用当量直径来计算，所谓当量直径就是环形壳的外径减去环形壳的内径，即当量直径 $D_{\mathrm{m}}=0.0381-0.022=0.0259\mathrm{m}$，然后用来计算传热关联式中的雷诺数和努塞尔数，最终得到管外传热系数。

当 $L=24.8\mathrm{m}$ 时，$T_{\mathrm{f}}=T_2=299.82\mathrm{K}$。最终得到的苯温度随管长变化曲线如图 7-16 所示。

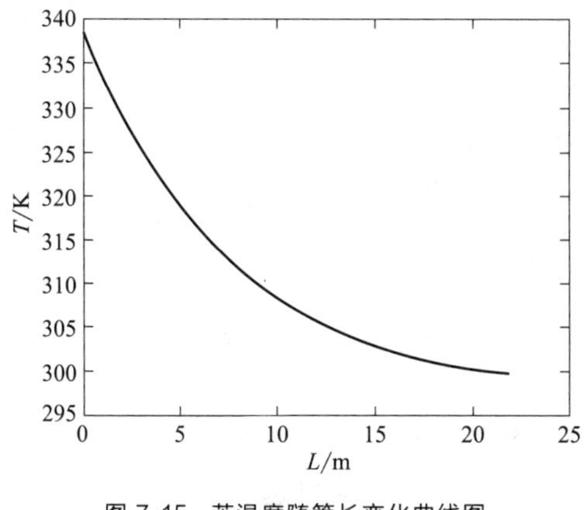

图 7-15 苯温度随管长变化曲线图

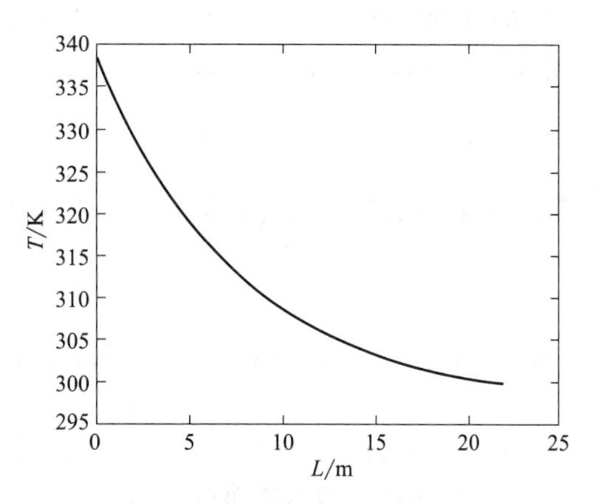

图 7-16 苯温度随管长变化曲线图

7.5 无保温层容器的对流热损失

一换热器冷却水的流率为 $Q=0.5\text{m}^3/\text{h}$，出口温度为 $T=80℃$。这些水被收集在直径为 $D=1\text{m}$、高度为 $H=2\text{m}$ 的圆柱形容器内。假定容器内的物质充分混合，且只存在向环境的自然对流传热。以与入口流率相同的流率将水抽出。假定容器外表面温度与容器内部温度相同，而且容器底部绝热良好。

(1) 在静止空气中，针对不同的环境温度－10℃，15℃，40℃，计算容器相应的温度。

(2) 在空气温度为－10℃、15℃、40℃，流速为 13.41m/s 的流动空气中，重复计算 (1)。

问题分析

本例题主要考虑容器自然对流和强制对流的散热问题，所用方法是采用经验关联式，比较容器在自然对流和强制对流情况下最终的温度差异。

问题求解

利用容器热量平衡列出容器温度的非线性方程，在此方程中需要注意的是，在容器上面和容器侧面选取不同的自然对流和强制对流传热系数的经验关联式。

对于在静止状态下容器顶部的自然对流，可以用式(7-34) 计算：

$$\begin{aligned} Nu&=0.54Ra^{1/4} \qquad 10^5<Ra<2\times10^7 \\ Nu&=0.14Ra^{1/3} \qquad 2\times10^7<Ra<3\times10^{10} \end{aligned} \tag{7-34}$$

式中，$Nu=\dfrac{hL}{k}$ 为努塞尔数；$Ra=GrPr$ 为雷利数，其中 $Gr=\dfrac{\beta g\rho^2L^3\Delta T}{\mu^2}$ 为格拉晓夫数，$Pr=\dfrac{c_p\mu}{k}$ 为普朗特数。

在上述方程里，h 为传热系数，W/(m^2·K)；L 为其特征长度，m；k 为空气的热导率，W/(m·K)；β 为空气的热膨胀系数，1/K；g 为重力加速度，9.8m/s^2；ρ 为空气密度，kg/m^3；ΔT 为容器表面和空气正温差，K；μ 为空气黏度，kg/(m·s)；c_p 为空气的比热容，J/(kg·K)。该问题中，$L=0.8862D$，为与容器顶部（直径为 D）面积相等的区域的当量长度。

在 Ra 较宽的范围内，对于自然对流，可用 Churchill 和 Chu 关联式来描述圆柱形容器侧壁的传热，如式(7-35) 所示：

$$Nu=\left(0.825+\frac{0.387Ra^{1/6}}{[1+(0.492/Pr)^{9/16}]^{8/27}}\right)^2 \tag{7-35}$$

方程式(7-34) 和式(7-35) 中空气的物性可由式(7-36) 计算：

$$T_{\mathrm{f}}=\frac{T+T_{\mathrm{air}}}{2} \tag{7-36}$$

对于强制对流，圆柱形容器的顶部和侧面的传热系数均可以用式(7-37) 来描述：

$$Nu=0.0366Re_L^{0.8}Pr^{1/3} \tag{7-37}$$

其中雷诺数定义为 $Re_L=(Lv\rho)/\mu$。注意圆柱形容器顶部圆形平板的特征尺寸为 $L=0.8862D$，而圆柱形容器侧面对流的有效长度为 $L=D$。速度 v 为风速。

求解结果及分析

(1) 当空气温度为−10℃时，

由容器中物质能量平衡可得式(7-38)：

$$Q\rho_{\mathrm{w}}c_{p\mathrm{w}}(80-T)=h_1A_1(T-T_{\mathrm{air}})+h_2A_2(T-T_{\mathrm{air}}) \tag{7-38}$$

式中，ρ_{w} 为水的密度，$\mathrm{kg/m^3}$；$c_{p\mathrm{w}}$ 为水的比热容，kJ/(kg・K)；T 为容器水出口温度，K；h_1 为水平方向传热系数，$\mathrm{W/(m^2 \cdot K)}$；A_1 为容器水平方向表面积，$\mathrm{m^2}$；h_2 为垂直方向传热系数，$\mathrm{W/(m^2 \cdot K)}$；A_2 为换热器垂直方向表面积，$\mathrm{m^2}$。本例题就转化成求解非线性方程的问题。

假设空气物性为常数。也可以通过定性温度 (7-36) 确定物性。

对于在静止状态下顶部的自然对流，有式(7-39)：

$$\frac{h_1L}{k}=0.54Ra^{1/4}=0.54\left(\frac{\beta g\rho^2L^3\Delta T}{\mu^2}\times\frac{\mu c_p}{k}\right)^{1/4} \tag{7-39}$$

式中，L 为其特征长度，0.8862m；k 为空气的热导率，0.0282W/(m・K)；β 为空气的热膨胀系数，3.3×10^{-3}/K；g 为重力加速度，$9.8\mathrm{m/s^2}$；ρ 为空气密度，$1.103\mathrm{kg/m^3}$；ΔT 为容器表面和空气的正温差，K；μ 为空气黏度，1.958×10^{-5}kg/(m・s)；c_p 为空气的比热容，1.005kJ/(kg・K)。

对于自然对流，用 Churchill 和 Chu 关联式来描述圆柱形容器垂直壁的传热，可得 h_2 的表达式如式(7-40) 所示：

$$\frac{h_2L}{k}=\left(0.825+\frac{0.387Ra^{1/6}}{[1+(0.492/Pr)^{9/16}]^{8/27}}\right)=\left(0.825+\frac{\left(0.387\dfrac{\beta g\rho^2L^3\Delta T}{\mu^2}\times\dfrac{\mu c_p}{k}\right)^{1/6}}{\left[1+\left(0.492/\left(\dfrac{\mu c_p}{k}\right)\right)^{9/16}\right]^{8/27}}\right) \tag{7-40}$$

其中，特征长度 $L=D=1$m。

将 h_1 和 h_2 的值代入式(7-38)，便可得到函数如式(7-41) 所示：

$$f(T)=Q\rho_{\mathrm{w}}c_{p\mathrm{w}}(80-T)-h_1A_1(T-T_{\mathrm{air}})-h_2A_2(T-T_{\mathrm{air}}) \tag{7-41}$$

当 $f(T)=0$ 时，得到的 T 即为最终容器温度，这里调用 MATLAB 中的 fzero 函数求解，预测容器最终温度在 60℃左右，最终解得容器温度为 $T=74.25$℃，$h_1=7.19\mathrm{W/(m^2 \cdot K)}$，$h_2=5.4\mathrm{W/(m^2 \cdot K)}$。

同理，可分别求得环境温度为15℃、40℃时，最终容器的温度分别为76.22℃和77.98℃。

（2）空气温度为−10℃且流速为13.41m/s时，h_1 和 h_2 的表达式如式(7-42)所示：

$$\frac{hL}{k}=0.0366Re_L^{0.8}Pr^{1/3}=0.0366\left(\frac{Lv\rho}{\mu}\right)^{0.8}\left(\frac{\mu c_p}{k}\right)^{1/3} \tag{7-42}$$

对于 h_1，特征长度 $L=0.8862\text{m}$；对于 h_2，特征长度 $L=1\text{m}$。代入数值，可求得 $h_1=47.3\text{W}/(\text{m}^2\cdot\text{K})$，$h_2=46.2\text{W}/(\text{m}^2\cdot\text{K})$。同（1）中的步骤，将 h_1、h_2 的值代入式(7-41)中，可求得最终容器温度 $T=47.56$℃，

当环境温度为15℃、40℃时，同理可求得最终的容器温度分别为56.57℃，65.58℃，相比较与空气不流动的情况，空气流动时容器的最终温度更加接近于环境温度，是符合传热规律的。

7.6 向薄板的非稳态辐射传热

一块金属板在一高温真空炉内被热处理一段时间。该金属板尺寸为0.5m×0.5m，厚度为0.0015m，其初始温度为20℃，炉温为1000℃。该板悬挂在炉子内，以使炉内壁可以向板的两侧同时辐射热量。炉子内壁和板表面可认为是辐射黑体。

表7-1 所选金属的性质

金属	密度 $\rho/(\text{kg/m}^3)$	比热容 $c_p/[\text{kJ}/(\text{kg}\cdot\text{K})]$	金属	密度 $\rho/(\text{kg/m}^3)$	比热容 $c_p/[\text{kJ}/(\text{kg}\cdot\text{K})]$
铜	8950	0.383	纯铁	8238	0.468
铁	7870	0.452	铁(1%C)	7801	0.473
镍	8900	0.446	锆	6750	0.272
银	10500	0.234			

选择表7-1中的一种金属，其性质如表7-1所示，并且假设其性质与温度无关，为常数。

（1）画出平板温度随时间变化直到稳态的曲线。

（2）画出热通量随时间变化直到稳态的曲线。

（3）如果定义平板温度在99%范围内变化为稳态，则达到稳态的时间为多少？

问题分析

本问题主要研究了金属板辐射换热的问题，需要用到的是辐射热通量公式，另外需要考虑金属板内是否存在温度分布，即金属板是否可以利用集总热容法处理。

问题求解

利用金属板非稳态热量平衡方程，可以得到金属板内温度随时间的变化微分方程。得到金属板温度后即可求得热通量随时间的变化。

在这个非稳态问题中，通过炉壁与平板之间的热量传递来加热金属板。如果金属板足够厚或热导率很小，则该金属板在其厚度方向上也会有温度分布问题。在本问题的情况下，该

金属板很薄而且热导率足够大，因此可以合理地假设，在板内热量迅速传递，而使其内部温度分布均一。

在一时间增量 Δt 内，由金属板的非稳态能量平衡得式(7-43)：

输入量＋生成量＝输出量＋累积量

$$\sigma A_P F_{12}(T_F^4-T^4)\Delta t+0=0+V_P\rho c_p(T|_{t+\Delta t}-T|_t) \tag{7-43}$$

式中，σ 为 Stefan-Boltzmann 常数，其值为 $5.676\times10^{-8}\mathrm{W/(m^2\cdot K^4)}$；$A_P$ 为金属板两侧面积和，$\mathrm{m^2}$；V_P 为金属板的体积，$\mathrm{m^3}$；F_{12} 为视角因数，可假定为 1；T_F 为炉温，K。其他变量均指金属板的性质。

将式(7-43) 变形，并取极限 $\Delta t\rightarrow0$ 则得如下常微分方程：

$$\frac{\mathrm{d}T}{\mathrm{d}t}=\frac{\sigma A_P F_{12}(T_F^4-T^4)}{V_P\rho c_p} \tag{7-44}$$

式中金属的各性质均为常数。

金属板的热通量如式(7-45)：

$$Q=\sigma F_{12}(T_F^4-T^4) \tag{7-45}$$

求解结果及分析

选择金属铜进行下列计算。

(1) 简化问题，即为求解常微分方程式(7-44)，对于铜：A_P 为金属板两侧面积和$=2\times0.5^2=0.5\mathrm{m^2}$；$V_p=0.5^2\times0.0015=0.000375\mathrm{m^3}$；视角因数 $F_{12}=1$。

则可以通过 MATLAB 的 ode45 函数积分。得到的平板温度分布曲线如图 7-17 所示。

(2) 由式(7-45)，可得 Q 的表达式：

$$Q(i)=\sigma F_{12}[T_f^4-y(i)^4] \tag{7-46}$$

式中，$y(i)$ 为平板温度 T，K。

得到最终平板热通量随时间变化曲线如图 7-18 所示。

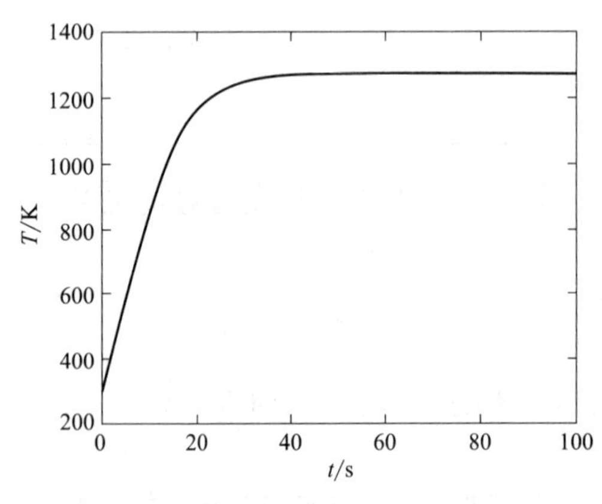

图 7-17　平板温度随时间变化曲线图

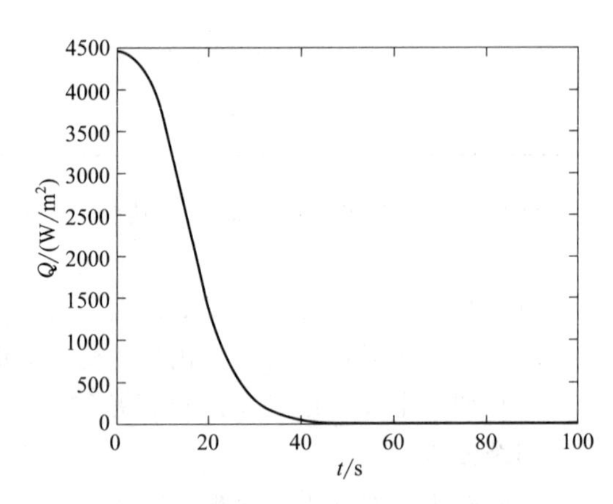

图 7-18　平板热通量随时间变化曲线图

(3) 如果定义平板温度在 99％范围内变化为稳态，求达到稳态的时间，即为求解 $T_f=0.99T_2=0.99\times(1000+273.15)$ 所对应的时间，可转化成一个利用 MATLAB 求边界条件的问题，控制最终的条件如式(7-47)：

$$\varepsilon(T)=T_f-0.99T_2=0 \tag{7-47}$$

通过 MATLAB 进行循环迭代，控制边界条件的语句如下：

```
while(err>1e-5)&(k<10)
    x(k+1)=x(k)-f(k)*(x(k)-x(k-1))/(f(k)-f(k-1));
    L=x(k+1);
    tspan=[0 L];
    [t,y]=ode45(@p706CODEfun,tspan,y0,options);
    f(k+1)=y(end,1)-Tf;
    disp([k+1,x(k=1),f(k+1),y(end,1)]);
    err=abs(f(k+1));
    k=k+1;
end
```

最终得到时间 $t=32.5\text{s}$。

7.7 半无限厚介质的非稳态导热

如果物性为常数，则一维非稳态导热服从偏微分方程式(7-48)：

$$\frac{\partial T}{\partial t}=\alpha\frac{\partial^2 \text{T}}{\partial x^2} \tag{7-48}$$

这种类型传热的一个有趣的应用是土层温度随土层深度的变化而变化，该问题 Thomas 曾研究过，其研究了每年土壤表面温度的变化以及由于导热，表面温度对不同深度土壤温度的影响。在某典型的一年里，Thomas 用以下方程描述了土壤表面温度（℉）的变化：

$$T_s(t)=T_M-\Delta T_s\cos\left[\frac{2\pi}{\tau}(t-t_0)\right] \tag{7-49}$$

式中，t 为一年中的时间，d；T_M 为一年内土壤的平均温度，℉；ΔT_s 为一年内土壤表面温度的变化幅度，℉；τ 表示周期，365d；t_0 为其相常数，d。不同地区各参数数据和典型值见表 7-2。

注意本例题中使用了非国际单位。

表 7-2 不同地区各参数数据和典型值

城市	T_M/℉	ΔT_s/℉	t_0/d
俾斯麦	44	31	33
柏林顿	46	26	37
芝加哥	51	25	37
拉斯维加斯	69	23	32
菲尼克斯	73	23	33

以芝加哥为例，可画出其土壤表面温度的年变化图，如图 7-19 所示。

选择表中一个城市的土壤表面温度数据。假设该土壤的热扩散率为 $\alpha=0.9\text{ft}^2/\text{d}$。

(1) 应用线性多步数值方法求解方程式(7-48)，以获得土壤表层以下不同深度的温度，并以方程式(7-49) 计算的土层表面温度为边界条件。画出一年内相应土层深度 x 分别为 8ft，16ft，24ft，72ft（即 2.4m，4.8m，9.6m，21.6m）的温度分布图。建议 8ft 距离设置 11 个点（10 个均匀间隔）。初始条件为年平均温度 T_M。

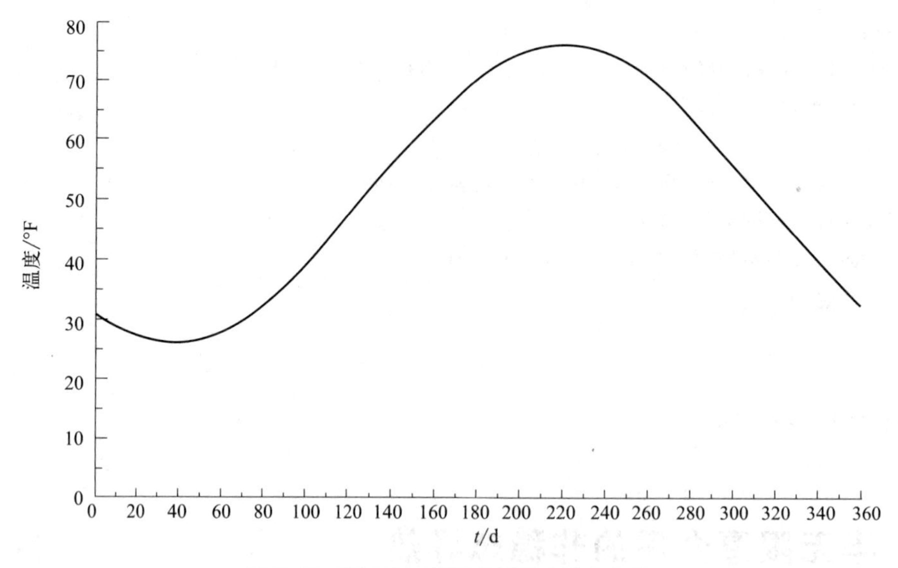

图 7-19 芝加哥土壤表面温度的年变化曲线

问题分析

本例题是半无限大平板的非稳态导热问题，涉及一个时间变量和一个空间变量。对于土壤表层，其温度边界条件随时间变化。

问题求解

根据半无限大平板非稳态导热的控制方程，结合初始条件和边界条件，采用多步数值方法求解。

求解结果及分析

选择拉斯维加斯进行计算，年平均温度 $T_M=69.0$℉。

运用线性多步数值方法求解，可通过有限差分近似，得到离散化方程表达式。将中心差分公式应用于内部各网格点，将方程式(7-48) 改写为式(7-50)：

$$\frac{\partial T_n}{\partial t}=\alpha\ \frac{T_{n+1}-2T_n+T_{n-1}}{(\Delta x)^2} \tag{7-50}$$

且以式(7-49) 为边界约束条件。

得到土层深度 x 分别为 2.4m、4.8m、9.6m、21.6m 的温度分布图，如图 7-20 至图 7-23 所示。

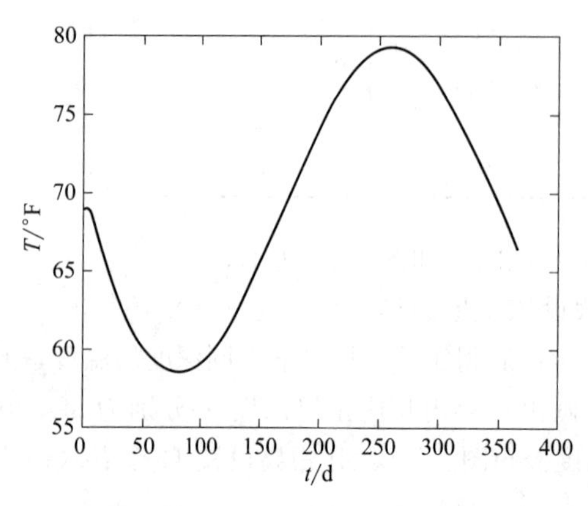

图 7-20 $x=2.4$m 时的温度分布图

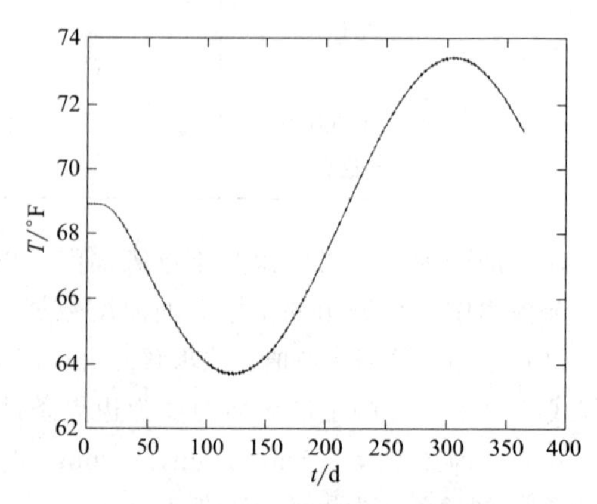

图 7-21 $x=4.8$m 时的温度分布图

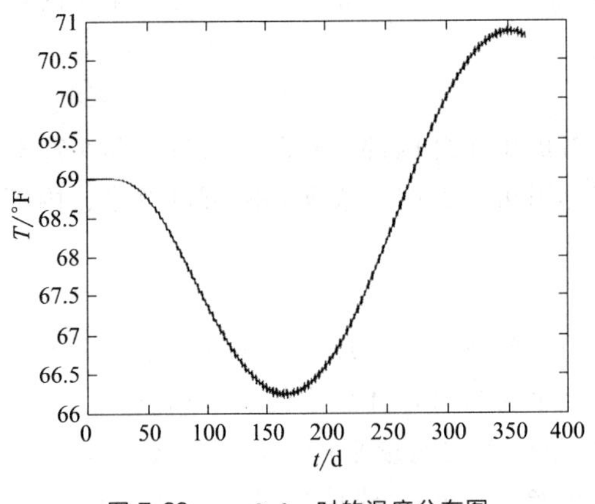

图 7-22 $x=9.6\mathrm{m}$ 时的温度分布图

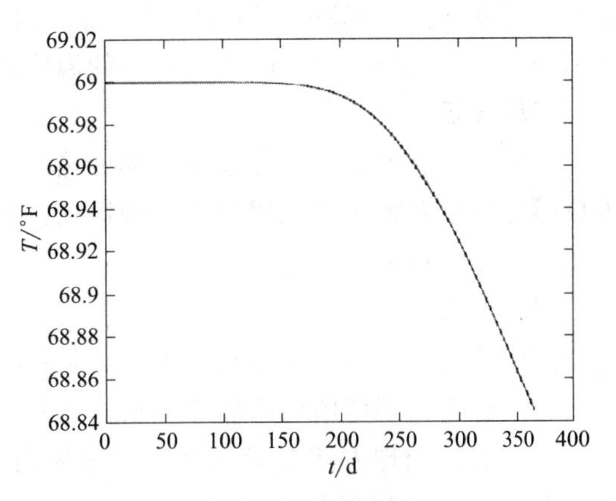

图 7-23 $x=21.6\mathrm{m}$ 时的温度分布图

7.8 在有限水浴内固体球的冷却问题

一个金属加工公司，需要将用不同金属制造的均匀直径的金属球迅速冷却下来。该冷却过程是将在高温下制作出来的金属球放入水浴，使其与水充分接触。该操作过程如图 7-24 所示。

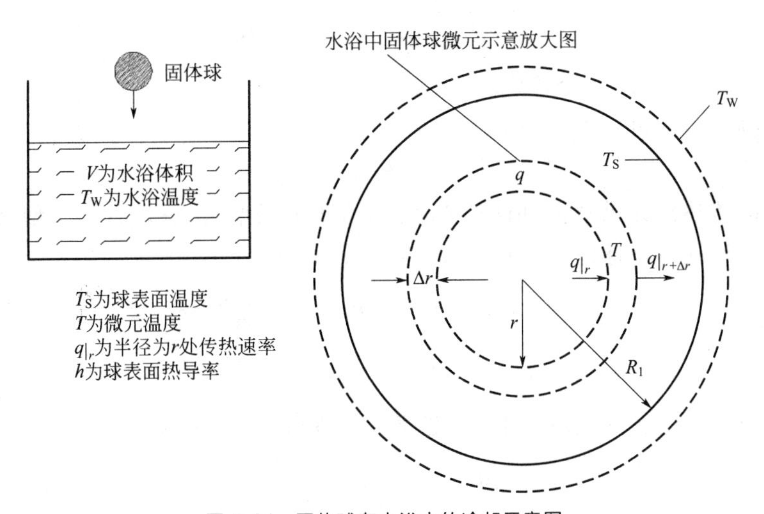

图 7-24 固体球在水浴中的冷却示意图

（1）首先考虑集总分析，假设在球的冷却过程中球体的导热速率足够大而使整个球体温度均一，球体半径 $R_1=0.1\mathrm{m}$，热导率为常数 $k=10\mathrm{W/(m\cdot ℃)}$，密度 $\rho=8200\ \mathrm{kg/m^3}$，比热容 $c_p=0.41\mathrm{kJ/(kg\cdot K)}$，球体与水浴间的传热系数为 $h=220\ \mathrm{W/(m^2\cdot ℃)}$。球体初始温度为 300℃，水浴初始温度为 20℃。假设水浴的温度不变，且忽略球体进入水浴前向水传递的热量。计算并做出球体温度 T 与传热速率 q 随时间的变化曲线。

（2）若考虑球体内的导热，重复（1）中的计算。并做出球体内部，半径分别为 0m、0.05m、0.1m 处至稳态的温度曲线。

（3）考虑水浴动态传热，重复过程（2）。水浴体积 $V=0.1\mathrm{m^3}$，水的各种性质可认为是常数：密度 $\rho_W=965\text{kg/m}^3$，比热容 $c_{pW}=4.199\text{kJ/(kg·K)}$。画出水浴温度、球体内半径分别为 0m、0.05m、0.1m 处至稳态的温度曲线。

问题分析

本例题是典型的非稳态固体内部传热问题，考虑了小球内部传热阻力与流体和小球对流传热阻力的相对大小，主要分为三种情况：内部热阻可以忽略、表面热阻可以忽略、内部热阻和表面热阻均需要考虑。

问题求解

固体球进入水浴后被冷却下来，这是一类非稳态问题。如果球体的热导率足够大或球体的直径足够小，则球体内的导热将很快达到平衡。水浴将被球体放出的能量加热。

（1）集总处理方法是考虑在整个球体内存在非稳态的能量平衡，每时每刻球体内的温度分布均一。这样球体既没有能量输入，也没有能量生成。球体通过能量传递向水浴传热，其累积量与球体内的能量变化有关。因此，在 Δt 的时间间隔内由非稳态的能量平衡得式(7-51)：

输入量＋生成量＝输出量＋累积量

$$0+0=4\pi R_1^2 h(T-T_W)\Delta t+\frac{4\pi R_1^3}{3}\rho c_p(T|_{t+\Delta t}-T|_t) \tag{7-51}$$

取极限 $\Delta t\to 0$ 整理上式得式(7-52)：

$$\frac{\mathrm{d}T}{\mathrm{d}t}=\frac{-4\pi R_1^2 h(T-T_W)}{(4\pi R_1^3/3)\rho c_p}=\frac{-3h(T-T_W)}{R_1\rho c_p} \tag{7-52}$$

其初始条件为：$t=0$ 时，$T=300℃$。

球体的热损失速率可由下式(7-53)计算：

$$q=4\pi R_1^2 h(T-T_W) \tag{7-53}$$

（2）球体的传热微元示意图如图 7-25 所示，在半径增量 Δr，时间增量 Δt 内，由非稳态的能量平衡可以描述该球体的导热过程，如式(7-54)：

输入量＋生成量＝输出量＋累积量

$$q|_r\Delta t+0=q|_{r+\Delta r}\Delta t+4\pi r^2\Delta r\rho c_p(T|_{t+\Delta t}-T|_t) \tag{7-54}$$

重新整理上述方程中的各项并取极限 Δr 趋于零，则可得式(7-55)：

$$\frac{\partial T}{\partial t}=-\frac{1}{4\pi r^2\rho c_p}\times\frac{\partial q}{\partial r} \tag{7-55}$$

将傅里叶定律式(7-56)：

$$q=-4\pi r^2 k\,\frac{\partial T}{\partial r} \tag{7-56}$$

代入方程式(7-55) 得到以下二阶偏微分方程式(7-57)：

$$\frac{\partial T}{\partial t}=\frac{1}{r^2\rho c_p}\times\frac{\partial}{\partial r}\left(kr^2\,\frac{\partial T}{\partial r}\right) \tag{7-57}$$

如果热导率 k 为常数，则可将上式右边中的 k 拿到微分符号外面。

求解方程式(7-57) 的一个方便的方法是应用线性多步数值法。该过程是通过应用一系列关于$\partial T/\partial t$ 的时间导数和关于$\partial q/\partial r$ 及$\partial T/\partial r$ 有限差分公式来完成，如图 7-25 所示，设置 11 个节点和 10 个半径方向的区域。

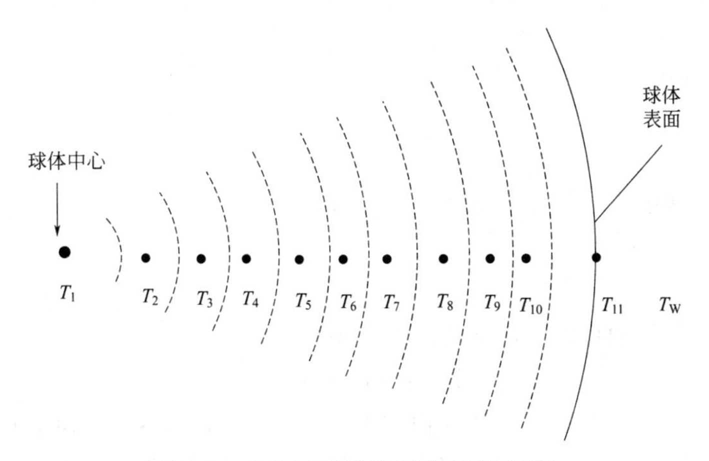

图 7-25　球体内用于数值求解的节点示意图

由二阶中心差分公式，求得关于 r 的一阶导数如式(7-58)、式(7-59) 所示：

$$\frac{\partial q_n}{\partial r}=\frac{q_{n+1}-q_{n-1}}{2\Delta r}\qquad(2\leqslant n\leqslant 10)\tag{7-58}$$

$$\frac{\partial T_n}{\partial r}=\frac{T_{n+1}-T_{n-1}}{2\Delta r}\qquad(2\leqslant n\leqslant 10)\tag{7-59}$$

这样利用式(7-58) 将方程式(7-55) 应用到各个内部节点得式(7-60)：

$$\frac{\mathrm{d}T_n}{\mathrm{d}t}=-\frac{1}{4\pi r_n^2\rho c_p}\times\frac{q_{n+1}-q_{n-1}}{2\Delta r}\qquad(2\leqslant n\leqslant 10)\tag{7-60}$$

利用式(7-59) 将傅里叶方程式(7-56) 应用到内部各节点可得式(7-61)：

$$q_n=-4\pi r_n^2 k\,\frac{T_{n+1}-T_{n-1}}{2\Delta r}\qquad(2\leqslant n\leqslant 10)\tag{7-61}$$

上述方程中的 11 个节点任意一个都要求 $\Delta r=R_1/10$，并且某一节点的半径为：

$$r_n=0.1R_1(n-1)$$

① 球体表面的边界条件。球体表面半径方向上的能量平衡为：由球体内部向球体表面的导热通量等于由球表面通过对流传热传向水浴的热量。即如式(7-62) 所示：

$$-k\,\frac{\partial T}{\partial r}\Big|_{r=R_1}=h(T_{11}-T_W)\tag{7-62}$$

二阶向后有限差分公式用于计算偏微分$\frac{\partial T}{\partial r}\Big|_{r=R_1}$，即如式(7-63) 所示：

$$-k\,\frac{3T_{11}-4T_{10}+T_9}{2\Delta r}=h(T_{11}-T_W)\tag{7-63}$$

由方程式(7-63) 可求得 T_{11} 的显式表达式(7-64)：

$$T_{11}=\frac{2\Delta rhT_W+4kT_{10}-kT_9}{2\Delta rh+3k}\tag{7-64}$$

则点 11 相应的传热速率为

$$q_{11}=4\pi R_1^2 h(T_{11}-T_W) \tag{7-65}$$

② 球体中心的边界条件。球中心传热速率为零，因此有式（7-66）：

$$q|_{r=0}=q_1=0 \tag{7-66}$$

该方程也可由傅里叶定律得式(7-67)：

$$\frac{\partial T}{\partial r}\bigg|_{r=0}=0 \tag{7-67}$$

将二阶向后差分方程应用于上述方程得式（7-68）：

$$\frac{\partial T_1}{\partial r}=\frac{-T_3+4T_2-3T_1}{2\Delta r} \tag{7-68}$$

且任何时刻的 T_1 的值便可以确定下来。如式(7-69）所示：

$$T_1=(4T_2-T_3)/3 \tag{7-69}$$

（3）为表述水浴的加热情况，容器内的水要充分混合，以达到非稳态的能量平衡。假设容器绝热良好，水浴被加热的热量仅仅来源于热球体。这样在时间间隔 Δt 内，由非稳态的能量平衡得：

$$\text{输入量}+\text{生成量}=\text{输出量}+\text{累积量}$$

$$q_{11}+0=0+V\rho_W c_{pW}(T_W|_{t+\Delta t}-T_W|_t) \tag{7-70}$$

其中，q_{11} 为球表面传向水浴的热量，取极限 $\Delta t\to 0$ 整理上式，得式(7-71)：

$$\frac{dT_W}{dt}=\frac{q_{11}}{V\rho_W c_{pW}} \tag{7-71}$$

其初始条件为：当 $t=0$ 时，$T_W=20℃$。

这样，该数值求解过程，就只需要在求解（2）部分的基础上增加方程式(7-71)。

求解结果及分析

（1）最终得到球体温度及传热速率随时间变化曲线如图 7-26、图 7-27 所示。

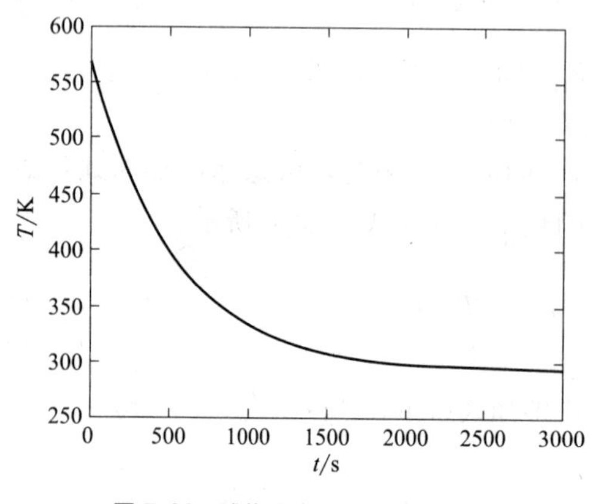

图 7-26 球体温度随时间变化曲线

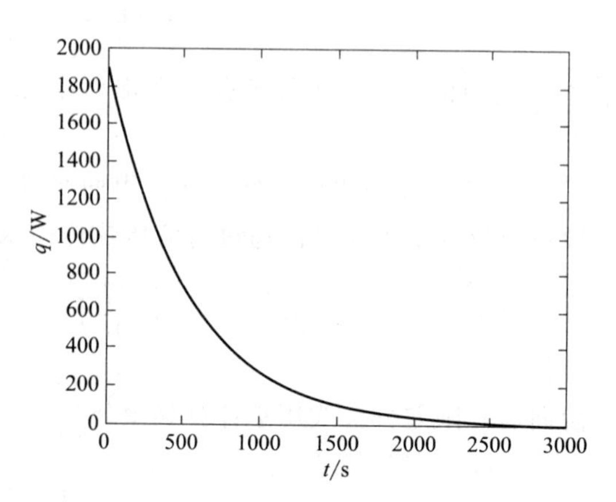

图 7-27 球体传热速率随时间变化曲线

（2）结合球体表面边界条件方程式(7-64)、式(7-65) 和球体中心边界条件方程式(7-66)、式(7-69)，联立求解方程式(7-60) 和式(7-61)，得到球体内部各点的数值解。初始条件为 300℃，传出的热量为 q_{11}。结果见图 7-28～图 7-31。

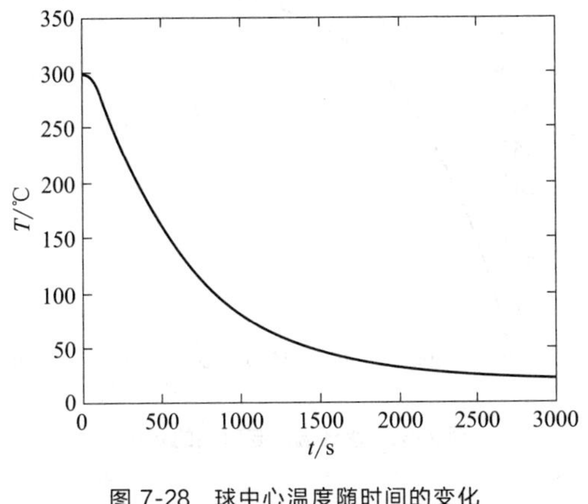

图 7-28　球中心温度随时间的变化

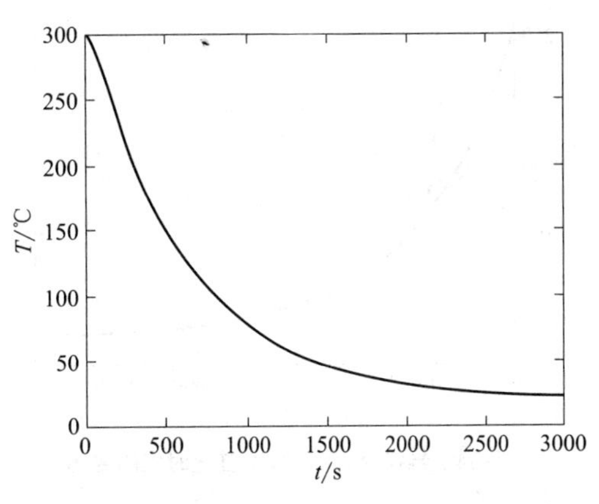

图 7-29　半径为 0.05m 处温度随时间的变化

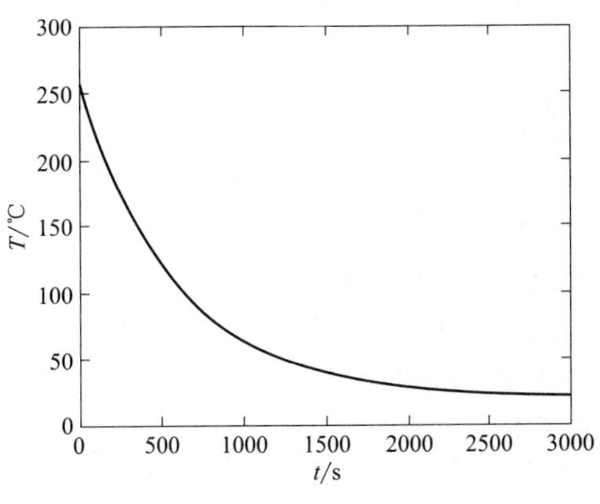

图 7-30　半径为 0.1m 处温度随时间的变化

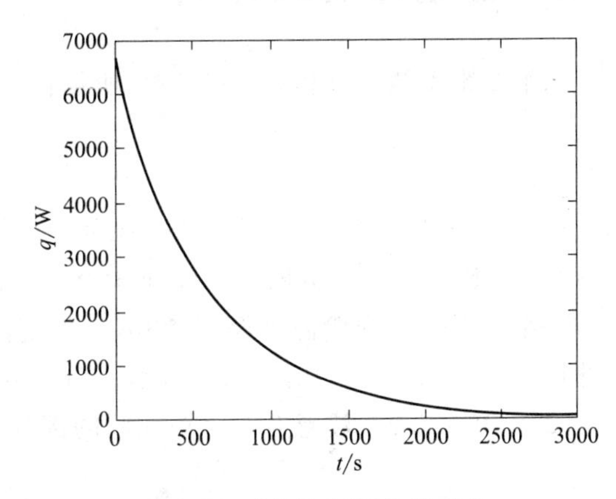

图 7-31　传热速率随时间的变化

（3）考虑水浴动态传热，计算结果见图 7-32 至图 7-35。

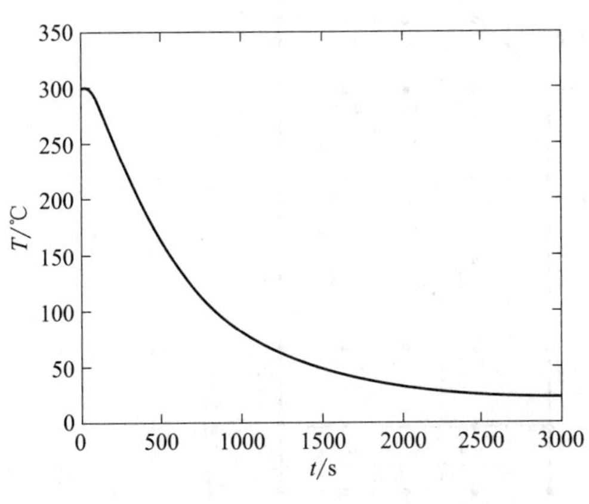

图 7-32　球中心温度随时间的变化

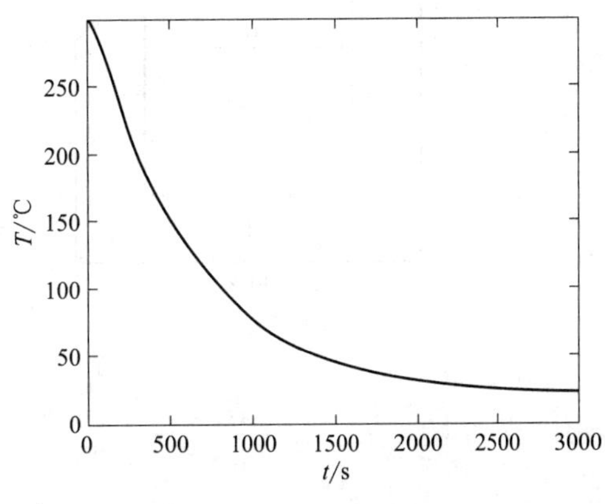

图 7-33　半径为 0.05m 处温度随时间的变化

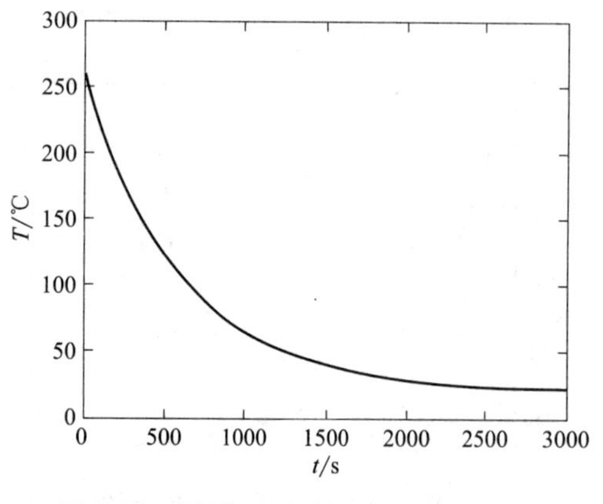

图 7-34 半径为 0.1m 处温度随时间的变化

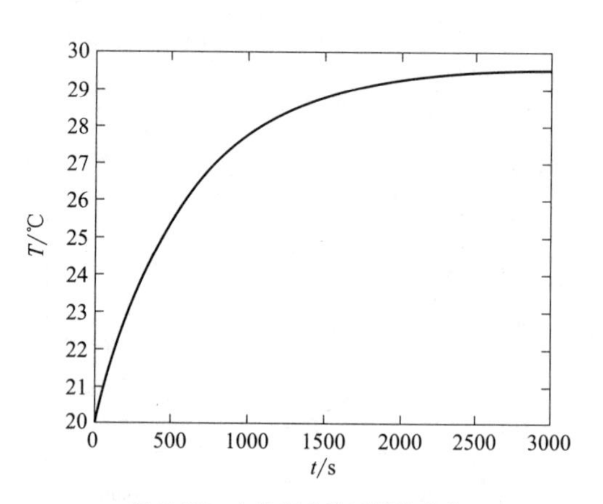

图 7-35 水浴温度随时间的变化

7.9 二维非稳态导热

求解二维偏微分方程如式(7-72)所示：

$$\frac{\partial T}{\partial t}=\alpha\left(\frac{\partial^2 T}{\partial x^2}+\frac{\partial^2 T}{\partial y^2}\right) \tag{7-72}$$

式中，T 为温度，K；t 为时间，s；α 为热扩散率 $\alpha=k/(\rho c_p)$，m^2/s，其中热导率 k[W/(m·K)]、密度 ρ(kg/m^3)、比热容 c_p[J/(kg·℃)] 为常数。

一个方形空腔内壁温度保持 700K，外壁温度保持 300K。该空腔内部尺寸为 1m×1m，外部尺寸为 2m×2m，如图 7-36 所示。对空腔的一对称部分采用有限差分处理方法，其中 $\Delta x=\Delta y=0.125$m。注意有八个该相同的部分组成了空腔的截面。

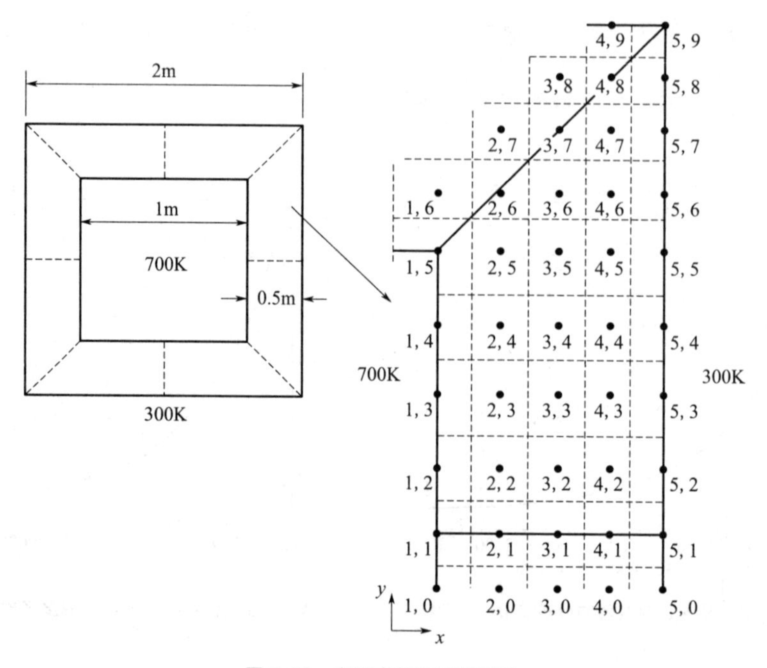

图 7-36 方形空腔的网格模型

（1）应用线性多步数值方法求解方程式(7-72)来确定图中空腔各个节点温度随时间的变化函数，直到稳定状态。画出温度 $T_{1,2}$、$T_{2,2}$、$T_{3,2}$ 和 $T_{4,2}$ 对时间的变化曲线。空腔壁的热扩散率为 $\alpha=5\times10^{-5}\mathrm{m}^2/\mathrm{s}$，热导率为 $k=1.2\mathrm{W}/(\mathrm{m}\cdot\mathrm{K})$，所有空腔材料的初始温度为300K。

（2）计算并画出在空腔长度方向上，通过内壁传递的每米热通量随时间的变化，直到稳态。

问题分析

本例题是典型的非稳态导热问题，包括一个时间变量和两个空间变量，同时利用空间对称性，取其中八分之一作为求解区域。

问题求解

从基本的二维非稳态导热控制方程出发，将时间一阶导数和空间二维导数采用差分方法在网格点处离散，得到网格点温度的方程组。

求解结果及分析

（1）一维偏微分方程的求解涉及应用该方法解决传热问题。而在这个问题中，时间导数用常微分替代，而二维空间导数可用有限差分替代。将中心差分公式应用于图中内部各节点，方程（7-72）改写为：

$$\frac{\mathrm{d}T_{n,m}}{\mathrm{d}t}=\alpha\left[\frac{T_{n+1,m}-2T_{n,m}+T_{n-1,m}}{(\Delta x)^2}+\frac{T_{n,m+1}-2T_{n,m}+T_{n,m-1}}{(\Delta y)^2}\right] \tag{7-73}$$

式中，n 代表 x 方向上的节点；m 代表 y 方向上的一个节点。

鉴于该问题的对称性，在任何时刻，以下各温度关系是始终成立的：

$$T_{1,6}=T_{2,5},\quad T_{2,7}=T_{3,6},\quad T_{3,7}=T_{4,7}$$

$$T_{2,2}=T_{2,0},\quad T_{3,2}=T_{3,0},\quad T_{4,2}=T_{4,0}$$

$T_{1,2}$ 温度恒定为700K。$T_{2,2}$、$T_{3,2}$ 和 $T_{4,2}$ 对时间的变化曲线分别如图7-37至图7-39所示。

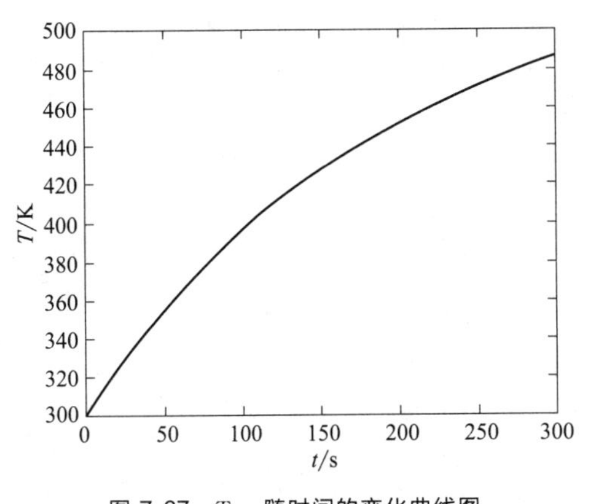

图7-37 $T_{2,2}$ 随时间的变化曲线图

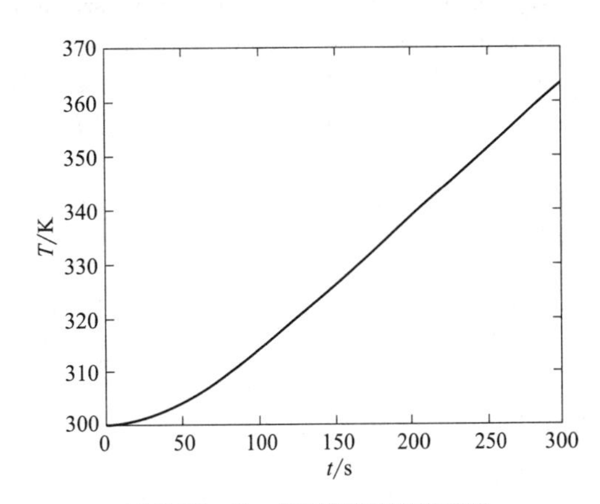

图7-38 $T_{3,2}$ 随时间的变化曲线图

（2）一旦得到温度分布，总热损失就可以通过对内壁面各节点热通量求和获得。各节点热通量公式如下：

$$q_x=-kA\left.\frac{\mathrm{d}T}{\mathrm{d}x}\right|_{x=\text{内表面}} \tag{7-74}$$

方程右侧导数可以采用二阶向前有限差分公式离散，通用形式为：

$$\frac{dT_n}{dx}=\frac{-3T_n+4T_{n+1}-T_{n+2}}{2\Delta x} \tag{7-75}$$

这样内壁面总热通量为：

$$q=-8k\Delta x\left[\left(\frac{1}{2}\right)\times\frac{dT_{1.5}}{dx}+\frac{dT_{1.4}}{dx}+\frac{dT_{1.3}}{dx}+\frac{dT_{1.2}}{dx}+\left(\frac{1}{2}\right)\times\frac{dT_{1.1}}{dx}\right] \tag{7-76}$$

结果见图 7-40。

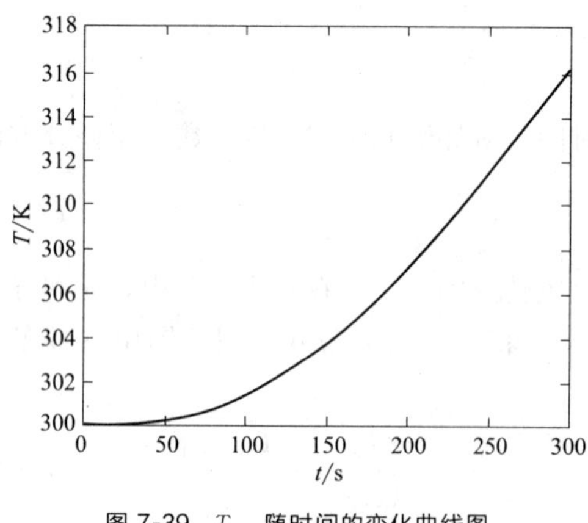

图 7-39 $T_{1,2}$ 随时间的变化曲线图

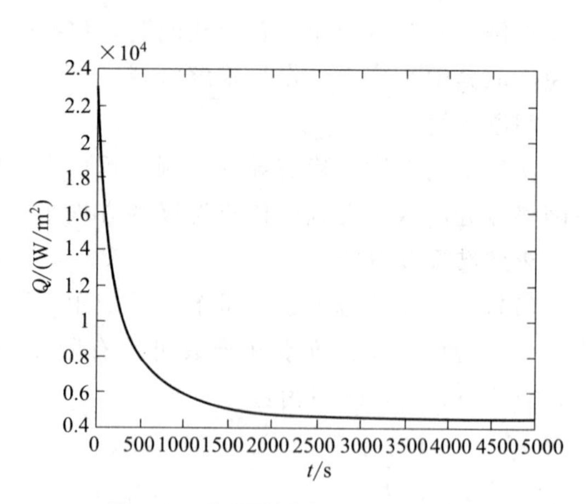

图 7-40 热通量随时间的变化曲线图

参考文献

[1] Sieder E N, Tate G E. Heat transfer and pressure drop of liquids in tubes [J]. Ind Eng Chem, 1936, 28 (12): 1429-1435.

[2] 陈涛，张国亮. 化工传递过程基础 [M]. 3版. 北京：化学工业出版社，2009.

[3] Geankoplis C J. Transport processes and unit operations [M]. 3rd ed. Englewood Cliffs NJ: Prentice Hall, 1993.

[4] Bird R B, Stewart W E, Lightfoot E N. Transport phenomena [M]. New York: Wiley, 1960.

[5] Cutlip M B, Shacham M, et al. Problem solving in chemical and biochemical engineering with POLYMATH™, Excel, and MATLAB [M]. 2nd ed. New York: Pearson Education Inc, 2008.

第8章

化学反应工程

我国当前处于加快转变经济发展方式、推动产业转型升级的关键时期，化学工业的转型，迫切需要大批高素质、创新型人才。化学反应工程是化学工程这门学科中非常重要的课程，承担化工知识传授和能力培养的重要任务。由此，本章结合化学反应工程的特点以例题的方式，介绍了从动力学数据的获取和处理到不同类型反应器的设计等丰富的内容。化学反应工程问题的解决，往往受制于数学模型的建立和求解，本章例题针对具体问题，从基本原理出发，介绍模型建立的基本思路，并利用 MATLAB、Mathmatica、Mathcad 等现代软件进行求解，将基础理论与工程问题深入浅出地进行介绍，使学生能够掌握解决这类问题的基本思想，达到学以致用的目的，提升创新意识和自主学习的能力。计算程序可扫码获取。

8.1 间歇式反应器——速率数据的积分分析

Hinshelwood 和 Askey 研究了 552℃下在间歇式反应器中二甲醚的气相分解反应：

$$CH_3OCH_3 \longrightarrow CH_4 + CO + H_2$$

实验中测定了总压随反应时间变化的数据，如表 8-1 所示，认为此反应为一级反应。

表 8-1 二甲醚分解反应过程的总压变化

时间 t/s	压力 p/mmHg	时间 t/s	压力 p/mmHg
0	420	182	891
57	584	219	954
85	662	261	1013
114	743	299	1054
145	815		

（1）采用线性回归方法确定一级反应的速率常数；

（2）用非线性回归方法确定一级反应的速率常数。

问题分析

本问题为利用积分法对间歇式反应器的数据进行分析，以确定反应速率常数，要求分别采用线性回归和非线性回归对数据进行处理。

问题求解

对于间歇式反应器中进行的一级反应，由物料平衡关系得出：

$$\ln\left(\frac{3p_0-p}{2p_0}\right)=-kt \tag{8-1}$$

式中，p_0 为初始压力，mmHg；p 为 t 时刻的测量压力，mmHg；k 是速率常数，s^{-1}。

① 利用式(8-1) 进行线性回归，首先对实验数据进行处理，求得每个 t 时的 $\ln\left(\frac{3p_0-p}{2p_0}\right)$ 数据，之后对 $\ln\left(\frac{3p_0-p}{2p_0}\right)\sim t$ 数据进行线性回归。

② 根据式(8-1) 可知，$p=3p_0-2p_0e^{-kt}$，利用此式进行非线性回归，求取 k 值。

求解结果及分析

MATLAB线性回归采用 regress 函数，回归结果 $k=0.0046s^{-1}$；非线性回归采用 nlinfit 函数，回归结果 $k=0.0045s^{-1}$。非线性回归的结果参见图 8-1，图中给出的数据点为实验点，实线为拟合所得 $p\sim t$ 关系，两条虚线给出了95%置信区间。

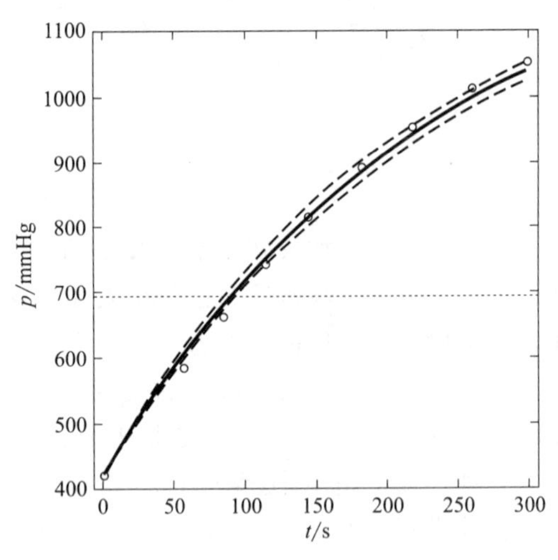

图 8-1 非线性回归的结果

8.2 间歇式反应器——微分分析法获取动力学方程

Hill 报道了二甲苯在 17℃时的液相溴化作用，在装有大量二甲苯的间歇式反应器中引入碘（一种催化剂）和少量的溴，反应物二甲苯和催化剂碘的浓度在反应过程中基本恒定，动力学方程视为幂数型。监测反应器中不同时刻溴的浓度，记录入表 8-2。

表 8-2 在不同反应时间溴的浓度的实测数据

时间 t /min	溴的浓度 c_{Br} /(mol/L)	时间 t /min	溴的浓度 c_{Br} /(mol/L)	时间 t /min	溴的浓度 c_{Br} /(mol/L)	时间 t /min	溴的浓度 c_{Br} /(mol/L)
0	0.3335	10.25	0.2050	19.60	0.1429	45.00	0.0705
2.25	0.2965	12.00	0.1910	27.00	0.1160	47.00	0.0678
4.50	0.2660	13.50	0.1794	30.00	0.1053	57.00	0.0553
6.33	0.2450	15.60	0.1632	38.00	0.0830	63.00	0.0482
8.00	0.2255	17.85	0.1500	41.00	0.0767		

(1) 确定一个可代表表 8-2 中 c_{Br} 与 t 关系的多项式。

(2) 通过线性回归确定速率常数 k 和反应级数 n。

(3) 通过非线性回归估算速率常数 k 和反应级数 n。

问题分析

本问题为间歇式反应器的数据分析，需要先拟合出 $c_{Br} \sim t$ 关系式，并用微分分析法来确定反应级数 n 和速率常数 k。本问题需用到拟合、微分以及进行线性或非线性回归。

问题求解

由题意已知，动力学方程视为幂数型，根据间歇式反应器的特点，可分析出其物料平衡式如下：

$$\frac{dc_{Br}}{dt} = -k(c_{Br})^n \tag{8-2}$$

式中，c_{Br} 是溴的浓度，mol/L；k 是速率常数；n 为反应级数。

对方程式(8-2) 两边同时取自然对数进行线性化，可得：

$$\ln\left(-\frac{dc_{Br}}{dt}\right) = \ln k + n\ln(c_{Br}) \tag{8-3}$$

首先对实验数据进行拟合，获取 $c_{Br} \sim t$ 关系多项式。通过对此关系式进行微分，得到 $\frac{dc_{Br}}{dt} \sim c_{Br}$ 关系，进一步利用式(8-3) 进行线性回归确定 k 和 n，也可以直接对方程式(8-2) 进行非线性回归，来确定 k 和 n。

求解结果及分析

(1) 采用 MATLAB 的 polyfit 函数对实验数据进行多项式拟合，设为 4 阶多项式，拟合结果：

$$c_{Br} = 4.09\times10^{-8}t^4 - 7.06\times10^{-6}t^3 + 4.74\times10^{-4}t^2 - 1.66\times10^{-2}t + 0.33$$

(2) 利用 MATLAB 的 polyder 函数对所拟合出的多项式函数进行微分，得到不同 c_{Br} 条件下的 $\frac{dc_{Br}}{dt}$。线性回归采用 regress 函数，回归结果 $k=0.0954$，$n=1.5219$；非线性回归采用 nlinfit 函数，回归结果 $k=0.0851$，$n=1.4501$。

8.3 间歇式反应器——初始速率法获取动力学关系

气相反应 A+2B ⟶ C 的初始反应速率（以 $-\frac{dp_A}{dt}$ 的形式表达）及压力的相关数据被列于表 8-3 中，速率表达式假定为以下形式：

$$-r_A = k(p_A)^{\alpha}(p_B)^{\beta} \tag{8-4}$$

式中，k 是反应速率常数；α 是 A 的反应级数；β 是 B 的反应级数。

表 8-3　初始反应速率与初始反应压力的数据

次序	p_A /mmHg	p_B /mmHg	$-r_A$ /(mmHg/s)	次序	p_A /mmHg	p_B /mmHg	$-r_A$ /(mmHg/s)
1	6	20	0.420	6	10	10	0.639
2	8	20	0.647	7	10	20	0.895
3	10	20	0.895	8	10	40	1.265
4	12	20	1.188	9	10	60	1.550
5	16	20	1.811	10	10	100	2.021

(1) 用非线性回归的方法求出 α、β 和 k 的值。

(2) 根据 (1) 的结果将反应级数设定为整数或简单的小数，确定相应的 k 值。

问题分析

本问题为利用间歇式反应器中所获得的初始反应速率数据来确定反应级数和反应速率常数。需要对数据进行非线性回归来获得模型参数。

问题求解

问题 (1) 要利用式(8-4) 对数据进行非线性回归，确定 α、β 和 k 的值。

问题 (2) 在 (1) 的基础上，取定 α 和 β 的值为整数或简单的小数，使得 $-r_A$ 与 $(p_A)^{\alpha}$ $(p_B)^{\beta}$ 之间成为线性关系，然后进行线性回归。

求解结果及分析

问题 (1) 应用 MATLAB 中的 nlinfit 函数进行非线性回归，得到 $k=0.0064$，$\alpha=1.4936$，$\beta=0.5017$。

问题 (2) 在 (1) 的基础上，给定 α 和 β 分别为简单的小数 1.5 和 0.5，利用 MATLAB 软件中的线性回归函数 regress 求取，得 $k=0.0064$。

8.4 间歇式反应器——半衰期法获取动力学数据

在一恒容间歇式反应器中进行 N_2O 的热分解反应，反应计量方程为：

$$2N_2O \longrightarrow 2N_2+O_2 \quad 或 \quad 2A \longrightarrow 2B+C$$

在恒温 ($T=1055K$) 和非等温下所得半衰期数据分别见表 8-4 和表 8-5。假设反应速率方程为 $-r_A=kc_A^{\alpha}$。

当温度有变化时，以 Arrhenius 方程表示温度对反应速率常数的影响：

$$k=A\exp[-E/(RT)] \tag{8-5}$$

式中，T 为绝对温度，K；R 为气体常数，8.314J/(mol·K)；E 为活化能，J/mol；A 为指前因子，单位和速率常数相同。

表 8-4 1055K 时的半衰期数据

次序	半衰期 $t_{1/2}$ /s	浓度 $c_{A0}\times10^3$ /(mol/L)
1	1048	1.6334
2	919	1.8616
3	704	2.4315
4	537	3.1533
5	474	3.6092
6	409	4.1031
7	382	4.4830
8	340	4.9769

表 8-5 变温时的半衰期数据

次序	半衰期 $t_{1/2}$ /s	温度 T /K	浓度 $c_{A0}\times10^3$ /(mol/L)
1	1240	1060	1.2478
2	1352	975	2.5899
3	510	1060	3.0250
4	918	970	4.0495
5	455	1035	4.2599
6	318	1050	5.3060

(1) 对表 8-4 的数据进行线性回归，并将线性回归的收敛参数值作为初始估计值进行非线性回归，来确定 1055K 时的反应速率常数和反应级数。

(2) 对表 8-4 和表 8-5 的数据进行线性回归，并将线性回归的收敛值作为初值，进行非线性回归来确定反应级数、活化能和指前因子。

问题分析

用半衰期法来确定反应级数、反应速率常数、指前因子及活化能等参数。线性回归时，需首先根据线性方程的形式进行数据的变形。

问题求解

间歇式反应器设计方程的积分形式可以半衰期的形式表达为：

$$t_{1/2}=\frac{2^{\alpha-1}-1}{k(\alpha-1)}\times\frac{1}{c_{A0}^{\alpha-1}} \tag{8-6}$$

对方程式(8-6) 两边同时取自然对数，得到线性关系：

$$\ln t_{1/2}=\ln\frac{2^{\alpha-1}-1}{k(\alpha-1)}+(1-\alpha)\ln c_{A0} \tag{8-7}$$

将 Arrhenius 方程代入方程式(8-6) 得：

$$t_{1/2}=\frac{2^{\alpha-1}-1}{\{A\exp[-E/(RT)]\}(\alpha-1)}\times\frac{1}{c_{A0}^{\alpha-1}} \tag{8-8}$$

式(8-8) 是用于关联非恒温数据时的半衰期法关系式。

与方程式(8-8) 对应的线性表达式为：

$$\ln t_{1/2}=\ln\left(\frac{2^{\alpha-1}-1}{\alpha-1}\right)-\ln A+\frac{E}{RT}+(1-\alpha)\ln c_{A0} \tag{8-9}$$

(1) 采用方程式(8-7) 进行线性回归，并将线性回归的收敛参数值作为初始估计值对式(8-6) 进行非线性回归，得出 1055K 条件下的反应速率常数和反应级数。

(2) 确定反应级数、活化能和指前因子的方法与 (1) 类似，首先利用方程式(8-9) 进行线性回归，然后利用方程式(8-8) 进行非线性回归。

求解结果及分析

线性回归时采用 MATLAB 中的 regress 函数，对问题 (1) 得 $\alpha=2.0096$，$k=0.6231$。非线性回归采用 lsqnonlin 函数求取，以线性回归得到的 α 和 k 为初值，得 $\alpha=2.0093$，$k=0.6222$。对问题 (2) 采用类似的思路处理。线性回归得反应级数、活化能和频率因子分别为：$\alpha=2.0019$，$E=7.9211\times10^4$J/mol，$A=5.0598\times10^3$。非线性回归的结果为 $\alpha=1.9328$，$E=7.9211\times10^4$J/mol，$A=5.0598\times10^3$。

8.5 理想的间歇式反应器——等温条件下的体积计算

以 HCl 为催化剂，在 100℃下，在间歇反应器中用乙酸和乙醇生产乙酸乙酯：

$$CH_3COOH(A)+C_2H_5OH(E)\longrightarrow CH_3COOC_2H_5(AE)+H_2O(W)$$

在研究所用的反应条件下，该反应的动力学方程为：

$$-r_A=4.76\times10^{-4}c_Ac_E-1.63\times10^{-4}c_{AE}c_W$$

反应器加料为：等质量的 90%（质量分数）的乙酸和 95%（质量分数）的乙醇。要求反应器每天生产 4.3t 乙酸乙酯，两批反应之间的辅助操作时间为 30min。当出料转化率为平衡转化率的 85%时，计算所需反应器的容积。反应混合物的密度可视为恒定，其值为 0.90kg/L。

问题分析

本问题将涉及平衡转化率的求解和间歇式反应器体积的计算。平衡转化率的求解为非线性代数方程的求解，反应器体积的计算则涉及物料衡算微分方程的求解或积分。

问题求解

乙酸的浓度小于乙醇而分子量大于乙醇，使得进料中乙酸的物质的量小于乙醇，从而乙酸成为本反应过程中的限制组分。根据各组分的初始质量分数和进料配比，可获取各组分的初始浓度 c_{i0}(mol/L)。乙酸的平衡转化率记为 X_{Ae}，达到平衡时：

$$-r_A=0=4.76\times10^{-4}c_{A0}(1-X_{Ae})(c_{E0}-c_{A0}X_{Ae})-1.63\times10^{-4}(c_{W0}+c_{A0}X_{Ae})c_{A0}X_{Ae} \tag{8-10}$$

求解方程式(8-10)，可得出平衡转化率，进而可求得出料转化率为 $0.85X_{Ae}$。

反应器中乙酸的转化率记为 X_A。间歇式反应器的物料衡算方程为：

$$\frac{dt}{dX_A}=\frac{c_{A0}}{-r_A} \tag{8-11}$$

根据动力学方程可知，其中：

$$-r_A=4.76\times10^{-4}c_{A0}(1-X_A)(c_{E0}-c_{A0}X_A)-1.63\times10^{-4}(c_{W0}+c_{A0}X_A)c_{A0}X_A \tag{8-12}$$

对式(8-11) 积分 [见式(8-13)] 或直接求解微分方程式(8-11)，即可求得达到给定转化率所需的反应时间。

$$t=c_{A0}\int_0^{X_A}\frac{dX_A}{-r_A} \tag{8-13}$$

进一步根据乙酸乙酯的产量要求 4.3t/d，可求得单位时间的产量 F_{AE} (mol/min)，根据转化率要求可求得每批转化完成时乙酸乙酯的浓度 c_{AE}。由式(8-14) 可求解得出反应器容积：

$$V_R=\frac{F_{AE}(t+t_0)}{c_{AE}} \tag{8-14}$$

求解结果及分析

本问题的关键步骤是求解平衡转化率和反应时间。求解平衡转化率时需求解代数方程式(8-10)，利用 MATLAB 求解时采用了 solve 函数，求得 $X_{Ae}=0.6417$；求解反应时间时采用了求解微分方程式(8-11) 或对此方程进行积分的方法，求出当转化率为平衡转化率的 85%时，反应时间 $t=310.03$min，达到要求的处理量所需反应器的体积为 $3.69m^3$。

8.6 理想的间歇式反应器——最小反应器体积计算

欲用一间歇式反应器在反应温度为 100℃、催化剂硫酸的质量分数为 0.032%的条件下，由乙酸和丁醇生产乙酸丁酯：

$$CH_3COOH(A)+C_4H_9OH(E)\longrightarrow CH_3COOC_4H_9(BE)+H_2O(W)$$

经研究，当丁醇大大过量时，此反应可视为对乙酸浓度为二级的反应，在上述反应条件下，其反应速率方程为：

$$-r_A=kc_A^2 \qquad k=17.4\mathrm{cm^3/(mol\cdot min)}$$

原料由丁醇和乙酸混合而成，两者的物质的量之比为 6∶1，要求乙酸丁酯的生产速率为 150kg/h，两批反应之间装、卸料等辅助操作时间为 40min。请问为完成上述生产任务，反应器的最小容积为多少？

因为丁醇大大过量，反应混合物的密度可视为恒定，等于 $0.75\mathrm{g/cm^3}$。

问题分析

本问题要求间歇式反应器达到给定产量所需的最小反应器容积，将涉及求导及非线性方程的求解。

问题求解

设反应时间为 t 时产物浓度为 c_{BE}，辅助操作时间为 t_0，则当要求单位时间的产物生产量为 F_{BE} 时，所需的反应器体积为：

$$V_R=\frac{F_{BE}(t+t_0)}{c_{BE}} \tag{8-15}$$

以 V_R 对 t 求导，得：

$$\frac{dV_R}{dt}=\frac{c_{BE}F_{BE}-F_{BE}(t+t_0)\dfrac{dc_{BE}}{dt}}{c_{BE}^2} \tag{8-16}$$

当 $\frac{dV_R}{dt}=0$ 时，达到一定产量所需的反应器体积最小，此时：

$$\frac{dc_{BE}}{dt}=\frac{c_{BE}}{t+t_0} \tag{8-17}$$

对于二级反应，转化率和反应时间的关系为：

$$X_A=\frac{c_{A0}kt}{1+c_{A0}kt} \tag{8-18}$$

则：

$$c_{BE}=c_{A0}X_A=\frac{c_{A0}^2kt}{1+c_{A0}kt} \tag{8-19}$$

根据式(8-17) 和式(8-19) 求解反应时间 t。进而根据式(8-15) 求得反应器容积。

求解结果及分析

按照式(8-16) 或式(8-17) 的要求，本问题需求解 V_R 对 t 的导数或 c_{BE} 对 t 的导数，进而求解代数方程。本问题采用了 MATLAB 的 diff 函数进行求导，采用 solve 函数进行代数方程的求解。求得反应时间 $t=39.30\mathrm{min}$，最小反应器体积 $V_R=2.28\mathrm{m^3}$。

8.7　间歇式反应器——换热问题

不可逆吸热液相基元反应：

$$\mathrm{A+B}\xrightarrow{k}\mathrm{C} \tag{8-20}$$

在一带搅拌的间歇式反应器中进行，在反应器的外部用蒸汽夹套加热。各物质的初始浓度分别为 $c_{A0}=2.5\mathrm{mol/L}$、$c_{B0}=5\mathrm{mol/L}$、$c_{C0}=0$。反应器的体积 $V=1200\mathrm{L}$，夹套中蒸汽温度保持在 $T_j=150℃$，表 8-6 给出了其他数据。

绘制物质 A 的转化率 X_A 和反应温度在反应最初的 60min 中的变化曲线，反应器初始温度为 $T_0=30℃$。

表 8-6 带加热的间歇式反应器的其他数据

活化能	$E=83.6\text{kJ/mol}$
速率常数	$k=0.001\text{L/(mol·min)}$，27℃条件
273.13K 时的反应热	$\Delta H_R=27.85\text{kJ/mol}$
平均摩尔热容	$C_{pA}=14\text{J/(mol·K)}$
	$C_{pB}=28\text{J/(mol·K)}$
	$C_{pC}=42\text{J/(mol·K)}$
传热面积	$A=5\text{m}^2$
传热系数	$U=3.76\text{kJ/(min·m}^2\text{·K)}$

问题分析

本问题为针对带加热的间歇式反应器中的恒容（液相）吸热反应，求算转化率和温度分布图。本问题需求解常微分方程组。

问题求解

解决本问题需要用到的方程包括物料平衡方程和能量平衡方程。

物料平衡方程（即用转化率 X_A 表示的设计方程）：

$$\frac{\mathrm{d}X_A}{\mathrm{d}t}=\frac{-r_A}{c_{A0}} \tag{8-21}$$

能量平衡方程（由 $C_{pC}=C_{pA}+C_{pB}$，整理后可得）：

$$\frac{\mathrm{d}T}{\mathrm{d}t}=\frac{UA(T_j-T)-(-r_A)V\Delta H_R}{N_{A0}(C_{pA}+\theta_B C_{pB})} \tag{8-22}$$

速率定义：

$$-r_A=kc_{A0}^2(1-X_A)(\theta_B-X_A) \tag{8-23}$$

根据 27℃下的速率常数，可得速率常数与温度的关系式：

$$k=0.001\exp\left[\frac{-E}{R}\left(\frac{1}{T}-\frac{1}{300}\right)\right] \tag{8-24}$$

式中，N_{A0} 为 A 的初始物质的量，$N_{A0}=Vc_{A0}$；X_A 为 A 的转化率；θ_B 为初始摩尔比 c_{B0}/c_{A0}；T 为绝对温度，K。

求解结果及分析

可利用 MATLAB 中的 ode15s 函数对式(8-21）和式(8-22）所构成的微分方程组进行求解，初值条件为：$t=0$ 时，$X_A=0$，$T=303\text{K}$。求解过程中一定要注意统一单位。转化率和反应温度随反应时间的变化关系参见图 8-2。

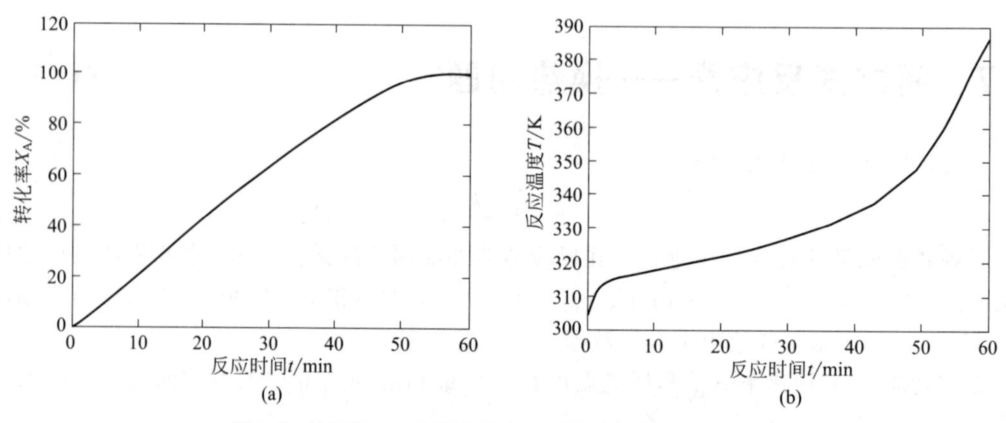

图 8-2 转化率（a）和反应温度（b）随反应时间的变化关系

8.8 全混流反应器（CSTR）——速率数据的分析

在 300℃和 0.9125atm 条件下，一均相不可逆气相反应在一个 1L 的 CSTR 反应器中进行，此反应的计量方程为：A ⟶ B+2C。$c_{A0}=0.1942$mol/L，表 8-7 给出了转化率 X_A 与进料（纯 A）的体积流率数据。

确定针对反应物 A 的反应级数（为整数）并计算出相应的速率常数。

表 8-7 CSTR 反应器中的转化率数据

v_0/(L/s)	X_A	v_0/(L/s)	X_A
250	0.45	5	0.8587
100	0.5562	2.5	0.8838
50	0.6434	1	0.9125
25	0.7073	0.5	0.95
10	0.7874		

问题分析

本问题是利用 CSTR 反应器数据确定气相不可逆变物质的量反应的动力学参数。需要用多元非线性回归来获得动力学方程的各个参数值。

问题求解

反应为变物质的量反应，反应过程中物料体积流率有变化，依据膨胀因子 δ_A 的定义：反应 1mol A 引起的体系总物质的量的改变量，对于反应 A ⟶ B+2C，可得 $\delta_A=2$。继而可计算出膨胀率 $\varepsilon_A=\delta_A y_{A0}=2y_{A0}=2$，其中 y_0 为反应物 A 的初始摩尔分数。由此，对该 CSTR 反应器，基于反应物 A 的物料平衡关系，得出式(8-25)：

$$v_0=\frac{Vkc_{A0}^n(1-X_A)^n}{c_{A0}X_A(1+\varepsilon_A X_A)^n}=\frac{Vkc_{A0}^{n-1}(1-X_A)^n}{X_A(1+2X_A)^n} \tag{8-25}$$

式中，v_0 为体积流率，L/s；V 为反应器有效体积，L；k 为速率常数；n 为反应级数。

k 和 n 未知，可利用已知数据，对方程式(8-25) 进行非线性回归来确定参数 k 和 n。

求解结果及分析

应用 MATLAB 的 nlinfit 函数，对方程式(8-25) 进行非线性回归即可求得 k 和 n。计算结果为 $k=9.52\times10^3$，$n=2.11$。

8.9 全混流反应器——动力学数据的获取及应用

液相反应 A ⟶ R 在一全混流反应器中进行，获得表 8-8 所示的数据。

表 8-8 某全混流反应器的实验数据

空时 τ/s	60	35	11	20	11
c_{A0}/(mmol/L)	50	100	100	200	200
c_A/(mmol/L)	20	40	60	80	100

若该反应在活塞流反应器中进行，初始浓度为 $c_{A0}=100\text{mmol/L}$，转化率达到 80%，确定所需要的空时。

问题分析

利用全混流反应器的实验数据进行动力学数据的获取，需要对实验数据进行线性回归或非线性回归。之后将所获得的动力学关系用于活塞流反应器的设计，需要进行积分计算。

问题求解

根据恒容（液相）操作的全混流反应器的设计方程：

$$\tau=\frac{c_{A0}-c_A}{-r_A} \tag{8-26}$$

得出 $-r_A=(c_{A0}-c_A)/\tau$，求解出各操作条件下的反应速率。若动力学关系为幂数型，则：

$$-r_A=kc_A^n \tag{8-27}$$

$$\lg(-r_A)=\lg k+n\lg(c_A) \tag{8-28}$$

则可通过对 $\lg(c_A)\sim\lg(-r_A)$ 进行线性回归得出速率常数 k 和反应级数 n，也可直接对式(8-27) 做非线性回归得出 k 和 n。

利用上述动力学关系，进行活塞流反应器的设计计算，根据设计方程：

$$\tau=c_{A0}\int_{X_{A0}=0}^{X_A}\frac{dX_A}{-r_A}=\int_{c_A}^{c_{A0}}\frac{dc_A}{-r_A} \tag{8-29}$$

积分求得达到一定转化率所需的空时。

求解结果及分析

首先根据式(8-26) 所给的关系确定反应速率数据，进而采用 MATLAB 中的 regress 函数进行线性回归，得出 k 和 n。然后利用所得动力学参数对活塞流反应器进行设计计算，根据式(8-29) 将得出的动力学关系代入，利用 int 函数进行积分，得活塞流反应器中达到 80%的转化率时所需的空时为 36.34s。

8.10 连续搅拌釜式反应器——多个反应器串联操作

某基元不可逆液相反应：

$$A+B\longrightarrow C$$

在如图 8-3 所示的三个串联的连续搅拌釜式反应器（CSTR）中进行，A 和 B 作为两股独立物料进入第一个反应器，两股进料的体积流率都在 6L/min。三个反应器的体积均为 200L。开始时每个反应器内部都盛有惰性溶剂。反应物初始浓度为 $c_{A0}=c_{B0}=2.0\text{mol/L}$，反应速率常数 $k=0.56\text{L/(mol·min)}$。

（1）计算当体系达到稳态时第三个反应器出口各组分的浓度。

（2）确定达到稳态所需要的时间（即当第三个反应器出口 c_{A3} 为 99%的稳态值时所需的时间）。并针对每个反应器，绘制出从开始到达到稳态时反应器出口 A 的浓度变化曲线。

（3）当 B 被平均分成三份，分别加入到三个反应器中时，重复（1）（2）过程。

（4）进料流率相同时，在活塞流反应器中进行反应，对比此时的结果与（1）的计算结果。

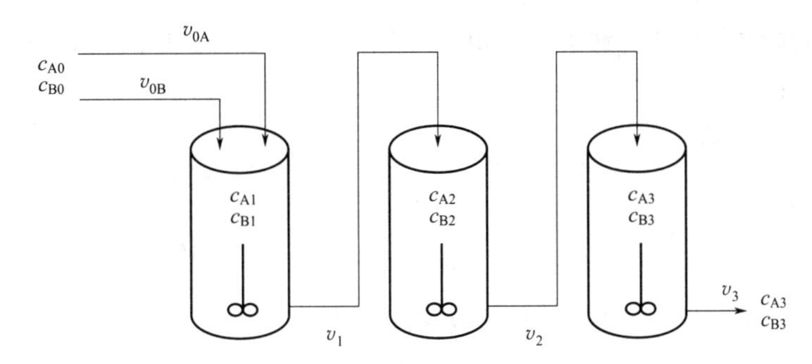

图 8-3　三个连续搅拌釜式反应器串联装置

问题分析

本问题拟确定三个 CSTR 反应器串联时的稳态和动态特性。该问题的求解需要联立常微分方程和显式代数方程。

问题求解

对于问题（1）（2），可对每个反应器给出非稳态操作条件下的物料平衡关系。对于液相反应，体积随反应的变化可忽略不计。对第 i 个反应器，列出组分 j 的物料平衡关系：

$$v_{i-1}c_{j,i-1}=(-r_{j,i})V_i+v_ic_{j,i}+\frac{dc_{j,i}}{dt}V_i \tag{8-30}$$

由此对各个反应器分别写出各组分的物料平衡方程：

$$\frac{dc_{A1}}{dt}=(v_{0A}c_{A0}-v_1c_{A1}-kc_{A1}c_{B1}V_1)/V_1 \tag{8-31}$$

$$\frac{dc_{B1}}{dt}=(v_{0B}c_{B0}-v_1c_{B1}-kc_{A1}c_{B1}V_1)/V_1 \tag{8-32}$$

$$\frac{dc_{A2}}{dt}=(v_1c_{A1}-v_2c_{A2}-kc_{A2}c_{B2}V_2)/V_2 \tag{8-33}$$

$$\frac{dc_{B2}}{dt}=(v_1c_{B1}-v_2c_{B2}-kc_{A2}c_{B2}V_2)/V_2 \tag{8-34}$$

$$\frac{dc_{A3}}{dt}=(v_2c_{A2}-v_3c_{A3}-kc_{A3}c_{B3}V_3)/V_3 \tag{8-35}$$

$$\frac{dc_{B3}}{dt}=(v_2c_{B2}-v_3c_{B3}-kc_{A3}c_{B3}V_3)/V_3 \tag{8-36}$$

其中，$c_{A0}=c_{B0}=2.0\text{mol/L}$；$k=0.56\text{L/(mol}\cdot\text{min)}$；$V_1=V_2=V_3=200\text{L}$；$v_{0A}=v_{0B}=6\text{L/min}$；$v_1=v_2=v_3=12\text{L/min}$。

确定稳态操作的方法之一是将微分方程在一个很长的时间范围内进行积分，此时对时间的微分接近零，即达到了稳态。另一种方法就是令$\frac{dc_{j,i}}{dt}=0$，得到非线性方程组，联立这些非线性方程组进行求解。

对于问题（3），由于此时每个反应器都有新鲜的 B 物料加入，组分 B 的物料平衡式要做修改，使其包含组分 B 的新鲜进料。由此，第二、三反应器 B 的物料平衡方程式(8-34)和式(8-36) 变为：

$$\frac{dc_{B2}}{dt}=(v_{0B}c_{B0}+v_1c_{B1}-v_2c_{B2}-kc_{A2}c_{B2}V_2)/V_2 \tag{8-37}$$

$$\frac{dc_{B3}}{dt}=(v_{0B}c_{B0}+v_2c_{B2}-v_3c_{B3}-kc_{A3}c_{B3}V_3)/V_3 \tag{8-38}$$

v_{0B} 是加入每个反应器的物料 B 的体积流率，物料的体积流率也必须变为 $v_{0B}=2L/min$，$v_1=8L/min$，$v_2=10L/min$，$v_3=12L/min$。

对于问题（4），对各反应物列出活塞流反应器达到稳态时的物料平衡，得出以下常微分方程，其中 $v_0=12L/min$。对于混合进料，初始条件为 $c_{A0}=c_{B0}=1.0mol/L$。

$$\frac{dc_A}{dV}=-\frac{kc_Ac_B}{v_0} \tag{8-39}$$

$$\frac{dc_B}{dV}=-\frac{kc_Ac_B}{v_0} \tag{8-40}$$

求解结果及分析

问题（1），取式(8-31)～式(8-36) 左侧为 0，分别对三个反应器求解组分 A 和组分 B 的物料平衡方程组，可采用 solve 函数进行求解，最终得第三个反应器出口 $c_{A3}=c_{B3}=0.075mol/L$。

问题（2），可采用 ode15s 函数求出由式(8-31)～式(8-36) 组成的微分方程组的数值解，并绘出 c_{A1}、c_{A2}、c_{A3} 关于 t 的曲线，并找出 $c_{A3}=99\%$稳态值时对应的 t 值即可。结果见图 8-4。

问题（3），类似于问题（1）（2）的方法，求解由式(8-31)～式(8-33)、式(8-35)、式(8-37) 及式(8-38) 构成的方程组。结果见图 8-5。

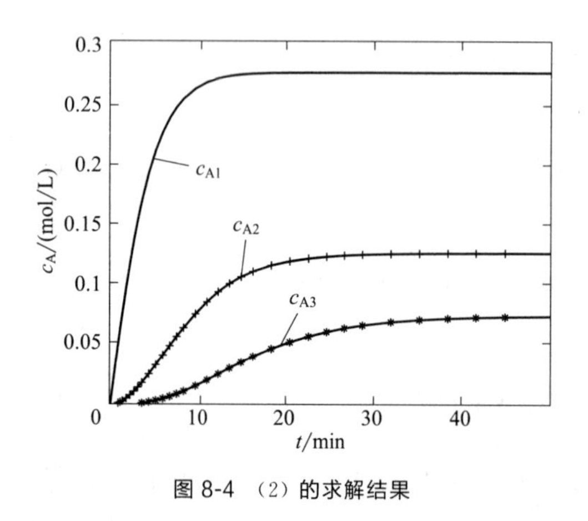

图 8-4 （2）的求解结果

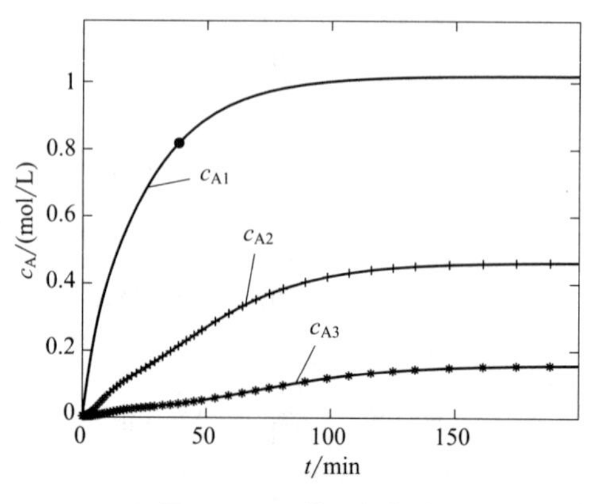

图 8-5 （3）的求解结果

问题（4），由于 $c_{A0}=c_{B0}$，知 c_A 与 c_B 等价，于是方程式(8-39) 与式(8-40) 化简为方程：

$$\frac{dc_A}{dV}=-\frac{kc_A^2}{v_0}$$

对于串联的活塞流反应器，反应器间没有特殊操作，反应速率为连续函数，可将三个反应器看做一个大的活塞流反应器，其反应器体积为三个反应器体积之和，$V=600\text{L}$，利用函数 desolve 解出 $c_A=c_B=0.034\text{mol/L}$。

8.11 全混流反应器——绝热操作

在一容积 $V_R=1.5\text{m}^3$ 的绝热全混流反应器中进行醋酸酐水解反应：

$$(CH_3CO)_2O(AA)+H_2O(W)=\!=\!=2CH_3COOH(A)$$

由于反应混合物中水大大过量，此反应可看作拟一级反应，醋酸酐的水解速率为：

$$-r_A=kc_{AA}\ \text{mol/(cm}^3\cdot\text{min)}$$

其中 $k=2.24\times10^7\text{e}^{-5600/T}$，若反应器进料流率为 $5.6\text{m}^3/\text{h}$，进料醋酸酐浓度为 $2.5\times10^{-4}\text{mol/cm}^3$，进料温度为 25℃，试计算反应器出口的醋酸酐水解分率。

有关物性和热化学数据如下：反应混合物密度 $\rho=1.09\text{g/cm}^3$，反应混合物定压比热容 $c_p=3.6\text{kJ/(kg}\cdot\text{K)}$，反应热 $\Delta H=-209000\text{J/mol}$。

问题分析

本问题要求解一定进口温度条件下绝热操作的全混流反应器出口转化率，需进行非线性方程的求解。

问题求解

反应体系的绝热温升为：

$$\Delta T_{ad}=\frac{(-\Delta H)c_{AA0}}{\rho c_p} \tag{8-41}$$

出口温度：

$$T=T_0+\Delta T_{ad}X_{AA} \tag{8-42}$$

对于该一级反应，根据全混流反应器的物料平衡关系，可得出在全混流反应器中出口转化率和反应器空时的关系，参见式(8-43)：

$$X_{AA}=\frac{k\tau}{1+k\tau} \tag{8-43}$$

其中的 k 又是温度的函数，结合式(8-42) 与式(8-43)，得到关于 X_{AA} 的非线性方程，对此方程进行求解即可得出反应器出口转化率（醋酸酐水解分率）X_{AA}。

求解结果及分析

本问题需结合式(8-42)、式(8-43) 以及动力学常数对温度的依赖关系进行求解，采用 MATLAB 的 fzero 函数来实现，最终求得反应器出口的醋酸酐水解分率为 $X_{AA}=0.8294$。

8.12 活塞流反应器——恒容反应的反应级数对转化率的影响

在一个体积为 1.5L 的活塞流反应器中，进行一液相不可逆反应 A ⟶ B。A 的进料浓

度为 $c_{A0}=1.0\text{mol/L}$，进料体积流率为 $v_0=0.9\text{L/min}$。对于不同反应级数的情况，反应速率常数 k 都为 1.1，k 的单位由上述反应物浓度和进料流率的单位所决定。

(1) 对于此体积为 1.5L 的活塞流反应器，分别对级数为 0、1、2、3 的反应，绘制出转化率与反应器体积的函数关系曲线。

(2) 将上述的反应物初始浓度改为 0.5mol/L 和 2.0mol/L，重复 (1) 过程。

问题分析

本问题涉及的反应器为恒容、等温的活塞流反应器，对不同级数的反应，拟考察反应器中转化率沿反应器体积（或轴向位置）的变化关系。解决此问题需要列出活塞流反应器的物料平衡关系，其为一常微分方程，本问题主要涉及对此常微分方程的求解。

问题求解

对于上述活塞流反应器，根据物料平衡给出如下关于反应物 A 转化率的微分方程：

$$dX_A/dV=-r_A/F_{A0} \tag{8-44}$$

式中，X_A 为反应物 A 的转化率；V 为反应器体积，L；$-r_A$ 为反应物 A 的消耗速率，mol/(L·min)；F_{A0} 为反应物 A 的进料摩尔流率，mol/min。

其中消耗速率表达式为：

$$-r_A=kc_A^{\alpha} \tag{8-45}$$

上式中的 α 为反应级数，$\alpha=0$、1、2、3。方程式(8-44) 的初始条件为：反应器进口转化率为零。用方程式表达为：$V=0$ 时，$X_A=0$。

将恒温、恒压下的液相反应，视为恒容过程，反应物浓度可用转化率 X_A 表示如下：

$$c_A=c_{A0}(1-X_A) \tag{8-46}$$

需要注意，其中零级反应较为特殊，因为在转化率达到 1.0 之前，反应速率一直恒定，转化率达 1.0 之后反应速率变为零。

对于本问题，求解微分方程式(8-44) 即可。

求解结果及分析

用 MATLAB 程序来解决问题 (1)，联立式(8-44)、式(8-45)、式(8-46) 三个方程，应用 MATLAB 解微分方程式(8-44) 并绘出图形即可。

图形化结果见图 8-6，可看出不同反应级数对转化率的影响。对比不同反应物浓度下的结果，可以发现反应物浓度越高，级数越高的反应转化率上升越快。

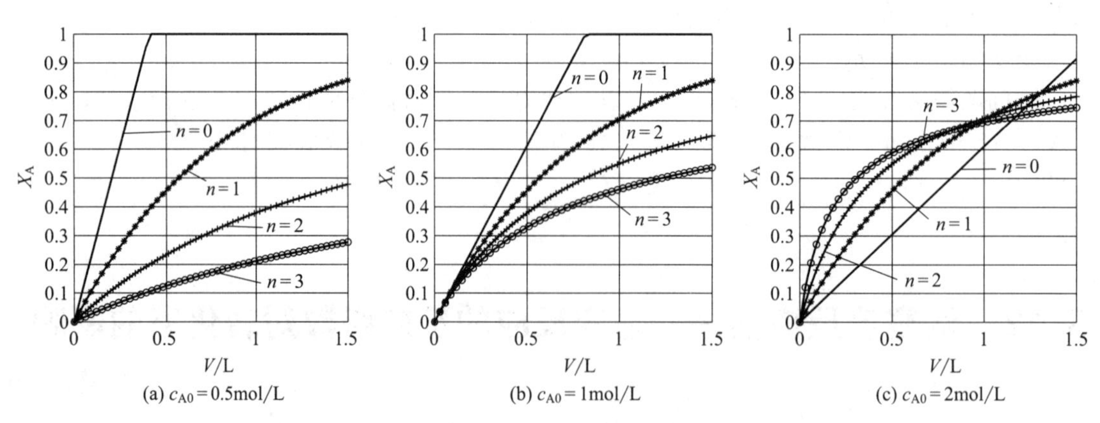

图 8-6 不同反应物浓度、不同反应级数下的转化率曲线图

8.13 活塞流反应器——反应物体积流率沿反应器轴向逐渐变化的问题

拟在一等温、无压降的活塞流反应器中进行如下气相反应：$A \longrightarrow B+2C$。原料由A和惰性气体I组成。反应器体积$V=200L$，进料体积流率v_0保持在10L/min。反应为一级反应，基于反应物A的反应速率常数k为0.08 min^{-1}。

（1）若反应物为纯A，其起始浓度$c_{A0}=1.0mol/L$，确定转化率沿反应器体积的变化关系并绘制其函数图形。

（2）当反应物中含有5%（摩尔分数）的A，其余为惰性组分时，重复上述（1）过程。

（3）对反应$3A \longrightarrow B$，若基于反应物A的反应速率常数仍为0.08min^{-1}，其他条件也不变，重复（1）（2）的过程。

问题分析

该问题为恒压、恒温操作的活塞流反应器中变物质的量的气相反应问题，欲进行转化率的计算，表达物料平衡的微分方程是问题求解的关键，这使得本问题转变为微分方程的求解问题。

问题求解

（1）活塞流反应器中的物料平衡关系为：

$$dX_A/dV=-r_A/F_{A0} \tag{8-44}$$

F_{A0}与A的初始浓度c_{A0}及进料的体积流率v_0间满足：

$$F_{A0}=c_{A0}v_0 \tag{8-47}$$

其中速率表达式为：

$$-r_A=kc_A \tag{8-48}$$

反应后反应物A的浓度c_A与初始时A的浓度c_{A0}的关系如下：

$$c_A=c_{A0}\frac{1-X_A}{1+\varepsilon_A X_A}\times\frac{p}{p_0}\times\frac{T_0}{T} \tag{8-49}$$

式中，ε_A为膨胀率，具体含义参见文献[3]；p为反应后或反应器出口的压力，Pa；p_0为反应前或反应器入口的压力，Pa；T为反应后或反应器出口的温度，K；T_0为反应前或反应器入口的温度，K。

其中膨胀因子$\delta_A=3-1=2$，膨胀率ε_A可由膨胀因子δ_A和反应物A的初始摩尔分数y_{A0}计算得到：

$$\varepsilon_A=y_{A0}\delta_A=2y_{A0} \tag{8-50}$$

此反应为恒温、无压降的反应，则方程式(8-49)可改写成：

$$c_A=c_{A0}\frac{1-X_A}{1+\varepsilon_A X_A} \tag{8-51}$$

将方程式(8-47)、式(8-48)、式(8-51)代入方程式(8-44)得：

$$\frac{dX_A}{dV}=\frac{k(1-X_A)}{v_0(1+\varepsilon_A X_A)} \tag{8-52}$$

其初始条件为$V=0$时$X_A=0$，终点值为$V=200$。ε_A的值由方程式(8-50)来计算，反应物为纯净物时，$y_{A0}=1$，$\varepsilon_A=2$。

(2) 反应物纯度为5%时，$y_{A0}=0.05$，$\varepsilon_A=0.1$。

(3) 对于这个反应，(1)(2)中的方程同样适用，只要将反应中的ε_A值改为：

$$\varepsilon_A=y_{A0}\delta_A=y_{A0}\times\left(\frac{1}{3}-1\right)=-\frac{2}{3}y_{A0} \tag{8-53}$$

ε_A分别等于-0.67和-0.033。

求解结果及分析

问题(1)(2)针对第一个反应。对于纯反应物的情况，需对微分方程式(8-52)进行求解，可用MATLAB程序ode45函数实现，也可采用ode113等函数完成计算。

对于反应物稀释的情况，只需将$\varepsilon_A=0.1$代入即可。用X_1和X_2分别表示$y_{A0}=1$和$y_{A0}=0.05$时的转化率，具体数据参见表8-9。

表8-9　问题(1)(2)转化率沿反应器体积的变化数据

V	X_1	X_2	V	X_1	X_2
0	0	0	120	0.4687	0.6045
20	0.1315	0.1468	140	0.5100	0.6598
40	0.2278	0.2706	160	0.5467	0.7071
60	0.3043	0.3753	180	0.5795	0.7477
80	0.3678	0.4642	200	0.6092	0.78253
100	0.4218	0.5399			

问题(3)针对第二个反应，反应的膨胀因子及膨胀率与第一个反应不同，将新的膨胀因子或膨胀率数值代入即可。反应转化率沿反应器体积变化的数据参见表8-10。

表8-10　问题(3)转化率沿反应器体积的变化数据

V	X_1	X_2	V	X_1	X_2
0	0	0	120	0.7491	0.6215
20	0.1555	0.1482	140	0.8208	0.6786
40	0.3010	0.2750	160	0.8762	0.7272
60	0.4348	0.3833	180	0.9169	0.7684
80	0.5551	0.4757	200	0.9456	0.8035
100	0.6603	0.5544			

前述四种情况下，转化率与反应器体积的函数关系曲线图见图8-7。

对数据结果进行分析对比，可以发现：

① 对于物质的量增加的气相反应，反应物在起始时的摩尔分数下降，在维持恒温恒压的条件下，在相同的反应器体积下转化率反而升高，说明对于此类反应，对反应物进行稀释，有利于其更好地转化；

② 对于物质的量减少的气相反应，会发现得到相反的结论，对反应物稀释，会降低反应转化率。

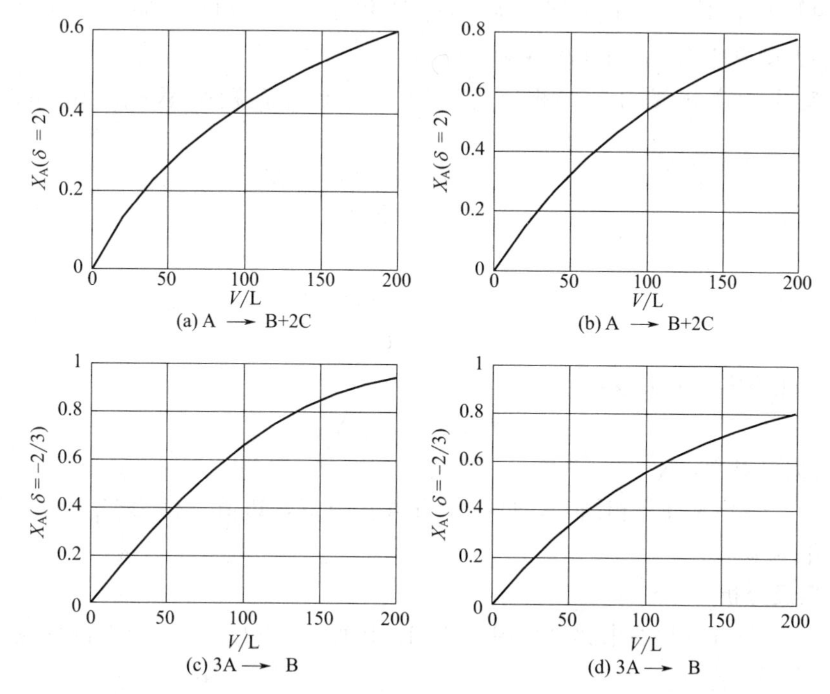

图 8-7　反应物为纯净物（a）、（c）和反应物纯度为 5%（b）、（d）时转化率与反应器体积的函数关系曲线图

8.14　管式反应器——绝热操作

磷化氢的气相解反应：

$$4PH_3(A) \longrightarrow P_4(B) + 6H_2(H)$$

$$-r_A = kc_A$$

为不可逆吸热反应，速率常数与温度的关系如下式所示：

$$\lg k = -18963/T + 2\lg T + 12.130 \tag{8-54}$$

式中，k 单位为 s^{-1}；T 的单位为 K。

现拟在常压的活塞流管式反应器中分解 PH_3 生产磷，纯 PH_3 的进料流量为 $q=20$kg/h，进口温度为 685℃，在此温度下磷为蒸气。试计算：体积 V_R 为 2.5m^3 的管式反应器绝热操作时所能达到的转化率。

在所考察的范围内反应热 $\Delta H=23720$kJ/kmol，反应混合物的定压摩尔热容为 $C_p=$ 50kJ/(kmol·K)。

问题分析

本问题为恒温恒压下变物质的量的气相反应，为变体积流率的问题，所用反应器为管式反应器（视为平推流）。针对本问题可直接对活塞流反应器的物料衡算微分方程进行求解，或者将此微分方程进行积分，转化为非线性代数方程再进行求解。

问题求解

对于活塞流反应器，由物料衡算得式(8-55)：

$$\frac{dX_A}{dV_R} = \frac{-r_A}{v_0 c_{A0}} \tag{8-55}$$

式中，V_R 为反应器体积，m^3；X_A 为 PH_3 转化率；v_0 为反应器入口进料体积流率，m^3/s；$-r_A$ 为反应速率，$mol/(m^3 \cdot s)$。

注意此反应为变物质的量气相反应，纯 PH_3 进料，膨胀率 $\varepsilon_A=0.75$，在恒温恒压下：

$$c_A=\frac{1-X_A}{1+\varepsilon_A X_A}c_{A0} \tag{8-56}$$

绝热温升为：

$$\Delta T_{ad}=\frac{-\Delta H}{C_p} \tag{8-57}$$

反应温度和转化率之间的关系：

$$T=T_0+\Delta T_{ad}X_A \tag{8-58}$$

式中，T_0 为进口温度，K。

将式(8-56)～式(8-58) 相结合，进行微分方程求解，边值条件为 $V_R=0$，即可求得反应器出口转化率。

求解结果及分析

对式(8-55) 微分方程的求解可采用 MATLAB 程序 ode15s 函数，求得反应器出口转化率为 0.173。

8.15 轴向流动的固定床反应器——绝热操作

在两段式轴向流动的固定床反应器中进行乙苯脱氢反应：

$$C_6H_5C_2H_5(E) \longrightarrow C_6H_5C_2H_3(S)+H_2(H)$$

其动力学方程式为：

$$-r_E=k\left(p_E-\frac{p_S p_H}{K}\right)$$

分压单位为 MPa。反应速率常数、平衡常数与温度的关系分别为：

$$k=126000e^{-11,000/T}\text{kmol}/(\text{kg}_{cat}\cdot\text{MPa}\cdot\text{h})$$

$$K=0.0027e^{0.021(T-773)}\text{MPa}$$

采用绝热操作，已知乙苯进料量为 1200kg/h，水蒸气进料量为 2600kg/h，催化剂装总量为 1600kg，反应器平均操作压力为 0.13MPa，反应物流进口温度为 630℃。试求第二段反应器（两段反应器中催化剂各装 800kg，二段反应器入口进料温度仍然加热到 630℃）出口的转化率和温度。反应热和反应混合物的定压比热容：

$$\Delta H_r=140000\text{kJ/kmol}$$

$$c_p=2.18\text{kJ}/(\text{kg}\cdot\text{K})$$

问题分析

本问题的反应器为绝热操作的固定床反应器，问题求解将涉及由物料衡算方程和能量衡算方程所构成的微分方程组。

问题求解

取反应器内催化剂质量为 dW 的微元，列出物料衡算方程：

$$F_{E0}\,dX_E=-r_E\,dW \tag{8-59}$$

式中，F_{E0} 为乙苯进料的摩尔流率，kmol/h；X_E 为乙苯转化率；$-r_E$ 为乙苯反应消耗的速率，kmol/(kg_{cat}·h)。

由此得微分方程式(8-60)：

$$\frac{dX_E}{dW}=\frac{-r_E}{F_{E0}} \tag{8-60}$$

对此微元列出能量平衡方程：

$$-\dot{m}c_p\,dT=(-r_E)\Delta H_r\,dW \tag{8-61}$$

由此得微分方程式(8-62)：

$$\frac{dT}{dW}=\frac{(-r_E)\Delta H_r}{-\dot{m}c_p} \tag{8-62}$$

上述微分方程的初值已知，本问题的求解归结为对上述两微分方程构成的微分方程组的求解。

求解结果及分析

应用 ODE45 函数，对由式(8-60) 和式(8-62) 所构成的微分方程组进行求解，得出第二段反应器出口的转化率和温度分别为：0.1656 和 748.9℃。

8.16 固定床反应器——考虑床层压降的气相反应

在一等温固定床反应器中进行气相催化反应 $A\xrightarrow{k}B$。纯反应物 A 进料浓度为 1mol/L，进料压力为 25atm，进料体积流率为 1L/min。基于反应物 A 的一级反应的速率常数 k 为 1L/(kg_{cat}·min)。

Fogler 给出了固定床反应器中压力随催化剂质量变化的关系式，如式(8-63) 所示：

$$\frac{dy}{dW}=-\frac{\alpha}{2}\left(\frac{1+\varepsilon_A X_A}{y}\right) \tag{8-63}$$

式中，α 为压降参数，kg^{-1}；y 为相对压力，$y=p/p_0$；W 为催化剂装填质量，kg；ε_A 为膨胀率；X_A 为组分 A 的转化率。

(1) 对于一级反应，分析压降对转化率的影响，对于三个不同的压降参数 α 值，绘制出转化率 X_A 和相对压力 y 对于催化剂装填质量 W 的函数关系（在 $W=0$ 到 $W_{max}=2$kg 的范围绘制），取 α 分别为 0.05kg^{-1}、0.1kg^{-1} 和 0.2kg^{-1}。

(2) 对于反应过程中有物质的量变化的一级反应 $A\longrightarrow 3B$（膨胀因子 $\delta_A>0$），重复(1) 过程。

(3) 对于反应过程中有物质的量变化的一级反应 $A\longrightarrow \frac{1}{3}B$（膨胀因子 $\delta_A<0$），重复(1) 过程。

问题分析

本问题所涉及的反应为等温下固定床反应器中进行的变物质的量气相反应，要计算此反应的转化率和反应器内压降。列出物料平衡方程（微分方程）和压降计算表达式(微分方程) 是解决本问题的关键。本问题最终转化为常微分方程组的求解。

问题求解

（1）反应过程物质的量恒定，反应器的物料平衡式为：

$$\frac{dX_A}{dW}=\frac{-r'_A}{F_{A0}} \tag{8-64}$$

其中一级反应的速率表达式为：

$$-r'_A=kc_A \tag{8-65}$$

对于等温反应过程，反应物 A 浓度为：

$$c_A=c_{A0}\frac{1-X_A}{1+\varepsilon_A X_A}\times\frac{p}{p_0} \tag{8-66}$$

由于反应过程中无物质的量的变化，则 $\varepsilon_A=0$。将 $y=p/p_0$ 代入式(8-65) 式得：

$$c_A=c_{A0}(1-X_A)y \tag{8-67}$$

联立式(8-64) 到式(8-67)，得出表达物料平衡的微分方程，再将此方程与式(8-63) 联立求解，即可求得转化率 X_A 和相对压力 y 对于催化剂装填质量 W 的函数关系。

（2）为变容过程，再次应用方程式(8-63)～式(8-66)，但 ε_A 的值要作改变：

$$\varepsilon_A=y_{A0}\delta_A=y_{A0}\times(3-1)=2y_{A0}$$

后续求解过程同问题（1）。

（3）此问题的解决同问题（2），仅需改变 ε_A 的值：

$$\varepsilon_A=y_{A0}\delta_A=y_{A0}\times\left(\frac{1}{3}-1\right)=-\frac{2}{3}y_{A0}$$

求解结果及分析

（1）注意此时 $\varepsilon_A=0$。采用 MATLAB 软件的 dsolve 函数进行解析求解；（2）（3）中 ε_A 的值作了改变，由于所涉及的微分方程组没有解析解，故需要求方程组的数值解，本例中应用了 MATLAB 的 ode15s 函数，求解所得转化率 X_A 和相对压力 y 对于催化剂装填质量 W 的函数关系，参见图 8-8。

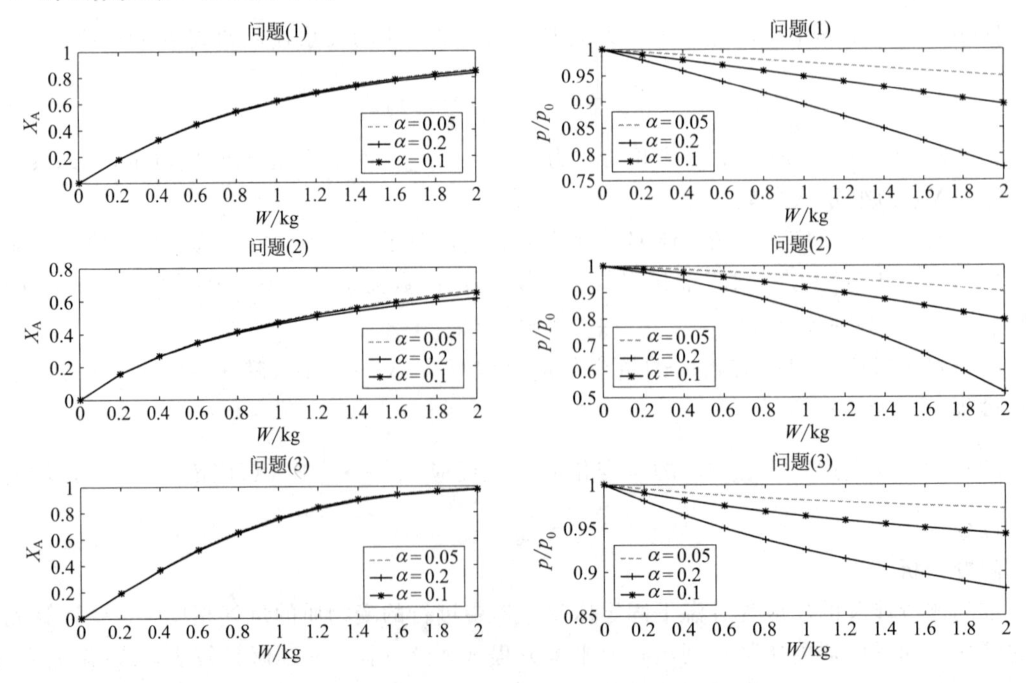

图 8-8 X_A 及相对压力随催化剂装填质量的变化关系

8.17　气固相催化固定床反应器——床层压降对转化率的影响

不可逆气固相催化反应：

$$A+B \longrightarrow C+D \tag{8-68}$$

该反应在一固定床反应器中进行，有四种不同的催化剂可以采用。对于不同的催化剂，催化速率表达式的形式不同，如下列表达式所示：

$$-r'_{A1}=\frac{kc_A c_B}{1+K_A c_A} \tag{8-69}$$

$$-r'_{A2}=\frac{kc_A c_B}{1+K_A c_A+K_C c_C} \tag{8-70}$$

$$-r'_{A3}=\frac{kc_A c_B}{(1+K_A c_A+K_B c_B)^2} \tag{8-71}$$

$$-r'_{A4}=\frac{kc_A c_B}{(1+K_A c_A+K_B c_B+K_C c_C)^2} \tag{8-72}$$

A 的进料摩尔流率 $F_{A0}=1.5\text{mol/min}$，反应器进口处反应物初始浓度 $c_{A0}=c_{B0}=1.0\text{mol/L}$。反应器中催化剂的装填量为 2kg。反应速率常数和各催化速率参数为：

$k=10\text{L}^2/(\text{kg}\cdot\text{mol}\cdot\text{min})$，$K_A=1\text{L/mol}$，$K_B=2\text{L/mol}$，$K_C=20\text{L/mol}$

（1）若反应器在常压下操作，不考虑床层压降，针对每一种催化速率表达式，计算转化率与催化剂质量的关系数据并绘制曲线，对结果进行总结分析。

（2）若反应器中的压力变化符合如下关系：

$$\frac{dy}{dW}=\frac{-\alpha}{2y} \tag{8-73}$$

其中 $y=p/p_0$，α 是常数（$\alpha=0.4$）。重复（1）的过程，并与（1）对比，分析床层压降对转化率的影响。

问题分析

本问题针对有（无）压降的等温固定床催化反应器进行转化率的计算，并对比不同的催化速率关系式对转化率的影响。本问题涉及对物料平衡和压力变化常微分方程组的求解。

问题求解

（1）需要求解物料衡算微分方程：

$$\frac{dX_A}{dW}=\frac{-r'_A}{F_{A0}} \tag{8-74}$$

初始条件为：$W=0$ 时，$X_A=0$。

此外，根据化学计量关系可得：

$$c_A = c_B = c_{A0}(1 - X_A)$$
$$c_C = c_D = c_{A0} X_A \tag{8-75}$$

对于四种不同的催化剂，分别将相应的动力学关系代入式(8-74)即可求解。

(2) 当反应器内压力随位置而变化时，各组分浓度与转化率之间的关系将会随压力的变化而发生变化，即：

$$c_A = c_B = c_{A0}(1 - X_A)y$$
$$c_C = c_D = c_{A0} X_A y \tag{8-76}$$

此式需将物料平衡方程与压力变化方程联立，初始条件仍为：$W=0$ 时，$X_A=0$，$y=p/p_0=1$。得到关于 X_A、W、y 的微分方程组，求解微分方程组即可。

求解结果及分析

(1) 四种催化剂的问题能够同时用 MATLAB 求解，采用函数 ode45 求解微分方程，最终获得的转化率随床层催化剂质量变化的曲线见图 8-9。

(2) 四种催化剂的问题可同时进行求解，此时需求解由式(8-73)和式(8-74)所构成的微分方程组。本问题求解采用了 ode15s 函数。获得的转化率随床层催化剂质量变化的曲线见图 8-10。

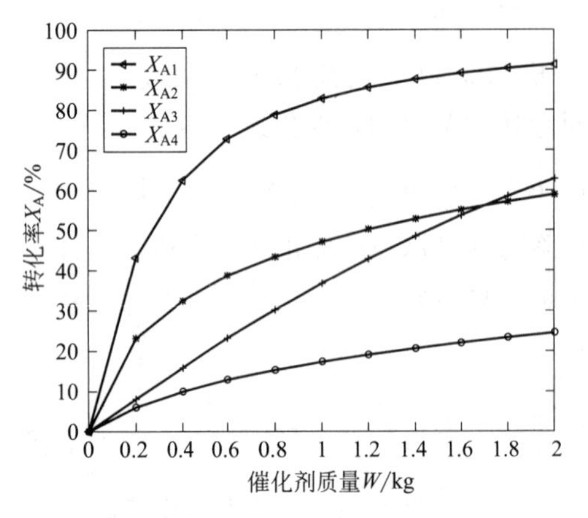

图 8-9　四种不同催化剂的催化转化率与催化剂质量的关系曲线图（无床层压降）

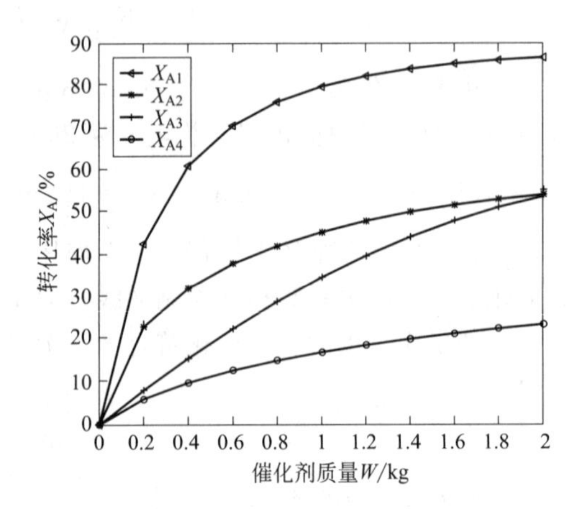

图 8-10　四种不同催化剂的催化转化率与催化剂质量的关系曲线图（存在床层压降）

从(1)(2)两问题的结果可以看出床层压降对不同动力学关系时转化率的影响。

8.18　换热式固定床反应器——气相可逆放热反应

某基元气相反应 $2A \rightleftharpoons C$ 在一固定床反应器中进行，参见图 8-11。反应器外部为一换热器，沿着反应器的长度方向有压降变化。反应器各设计参数列于表 8-11。假定在催化床层内的流动为平推流，径向上不存在浓度和温度梯度。

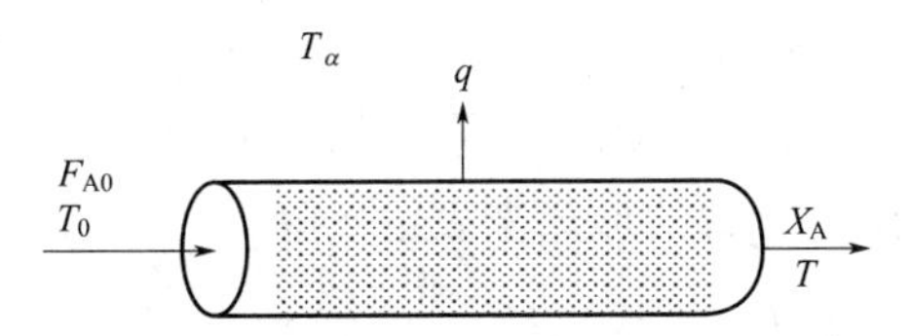

图 8-11　相关固定床反应器示意图

表 8-11　固定床反应器的设计参数

参数	数值	参数	数值
C_{pA}/[J/(mol·K)]	40.0	R/[J/(mol·K)]	8.314
C_{pC}/[J/(mol·K)]	80.0	F_{A0}/(mol/min)	5.0
ΔH_R/(J/mol)	−40000	U_a/[J/(kg·min·K)]	0.8
E_A/[J/(mol·K)]	41800	T_a/K	500
k/[L^2/(kg·min·mol)]	0.5(450K 下)	α/kg^{-1}	0.015(压降计算用参数)
K_C/(L/mol)	25000(450K 下)	p_0/atm	10
C_{A0}/(mol/L)	0.271	y_{A0}	1.0(纯 A 进料)
T_0/K	450		

描绘出转化率 X_A、相对压力 y（即 p/p_0）和温度（$T\times10^{-3}$）沿反应器轴向（W 从 0 到 20kg）的曲线。

问题分析

本问题是对一个存在压降的气固相催化反应器进行设计，所发生的反应为可逆放热反应。反应物 A 的转化率 X_A 和温度 T 都沿着床层轴向位置发生变化，即随着催化剂的质量 W 变化而变化。本问题为在已知初值条件下常微分方程组的求解问题。

问题求解

基于反应物 A 的物料平衡方程为：

$$F_{A0}\frac{dX_A}{dW}=-r'_A \tag{8-77}$$

该基元可逆反应的速率表达式是：

$$-r'_A=k\left(c_A^2-\frac{c_C}{K_C}\right) \tag{8-78}$$

其中速率常数是基于反应物 A 的，以 k_{450K} 表示 450K 下的速率常数，根据 Arrhenius 表达式可得出：

$$k=k_{450K}\exp\left[\frac{E_A}{R}\left(\frac{1}{450}-\frac{1}{T}\right)\right] \tag{8-79}$$

在 $\Delta C_p=0$ 的条件下（因 $2A \rightleftharpoons C$，$2C_{pA}=C_{pC}$），则反应热 ΔH_R 可视为常数，从 van't Hoff's 等式能够得出平衡常数随温度的变化关系：

$$K_C=K_{C,450K}\exp\left[\frac{\Delta H_R}{R}\left(\frac{1}{450}-\frac{1}{T}\right)\right] \tag{8-80}$$

根据计量方程 $2A \rightleftharpoons C$，考虑反应过程中物质的量的下降导致的体积改变，可将浓度表达为转化率、温度和压力的函数：

$$c_A=c_{A0}\left(\frac{1-X_A}{1+\varepsilon_A X_A}\right)\frac{p}{p_0}\times\frac{T_0}{T}=c_{A0}\left(\frac{1-X_A}{1-0.5X_A}\right)y\frac{T_0}{T} \tag{8-81}$$

其中，

$$y=\frac{p}{p_0}$$

$$c_C=\left(\frac{0.5c_{A0}X_A}{1+\varepsilon_A X_A}\right)y\frac{T_0}{T}=\left(\frac{0.5c_{A0}X_A}{1-0.5X_A}\right)y\frac{T_0}{T} \tag{8-82}$$

根据参考文献［5］用微分方程的形式来表达压降：

$$\frac{d\left(\frac{p}{p_0}\right)}{dW}=\frac{-\alpha(1+\varepsilon_A X_A)}{2}\times\frac{p_0}{p}\times\frac{T}{T_0} \tag{8-83}$$

即：

$$\frac{dy}{dW}=\frac{-\alpha(1-0.5X_A)}{2y}\times\frac{T}{T_0} \tag{8-84}$$

能量平衡关系可表达为：

$$\frac{dT}{dW}=\frac{U_\alpha(T_\alpha-T)-(-r'_A)\Delta H_R}{F_{A0}(\sum\theta_i C_{pi}+X_A\Delta C_p)} \tag{8-85}$$

进料中仅有反应物 A，则可简化得：

$$\frac{dT}{dW}=\frac{U_\alpha(T_\alpha-T)-(-r'_A)\Delta H_R}{F_{A0}C_{pA}} \tag{8-86}$$

联立式(8-77) 至式(8-86) 可求得转化率 X_A 和温度 T 随催化剂质量 W 的变化情况。

求解结果及分析

本问题涉及对由三个微分方程组成的方程组的求解，采用 MATLAB 程序 ode15s 函数对由微分方程式(8-77)、式(8-84) 和式(8-86) 所组成的微分方程组进行求解，所涉及的初值条件为：$W=0$ 时 $X_A=0$，$y=1$，$T=450$K。求得的转化率、压力和温度在床层的分布曲线参见图 8-12。

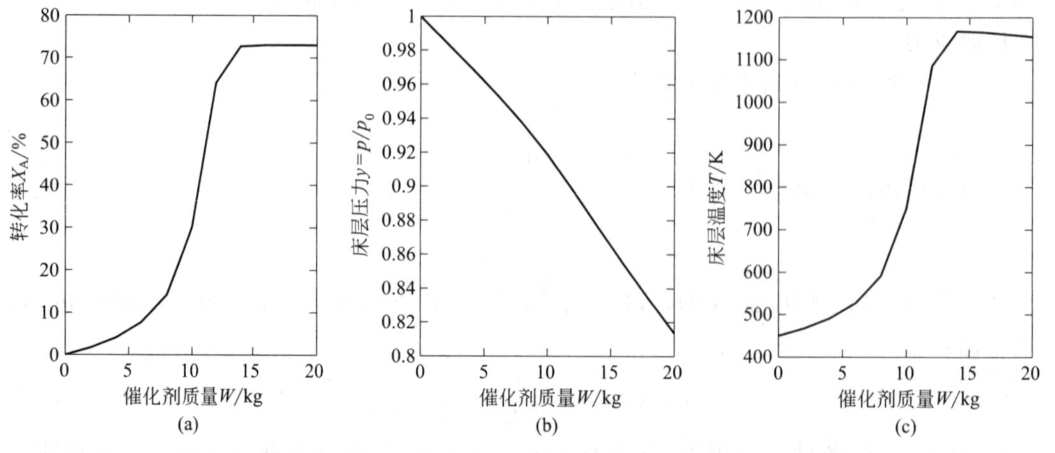

图 8-12 转化率（a）、压力（b）及温度（c）随床层催化剂质量变化的关系

8.19 固定床反应器——利用多级全混流串联模型模拟反应器中催化剂的失活行为

气固相催化反应 A $\xrightarrow{k}$ B 在固定床反应器中进行，其中催化剂逐渐失活。催化剂逐渐失活时反应的速率表达式如式(8-87) 所示：

$$-r_A = akc_A \tag{8-87}$$

其中 a 是催化剂活性，失活动力学符合式(8-88) 或式(8-89)：

$$\frac{da}{dt} = -k_{d1}a \tag{8-88}$$

$$\frac{da}{dt} = -k_{d2}ac_B \tag{8-89}$$

该固定床反应器可用三级串联的全混流反应器来模拟，每个反应器的进料体积流率都是 v_0，第一个反应器的进料为纯物质 A，其浓度为 c_{A0}。可以忽略压降，在 0 时刻，所有反应器内均只有惰性气体。

已知如下参数：$k_{d1}=0.01\text{min}^{-1}$，$k_{d2}=1.0\text{L}/(\text{mol}\cdot\text{min})$，$k=0.9\text{mol}/(\text{L}\cdot\text{min})$，

$c_{A0}=0.01\text{mol/L}$，$V=10\text{L}$，$v_0=5\text{L/min}$。

（1）利用式(8-88) 所给的催化剂失活动力学，绘制出三个反应器中物质 A 的浓度随时间变化的曲线（0～60min）。并对三个反应器分别绘制催化剂活性随时间的变化曲线。

（2）将方程式(8-89) 作为催化剂失活动力学，重复问题（1）的计算。

问题分析

本问题为确定固定床反应器中反应物和产物的浓度以及催化剂活性随时间的变化规律，采用多级全混流反应器串联模型进行模拟计算。本问题需对常微分方程组进行求解。

问题求解

由于存在催化剂的失活，反应器系统成为非稳定流动状态，对第一个全混流反应器，分别对物质 A 和 B 列出物料衡算微分式，其中下标 1 代表第一个反应器：

$$\begin{aligned}\frac{dc_{A1}}{dt} &= \frac{(c_{A0}-c_{A1})v_0}{V}-(-r_{A1})\\ \frac{dc_{B1}}{dt} &= \frac{-c_{B1}v_0}{V}+(-r_{A1})\end{aligned} \tag{8-90}$$

对于第二和第三个全混流反应器，物料衡算式为（其中 $i=2$ 和 3）：

$$\begin{aligned}\frac{dc_{Ai}}{dt} &= \frac{[c_{A(i-1)}-c_{A(i)}]v_0}{V}-(-r_{Ai})\\ \frac{dc_{Bi}}{dt} &= \frac{[c_{B(i-1)}-c_{B(i)}]v_0}{V}+(-r_{Ai})\end{aligned} \tag{8-91}$$

将上述物料衡算方程与动力学方程式(8-87) 和失活动力学方程式(8-88)、式(8-89) 联立求解即可。

（1）对于该问题，催化剂为独立失活过程，只需将 A 的物料平衡方程、动力学方程式(8-87) 和失活动力学方程式(8-88) 联立求解，初值条件为 $t=0$ 时，$c_{Ai}=0$，$a_i=1$。

（2）此时，催化剂的失活动力学与 B 的浓度有关，每个反应器中催化剂会有不同的活性。求解本问题需要联立物质 A 和 B 的物料平衡方程以及动力学方程式(8-87) 和失活动力学式(8-89)。

求解结果及分析

（1）利用 MATLAB 软件中的 ode45 函数进行微分方程组的求解。求解得各反应器中反应物 A 的浓度随时间的变化关系，如图 8-13(a) 所示。

由式(8-88) 可知，三个反应器催化剂活性仅随反应时间变化，三个反应器催化剂活性曲线应相同，求解结果如图 8-13(b) 所示。

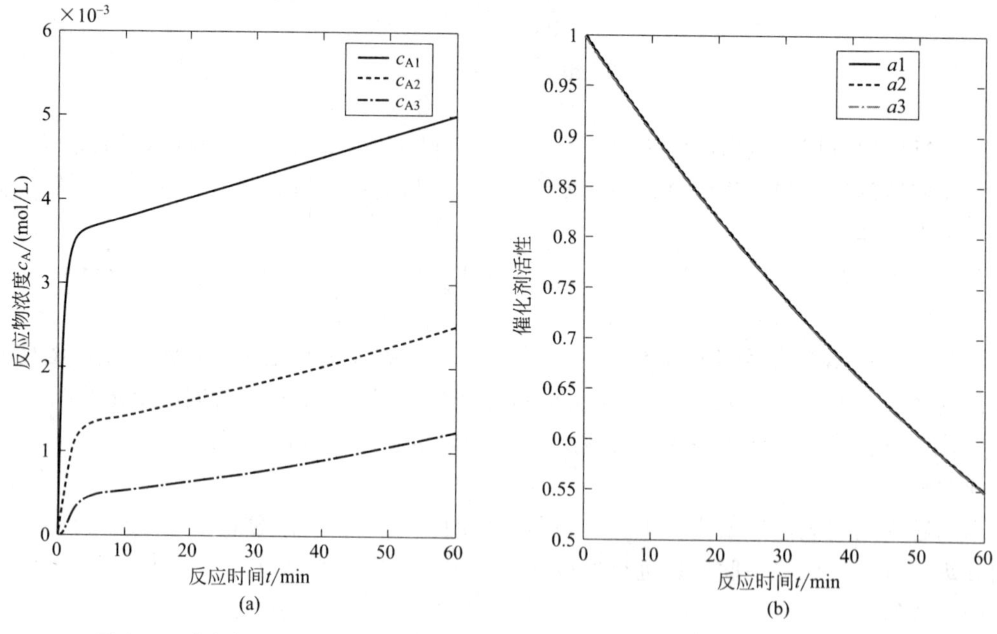

图 8-13 独立失活时三个反应器中物质 A 浓度 (a) 及催化剂活性 (b) 随时间的变化曲线

(2) 由于催化剂活性与物质 B 的浓度有关，每个反应器中催化剂都有不同的活性。本问题需对由式(8-87)、式(8-89)、式(8-90)、式(8-91) 组成的方程组进行求解。采用了 MATLAB 程序 ode15s 函数。求解得各反应器中反应物 A 的浓度随时间变化的曲线和催化剂活性随时间变化的曲线，如图 8-14(a) 和图 8-14(b) 所示。

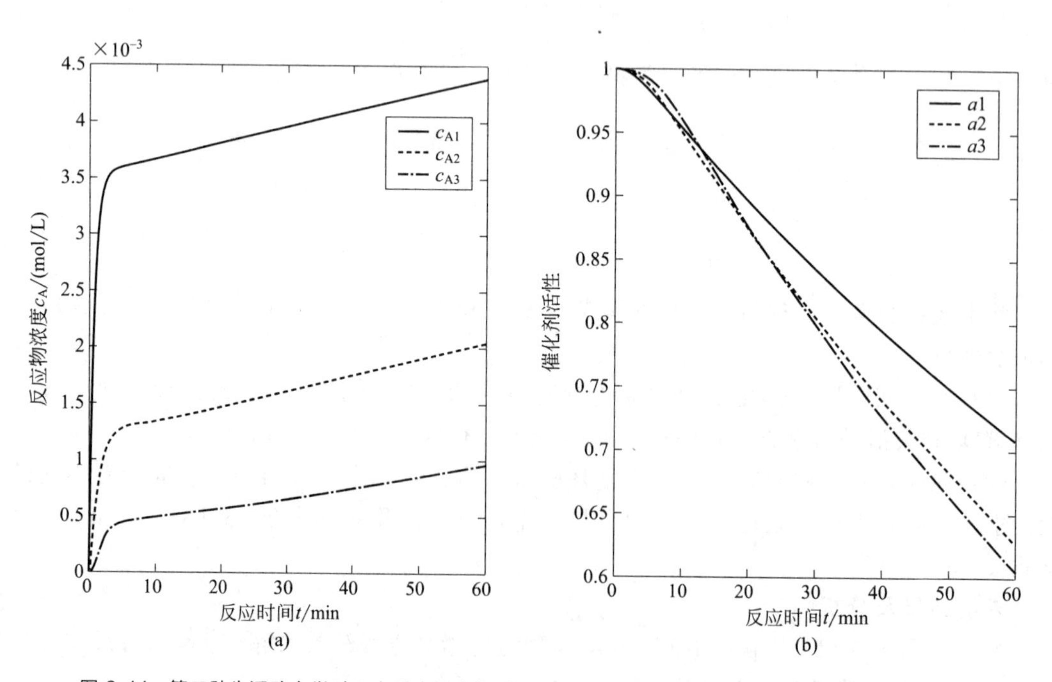

图 8-14 第二种失活动力学时三个反应器中物质 A 浓度 (a) 及催化剂活性 (b) 随反应时间的变化

8.20　列管式固定床反应器——换热问题

乙苯脱氢反应的计量方程和动力学方程为：

(1) $C_6H_5C_2H_5(E) \xlongequal{} C_6H_5C_2H_3(S)+H_2$　　$r_1=k_1(p_E-p_Sp_H/K_p)\text{mol}/(\text{kg}_{cat}\cdot\text{s})$

其中，压力单位为 MPa，K_p 满足：$\ln K_p=19.76-\dfrac{1.537\times10^4}{T}-0.5223\ln T$（$K_p$ 的单位为 MPa）。

副反应的计量方程和动力学方程为：

(2) $C_6H_5C_2H_5 \xlongequal{} C_6H_6(B)+C_2H_4$　　$r_2=k_2p_E\text{mol}/(\text{kg}_{cat}\cdot\text{s})$

(3) $C_6H_5C_2H_5+H_2 \xlongequal{} C_6H_5CH_3(T)+CH_4$　　$r_3=k_3p_Ep_H\text{mol}/(\text{kg}_{cat}\cdot\text{s})$

(4) $C_6H_5C_2H_3+H_2 \xlongequal{} C_6H_6(B)+C_2H_4$　　$r_4=k_4p_Sp_H\text{mol}/(\text{kg}_{cat}\cdot\text{s})$

(5) $C_6H_5C_2H_3+2H_2 \xlongequal{} C_6H_5CH_3(T)+CH_4$　　$r_5=k_5p_Sp_H\text{mol}/(\text{kg}_{cat}\cdot\text{s})$

反应的动力学参数参见表 8-12。

表 8-12　反应动力学参数

反应	指前因子 A（单位同各反应的速率常数）	活化能 E/(J/mol)
1	79.8×10^6	1.43×10^5
2	28.5×10^6	1.62×10^5
3	3.59×10^3	7.94×10^4
4	1.48×10^4	9.01×10^4
5	3.27	2.49×10^4

采用列管式固定床反应器，反应管内径为 0.051m，外径为 0.057m，长 3m，催化剂床层堆密度为 1100kg/m^3，每根反应管乙苯进料量为 0.032kmol/h，水蒸气进料量为 0.34kmol/h，反应物流进口温度为 820K，反应器操作压力为 0.1MPa（绝压）。管外用烟道气加热，烟道气与反应物流成逆流，每根反应管的烟道气流量为 62kg/h，烟道气进口温度为 940K，烟道气比热容 $c_{pf}=1.0\text{kJ}/(\text{kg}\cdot\text{K})$。反应物流和烟道气间的总传热系数为 $U=85\text{kJ}/(\text{m}^2\cdot\text{h}\cdot\text{K})$。苯乙烯、苯和甲苯生成的反应热与温度之间满足关系：

$$-\Delta H_{rs}=-120697-4.56T\text{, J/mol}$$

$$-\Delta H_{rB}=-108750-7.95T\text{, J/mol}$$

$$-\Delta H_{rT}=53145+13.18T\text{, J/mol}$$

反应混合物的摩尔热容可由组成和各组分的摩尔热容计算。各组分的摩尔热容可用如下关联式计算，各组分摩尔热容关联式参数数据如表 8-13。

$$C_{pi}=A_i+B_iT+C_iT^2+D_iT^3\text{, J/(mol}\cdot\text{K)}$$

表 8-13　各组分摩尔热容关联式参数数据

序号	组分	A	B	C	D
1	乙苯	−27.93	0.6531	-4.160×10^{-4}	1.041×10^{-7}
2	苯乙烯	−31.77	0.6263	-4.132×10^{-4}	1.030×10^{-7}
3	甲苯	29.17	0.4280	-3.266×10^{-4}	1.044×10^{-7}

续表

序号	组分	A	B	C	D
4	苯	-6.141	0.4548	-3.946×10^{-4}	1.345×10^{-7}
5	乙烯	32.67	8.385×10^{-2}	-3.966×10^{-5}	8.213×10^{-9}
6	氢气	26.76	8.305×10^{-3}	-9.443×10^{-6}	4.051×10^{-9}
7	甲烷	31.02	3.099×10^{-3}	1.125×10^{-5}	-9.749×10^{-9}
8	水蒸气	28.54	2.061×10^{-2}	-1.756×10^{-5}	7.234×10^{-9}

试计算此反应器出口乙苯的转化率和生成苯乙烯的选择性。

问题分析

本问题为逆流换热的列管式固定床反应器，问题求解将涉及由物料衡算方程和能量衡算方程以及传热方程所构成的微分方程组，因逆流换热，本问题成为两点边值问题。

问题求解

本反应过程涉及的反应有 5 个，但独立的反应数为 3，选择苯乙烯（S）、苯（B）和甲苯（T）三个组分作为着眼组分，取反应管轴向长度 dl 的微元对其进行物料衡算，得到三个微分方程：

$$\frac{\mathrm{d}y_s}{\mathrm{d}l}=\frac{\pi d_i^2}{4F_{E0}}\rho_B r_S=\frac{\pi d_i^2}{4F_{E0}}\rho_B\left[k_1\left(p_E-\frac{p_S p_H}{K_p}\right)-k_4 p_S p_H-k_5 p_S p_H\right] \tag{8-92}$$

$$\frac{\mathrm{d}y_B}{\mathrm{d}l}=\frac{\pi d_i^2}{4F_{E0}}\rho_B r_B=\frac{\pi d_i^2}{4F_{E0}}\rho_B(k_2 p_E+k_4 p_S p_H) \tag{8-93}$$

$$\frac{\mathrm{d}y_T}{\mathrm{d}l}=\frac{\pi d_i^2}{4F_{E0}}\rho_B r_T=\frac{\pi d_i^2}{4F_{E0}}\rho_B(k_3 p_E p_H+k_5 p_S p_H) \tag{8-94}$$

式中，y_S、y_B 和 y_T 分别为以 1mol 乙苯进料为基准，反应生成的苯乙烯、苯和甲苯的量；F_{E0} 为乙苯进料的摩尔流率，mol/s；d_i 为反应管内径，m；ρ_B 为催化剂床层的堆积密度，kg/m^3；p_E、p_S、p_H 分别为乙苯、苯乙烯、氢的分压，MPa。

同样取轴向长度为 dl 的管段，对反应物料进行能量衡算得到微分方程（8-95）：

$$\frac{\mathrm{d}T}{\mathrm{d}l}=\frac{\pi d_i^2}{4F_t}\times\frac{\rho_B}{C_p}[r_S(-\Delta H_{r1})+r_B(-\Delta H_{r2})+r_T(-\Delta H_{r3})]+\frac{U\pi d_t}{F_t C_p}(T_c-T) \tag{8-95}$$

式中，T 是反应混合物的温度，℃或 K；F_t 是反应物料的总摩尔流率，mol/s；C_p 是反应物料的摩尔热容，J/(mol·K)；d_t 为反应管的平均管径，m；T_c 是烟道气温度，℃或 K。

同理对烟道气进行能量衡算：

$$\frac{\mathrm{d}T_c}{\mathrm{d}l}=\frac{U\pi d_t}{c_{pc}F_c}(T_c-T) \tag{8-96}$$

式中，F_c 为烟道气流量，kg/s；c_{pc} 为烟道气比热容，J/(kg·K)。注意在计算过程中单位的统一。

上述问题为常微分方程组的两点边值问题，已知边值条件为：

$$l=0,\ y_S=y_B=y_T=0,\ T=823\mathrm{K};$$

$$l=3,\ T_c=943\mathrm{K}$$

求解结果及分析

由于为常微分方程组的两点边值问题，求解时不能从一端开始积分直接得到解，本问题有两种求解方法：其一，采用打靶法，假定烟道气的出口温度，即 $l=0$ 时的值，仍然应用 ODE45 函数对由式(8-92)～式(8-95) 所构成的微分方程组进行求解，对比计算所得烟道气入口温度是否与实际入口温度一致，不一致则通过合适的方法不断调整烟道气的出口温度，直到计算出的烟道气入口温度与已知值吻合。其二，采用配置法求解，利用 MATLAB 中的 bvp4c 函数进行求解，直接求得两点边值问题的解。两种方法最终求得反应器出口处乙苯的转化率均为 0.5402，苯乙烯选择性为 0.9744。

8.21 固定床反应器——换热操作

在一列管式固定床反应器中，萘和空气在 V_2O_5 催化剂上进行氧化反应生成邻苯二甲酸酐。当氧气过量时，可用下面两个反应描述反应过程：

$$C_{10}H_8(A)+4.5O_2 \xrightarrow{k_1} C_6H_4(CO)_2O(B)+2CO_2+2H_2O$$

$$C_6H_4(CO)_2O(B)+7.5O_2 \xrightarrow{k_2} 8CO_2+2H_2O$$

动力学研究表明，上述两个反应分别对萘和邻苯二甲酸酐为一级，对氧为零级，反应的速率常数为：

$$k_1=2.705\times10^{10}e^{-\frac{15932}{T}},s^{-1}$$

$$k_2=2.222\times10^{5}e^{-\frac{10280}{T}},s^{-1}$$

反应热为：

$$-\Delta H_1=1.80\times10^3 kJ/mol$$

$$-\Delta H_2=1.82\times10^3 kJ/mol$$

已知反应管内径 $d_t=5cm$，长度 $L=3.0m$，反应器进口萘的摩尔分数 $y_{A0}=0.75\%$（空气大大过量），进口温度 $T_0=643K$，进口处气体密度为 $0.55kg/m^3$，床层中气体线速度 $u=8m/s$，管外用 632K 的熔盐冷却，管壁温度 T_w 可看作与熔盐相同。反应混合物定压比热容 $c_p=1.046kJ/(kg\cdot K)$，径向有效扩散系数 $D_{er}=8\times10^{-4}m^2/s$，径向有效热导率 $\lambda_{er}=0.616W/(m\cdot K)$，管壁传热系数 $h_w=2.27kJ/(m^2\cdot s\cdot K)$。计算反应器出口萘的转化率。

问题分析

反应器内存在径向的传质传热问题，需建立二维拟均相模型，选定合适的衡算控制体积，列出物料平衡方程和热量平衡方程，其均为偏微分方程，结合边界条件进行求解。

问题求解

选定轴向厚度为 dl、径向厚度为 dr 的微元，进行萘和邻苯二甲酸酐的物料衡算和能量衡算，得到物料衡算方程为：

$$\frac{\partial c_A}{\partial l}=\frac{D_{er}}{u}\left(\frac{\partial^2 c_A}{\partial r^2}+\frac{1}{r}\times\frac{\partial c_A}{\partial r}\right)-\frac{-r_A}{u}$$
$$\frac{\partial c_B}{\partial l}=\frac{D_{er}}{u}\left(\frac{\partial^2 c_B}{\partial r^2}+\frac{1}{r}\times\frac{\partial c_B}{\partial r}\right)+\frac{r_B}{u} \tag{8-97}$$

能量衡算方程为：

$$\frac{\partial T}{\partial l}=\frac{\lambda_{er}}{u\rho_g c_p}\left(\frac{\partial^2 T}{\partial r^2}+\frac{1}{r}\times\frac{\partial T}{\partial r}\right)+\frac{(-\Delta H_{r1})(-r_A)}{u\rho_g c_p}+\frac{-\Delta H_{r2}(-r_A-r_B)}{u\rho_g c_p} \tag{8-98}$$

反应速率方程为：

$$-r_A=k_1 c_A$$
$$r_B=k_1 c_A-k_2 c_B$$

入口处氧气大大过量，可按空气计算物质浓度，根据密度 0.55kg/m³，可得物质的浓度为$\frac{550\ \text{g/m}^3}{29\text{g/mol}}=18.966\ \text{mol/m}^3$。

所对应的边值条件为：

$$l=0\ 时，c_A=\frac{550\times0.0075}{29}=0.142\text{mol/m}^3，c_B=0，T=643\text{K}$$

$$r=0\ 时，\frac{\partial T}{\partial r}=\frac{\partial c_A}{\partial r}=\frac{\partial c_B}{\partial r}=0$$

$$r=\frac{d_t}{2}时，\lambda_{er}\frac{\partial T}{\partial r}=h_w(T_w-T)，\frac{\partial c_A}{\partial r}=\frac{\partial c_B}{\partial r}=0$$

求解结果及分析

可以使用 MATLAB 用于偏微分方程组求解的 pdepe 函数进行求解，需要首先将要求解的偏微分方程组化成标准形式：

$$\frac{u}{D_{er}}\times\frac{\partial c_A}{\partial l}=r^{-1}\left[\frac{\partial}{\partial r}\left(r\frac{\partial c_A}{\partial r}\right)\right]-\frac{-r_A}{D_{er}}$$

$$\frac{u}{D_{er}}\times\frac{\partial c_B}{\partial l}=r^{-1}\left[\frac{\partial}{\partial r}\left(r\frac{\partial c_B}{\partial r}\right)\right]+\frac{r_B}{D_{er}}$$

$$\frac{u\rho_g c_p}{\lambda_{er}}\times\frac{\partial T}{\partial l}=r^{-1}\left[\frac{\partial}{\partial r}\left(r\frac{\partial T}{\partial r}\right)\right]+\frac{(-\Delta H_{r1})(-r_A)}{\lambda_{er}}+\frac{-\Delta H_{r2}(-r_A-r_B)}{\lambda_{er}}$$

$$l=0\ 时，c_A=\frac{550\times0.0075}{29}=0.142\text{mol/m}^3，c_B=0，T=643\text{K}$$

$$r=0\ 时，\frac{\partial T}{\partial r}=\frac{\partial c_A}{\partial r}=\frac{\partial c_B}{\partial r}=0$$

$$r=\frac{d_t}{2}时，\frac{\partial c_A}{\partial r}=\frac{\partial c_B}{\partial r}=0，\frac{h_w}{\lambda_{er}}(T-T_w)+\frac{\partial T}{\partial r}=0$$

根据此标准形式，按照 pdepe 函数要求的使用格式给出相应项进行求解。最终求得反应器出口萘的浓度 c_A 的平均值为 0.0049mol/m³，转化率为 $X_A=0.9653$。

参考文献

[1] Askey C N H J. Homogeneous reactions involving complex molecules. The kinetics of the decomposition of gaseous dimethyl ether [J]. Proceedings of the Royal Society of London，1927，115 (770)：215-226.

[2] Hill C G. An introdcution to chemical engineering kinetics & reactor design [M]. New York：Wiely，1977.

[3] Levenspiel O. Chemical reaction engineering [M]. 3rd ed. New York：John Wiley & Sons，1999.

[4] 朱开宏．化学反应工程分析 [M]. 北京：高等教育出版社，2002.

[5] Fogler H S. Elements of chemical reaction engineering [M]. 4th ed. New Jersey：Prentice Hall Inc，2006.

第 9 章

分离工程

分离过程作为化工生产中一个重要环节，在化学工业的发展中起着重要而不可替代的作用。分离技术的发展和不断进步不仅促进了化学工业的发展，也促进了其他相关过程工业的发展，提高了生产和技术水平。分离工程建立在基本的质量传递基础上，已经发展到基于界面的分子现象和基本流体力学现象进行分离过程基础研究，并用定量的数学模型描述分离过程，分离工程将为技术改造、节能减排、清洁生产、提高资源能源利用效率、实现“双碳”目标等提供更好的基本理论和技术支撑。

基于相平衡、物料平衡和传递速率的单元操作过程计算，可有效分析已有的分离过程和设备，也可用于设计新的过程和设备。本章例题涉及精馏、吸收、膜分离、结晶等分离过程，均采用实际物料性质、工程实际设备及分离要求。通过学习，能够对分离过程中的复杂工程问题进行理论分析、简捷计算并提出解决方案。

本章实例配有 MATLAB 或 Mathematica、Mathcad 计算程序，可扫描本书二维码获取。

9.1 二元体系汽液平衡常数的计算

已知在 0.1013MPa 压力下甲醇（1)-水（2）二元体系的汽液平衡数据，其中一组数据为：平衡温度 $T=71.29$℃，液相组成 $x_1=0.6$（摩尔分数)，气相组成 $y_1=0.8287$（摩尔分数)。

已知在该平衡温度和组成下的第二维里系数，如表 9-1 所示。

表 9-1 甲醇（1)-水（2）二元体系的第二维里系数

纯甲醇 B_{11}	纯水 B_{22}	交互系数 B_{12}	混合物 B
−1098	−595	−861	−1014

在 71.29℃下，纯甲醇和水的饱和蒸气压分别是：

$$p_1^s=0.1314\text{MPa}，p_2^s=0.03292\text{MPa}$$

液体摩尔体积 $V_{m,i}^L$（cm^3/mol)：

甲醇 $V_{m,1}^L=64.509-19.716\times10^{-2}T+3.8735\times10^{-4}T^3$

水 $V_{m,2}^L=22.888-3.6425\times10^{-2}T+0.68571\times10^{-4}T^2$

计算液相活度系数的 NRTL 方程参数：

$$g_{12}-g_{22}=-1228.7534\text{J/mol};\ g_{21}-g_{11}=4039.5393\text{J/mol};\ \alpha_{12}=0.2989$$

试用不同方法计算汽液平衡常数，并对计算结果进行比较。

问题分析

本问题运用活度系数法计算二元体系汽液平衡常数，维里方程是最简便的估算逸度系数的方程，截取到第二维里系数的简化式适用于中低压物系，准确度高。对具体的分离过程，可以采用各种简化形式来求解，基本不影响计算结果的准确度，由于体系温度和压力的应用范围及物料性质的不同，所采用的简化计算公式并不相同，一般情况下常压下气体可以被认为是理想气体，分子结构相近的液体可以被认为是理想溶液，合适的简化处理使所得结果更接近实验值。

问题求解

首先计算可能用到的参数。

(1) 计算汽相逸度系数 $\hat{\phi}_1^V$、$\hat{\phi}_2^V$

逸度计算公式为：

$$\ln\hat{\phi}_i^V=\frac{2}{V}\sum y_jB_{ij}-\ln Z \tag{9-1}$$

将其用于二元体系，则有：

$$\ln\hat{\phi}_1^V=\frac{2}{V_m}(y_1B_{11}+y_2B_{12})-\ln Z \tag{9-1a}$$

$$\ln\hat{\phi}_2^V=\frac{2}{V_m}(y_2B_{22}+y_1B_{12})-\ln Z \tag{9-1b}$$

式中

$$B=\sum_{i=1}^{c}\sum_{j=1}^{c}y_iy_jB_{ij} \tag{9-2}$$

$$Z=\frac{pV}{RT}=1+\frac{B}{V} \tag{9-3}$$

将式(9-3) 变换为　$V_m^2-(RT/p)V_m-BRT/p=0$

用上式求露点温度下混合蒸汽的摩尔体积，该方程有两个根，计算汽相摩尔体积时，取数值较大的根，求得 V_m 和 Z 分别为：

$$V_m=27212\text{cm}^3/\text{mol},\ Z=pV_m/(RT)=0.963$$

将 V_m、Z、B_{11}、B_{12} 值代入式(9-1a)、式(9-1b)，得 $\hat{\phi}_1^V=0.961$，$\hat{\phi}_2^V=0.978$。

(2) 计算饱和蒸汽的逸度系数 ϕ_1^s、ϕ_2^s

利用维里方程计算纯气体 i 的逸度系数 ϕ_i^V，公式如下：

$$\ln\phi_i^V=\ln(f_i^V/p)=2B_{ii}/V_i-\ln Z_i \tag{9-4}$$

式中　$Z_i=pV_i/RT=1+B_{ii}/V_i$

(3) 计算普瓦廷因子和基准态下的逸度 f_i^V

先由已知条件求甲醇的液相摩尔体积 $V_{m,i}^L$，再计算逸度：

$$f_i^V=p_i^s\phi_i^s\exp[V_{m,i}^L(p-p_i^s)/RT] \tag{9-5}$$

(4) 计算液相活度系数

应用 NRTL 方程计算 γ_1、γ_2。令 $\tau_{ji}=\dfrac{g_{ij}-g_{jj}}{RT}$，$G_{ij}=\exp(-\alpha_{ij}\tau_{ij})$，则：

$$\ln\gamma_j = x_i^2\left[\tau_{ji}\left(\frac{G_{ji}}{x_i + x_j G_{ji}}\right)^2 + \frac{\tau_{ij}G_{ij}}{(x_j + x_i G_{ij})^2}\right] \tag{9-6}$$

① 汽相为理想气体，液相为理想溶液，计算 K_i 值：

$$K_i = \frac{p_i^s}{p} \tag{9-7}$$

② 将汽液相均视作非理想溶液，计算 K_i 值：

$$K_i = \frac{\gamma_i p_i^s \phi_i^s}{\phi_i^V p}\exp\left(\frac{V_{m,i}^L (p - p_i^s)}{RT}\right) \tag{9-8}$$

③ 汽相为理想气体，液相为非理想溶液，计算 K_i 值：

$$K_i = \frac{\gamma_i p_i^s}{p} \tag{9-9}$$

④ 将汽液相均视作理想溶液，计算 K_i 值。根据定义，$f_1^V = \phi_1^V p$，$f_2^V = \phi_2^V p$，则：

$$K_i = \frac{f_i^L}{f_i^V} \tag{9-10}$$

求解结果及分析

逐步使用公式，计算结果见表 9-2。

表 9-2 活度系数法不同简化方式下计算汽液平衡常数的结果

组分	汽液平衡常数 K_i				
	实验值	按式(9-7)	按式(9-8)	按式(9-9)	按式(9-10)
甲醇	1.381	1.297	1.365	1.383	1.279
水	0.428	0.325	0.436	0.429	0.330

从计算结果可以看出，甲醇与水组成的体系物质结构相差较大，非理想性较强，针对这一类常压下非理想性较强的物系，汽相按理想气体、液相按非理想溶液处理是合理的，计算结果十分接近实验值。

9.2 三元混合物露点压力的计算

乙酸甲酯（1)-丙酮（2)-甲醇（3）三组分蒸汽混合物的组成（摩尔分数）为 $y_1=0.33$、$y_2=0.34$、$y_3=0.33$。请计算 50℃时该蒸汽混合物的露点压力。

已知，50℃时各组分的饱和蒸气压为：

$$p_1^s = 78.094\text{kPa},\ p_2^s = 81.818\text{kPa},\ p_3^s = 55.581\text{kPa}$$

50℃时各组分的液相摩尔体积为：

$$v_1^L = 83.77\text{cm}^3/\text{mol},\ v_2^L = 76.81\text{cm}^3/\text{mol},\ v_3^L = 42.05\text{cm}^3/\text{mol}$$

50℃时各两组分溶液的无限稀释活度系数回归得到的 Wilson 常数为：

$$\Lambda_{11} = 1.0,\ \Lambda_{21} = 0.71891,\ \Lambda_{31} = 0.57939$$

$$\Lambda_{12} = 1.18160,\ \Lambda_{22} = 1.0,\ \Lambda_{32} = 0.97513$$

$$\Lambda_{13}=0.52297, \Lambda_{23}=0.50878, \Lambda_{33}=1.0$$

问题分析

由题目给定的条件可知，本题采用 Wilson 常数求活度系数，温度和气相组成已知，问题有唯一解。与温度相关的函数为定值，与压力有关的参数需要反复迭代计算，初始计算可以先假定液相组成，达到迭代精度后再验证计算结果。由于 K_i 对 x_i 变化较为敏感，对压力变化不敏感，因此内层迭代 x，外层迭代 p。

问题求解

首先假设液相组成 x_i 值，按理想溶液确定露点压力 p 的初值。

（1）由 x 和 Λ_{ij} 求活度系数 γ_i 值

$$\ln\gamma_i=1-\ln\sum_{j=1}^{c}(x_j\Lambda_{ij})-\sum_{k=1}^{c}\frac{x_k\Lambda_{ki}}{\sum_{j=1}^{c}x_j\Lambda_{kj}} \tag{9-11}$$

（2）求 K_i 值

$$K_i=\frac{\gamma_i p_i^{s}}{p}\exp\left[\frac{v_i^{L}(p-p_i^{s})}{RT}\right] \tag{9-12}$$

（3）$\sum x_i$ 圆整

$\sum x_i=\sum\frac{y_i}{K_i}$，$p$ 不变，迭代计算 x_i 值。

（4）调整 p，在新的 p 下重复上述计算，至所需精度，如两次迭代差小于 0.001。

$$p=\sum\gamma_i p_i^{s}\exp\left[\frac{v_i^{L}(p-p_i^{s})}{RT}\right] \tag{9-13}$$

求解结果及分析

50℃时该蒸汽混合物的露点压力为 85.101kPa，平衡液相组成为 $x_1=0.28958$，$x_2=0.33889$，$x_3=0.37153$。

其中较为重要的步骤是对计算所得液相组成进行圆整。

9.3 精馏塔塔釜温度的计算

某氯化厂合成甘油车间，氯丙烯精馏塔的釜液组成为：3-氯丙烯 0.0145，1,2-二氯丙烷 0.3090，1,3-二氯丙烯 0.6765（均为摩尔分数）。若塔釜压力为常压，请计算塔釜温度。

已知各组分的饱和蒸气压关系为：

3-氯丙烯　　$\ln p_1^{s}=13.9431-\frac{2568.5}{t+231}$

1,2-二氯丙烷　　$\ln p_2^{s}=14.0236-\frac{2985.1}{t+221}$

1,3-二氯丙烯　　$\ln p_3^{s}=16.0842-\frac{4328.4}{t+273.2}$

式中，p^{s} 的单位为 kPa；t 的单位为℃。

问题分析

精馏塔塔釜物料在塔釜压力下处于泡点状态，因此本问题考察的是泡点温度的计算方法。分析釜液中三个组分，结构近似，可看成理想溶液；系统压力为常压，可将汽相看成理想气体，用活度系数法简化形式来计算。

问题求解

汽相为理想气体，液相为理想溶液，将饱和蒸气压关系代入式(9-7)，有：

$$K_i=\frac{p_i^s}{p}=\frac{1}{p}\exp\left(A_i-\frac{B_i}{t+C_i}\right)$$

运用 Newton-Raphson 数值法求解，由$\sum y_i=\sum K_i x_i=1$，将上式改为：

$$f(t)=\sum\frac{x_i}{p}\exp\left(A_i-\frac{B_i}{t+C_i}\right)-1 \tag{9-14}$$

$$f'(t)=\sum\frac{x_i}{p}\exp\left[\left(A_i-\frac{B_i}{t+C_i}\right)\right]\frac{B_i}{(t+C_i)^2}=\sum\left[K_i x_i\frac{B_i}{(t+C_i)^2}\right] \tag{9-15}$$

因此，温度迭代公式为：

$$t^{(k+1)}=t^{(k)}-\frac{f(t^{(k)})}{f'(t^{(k)})}=t^{(k)}-\frac{\sum K_i x_i-1}{\sum\left[K_i x_i\frac{B_i}{(t^{(k)}+C_i)^2}\right]} \tag{9-16}$$

式中，A_i、B_i、C_i 为组分 i 的 Antoine 常数；$t^{(k)}$，$t^{(k+1)}$ 分别为第 k 次和第 $k+1$ 次迭代温度。若$|t^{(k+1)}-t^{(k)}|\leqslant 0.001$，则认为已达到契合。

也可以用 Richmond 算法迭代，还需求二阶导数：

$$f''(t)=\sum K_i x_i\left\{\frac{B_i[B_i-2(t+C_i)]}{(t+C_i)^4}\right\} \tag{9-17}$$

每次迭代温度为：

$$t^{(k+1)}=t^{(k)}-\frac{2}{\dfrac{2f'(t^{(k)})}{f(t^{(k)})}-\dfrac{f''(t^{(k)})}{f'(t^{(k)})}} \tag{9-18}$$

求解结果及分析

Newton-Raphson 数值法求泡点迭代过程：

$t_1=70.000℃$　$f(t_1)=-0.6212$　$f'(t_1)=0.0134527$

$t_2=116.180℃$　$f(t_2)=0.5960$　$f'(t_2)=0.0436125$

$t_3=102.514℃$　$f(t_3)=0.0833$　$f'(t_3)=0.0318706$

$t_4=99.899℃$　$f(t_4)=0.0026$　$f'(t_4)=0.0299243$

$t_5=99.814℃$　$f(t_5)=0.0000$　$f'(t_5)=0.0298620$

$t_6=99.813℃$

Richmond 数值法求泡点迭代过程：

$t_1=70.000℃$　$f(t_1)=-0.6212$　$f'(t_1)=0.0134527$　$f''(t_1)=0.0003958$

$t_2=97.499℃$　$f(t_2)=-0.0672$　$f'(t_2)=0.0282168$　$f''(t_2)=0.0006957$

$t_3=99.812℃$　$f(t_3)=-0.0000$　$f'(t_3)=0.0298613$　$f''(t_3)=0.0007258$

$t_4=99.813℃$

两种迭代方法计算结果相同，塔釜温度均为99.813℃。Richmond迭代次数较少，计算收敛速度较快。

9.4 二元精馏塔理论板数计算

在常压操作下的连续精馏塔中分离乙醇（1)-氯仿（2)，进料中乙醇的摩尔分数为0.3445，要求塔顶产品中乙醇的摩尔分数不小于0.99，塔底产品中含氯仿不少于0.99（摩尔分数)，进料热状况参数 $q=0.6$，已知乙醇-氯仿的相对挥发度为3.49665。请计算操作回流比分别为3.6、4.0、7.0时，精馏塔进料位置和塔板数的变化。

问题分析

本题描述了二元精馏塔的进料组成和热状态，并确定了分离要求和回流比，现采用逐板计算法求理论板数。逐板计算法是求理论板层数的基本方法之一，概念清晰，计算结果准确，但该法比较烦琐，计算量大，故可采用软件求解。

问题求解

用 x、y 分别表示乙醇（1）的液相和汽相组成（摩尔分数)，F 表示进料，D 表示塔顶物料，W 表示塔底物料，R 表示回流比。

由题可知 $x_D=0.99$，$x_F=0.3445$，$x_W=0.01$，常压下乙醇和氯仿的相对挥发度 $\alpha=3.49665$，进料热状态表示为 $q=0.6$。计算涉及关系式：

$$x_q=\frac{(q-1)x_D+(1+R)x_F}{q+R} \tag{9-19}$$

$$y_q=\frac{qx_D+Rx_F}{q+R} \tag{9-20}$$

$$\frac{F}{D}=\frac{x_D-x_W}{x_F-x_W} \tag{9-21}$$

先令 $y=x_D$，由相平衡关系解出 x_1，将 x_1 代入精馏段操作线方程可算出 y_2，由 y_2 通过相平衡关系又可以算出 x_2，如此重复计算，直到组成与进料相近为止。此后，可改用提馏段操作线，进入提馏段顶层板的液相组成近似为 x_{n-1}，由提馏段操作线可求得 y_1'，再利用相平衡关系式求出 x_1'，由 x_1'求出 y_2'，如此重复计算，直到 $x_m'\leqslant x_W$ 为止。

求解结果及分析

① 回流比 $R=3.6$ 时，逐板计算结果（操作线图见图9-1)：

精馏段 第1块板 $x_1=0.965885$ $y_1=0.990000$

精馏段 第2块板 $x_2=0.905831$ $y_2=0.971128$

精馏段 第3块板 $x_3=0.776955$ $y_3=0.924129$

精馏段 第4块板 $x_4=0.571225$ $y_4=0.823269$

精馏段 第5块板 $x_5=0.359298$ $y_5=0.662263$

提馏段 第6块板 $x_6=0.219913$ $y_6=0.496407$

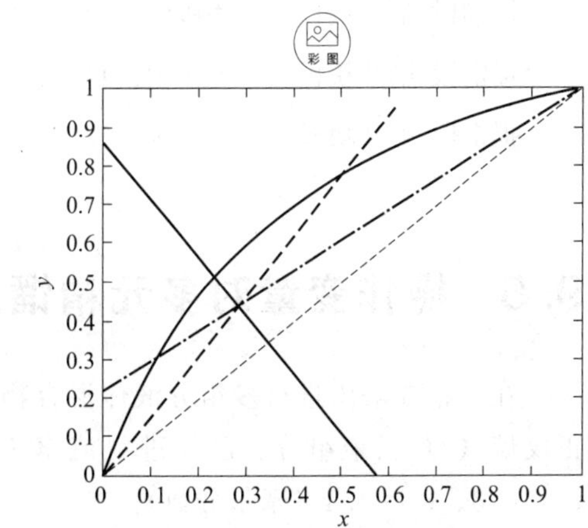

图9-1 回流比为3.6时的操作线图

提馏段 第 7 块板 $x_7=0.127451$ $y_7=0.338077$

提馏段 第 8 块板 $x_8=0.064236$ $y_8=0.193567$

提馏段 第 9 块板 $x_9=0.029069$ $y_9=0.094766$

提馏段 第 10 块板 $x_{10}=0.011716$ $y_{10}=0.039803$

提馏段 第 11 块板 $x_{11}=0.003660$ $y_{11}=0.012682$

② 回流比 $R=4.0$ 时，逐板计算结果（操作线图见图 9-2）：

精馏段 第 1 块板 $x_1=0.965885$ $y_1=0.990000$

精馏段 第 2 块板 $x_2=0.904557$ $y_2=0.970708$

精馏段 第 3 块板 $x_3=0.770849$ $y_3=0.921645$

精馏段 第 4 块板 $x_4=0.556976$ $y_4=0.814679$

精馏段 第 5 块板 $x_5=0.340545$ $y_5=0.643581$

提馏段 第 6 块板 $x_6=0.202588$ $y_6=0.470436$

提馏段 第 7 块板 $x_7=0.109032$ $y_7=0.299671$

提馏段 第 8 块板 $x_8=0.051279$ $y_8=0.158954$

提馏段 第 9 块板 $x_9=0.021735$ $y_9=0.072087$

提馏段 第 10 块板 $x_{10}=0.008067$ $y_{10}=0.027650$

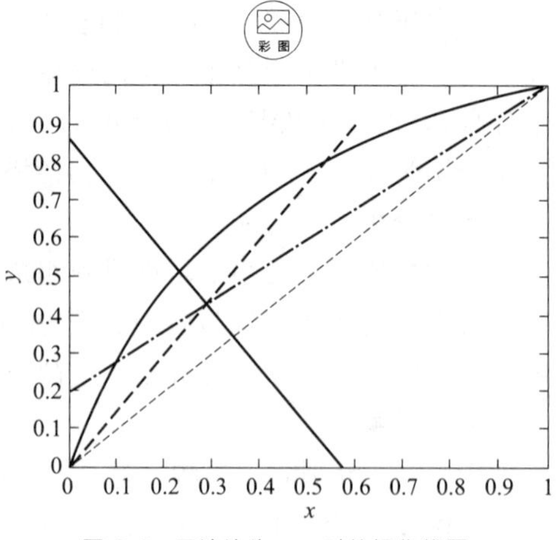

图 9-2 回流比为 4.0 时的操作线图

③ 回流比 $R=7.0$ 时，逐板计算结果（操作线图见图 9-3）：

精馏段 第 1 块板 $x_1=0.965885$ $y_1=0.990000$

精馏段 第 2 块板 $x_2=0.899088$ $y_2=0.968900$

精馏段 第 3 块板 $x_3=0.744095$ $y_3=0.910452$

精馏段 第 4 块板 $x_4=0.496000$ $y_4=0.774833$

提馏段 第 5 块板 $x_5=0.265072$ $y_5=0.557750$

提馏段 第 6 块板 $x_6=0.126997$ $y_6=0.337161$

提馏段 第 7 块板 $x_7=0.051682$ $y_7=0.160062$

提馏段 第 8 块板 $x_8=0.019011$ $y_8=0.063463$

提馏段 第 9 块板 $x_9=0.006262$ $y_9=0.021558$

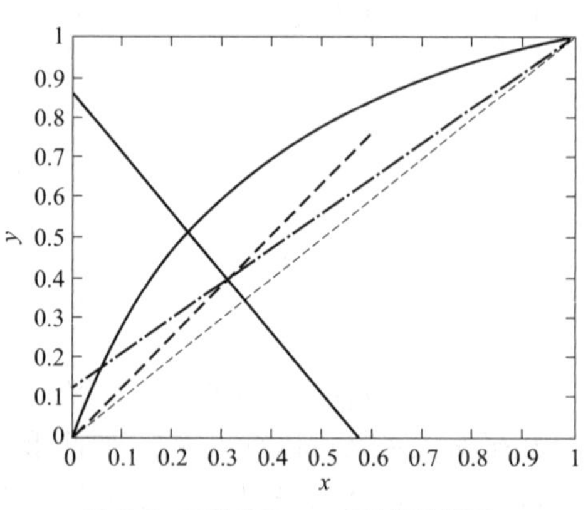

图 9-3 回流比为 7.0 时的操作线图

9.5 操作变量对多元精馏的影响

在一精馏塔中进行多组分液体混合物的分离，该混合物含有丙烷（1）、正丁烷（2）和正戊烷（3）三个组分。已知进料流率 $F=100\text{mol/h}$，回流比 $R=2$，进料组成 $z_1=0.3$、$z_2=0.3$、$z_3=0.4$（摩尔分数）。

若塔顶冷凝器中的滞液量 $M_1=180\text{mol}$，塔板滞液量 $M=25\text{mol}$，塔釜中的滞液量

$M_N=375\text{mol}$，进料状态 $q=1$（饱和气体），从塔釜上升的蒸汽流率 $V'=121.62\text{mol/h}$。假设平衡常数与组分无关，由 p-T-K 图查得相对挥发度：$\alpha_1=7.67$，$\alpha_2=1.96$，$\alpha_3=1$。塔板总数 $N_t=5$（包括塔顶冷凝器和塔釜），进料位置为自下而上第 3 块板。

请画出稳态时精馏塔各塔板上的浓度曲线，并研究回流比的变化对精馏的影响。

问题分析

精馏的稳态模拟既是精馏塔设计的重要手段，也是动态模拟的基础。用四阶-五阶 Runge-Kutta 算法求解物料平衡方程组。由于该混合物是三元组分，各塔板上满足 $x_3=1-x_1-x_2$，（其中 x_1、x_2、x_3 为各个塔板上的液相摩尔分数），故只需对组分 1 和组分 2 的有关动态方程进行求解。

初值选取：开车时塔内所有板上的液相组成 x 与进料组成 z 相同。

问题求解

对塔顶冷凝器的任意组分 j（$j=1,2,\cdots,n$）：

$$M_1\frac{\mathrm{d}x_{1,j}}{\mathrm{d}t}=Vy_{2,j}-(L+D)x_{1,j}\qquad i=1 \tag{9-22}$$

对精馏段第 i 块板的任意组分 j：

$$M\frac{\mathrm{d}x_{i,j}}{\mathrm{d}t}=L(x_{i-1,j}-x_{i,j})+V(y_{i+1,j}-y_{i,j})\quad i=2,3,\cdots,N_{f-1} \tag{9-23}$$

对进料板的任意组分 j：

$$M\frac{\mathrm{d}x_{i,j}}{\mathrm{d}t}=Lx_{i-1,j}-L'x_{i,j}+V'y_{i+1,j}-Vy_{i,j}+Fz_{i,j}\qquad i=N_f \tag{9-24}$$

对提馏段第 i 块板的任意组分 j：

$$M\frac{\mathrm{d}x_{i,j}}{\mathrm{d}t}=L'(x_{i-1,j}-x_{i,j})+V'(y_{i+1,j}-y_{i,j})\quad i=N_{f+1},N_{f+2},\cdots,N_{t-1} \tag{9-25}$$

对塔釜的任意组分 j：

$$M_B\frac{\mathrm{d}x_{B,j}}{\mathrm{d}t}=L'x_{N,j}-Wx_{B,j}-V'y_{B,j}\quad i=N_t \tag{9-26}$$

在精馏段中 $\qquad L=RD,V=(R+1)D$

在提馏段中 $\qquad L'=L+qF,V'=V+(1-q)F$

若饱和液体进料（泡点进料），$q=1$，则有汽液平衡关系：

$$y_{i,j}=\frac{\alpha_{i,j}x_{i,j}}{\sum_{j=1}^{n}\alpha_{i,j}x_{i,j}} \tag{9-27}$$

式中，下标 i 为塔板序号（$i=2,\cdots,N_{f-1}$）；下标 j 为组分序号（$j=1,2,\cdots,n$）。

求解结果及分析

将稳态时精馏塔各塔板上的浓度曲线绘于图 9-4 中，可见丙烷浓度在塔顶达到最大（72%），正戊烷浓度在塔底得到提升。

通过动态关系分析，回流比的变化对精馏的影响见图 9-5 所示，改变回流比可以调整塔顶产品的质量，一般存在最佳回流比。计算结果对实际操作可以起到一定指导作用。

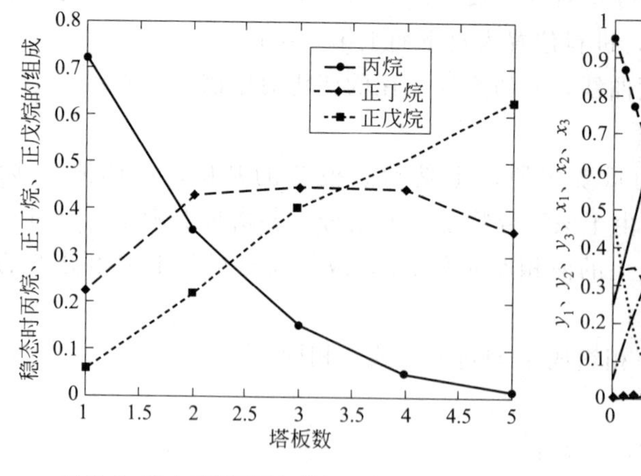

图 9-4　稳态时精馏塔各塔板上的浓度曲线

图 9-5　塔顶和塔釜产品随回流比变化的动态浓度曲线

9.6　精馏塔分离轻烃混合物

使用精馏塔分离轻烃混合物。全塔共 5 个平衡级（包括全凝器和再沸器）。从上往下第 3 级进料，进料量为 100mol/h，原料中丙烷（1）、正丁烷（2）和正戊烷（3）的含量分别为 $z_1=0.3$，$z_2=0.3$，$z_3=0.4$（摩尔分数）。塔压为 689.4kPa。进料温度为 323.3K（饱和液体）。塔顶馏出液流率为 50mol/h。饱和液体回流，回流比 $R=2$。规定各级（全凝器和再沸器除外）及分配器在绝热情况下操作。使用泡点法完成一个迭代循环。

问题分析

精馏过程涉及组分的汽液平衡常数的变化范围比较窄，采用泡点方程逐次计算新的级温度特别有效，本精馏过程即采用泡点法（BP 法）进行计算。计算过程中，采用 M-方程计算液相组成，内层循环用 S-方程计算级温度，外层循环中用 H-方程迭代气相流率。

问题求解

（1）给出迭代变量初值

V_j 初值：规定回流比，馏出量、进料和侧线采出流率按恒摩尔流假定，确定初值。

塔顶温度初值：①当塔顶为汽相采出时，可取汽相产品的露点温度；②当塔顶为液相采出时，可取馏出液的泡点温度；③当塔顶为汽、液两相采出时，取露点和泡点之间的某一值。

塔釜温度初值：取釜液泡点温度。

塔内温度利用线性内插得到。

（2）用托马斯法计算 $x_{i,j}$

① 假设平衡常数 K 与组分无关，由 p-T-K 图查得；

② 利用三对角矩阵方程求解 $x_{i,j}$；

（3）对 $x_{i,j}$ 归一化，并求 $y_{i,j}$

① 对每级 $x_{i,j}$ 归一化，公式如下：

$$x_{i,j}=\frac{x_{i,j}}{\sum_{i=1}^{c}x_{i,j}} \tag{9-28}$$

② 使用相平衡关系式计算 $y_{i,j}$，公式如下：

$$y_{i,j}-K_{i,j}x_{i,j}=0 \tag{9-29}$$

使用泡点方程迭代计算新的 T_j。

迭代准则：

$$\tau=\sum_{j=1}^{N}[T_j^{(k)}-T_j^{(k-1)}]^2\leqslant 0.01N \tag{9-30}$$

(4) 计算各级汽、液相平均摩尔焓

汽相平均摩尔焓：

$$H_{i,j}=A_i+B_iT_j+C_iT_j^2 \tag{9-31}$$

$$H_i=\sum_{i=1}^{c}H_{i,j}y_{i,j} \tag{9-32}$$

液相平均摩尔焓：

$$h_{i,j}=a_i+b_iT_j+c_iT_j^2 \tag{9-33}$$

$$h_i=\sum_{i=1}^{c}h_{i,j}x_{i,j} \tag{9-34}$$

(5) 计算气相量

使用修正后的 H-方程计算 V_j，公式如下：

$$\alpha_jV_j+\beta_jV_{j+1}=\gamma_j \tag{9-35}$$

其中：

$$\alpha_j=h_{j-1}-H_j \tag{9-36}$$

$$\beta_j=H_{j+1}-h_j \tag{9-37}$$

$$\gamma_j=\left[\sum_{m=1}^{j-1}(F_m-W_m-U_m)-V_1\right](h_j-h_{j-1})+F_j(h_j-H_{F,j})+W_j(H_j-h_j)+Q_j \tag{9-38}$$

根据 H-方程列出方程组，计算出新的 V_j。

求解结果及分析

计算过程假设平衡常数与组成无关，由 p-T-k 图查得。馏出液和釜液温度初值对迭代次数有较大影响，采用简捷法估算温度初值，计算结果更接近严格计算结果，但是迭代次数较多。

9.7 流率加和法模拟吸收塔

此塔有 6 个平衡级，操作压力 517.1kPa，气体进料温度 290K，流率 1980mol/h，气体组成如表 9-3 所示。所选吸收剂为正十二烷，进料流率为 530mol/h，温度 305K。无气相或液相侧线采出，也没有级间热交换器。初步估计的塔顶、塔底温度分别为 300K 和 340K。用流率加和法模拟此吸收塔。

表 9-3　气体组成

组分	CH_4	C_2H_6	C_2H_8	n-C_4H_{10}	n-C_5H_{12}	n-$C_{12}H_{26}$
摩尔分数	0.830	0.084	0.048	0.026	0.012	0.0

问题分析

对于进料组分沸点相差比较大的体系，在逐次逼近计算中，热量平衡对级温度敏感度高于对级间流率的敏感度，泡点法不适合这类过程的计算，故本吸收过程采用流率加和法（SR 法）模拟，用 S-方程计算流率、H-方程计算级温度。

问题求解

（1）给出迭代变量初值

V_j 初值：规定回流比，馏出量、进料和侧线采出流率按恒摩尔流假定，确定初值。

塔顶温度初值：①当塔顶为气相采出时，可取气相产品的露点温度；②当塔顶为液相采出时，可取馏出液的泡点温度；③当塔顶为气、液两相采出时，取露点和泡点之间的某一值。

塔釜温度初值：取釜液泡点温度。

塔内温度利用线性内插得到。

（2）用托马斯法计算 $x_{i,j}$

① 假设平衡常数与 K 无关，K 只是温度的函数，可由以下关系式计算：

$$K_{i,j}=\alpha_i+\beta_i T_j+\gamma_i T_j^2+\delta_i T_j^3 \tag{9-39}$$

② 利用三对角矩阵求解 $x_{i,j}$。

（3）利用流率加和关系式计算新的 L_j 和 V_j

$$L_j^{(k+1)}=L_j^k\sum_{i=1}^{c}x_{i,j} \tag{9-40}$$

$$V_j=L_{j-1}-L_N+\sum_{m=j}^{N}(F_m-W_m-U_m) \tag{9-41}$$

（4）对 $x_{i,j}$ 归一化，求 $y_{i,j}$，并归一化

① 对每级 $x_{i,j}$ 归一化，公式如下：

$$x_{i,j}=\frac{x_{i,j}}{\sum_{i=1}^{c}x_{i,j}} \tag{9-42}$$

② 使用相平衡关系式计算 $y_{i,j}$，公式如下：

$$y_{i,j}-K_{i,j}x_{i,j}=0 \tag{9-43}$$

$y_{i,j}$ 归一化公式与 $x_{i,j}$ 相同。

（5）迭代求新的 T_j

① 计算气、液相平均摩尔焓

气相平均摩尔焓：

$$H_{i,j}=A_i+B_i T_j+C_i T_j^2 \tag{9-44}$$

$$H_i=\sum_{i=1}^{c}H_{i,j}y_{i,j} \tag{9-45}$$

液相平均摩尔焓：

$$h_{i,j}=a_i+b_iT_j+c_iT_j^2 \tag{9-46}$$

$$h_i=\sum_{i=1}^{c}h_{i,j}x_{i,j} \tag{9-47}$$

② 计算焓值对温度的偏导数

$$\frac{\partial H_j}{\partial T_j}=\sum_{i=1}^{c}y_{i,j}(B_i+2C_iT) \tag{9-48}$$

$$\frac{\partial h_j}{\partial T_j}=\sum_{i=1}^{c}x_{i,j}(b_i+2c_iT) \tag{9-49}$$

③ 计算三对角矩阵方程参数

公式：

$$a_j\Delta T_{j-1}^{(k)}+b_j\Delta T_j^{(k)}+c_j\Delta T_{j+1}^{(k)}=d_j \tag{9-50}$$

其中：

$$a_j=L_{j-1}\left(\frac{\partial h_{j-1}}{\partial T_{j-1}}\right)^{(k)} \tag{9-51}$$

$$b_j=-(L_j+U_j)\left(\frac{\partial h_j}{\partial T_j}\right)^{(k)}-(V_j+W_j)\left(\frac{\partial H_j}{\partial T_j}\right)^{(k)} \tag{9-52}$$

$$c_j=V_{j+1}\left(\frac{\partial H_{j+1}}{\partial T_{j+1}}\right)^{(k)} \tag{9-53}$$

$$-d_j=L_{j-1}h_{j-1}^{(k)}+V_{j+1}H_{j+1}^{(k)}+F_jH_{F,j}-(L_j+U_j)h_j^{(k)}-(V_j+W_j)H_j^{(k)}+Q_j \tag{9-54}$$

由 N 个关系式构成三对角矩阵方程，求解一组修正值 $\Delta T_j^{(k)}$，再由下式确定一组新的 T_j 值：

$$T_j^{(k+1)}=T_j^{(k)}+\Delta T_j^{(k)} \tag{9-55}$$

收敛标准：

$$\tau=\sum_{j=1}^{N}(\Delta T_j)^2\leqslant 0.01N \tag{9-56}$$

求解结果及分析

本题需要四次迭代即可收敛，由级温度结果可以看出较大的吸收率伴有较大的吸收热，气相和液相物流会吸收一部分热量，使得塔的中部温度最高。因此，用线性温度分布确定初值会有较大误差。

9.8 等温流率加和法计算萃取过程

用二甲基甲酰胺（DMF）和水（W）的混合物作萃取剂进行液液萃取分离苯（B）和正庚烷（H），具体条件如图 9-6。在 20℃下此萃取剂对苯的选择性比正庚烷大得多。萃取器含有 5 个平衡级，使用严格的等温流率加和法（IRS）计算两种不同萃取剂浓度的级间流率和组成。

问题分析

多级液液萃取设备一般在常温下操作，当原料和萃取剂的进入温度相同且混合热可以忽略时，操作是等温的，萃取过程可采用 ISR 法进行计算。ISR 法中，萃取相流率 V_j 是迭代变量，中间各级 V_j 值可在整个 N 级上用线性内插得到。

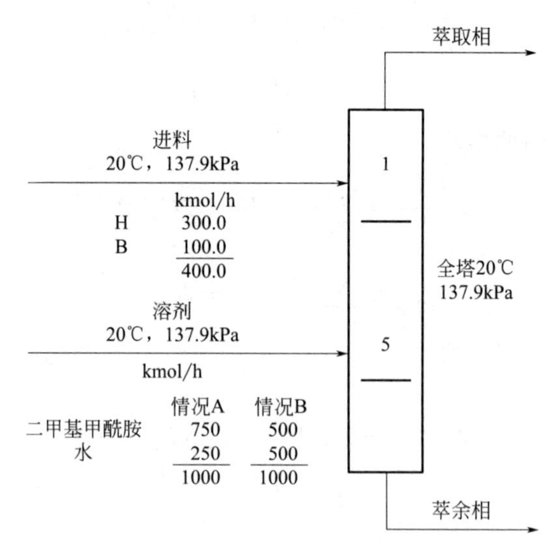

图 9-6 萃取器具体条件规定

问题求解

（1）给出迭代变量初值

① 温度和压力：多级液液萃取一般在常温下操作，本题操作是等温的。不需要规定进料压力和级压力。

② 假设完全分离，按线性内插得到 V_j（萃取相）、$x_{i,j}$ 和 $y_{i,j}$ 的初值。需要指出的是，等温流率加和法初值的选取对计算过程是否收敛和收敛速度尤为关键。按照线性内插法给出的初值对于本题而言，收敛困难，因此采用推荐的 V_j（萃取相）流率 1115、1105、1065、1040、1030（单位均为 kmol/h）进行迭代。

③ 进料组成及状态题目中均已给出。

（2）使用 NRTL 方程计算活度系数和分配系数 $K_{i,j}$

① 使用 NRTL 方程计算 $\gamma_{L,i,j}$ 和 $\gamma_{V,i,j}$，NRTL 方程如下：

$$\ln\gamma_i=\frac{\sum_{j=1}^{NC}\tau_{ij}G_{ji}x_j}{\sum_{k=1}^{NC}G_{ki}x_k}+\sum_{j=1}^{NC}\frac{G_{ij}x_j}{\sum_{k=1}^{NC}G_{kj}x_k}\left(\tau_{ij}-\frac{\sum_{l=1}^{NC}\tau_{lj}G_{lj}x_l}{\sum_{k=1}^{NC}G_{kj}x_k}\right) \tag{9-57}$$

② 计算平衡常数 $K_{i,j}$：

$$K_{i,j}=\frac{\gamma_{L,i,j}}{\gamma_{V,i,j}} \tag{9-58}$$

（3）使用托马斯法计算 $x_{i,j}$，进行内循环迭代

① 托马斯法计算 $x_{i,j}$。

② 收敛准则：

$$\tau_1=\sum_{j=1}^{N}\sum_{i=1}^{c}\left|x_{i,j}^{(r-1)}-x_{i,j}^{(r)}\right|<0.01NC \tag{9-59}$$

③ 若内循环不收敛，则将 $x_{i,j}$ 归一化，求得 $y_{i,j}$，并归一化，重新求 $K_{i,j}$，进行内循环。

（4）内循环收敛以后，用流率加和关系式计算新的迭代变量 V_j 的值

流率加和关系式：

$$V_j^{(k+1)}=V_j^{(k)}\sum_{i=1}^{c}y_{i,j} \tag{9-60}$$

用 V_j 可以求得 L_j。

外循环迭代准则：

$$\tau_2=\sum_{j=1}^{N}\left[\frac{V_j^{(k)}-V_j^{(k-1)}}{V_j^{(k)}}\right]^2\leqslant 0.01N \tag{9-61}$$

在下一次循环开始之前，可以调整 V_j 的值。

求解结果及分析

萃取率计算的结果见表 9-4。

表 9-4　萃取率计算结果

项目	情况 A	情况 B
B 的萃取率/%	96.4	43.0
H 的萃取率/%	9.8	1.87
转移到萃余相的溶剂的比例/%	1.26	1.45

可见，用 75%的 DMF 作溶剂时苯的萃取率远大于庚烷的萃取率，但用 50%的 DMF 作溶剂时苯和正庚烷之间有较高的选择性。

9.9　移动床解吸区的计算

在移动床解吸区中，吸附有组分 A 的吸附剂向下移动，解吸液由底部向上流动并与吸附剂逆流接触。吸收液中组分 A 组成为 0.8，组分 A 在吸附剂与解吸液中的分配系数为 0.5，抽提液量 F_e 为 10L/min。为使吸附有组分 A 的吸附剂经过解吸区后，组分 A 含量降低至 1%（质量分数，余同）以下，确定合适的吸附级数与解吸液量。

问题分析

本问题将吸附级数与解吸液量两个未知数限定取值范围，然后通过试错求解。

问题求解

首先确定吸附级数与解吸液量的计算区间，并在区间内对两个变量进行赋值，然后计算相比、吸附比。其中相比为解吸液量与抽提液量之比，吸附比（E）为分配系数与相比之积。最后通过公式计算吸余相中 A 的质量分数，并与初始设定的 1%进行比较，若大于 1%，则重复上述过程；反之，结束计算。吸附级数与解吸液量即为所求值。

$$Y=\frac{\frac{1}{E}-1}{\left(\frac{1}{E}\right)^{n+1}-1} \tag{9-62}$$

求解结果及分析

通过对公式进行循环求解，循环过程中吸余相中 A 的质量分数分别为：

{0.6253，0.6329，0.0781，0.5367，0.6349，0.6413，0.5021，0.1325，0.6271，0.6340，0.0154，0.6300，0.5954，0.4471，0.1996，0.0083}

迭代循环完成后，计算得到吸附级数为8，解吸液量为12.8L/min。

其中较为重要的步骤为确定吸附级数与解吸液量的合理取值范围。

9.10 吸收过程的填料塔计算

在25℃下用氨水吸收H_2S，氨水中总氨为$1kmol/m^3$，H_2S为$0.005kmol/m^3$，界面上H_2S浓度为$10^{-2}kmol/m^3$，$K_L=2\times10^{-4}m/s$，$K_G=2.0kmol/(m^2\cdot h\cdot MPa)$，在25℃时反应平衡常数[$K=(c_{HS^-}c_{NH_4^+})/(c_{H_2S}c_{NH_3})$]为186，$H_2S$的溶解度系数为$1.013kmol/(MPa\cdot m^3)$，若$H_2S$和$HS^-$的液相扩散系数相等，试求：

（1）增强因子和气液相间总传质系数；

（2）若在填料塔中进行吸收过程，填料塔的比表面积为$92m^2/m^3$，气体在塔内的空塔摩尔流速为$30kmol/(m^2\cdot h)$，入塔气体中含H_2S $2g/m^3$，出塔气体中含H_2S $0.05g/m^3$，操作压力0.111MPa。若不计氨水面上H_2S的平衡分压，填料塔的填料层高度。

问题分析

本问题为利用MATLAB对填料塔高度进行积分求解。

问题求解

（1）氨水吸收H_2S的反应为$H_2S+NH_3 \rightleftharpoons NH_4^+ + HS^-$，为瞬间可逆反应。

其中已知氨水中含H_2S $0.005kmol/m^3$，即$c_{H_2S,L}+c_{HS^-,L}=0.005kmol/m^3$，界面上$H_2S$的浓度为$c_{H_2S,i}=0.01kmol/m^3$，$K_L=2\times10^{-4}m/s$。

令$X=c_{NH_3,l}$，则$c_{NH_4^+}=1-X$，$c_{H_2S,L}=c_{HS^-,L}=1-X$。由平衡关系：

$$\frac{(1-X)^2}{0.01X}=186 \tag{9-63}$$

求得$X=0.28kmol/m^3$。

吸收速率N为：

$$N_{H_2S}=K_L[(0.01+0.72)-0.005]=14.5\times10^{-5}kmol/(m^2\cdot s)$$

若吸收过程为纯物理吸收，吸收速率N'不会超过$K_Lc_{H_2S,i}$该过程的吸收过程的增强因子为$\beta=N_{H_2S}/N'=72.5$。

因此吸收过程传质系数通过公式计算得：

$$K_G=\frac{1}{\frac{1}{K_G}+\frac{1}{\beta H_{H_2S}K_L}} \tag{9-64}$$

求得$K_G=1.927kmol/(m^2\cdot h\cdot MPa)$。

填料塔中填料层高度可通过物料衡算求得，由于气体中H_2S的含量较少，故物料衡算方程为：

$$G\mathrm{d}y_{H_2S}=K_Ga(y_{H_2S}-y_{H_2S}^*)p\mathrm{d}Z$$

式中，G 为气体的空塔摩尔流速，kmol/(m^2·s)；y_{H_2S} 为气相中 H_2S 的摩尔分数；$y^*_{H_2S}$ 为平衡摩尔分数；K_G 为气液相间中传质系数，kmol/(m^2·MPa·s)；a 为传质比表面积，m^2/m^3；p 为总压，MPa。通过积分，求填料层高度：

$$Z=\frac{G}{K_G a p}\int_{Y_{H_2S,出}}^{Y_{H_2S,入}}\frac{dy_{H_2S}}{y_{H_2S}-y^*_{H_2S}} \tag{9-65}$$

求解结果及分析

采用 MATLAB 中的 int 函数进行积分运算，求得气液相间总传质系数为 1.927kmol/(m^2·h·MPa)，填料层高度为 5.956m。

其中较为重要的步骤为 int 积分函数的合理运用。

9.11 膜分离——方程组求解

采用中空纤维膜分离气体中的 CO_2 和 N_2，进气口流量为 $L_a=100$L/min，渗透气流量为 L_b，渗余气流量为 L_c。进口气中 CO_2 体积分数为 $V_{a1}=60\%$，进口气中 N_2 体积分数为 $V_{a2}=0.4\%$，渗透气中 CO_2 体积分数为 V_{b1}，渗透气中 N_2 体积分数 V_{b2}，渗余气中 CO_2 体积分数为 V_{c1}，渗余气中 N_2 体积分数为 V_{c2}。中空纤维膜膜面积为 A，膜两侧压力差为 $p=100$kPa，渗透系数为 4.5×10^{-4}。要求通过渗透气回收 CO_2 的收率 Y_1 达到 90%，通过渗余气回收 N_2 的回收率 Y_2 达到 90%，求渗透气、渗余气的流量，渗余气中 CO_2 和 N_2 含量及需要的中空纤维膜面积。

问题分析

本问题为将分离过程中的输入、输出参数进行联立求解，采用 MATLAB 的 solve 函数进行处理。

问题求解

依据膜分离过程中的质量守恒及膜渗透相关公式，可得

$$L_a=L_b+L_c \tag{9-66}$$

$$L_aV_{a1}=L_bV_{b1}+L_cV_{c1} \tag{9-67}$$

$$L_aV_{a2}=L_bV_{b2}+L_cV_{c2} \tag{9-68}$$

$$V_{b1}+V_{b2}=1 \tag{9-69}$$

$$V_{c1}+V_{c2}=1 \tag{9-70}$$

$$L_bV_{b1}=pAJ \tag{9-71}$$

$$Y_1=\frac{L_bV_{b1}}{L_aV_{a1}} \tag{9-72}$$

$$Y_2=\frac{L_cV_{c2}}{L_aV_{a2}} \tag{9-73}$$

利用 solve 函数对方程组进行求解。

求解结果及分析

利用 MATLAB 求解，得到的结果为 $L_b=58\text{L/min}$；$L_c=42\text{L/min}$；$V_{b1}=0.931$；$V_{b2}=0.069$；$V_{c1}=0.143$；$V_{c2}=0.857$；$A=1.2\text{m}^2$。

其中较为重要的步骤为 solve 函数的合理运用。

9.12 结晶——散点图回归求斜率

工业生产尿素通常利用 Swenson DTB 结晶器进行结晶，投料操作数据如表 9-5 所示。

表 9-5 结晶器操作数据

筛网目数	14	20	28	35	48	65
累计百分率/%	19	38.5	63.5	81.5	98	100
筛网直径/mm	1.168	0.833	0.589	0.417	0.295	0.202

操作时间为 3.97h，晶浆中晶体浓度为 404g/L。尿素密度 $\rho=1.38\text{g/cm}^3$。晶体的体积形状因子 $k=1.0$。求晶体的生长速率 G 及结晶成核速率 B。

问题分析

本问题为利用 MATLAB 对散点进行拟合回归，求出 $\ln n \sim L$ 的截距即可以求出结晶成核速率。

问题求解

将实测数据整理成 $\ln n \sim L$。

以第一组数据为例，计算过程如下：14 目孔径为 1.168mm，20 目孔径为 0.833mm。平均粒度 $L_1=1.00\text{mm}$。由此可得粒度间距 $\Delta L_1=1.168-0.833=0.335\text{mm}$。成核核子数目 ΔN 为：

$$\Delta N_1=\frac{\Delta M}{k\rho L^3} \tag{9-74}$$

粒数密度 n 为：

$$n=\frac{\Delta N}{\Delta L}$$

$$n_1=\Delta N_1/\Delta L_1=176815.17$$

$$\ln n_1=12.083$$

计算结果如表 9-6。

表 9-6 计算结果

筛网目数	质量分数/%	$\ln n$	L
20	19.5	12.083	1.00
28	25	13.672	0.711
35	18	14.731	0.503
48	16.5	16.024	0.356
65	2	15.306	0.2525

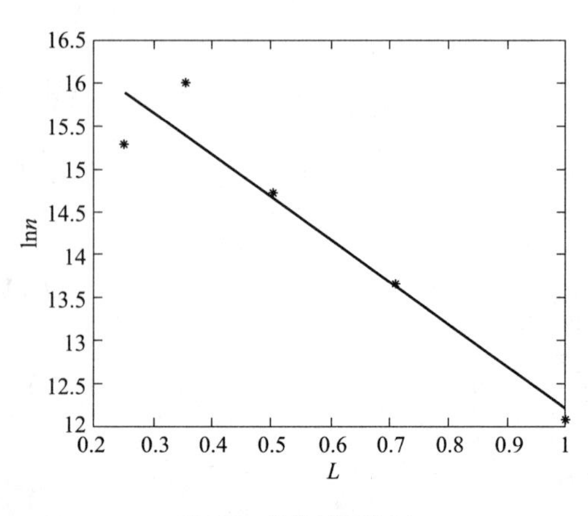

图 9-7 线性回归结果

求解结果及分析

通过 regress 函数进行拟合得到的结果如图 9-7 所示。

所得回归方程为 $y=-4.49402x+17.152$，斜率为−4.49402，截距为 17.152；

其生长速率为 $G=(1-0.202)/3.97=0.051\text{mm/h}$；

结晶成核速率为 $B=Ge^{17.152}=1.434\times10^6$ 成核数目/(L·h)。

参考文献

[1] 刘家祺. 分离过程 [M]. 北京：化学工业出版社，2001.

[2] 于国琮，宋海华，王秀英. 精馏过程的动态模拟 [J]. 化工学报，1994，45 (4)：413-421.

[3] 黄江华. 实用化工计算机模拟——MATLAB 在化学工程中的应用 [M]. 北京：化学工业出版社，2004.

[4] 贾绍义，柴诚敬. 化工传质与分离过程 [M]. 北京：化学工业出版社，2007.

[5] 吴松涛，江青茵，曹志凯，等. 基于 Matlab 的精馏稳态模拟 [J]. 厦门大学学报（自然科学版），2006，45 (1)：85-89.

[6] 李光荣，徐建朝. 计算机在多组分精馏设备计算中的应用 [J]. 兰州石化职业技术学院学报，2002，2 (2)：6-8.

[7] 孙云岳. 模拟移动床吸附分离（Ⅰ）——计算模型 [J]. 化学工程，1984 (3)：50-56.

[8] 张兴法. 化学吸收总传质系数的计算和应用 [J]. 安徽化工，1995 (3)：34-38.

[9] 刘炳成，武鲁航，曹魁，等. 中空纤维膜分离烟气 CO_2 工艺模拟优化 [J]. 能源化工，2017，38 (3)：35-40.

[10] 朱家文，吴艳阳. 分离工程 [M]. 北京：化学工业出版社，2019.

第10章 过程动态特性与控制

扫码获取
线上学习资源

以工业4.0为代表的新一轮工业革命正在深刻地改变着现代制造业结构。在此背景下，对于化工行业而言，生产工艺、生产设备、生产控制与管理已逐渐成为一个有机的整体，因此要求化工行业从业人员必须具备一定的自动控制知识。

本章对化工过程动态控制的基础知识进行了梳理，讲述了化工生产中常见的控制案例，将数学建模和控制知识结合，涉及化工、数学和控制等学科知识，体现不同学科之间的交叉融合。本章重点讲授PID（管道及仪表流程图）控制的数学模型，涉及U形管压力计、储罐、连续搅拌釜式反应器、间歇反应器等的工程应用案例，通过MATLAB等软件求解控制的数学模型，把化工过程模拟基础理论知识和工程实际问题融为一体，注重培养学生的工程思维能力与自控系统的设计能力。通过本章的学习，可以深入理解设备的工作原理与特性，从而对化工设备实现良好的控制，增强爱岗、敬业、讲安全的职业道德素养。

本章实例配有MATLAB或Mathematica、Mathcad计算程序，可扫描本书二维码获取。

10.1 一阶系统动态模型

对许多过程的数学描述可以通过建立微分方程模型来完成，控制理论通常将这些过程视为一阶或二阶系统。10.1节和10.2节将讲述一般线性一阶和线性二阶系统的阶跃响应动力学的建模方法，给出一阶和二阶常微分方程的解法，并结合MATLAB简要描述典型化工过程控制系统中的基本元素及建模方法。

一阶线性系统是输出函数 $y(t)$ 由一阶常微分方程描述的系统，其形式可由式(10-1)表示：

$$a_1 \frac{\mathrm{d}y}{\mathrm{d}t}+a_0 y=b_0 u(t) \tag{10-1}$$

其中，输入变量为 $u(t)$，也称为扰动函数。如果 $u(t)$ 是由 Δu 和常数 $a_0 \neq 0$ 表示的，则式(10-1)可以表示为用于过程控制的方程式：

$$\tau \frac{\mathrm{d}y}{\mathrm{d}t}+y=k\Delta u \tag{10-2}$$

式中，时间常数 $\tau=a_1/a_0$；增益 $k=b_0/a_0$。

当用偏差变量（在 $t=0$ 时初始条件都为零）和阶跃变化表示模型时，解析解为：

$$y(t)=k\Delta u(1-e^{-t/\tau}) \tag{10-3}$$

根据式(10-3)中给出的解析解可以绘制图 10-1 中给出的无量纲函数曲线。

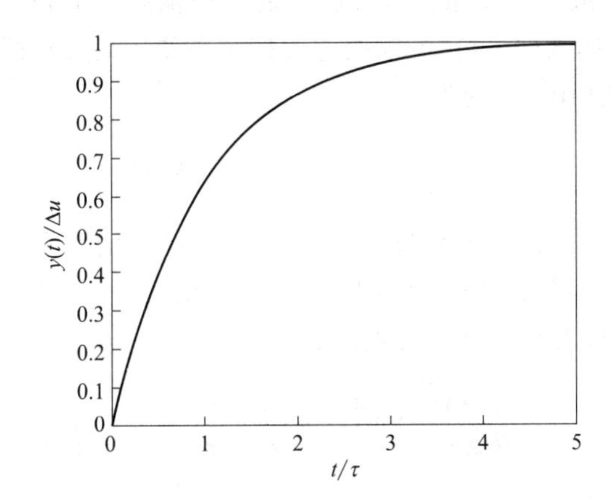

图 10-1　一阶线性系统对 $t=0$ 处的阶跃函数的无量纲响应

(1) 取 $\tau=3$、$k=3$、$\Delta u=2$，根据式(10-2)和图 10-1，绘制一阶系统数值解的 t/τ 和 $y(t)$-$k\Delta u$ 无量纲响应曲线。

(2) 确定一个任意点，然后，对于 (1) 中的一阶系统，通过方程式(10-1)求其数值解，并与根据式(10-3)计算的解析解进行比较。

(3) 使用 (2) 的数值解来确定一阶系统在 $t/\tau=1$ 时的无量纲输出值，计算输出响应达到其最终值的 95%和 99%时的 t 值（假设终值为 1）。

问题分析

本问题涉及一阶线性系统的阶跃响应动力学的建模方法及响应曲线的绘制方法，需要掌握一阶微分方程的解法。

问题求解

(1) 通过在初始条件 $y=0$（当 $t=0$ 时 $y=0$，终值 $t=15$）时求解式(10-1)，可以得到数值解。

(2) 在 $t=6$ 处比较数值解和解析解的求解结果。

(3) 确定函数值达到 0.95 和 0.99 时的自变量值。

求解结果及分析

(1) 一阶系统数值解的 t/τ 和 $y(t)/k\Delta u$ 无量纲响应曲线见图 10-1。

(2) 在 $t=6$ 处，对于无量纲响应，两者结果均为 0.8646647。

(3) 通过使用 [～,ind]=min(abs(y−0.95))，可确定函数值达到 0.95 时的自变量值。使用 min 命令判断函数达到某特定值，进而输出其变量值。当输出响应达到其最终值的 99%时，$t=9.0175$；当输出响应达到其最终值的 99%时，$t=13.8925$。

10.2　二阶系统动态模型

二阶线性系统是通过二阶常微分方程描述输出函数 $y(t)$ 的系统：

$$a_2\frac{d^2y}{dt^2}+a_1\frac{dy}{dt}+a_0y=b_0u(t) \tag{10-4}$$

其中 $u(t)$ 称为扰动函数或输入变量。该方程式通常用偏差变量表示，因此初始条件在 $t=0$ 时全为 0。如果 $a_0\neq0$，则式(10-4) 可以用过程控制中使用的方程式形式表示，其中扰动函数由 Δu 给出。因此等式(10-4) 变为：

$$\tau^2\frac{d^2y}{dt^2}+2\zeta\tau\frac{dy}{dt}+y=k\Delta u \tag{10-5}$$

式中，时间常数为 $\tau=a_2/a_0$；阻尼系数为 $\zeta=a_1/\sqrt{a_0a_2}$；增益为 $k=b_0/a_0$。

在 $t=0$ 时，二阶系统对 Δu 恒定步长输入的响应在很大程度上取决于阻尼系数 ζ。

当 $\zeta>1$，系统阻尼过大时，响应可表示为：

$$\frac{y(t)}{k\Delta u}=1+\frac{\tau_1e^{-t/\tau_1}-\tau_2e^{-t/\tau_2}}{\tau_2-\tau_1} \tag{10-6}$$

其中，

$$\tau_1=\frac{\tau}{\zeta-\sqrt{\zeta^2-1}} \tag{10-7}$$

$$\tau_2=\frac{\tau}{\zeta+\sqrt{\zeta^2-1}} \tag{10-8}$$

$\zeta\geqslant1$ 时，不同 ζ 的响应曲线见图 10-2。

当 $\zeta=1$ 时，称为临界阻尼，由式(10-9) 给出：

$$\frac{y(t)}{k\Delta u}=1-\left(1+\frac{t}{\tau}\right)e^{-t/\tau} \tag{10-9}$$

当 $\zeta<1$ 时，欠阻尼系统响应的解析解为式(10-10)，不同阻尼的线性二阶系统的阶跃函数响应曲线如图 10-3 所示。

$$\frac{y(t)}{k\Delta u}=1-e^{-\zeta t/\tau}\left[\frac{\zeta}{\sqrt{1-\zeta^2}}\sin(at)+\cos(at)\right] \tag{10-10}$$

$$a=\frac{\sqrt{1-\zeta^2}}{\tau} \tag{10-11}$$

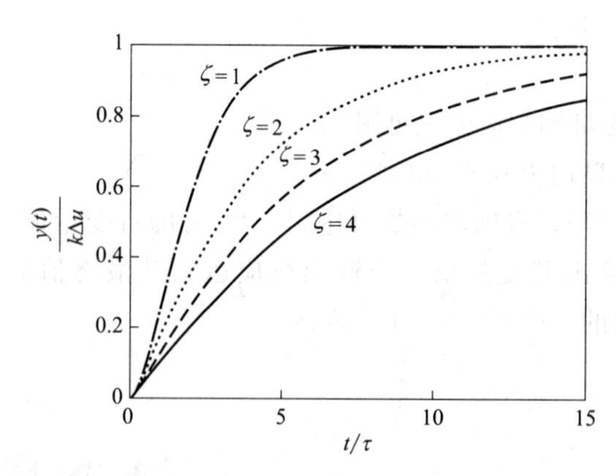

图 10-2 $\zeta\geqslant1$ 时不同阻尼的线性二阶系统的阶跃函数响应

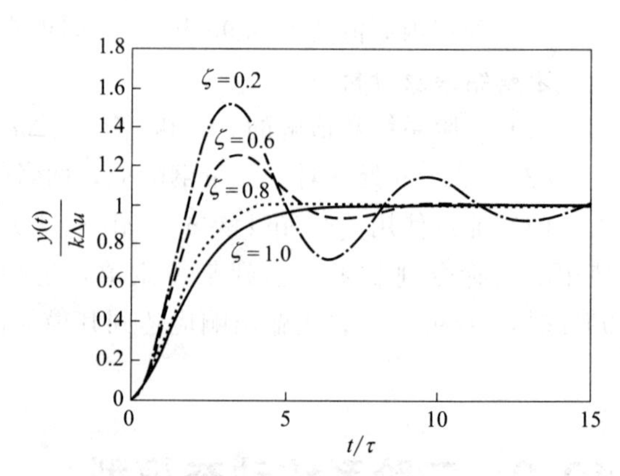

图 10-3 $\zeta<1$ 时不同阻尼的线性二阶系统的阶跃函数响应曲线

（1）当参数值为 $\tau=5$、$k=4$ 和 $\Delta u=10$ 时，参照图 10-2 所示的二阶系统，选取 ζ 的特定值，对微分方程式(10-2) 进行数值求解。将计算出的无量纲值 $y(t)/\Delta u$ 与通过式(10-6) 确定的解析解进行比较。

（2）选定图 10-3 中所示的 $\zeta<1$ 的值，重复（1）部分，并将计算出的无量纲值 $y(t)/\Delta u$ 与通过公式(10-10) 至式(10-12) 确定的解析解进行比较。

问题分析

本问题涉及二阶线性系统的阶跃响应动力学的建模方法及响应曲线绘制方法，需要掌握带初值的二阶常微分方程的解法。

问题求解

可通过将二阶常微分方程转换为两个一阶常微分方程来求数值解。转换如下：

$$
\begin{aligned}
&y=x_1\\
&\frac{\mathrm{d}y}{\mathrm{d}t}=x_2\\
&\frac{\mathrm{d}^2 y}{\mathrm{d}t^2}=\frac{k\Delta u-x_1-2\zeta\tau x_2}{\tau^2}
\end{aligned}
\tag{10-12}
$$

初值为 $y_{(t=0)}=0$，$y'_{(t=0)}=0$。

求解结果及分析

$\zeta=0.4$ 时的函数解析解和数值解图像如图 10-4 所示。

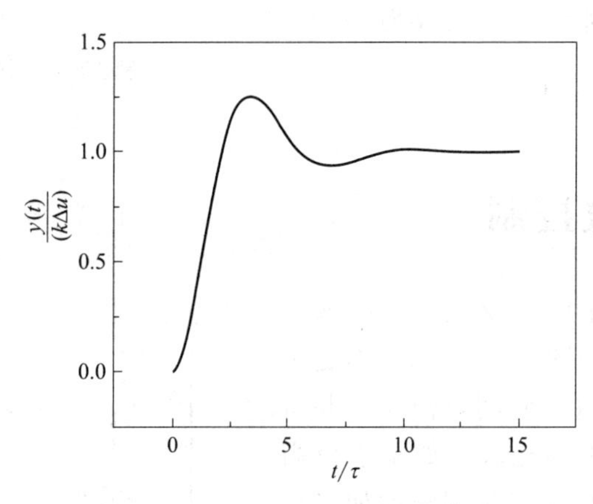

图 10-4　$\zeta=0.4$ 时的函数图像

10.3　U 形管压力计的动态特性

常规 U 形管压力计如图 10-5。当受到与时间有关的压差时，U 形管中的液位会根据以下公式随时间变化（假设管中为层流）：

$$
\frac{L}{g}\times\frac{\mathrm{d}^2 h}{\mathrm{d}t^2}+\frac{8\mu L}{\rho g R^2}\times\frac{\mathrm{d}h}{\mathrm{d}t}+h=\frac{\Delta p}{\rho g}
\tag{10-13}
$$

式中，L 是管中液体的总长度；h 是两液面之间的高度差；

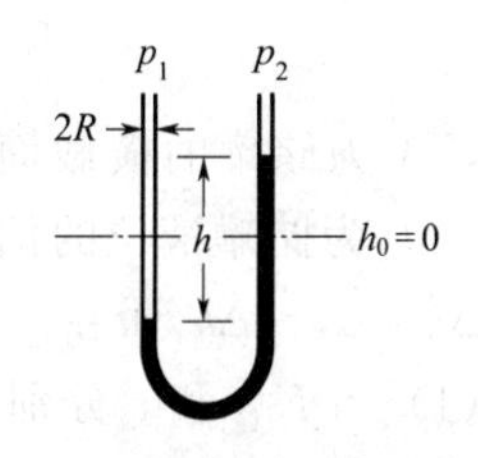

图 10-5　U 形管压力计原理图

Δp 是两液面之间的压力差；R 是压力计管的半径；μ 是压力计中液体黏度；ρ 是压力计中液体的密度。

在参数 $L=150\text{cm}$，$\mu=0.001\text{Pa}\cdot\text{s}$，$\rho=1.0\text{g/cm}^3$，$g=980.7\text{cm/s}$，$R=0.25\text{cm}$，$h_0=0$ 的情况下，根据式(10-13) 绘制 U 形管压力计的数值解阶跃变化响应曲线，式中，$\Delta p/(\rho g)$ 可由式(10-14) 给出：

$$\frac{\Delta p}{\rho g}=\begin{cases}0 & t\leqslant 0\\ 50 & t>0\end{cases} \tag{10-14}$$

问题分析

本题使用数值解分析 U 形管压力计二阶系统的阶跃响应。涉及的数学方法为解二阶常微分方程组，其中二阶微分方程可被转化为两个一阶方程来进行求解。

问题求解

压力计的响应曲线是二阶线性常微分方程，可以按照如下形式表达：

$$\tau^2\frac{\mathrm{d}^2 y}{\mathrm{d}t^2}+2\zeta\tau\frac{\mathrm{d}y}{\mathrm{d}t}+y=k\Delta u \tag{10-15}$$

其中，$\tau=\sqrt{\dfrac{L}{g}}$，$\zeta=\dfrac{4\mu}{\rho R^2}\sqrt{\dfrac{L}{g}}$，$k\Delta u=\dfrac{\Delta p}{\rho g}$。

求解结果及分析

压力计高度 h 与时间 t 的关系如图 10-6 所示。

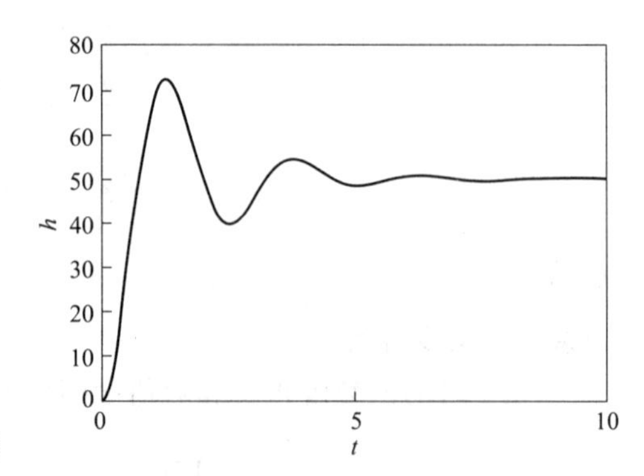

图 10-6　U 形管压力计响应曲线

10.4　储罐液位控制

当入口流量 F_1 发生阶跃变化时，应该使储罐的液位保持不变。如图 10-7 所示，本题采用反馈控制系统，由测量元件测量液位，并将其与期望的液位值 h_S 进行比较。如果水位高于所要求的值，则通过打开控制阀来增加采出流量 F_2，当液位低于期望值时，阀门关闭。其中稳态入口流量为 $F_{1,S}$，稳态出口流量为 $F_{2,S}$。

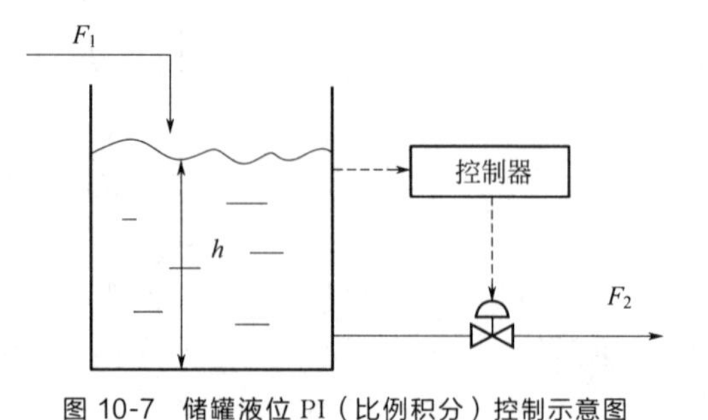

图 10-7　储罐液位 PI（比例积分）控制示意图

若控制器为比例积分控制器，则该过程可用二阶微分方程表示：

$$A\frac{\mathrm{d}^2\Delta h}{\mathrm{d}t^2}+K_C\frac{\mathrm{d}\Delta h}{\mathrm{d}t}+\frac{K_C}{\tau_1}\Delta h=0 \tag{10-16}$$

式中，A 为储罐的横截面积，2m^2；K_C 为比例增益；τ 为积分时间常数，min；t 为时间，min；Δh 为储罐液位的偏移高度，即实际高度与期望值之间的差值，m。初始条件为：$t=0$ 时，$\Delta h=0$，$\mathrm{d}\Delta h/\mathrm{d}t=0$。

（1）当 K_C 和 τ 分别为 1 和 0.1min 时，绘制 PI 过程的响应曲线，以观察储罐液位的动态行为。

（2）改变 K_C 的值（例如从 1 到 5），以了解入口流量的阶跃式变化及该参数对液位动态响应振荡行为的影响。如何选取 K_C 的值，可以使响应曲线快速稳定？

问题分析

此问题为储罐的 PI 控制过程的模型建立，可通过二阶微分方程来求解。

问题求解

此过程的线性函数，可由式(10-17）给出：

$$A\frac{dh}{dt}+\frac{c}{2\sqrt{h_S}}h=F_1-\frac{c}{2}\sqrt{h_S} \tag{10-17}$$

通常在控制问题表述中，以偏差变量方程式表示变量之间的关系。在本系统中，储罐处于稳态时，其质量衡算可由式(10-18）给出：

$$A\frac{dh_S}{dt}=F_{1,S}-F_{2,S} \tag{10-18}$$

因此偏差变量可表示为：

$$A\frac{d(h-h_S)}{dt}=(F_1-F_{1,S})-(F_2-F_{2,S}) \tag{10-19}$$

令 $\Delta h=h-h_S$，$F_1'=F_1-F_{1,S}$，$F_2'=F_2-F_{2,S}$，可将式(10-19）改写为：

$$A\frac{d\Delta h}{dt}=F_1'-F_2' \tag{10-20}$$

当来自储罐的出口流量 F_2 由 PI 控制时，F_2' 由式(10-21）给出：

$$F'_2=K_C h'+\frac{K_C}{\tau}\int_0^t h'dt \tag{10-21}$$

因此储罐的出口流量 F_2 由 PI 控制时，偏差变量方程可表示为式(10-22)：

$$A\frac{d\Delta h}{dt}=F'_1-\left(K_C h'+\frac{K_C}{\tau}\int_0^t h'dt\right) \tag{10-22}$$

式(10-22）的解可以通过其时间导数得出：

$$A\frac{d^2\Delta h}{dt^2}+K_C\frac{d\Delta h}{dt}+\frac{K_C}{\tau}\Delta h=\frac{dF_1'}{dt} \tag{10-23}$$

$t>0$ 时，$\frac{dF_1'}{dt}=0$，因此式(10-23）可简化为：

$$A\frac{d^2\Delta h}{dt^2}+K_C\frac{d\Delta h}{dt}+\frac{K_C}{\tau_1}\Delta h=0 \tag{10-24}$$

这样就将储罐的 PI 液位控制系统模型转化为一个二阶常微分方程，对其求解，即可得到该系统的 PI 控制响应曲线。

求解结果及分析

比例增益 $K_C=2$ 时的响应曲线如图 10-8 所示。

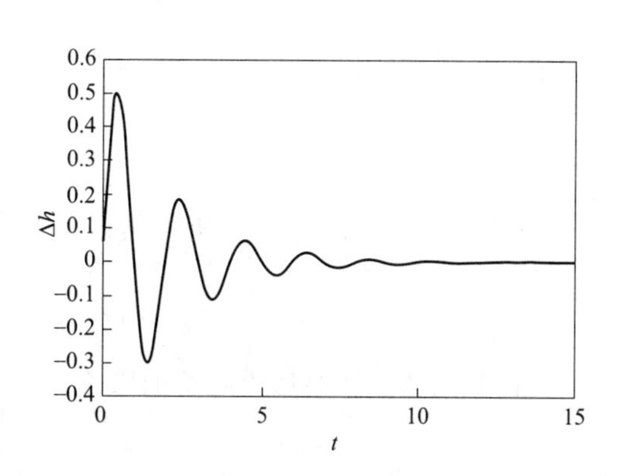

图 10-8　比例增益 $K_C=2$ 时的响应曲线

10.5 釜式搅拌加热器的动态特性与控制

由搅拌釜、加热器和PI温度控制器组成的连续过程系统如图10-9所示。密度为ρ(kg/m^3)、比热容为c_p [kJ/(kg·℃)] 和温度为T_i(℃) 的物流以恒定质量速率W(kg/min) 流入容积为V(m^3) 的釜式搅拌加热器。需要将此物流加热到更高的设定点温度T_r(℃)。输出温度T_m(℃) 由热电偶测得，所需加热器输入热量q(kJ/min) 由PI温度控制器调节。

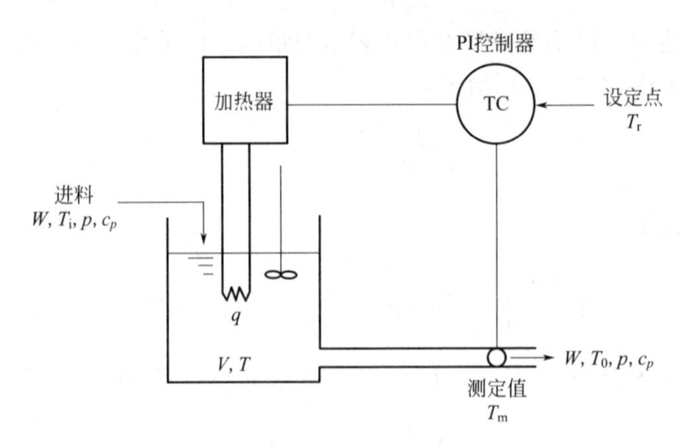

图10-9 釜式搅拌加热器温度控制

对釜式搅拌加热器过程系统作如下假设：

① 混合完全，出口温度与釜内温度相等；

② 入口流量与出口流量相同；

③ 流体的密度ρ与比热容c_p为常数，不受温度影响；

④ 忽略热损失。

对于纯组分物质，其单位质量的焓$\hat{H}$，取决于温度和压力。设$\hat{H}$函数：

$$\hat{H}=\hat{H}(T,p) \tag{10-25}$$

$\hat{H}$函数在（T，p）点的全微分为：

$$\mathrm{d}\hat{H}=\left(\frac{\partial \hat{H}}{\partial T}\right)_p \mathrm{d}T+\left(\frac{\partial \hat{H}}{\partial p}\right)_T \mathrm{d}p \tag{10-26}$$

根据定压比热容的定义，c_p可以表示为：

$$c_p=\left(\frac{\partial \hat{H}}{\partial T}\right)_p \tag{10-27}$$

把式(10-27) 代入式(10-26) 中得到：

$$\mathrm{d}\hat{H}=c_p \mathrm{d}T+\left(\frac{\partial \hat{H}}{\partial p}\right)_T \mathrm{d}p \tag{10-28}$$

对于液体和固体，忽略压力对焓的影响：

$$\left(\frac{\partial \hat{H}}{\partial p}\right)_T \approx 0$$

$$d\hat{H}=c_p dT \tag{10-29}$$

低压下，纯流体的内能近似等于焓：

$$U_{int}\approx H$$

$$d\hat{U}_{int}=d\hat{H}=c_p dT$$

$$U_{int}=\rho V\hat{U}_{int}$$

$$\frac{dU_{int}}{dt}=\rho Vc_p \frac{dT}{dt} \tag{10-30}$$

对式(10-29) 从参考温度 T_{ref} 到 T 积分，得到 $\hat{H}$ 与 $\hat{H}_{ref}$ 之差为：

$$\hat{H}-\hat{H}_{ref}=c_p(T-T_{ref}) \tag{10-31}$$

假设 $\hat{H}_{ref}$ 等于 0，得到：

$$\hat{H}=c_p(T-T_{ref}) \tag{10-32}$$

对于进料：

$$\hat{H}_i=c_p(T_i-T_{ref}) \tag{10-33}$$

由能量平衡得到：

$$\frac{dU_{int}}{dt}=-\Delta(W\hat{H})+q \tag{10-34}$$

$$-\Delta(W\hat{H})=W[c_p(T_i-T_{ref})]-W[c_p(T-T_{ref})] \tag{10-35}$$

联立式(10-30)、式(10-34)、式(10-35) 得到：

$$\rho Vc_p \frac{dT}{dt}=Wc_p(T_i-T)+q$$

$$\frac{dT}{dt}=\frac{Wc_p(T_i-T)+q}{\rho Vc_p} \tag{10-36}$$

$t=0$ 时，初始条件为 $T=T_r$，对应于设定点温度 T_r 时的稳态操作。

由于热电偶位于流出管下游位置，热电偶将会出现一个时间延迟 τ_d，即输出物流到达测量点所需的时间。因此，热电偶所测得的温度可以表示为：

$$T_0(t)=T(t-\tau_d) \tag{10-37}$$

对时间延迟，使用一阶 Pade 近似：

$$T_0(s)=e^{-\tau_d s}T(s)\approx\frac{1-\tau_d s/2}{1+\tau_d s/2}T(s) \tag{10-38}$$

对 $T_0(s)$ 进行拉普拉斯逆变换得到：

$$\frac{dT_0}{dT}=\left[T-T_0-\left(\frac{\tau_d}{2}\right)\left(\frac{dT}{dt}\right)\right]\frac{2}{\tau_d} \tag{10-39}$$

初始条件：$t=0$，$T_0=T_r$。假设热电偶表现出具有时间常数 τ_m 和单位增益的一阶动态性能，热电偶测得的温度的动态特性可以表示为：

$$\frac{dT_m}{dt}=\frac{T_0-T_m}{\tau_m} \tag{10-40}$$

初始条件：$t=0$，$T_m=T_r$。输入搅拌釜的热量 q，作为比例积分控制器的操纵变量，可以表示为：

$$q=q_s+K_C(T_r-T_m)+\frac{K_C}{\tau_I}\int_0^t(T_r-T_m)dt \tag{10-41}$$

式中，K_C 为控制器增益；τ_I 为积分时间；q_s 为稳态设计条件下的热量输入值：

$$q_s=Wc_p(T_r-T_{is}) \tag{10-42}$$

定义 $errsum$ 变量：

$$\frac{d}{dt}(errsum)=T_r-T_m \tag{10-43}$$

初始条件：$t=0$，$errsum=0$。将式(10-43) 代入式(10-41) 中得：

$$q=q_s+K_C(T_r-T_m)+\frac{K_C}{\tau_I}(errsum) \tag{10-44}$$

研究此系统在各种参数和操作变化时的响应。表 10-1 中系统的数值和控制参数将用于基线稳态操作。

表 10-1　基线系统和控制参数

参数	ρVc_p/(kJ/℃)	Wc_p/[kJ/(min·℃)]	T_i/℃	T_r/℃	τ_d/min	τ_m/min	τ_I/min	K_C
数值	4000	500	60	80	1	5	2	50

(1) 分析系统在 80℃的设计稳态初始运行时，入口温度 T_i 在 $t=10$min 时突然变为 40℃的开环性能（$K_C=0$）。

(2) 参考表 10-1 中的数据，分析系统在（1）条件下闭环性能。

(3) 令 $K_C=500$，重复（2）。

(4) 令 $K_C/\tau_I=0$，重复（3）中的比例控制作用。

(5) 令 $K_C=500$，根据公式(13-44) 对 q 进行限制，使最大值是基线稳态值的 2.6 倍，最小值为零。在 $t=10$min 时，当设定值从 80℃变为 90℃，仅存在比例控制时，演示系统从基线稳定状态的响应。

问题分析

本题介绍了釜式搅拌加热器动态模型的建立，包含死时间和时间延迟的 Pade 近似的一阶过程的闭环动态特性，涉及一阶微分方程组求解和阶跃函数的生成。

问题求解

联立式(10-36)、式(10-39)、式(10-40)、式(10-44)，利用 MATLAB 中 ode45 函数求解微分方程组。在 $t=10$min 时，通过 If 语句引入进口温度的阶跃变化。

求解结果及分析

各个测试响应结果见图 10-10 至图 10-14。开环性能测试表明，测量温度尽管存在延时，但可以很好地追踪设定点，建立的数学模型可以很好地描述釜式搅拌加热器过程的动态特性；在闭环测试下，当 K_C 达到 500 时，温度响应曲线变得发散，当只有比例作用而没有积分作用时，最终温度响应曲线也会达到一个新的稳态，但会存在稳态偏差，当对输入搅拌釜的热量 q 进行限定后，尽管 K_C 达到了 500，最终的过程也会收敛。

（1）开环性能 $K_C=0$

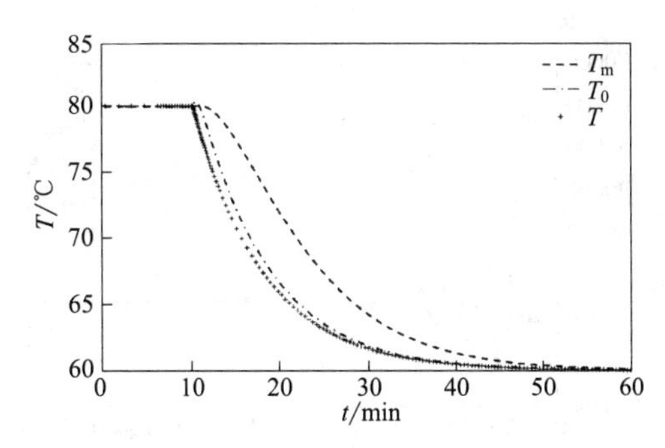

图 10-10　釜式搅拌加热器温度控制开环性能

（2）闭环性能 $K_C=50$

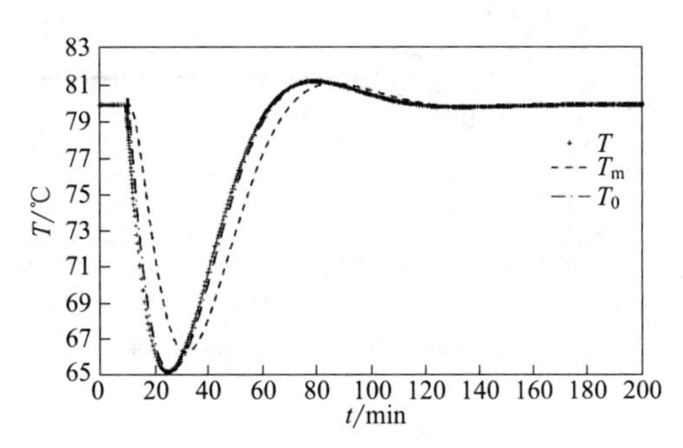

图 10-11　釜式搅拌加热器温度控制（$K_C=50$）

（3）闭环性能 $K_C=500$

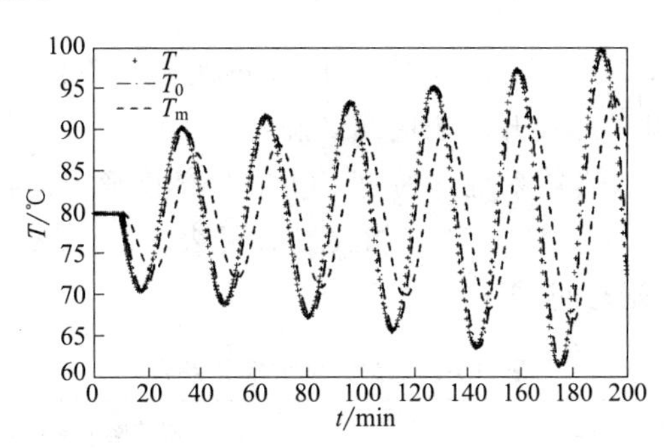

图 10-12　釜式搅拌加热器温度控制（$K_C=500$）

（4）比例控制闭环性能

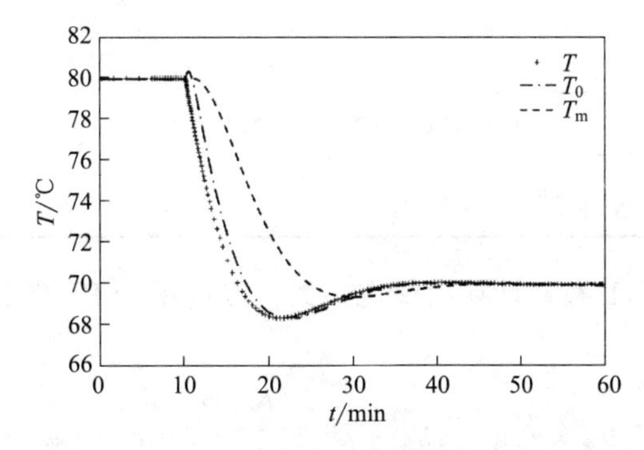

图 10-13　釜式搅拌加热器温度控制（$K_C/\tau_I=0$）

（5）限制 q 的闭环性能

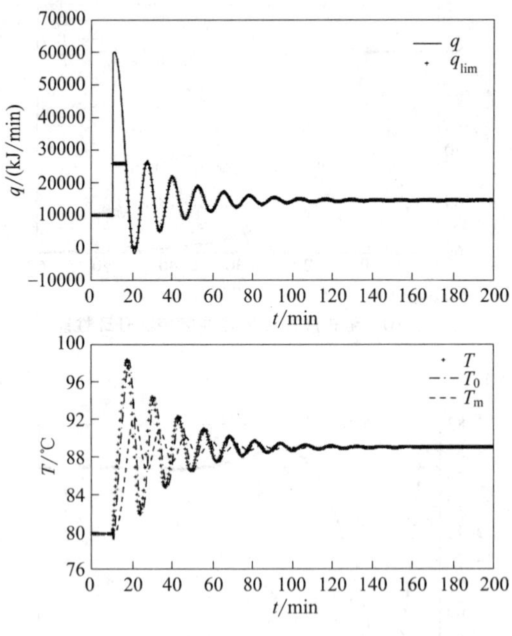

图 10-14　限制 q 的比例控制的闭环响应

10.6　基于内模控制法（IMC）的控制器整定

在大多数化学工业中，实际控制器整定可以通过使用一阶惯性加纯延迟（FOPDT）模型来实现。FOPDT 参数可以通过开环响应测试确定。

采用 10.5 节釜式搅拌加热器系统，通过 FOPDT 参数确定内模控制器的参数设置。模拟各种控制器设置的控制行为。IMC 整定相关参数见表 10-2，其中 K_p 是过程增益，τ_p 是过程时间常数，θ_p 是过程死时间。

表 10-2　IMC 整定相关参数

整定程度	控制器响应时间常数式
激进	τ_C 是 $0.1\tau_p$ 或 $0.8\theta_p$ 中的最大值
适中	τ_C 是 $1.0\tau_p$ 或 $8.0\theta_p$ 中的最大值
保守	τ_C 是 $10.0\tau_p$ 或 $80.0\theta_p$ 中的最大值
控制器比例增益和积分时间常数式	
$K_C=\frac{1}{K_p}\times\frac{\tau_p}{(\tau_d+\tau_C)}$	$\tau_I=\tau_p$

利用表 10-2 的 FOPDT 参数计算出整定参数，然后用于 PI 控制器。整个过程系统的热量输入为：

$$q=q_s+K_C(T_r-T_m)+\frac{K_C}{\tau_I}\int_0^t(T_r-T_m)\mathrm{d}t \tag{10-41}$$

当输入的热量 q 与稳态值不同时，利用测量的温度 T_m 拟合 FOPDT 模型参数得到：$K_p=0.002$℃/(kJ·min)，$\tau_p=10.7$min，$\tau_d=3.87$min。

（1）在 0～60min 内预测釜内温度 T，基于 FOPDT 参数，使用 IMC 激进控制确定控制器整定参数。当进料 5min 后，进料温度 T_i 从稳态设定值 60℃升高到 65℃，经过 5min 后，降低至 50℃，再经过 5min 后恢复到稳态设定值 60℃。

（2）使用 IMC 适中控制确定控制器整定参数，重复（1）。

（3）使用 IMC 保守控制确定控制器整定参数，重复（1）。

问题分析

涉及微分方程组求解和阶跃函数的生成。

问题求解

联立式(10-36)、式(10-39)、式(10-40)、式(10-44)，利用 MATLAB 中 ode45 函数求解微分方程组。通过 If 语句引入进口温度的阶跃变化。

求解结果及分析

（1）控制器整定参数可以通过表 10-2 提供的数据进行计算。因此，对于此问中的激进控制（见图 10-15）：

$$\tau_C=\max\{0.1\tau_p,0.8\theta_p\}=\max\{1.07,3.10\}=3.10$$

$$K_C=\frac{1}{K_p}\times\frac{\tau_p}{(\tau_d+\tau_C)}=\frac{1}{0.002}\times\frac{10.7}{3.87+3.10}=768$$

$$\tau_I=\tau_p=10.7$$

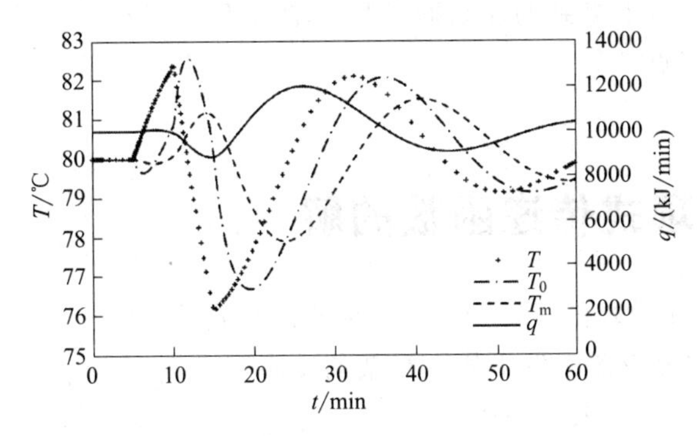

图 10-15　激进控制器整定后的闭环响应

（2）对于此问中的适中控制（见图 10-16）：

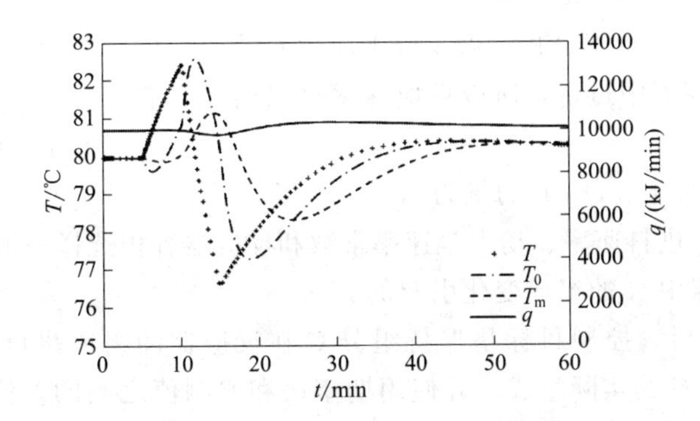

图 10-16　适中控制器整定后的闭环响应

$$\tau_C=\max\{1.0\tau_p,8.0\theta_p\}=\max\{10.7,31.0\}=31.0$$

$$K_C=\frac{1}{K_p}\times\frac{\tau_p}{(\tau_d+\tau_C)}=\frac{1}{0.002}\times\frac{10.7}{3.87+31.0}=153$$

$$\tau_I=\tau_p=10.7$$

（3）对于此问中的保守控制（见图 10-17）：

$$\tau_C=\max\{10.0\tau_p,80.0\theta_p\}=\max\{107.0,310.0\}=310.0$$

$$K_C=\frac{1}{K_p}\times\frac{\tau_p}{(\tau_d+\tau_C)}=\frac{1}{0.002}\times\frac{10.7}{3.87+310.0}=17$$

$$\tau_I=\tau_p=10.7$$

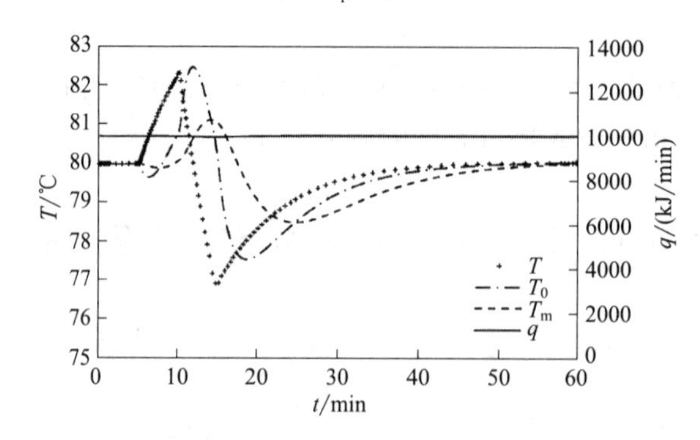

图 10-17　保守控制器整定后的闭环响应

可见，保守整定程度下得到的控制器参数，增益 $K_C=17$、$\tau_I=10.7$。过程温度响应曲线可以很好地追踪设定点。

10.7　n 次多项式传递函数的解

组分 A 和 R 分别以 Q 和 $(q-Q)$ 速率进入反应器中（如图 10-18 所示），在反应器中发生如下复杂的反应：

$$A+R\longrightarrow B$$

$$B+R\longrightarrow C$$

$$C+R\longrightarrow D$$

$$D+R\longrightarrow E$$

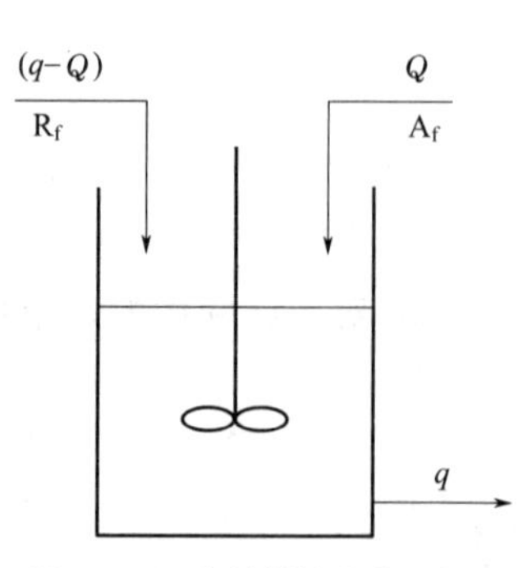

图 10-18　连续搅拌釜式反应器

Douglas 对该系统进行了分析，做了以下简化假设：

① 组分 R 在反应器中过量，所以反应速率可以用一级表达式近似。

② 进料组成中 B、C、D、E 的量为 0。

③ 为进料浓度、进料速率、动力学速率常数和反应器容积选择一组特定的值。

④ 扰动是由容器中 R 的组成变化引起的。

当系统引入干扰后，控制目标是保持组分 C 在反应器的组成尽可能接近稳态设计值。这一目标是通过测量 C 的实际组成，并使用期望值和实测值之间的差值来操纵组分 A 的进料流量 Q 来实现的。

Douglas 为具有比例控制系统的反应器开发了以下传递函数：

$$K_C \frac{2.98(s+2.25)}{(s+1.45)(s+2.85)^2(s+4.35)}=-1 \tag{10-45}$$

K_C 是比例控制器的增益。在一定 K_C 值，若传递函数的根均具有负实部，则该控制系统是稳定的。

问题分析

利用牛顿-拉弗森法与综合除法或特征值法，确定比例增益 K_C 在一定范围内的传递函数的根，并计算 K_C 的临界值，超过该临界值，系统将变得不稳定。编写程序求解上式所示类型的 n 次多项式或传递函数。

问题求解

$$x_{n-1}=x_n-\frac{f(x_n)}{f'(x_n)} \tag{10-46}$$

$$\begin{cases} b_{n-1}=a_n \\ b_{n-1-r}=a_{n-r}+b_{n-r}x^* \end{cases} \quad r=1,2,\cdots,(n-1) \tag{10-47}$$

$$b_{j-1}=b_j-1 \tag{10-48}$$

采用牛顿-拉弗森法与综合除法式(10-46)评估每个根。然后应用式(10-47)～式(10-48)进行综合除法，以便从多项式中提取每个根，并将后者减少一项。当 n 次多项式被简化为二次多项式时：

$$a_2x^2+a_1x+a_0=0$$

解二次方程得：

$$x_{1,2}=\frac{-a_1\pm\sqrt{a_1^2-4a_2a_0}}{2a_2}$$

使用特征值法检验一对复根的存在性，可直接使用 MATLAB 中的 roots 函数。对式(10-45)进行重排得到：

$$s^4+11.50s^3+47.49s^2+83.0632s+51.2327+(2.98s+6.705)K_C=0 \tag{10-49}$$

显然，一旦 K_C 的值确定，式(10-49)就是一个 4 次多项式，可计算其根。

当 $K_C=0$ 时，传递函数有如下 4 个负实根：

$$s_1=-1.45,\ s_2=-2.8409,\ s_3=-2.8591,\ s_4=-4.35$$

这些根被称为开环传递函数的极点。

使传递函数的一个或多个根变为正（或具有正实部）的 K_C 值称为比例增益的临界值。该临界值的计算方法如下：

① 确定 K_C 的搜索范围。

② 利用二分法对该范围进行搜索。

③ 在二分法搜索的每一步，传递函数的所有根都被求解。

④ 检查根的正实部。保留从负根到正根变化的 K_C 范围。

⑤ 重复 2～4 步，直到 K_C 的变化值小于收敛判据 $|\Delta K_C|<0.001$。

求解结果及分析

选择比例增益 K_C 的搜索范围在 0 和 100 之间。采用二分法评估 $K_C=0$、$K_C=100$ 时的根，发现它们的预测值分别为：

$K_C=0$ 时，$s_1=-1.45$，$s_2=-2.8409$，$s_3=-2.8591$，$s_4=-4.35$

$K_C=100$ 时，$s_1=-9.8510$，$s_2=-2.2480$，$s_3=0.2995+5.7011i$，$s_4=0.2995-5.7011i$

$K_C=100$ 出现了正实部的根，此时系统将不再稳定。在中值 $K_C=50$ 时，系统仍然是稳定的，因为根的实部都是负的。在 $K_C=50\sim100$ 范围内继续搜索，在总共 19 次评估中，得到 K_C 的临界值在如下范围内：

$$75.1495<K_C<75.1503$$

在 MATLAB 中输入分子多项式的系数向量 [2.98,6.705]，分母多项式的系数向量 [1,11.5,47.49,83.0632,51.2327]，K_C 上限为 100，下限为 0，寻根方法选用第一种，具体求解过程参见 MATLAB 或 Mathmatica 计算程序。

10.8 两个交互式储罐的液位控制

图 10-19 所示的为正在运行的两个储罐，其中入口流量 Q_1 由比例或比例积分控制器调节。控制器动作由下式给出：

$$Q_1=Q_{max}\left\{0.5-K_C\left[(H_2-H_d)+\frac{1}{\tau_I}\int(H_2-H_d)dt\right]\right\} \tag{10-50}$$

式中，H_2 为第二个储罐中水的液位，ft；H_d = 为第二个储罐中水液位的设定值，ft；K_C 为控制器的比例增益，ft^{-1}；τ_I 为积分时间，min；Q_{max} 为水的最大内部流率，ft^3/min；当 $0\leqslant Q_1\leqslant Q_{max}$ 时，Q_1 为调整后水的内部流率，ft^3/min。

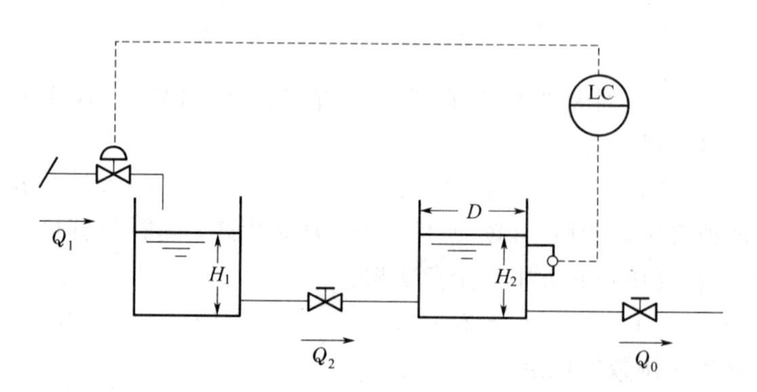

图 10-19 储罐的液位控制系统

控制系统应该在最短的时间内达到稳定状态。开始时两个罐均是空的，开始流动时，任意一个罐中的液位都不超过 H_{1max} 和 H_{2max}。另外，$H_d=5.0ft$，每个储罐的 $d=10ft$，$H_{1max}=H_{2max}=15ft$，$Q_{max}=500ft^3/min$，$C_2=63.2$，$C_0=31.6$。

(1) 仅在比例作用下使用控制器，确定启动至稳定状态期间储罐不会溢出的 K_C 最大值，并验证 $H_2=H_d$ 时系统处于稳定状态。

（2）通过在控制器的操作中加入积分控制，尝试消除（1）部分中观察到的偏差。当流程开始时，如果添加积分动作会出现什么现象？

问题分析

本问题是针对启动过程中涉及非线性相互作用的串联储罐的 PI 控制。需要求解对变量设置限制和约束的常微分方程。

问题求解

质量衡算：

$$\frac{dH_1}{dt}=\frac{4}{\pi d^2}(Q_1-Q_2) \tag{10-51}$$

$$\frac{dH_2}{dt}=\frac{4}{\pi d^2}(Q_2-Q_0) \tag{10-52}$$

Q_2 与 Q_0 是手动阀中水的流率（ft^3/min），可以由手动阀中的节流方程进行计算：

$$Q_2=C_2\sqrt{H_1-H_2} \tag{10-53}$$

$$Q_0=C_0\sqrt{H_2} \tag{10-54}$$

式中，C_2 与 C_0 是手动阀的容量因子，$ft^3/(min\cdot ft^{1/2})$。

（1）将模型方程输入到 MATLAB，为了防止计算负数的平方根，在计算 Q_2 和 Q_0 之前，使用“if”语句来检查 H_0 是否大于 0 以及 H_1 是否大于 H_0。同样，用“if”语句来限制 Q_1。

在 $K_C=0.45$ 的比例控制下，MATLAB 程序计算结果如表 10-3 所示。可以看出，H_1 存在较大的超调量，其值比稳态值高两倍以上。在此 K_C 值下，与 H_2 的稳态值有 15%的偏差。

表 10-3　两个交互作用的储罐中比例液位控制

变量	初始值	最小值	最大值	最终值
H_1	0	0	15.011	7.156
H_2	0	0	7.713	5.727
Q_0	0	0	91.548	75.614
Q_1	500	0	500	75.415
Q_{11}	1450	−458.243	1450	75.817
Q_2	0	0	247.469	75.656

K_C 的最佳值可以通过简单的试探法确定。较小的 K_C 会导致较小的 H_1 超调量，但会在 H_2 的稳态值中产生较大的偏差。不会引起第一个储罐溢流的 K_C 最大值为 0.48。

（2）公式(10-50）中的误差积分可以通过在 MATLAB 程序中添加一个微分方程来计算：

$$d(errsum)/d(t)=err \tag{10-55}$$

$$errsum(0)=0 \tag{10-56}$$

然后将 MATLAB 中的“Q11＝Qmax＊(0.5－KC＊(H2－Hd))；”修改为式(10-57)：

$$Q11=Qmax*(0.5-KC((H2-Hd)+(1/taul)*errsum)) \tag{10-57}$$

式中，$Q11$ 表示增加积分作用后的入口流量。

此外，必须定义变量 τ_1，在 MATLAB 中输入下式：

taul＝20

求解结果及分析

响应曲线见图 10-20。图 10-20 表明，增加积分作用后消除了稳态偏差，图中显示了两个储罐中的液位和第二个储罐中的期望液位，当使用 PI 控制器时，$K_C=0.2$，$\tau_1=20$。当$t=50$ 时，超调已完全消除，且 $H_2=H_d$。

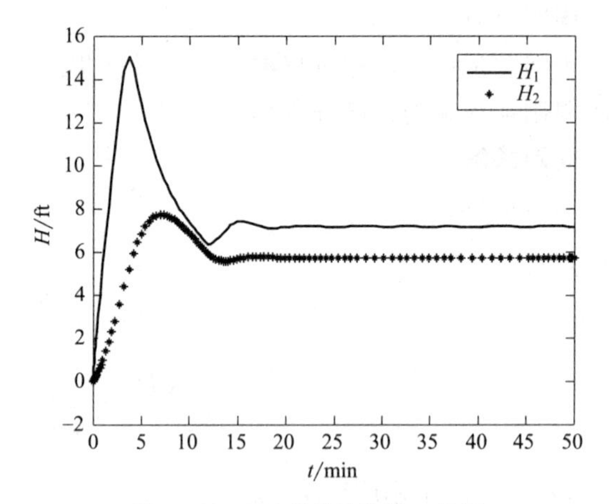

图 10-20 两个储罐液位的 PI 控制

10.9 连续搅拌釜式反应器的 PI 控制

在带夹套冷却的 CSTR 系统中发生一级不可逆反应：

$$A \longrightarrow B$$

反应速率方程为：

$$\Re=kc_A=c_A k_0 \exp\left(\frac{-E}{RT_R}\right) \tag{10-58}$$

式中，$\Re$ 为反应物 A 的消耗速率，kmol/(s·m)；k 为反应速率，s^{-1}；c_A 为反应器中反应物 A 的浓度，$kmol/m^3$；k_0 为指前因子，s^{-1}；E 为活化能，J/kmol；R 为 8314J/(kmol·K)；T_R 为反应器的温度，K。

对连续搅拌釜式反应器进行比例-积分控制，同时，施加＋20％的进料流率干扰，观察动态响应曲线的变化。

问题分析

本题涉及非线性 CSTR 系统的温度单回路 PI 控制，抗积分饱和等。

问题求解

总质量衡算（kg/s）：

$$\frac{d(V_R\rho)}{dt}=\rho_0 F_0-\rho F \tag{10-59}$$

组分 A 的质量衡算：

$$\frac{d(V_R c_A)}{dt}=F_0 c_{A0}-Fc_A-V_R\Re=F_0 c_{A0}-Fc_A-V_R k c_A \tag{10-60}$$

反应器的能量衡算（J/s）：

$$\frac{\mathrm{d}(V_R \rho c_p T_R)}{\mathrm{d}t}=\rho_0 c_{p0} F_0 T_0-\rho c_p F T_R-\lambda V_R \Re-Q \tag{10-61}$$

式中，ρ_0 为进料物流的密度，kg/m³；F_0 为进料流率，m³/s；ρ 为产品物流的密度，kg/m³；F 为产品的流率，m³/s；c_{A0} 为进料中 A 的浓度，kmol/m³；V_R 为反应器中液体的体积持液量，m³；c_{p0} 为进料的比热容，J/(kg・K)；λ 为反应热，J/kmol；Q 为反应器中从液体移除的热量速率，J/s。

注意对于放热反应，反应热 λ 为负，因此等式(10-61) 右侧的第三项为正。这意味着反应速率的增加会提高反应器温度。

对于夹套温度为 T_J 的循环冷却水系统，传热速率取决于夹套面积、总传热系数和温差驱动力。

$$Q=UA_J(T_R-T_J) \tag{10-62}$$

式中，U 为总传热系数，W/(K・m²)；A_J 为夹套的传热面积$=\pi DL$，m²；D 为反应器的直径，m；L 为反应器的长度，m。

夹套的动态模型：

$$\frac{\mathrm{d}(V_J \rho_J c_J T_J)}{\mathrm{d}t}=F_J \rho_J c_J T_{C,in}-F_J \rho_J c_J T_J+Q \tag{10-63}$$

式中，F_J 为冷却水的流率，m³/s；ρ_J 为冷却水的密度，kg/m³；c_J 为冷却水的比热容，J/(kg・K)；$T_{C,in}$ 为冷却水的供应温度，K。

如果密度和比热容等物理性质被假定为常数，这些项可以放在方程式(10-59)、式(10-61) 和式(10-63) 的时间导数之外。如果反应器体积保持不变（通过液位控制器实现），夹套体积不变，V_R 与 V_J 项也可以从导数中去掉。等式(10-59) 简化为：

$$F_0=F \tag{10-64}$$

其他三个微分方程转化为：

$$\frac{\mathrm{d}c_A}{\mathrm{d}t}=\frac{F}{V_R}(c_{A0}-c_A)-V_R c_A k_0 \mathrm{e}^{-E/(RT_R)} \tag{10-65}$$

$$\frac{\mathrm{d}T_R}{\mathrm{d}t}=\frac{F}{V_R}(T_0-T_R)-\frac{\lambda c_A k_0 \mathrm{e}^{-E/(RT_R)}}{\rho c_p}-\frac{UA_J(T_R-T_J)}{V_R \rho c_p} \tag{10-66}$$

$$\frac{\mathrm{d}T_J}{\mathrm{d}t}=\frac{F_J}{V_J}(T_{C,in}-T_J)+\frac{UA_J(T_R-T_J)}{V_J \rho_J c_J} \tag{10-67}$$

这三个非线性常微分方程将被用于模拟 CSTR 的动态性能。“开环”行为适用于不使用控制器的情况。在这种情况下，冷却水的流量保持不变。通过“闭环”行为，安装了一个温度控制器，控制冷却水流量以维持反应器温度。

表 10-4 给出了动力学的过程参数，进料流量为 4.377×10^{-3} m³/s，反应器温度为 350K。

表 10-4　不可逆吸热反应的参数

名称	数值	名称	数值
指前因子 k_0/s^{-1}	20.75×10^6	冷却剂的比热容 c_J/[J/(kg·K)]	4183
活化能 E/(J/kmol)	69.71×10^6	反应热 λ/(J/kmol)	-69.71×10^6
过程摩尔质量/(kg/kmol)	100	进料温度 T_0/K	294
过程密度 ρ_0 与 ρ/(kg/m^3)	801	进料流率 F_0/(kmol/s)	4.377×10^{-3}
冷却物的密度 ρ_J/(kg/m^3)	1000	进料组成 c_{A0}/(kmol/m^3)	8.01
过程的比热容 c_{p0} 与 c_p/[J/(kg·K)]	3137	冷却剂的进口温度 $T_{C,in}$/K	294

表 10-5 给出了两种转化率情况下的其他参数。假设最大冷却水的流量是设计流量的 4 倍，控制器调谐参数使用 Tyreus-Luyben 整定规则计算：

$$K_C=\frac{K_U}{3.2},\quad \tau_I=2.2P_U \tag{10-68}$$

表 10-5　连续釜式反应器的参数

参数	数值	参数	数值
反应器体积/m^3	30.3	K_U(无量纲)	8.54
反应器温度/K	350	P_U/s	1231
转化率/%	85	K_C(无量纲)	2.67
夹套的面积/m^2	45.2	τ_I/s	2709
夹套的温度/K	312		

该例题使用简单的欧拉积分算法进行动态模拟，积分步长为 5s。表 10-5 中给出了温度控制器整定常数，温度变送器量程为 50K。假设最大冷却水流量是设计值的四倍。温度回路中包含两个 60s 的时间延迟，积分回路最后设置了抗积分饱和规定，当控制器输出信号在 0 和 1 之间时，才评估误差积分（“erint”）。

求解结果及分析

对于本问题的求解，参见 MATLAB 程序，动态响应曲线见图 10-21。

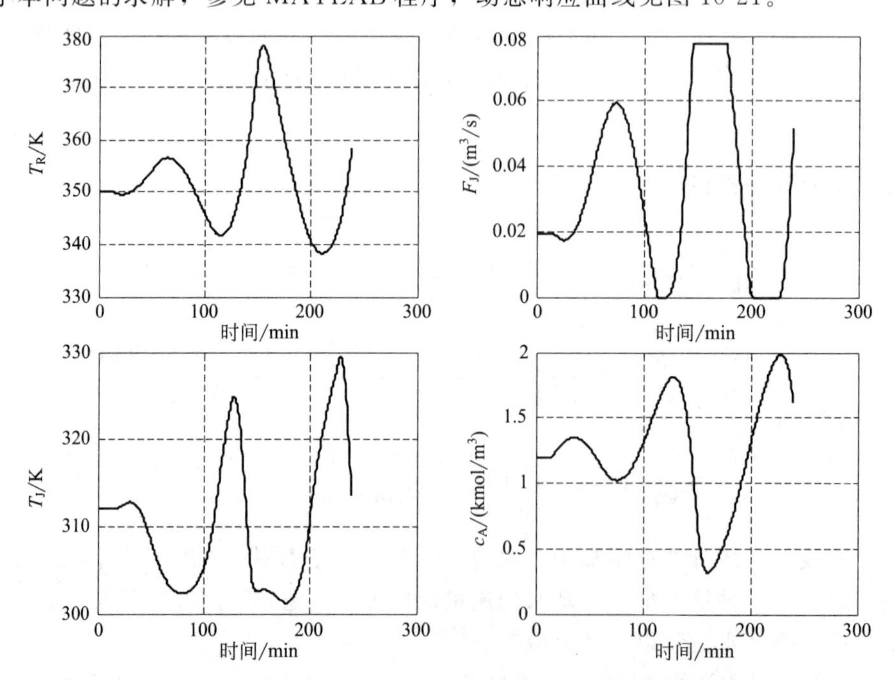

图 10-21　温度为 350K、85%的转化率下动态响应

10.10　间歇反应器的 PI 控制

在间歇反应器中发生液相一级不可逆放热反应：

$$\mathrm{A} \longrightarrow \mathrm{B}$$

反应器的动力学方程：

$$\Re = kc_{\mathrm{A}} = c_{\mathrm{A}} k_0 \mathrm{e}^{-E/(RT_{\mathrm{R}})} \tag{10-69}$$

反应动力学参数见表 10-6。

表 10-6　不可吸热反应的基本参数

参数	数值	参数	数值
指前因子 k_0/s^{-1}	20.75×10^6	反应热 $\lambda/(\mathrm{J/kmol})$	-69.71×10^6
活化能 $E/(\mathrm{J/kmol})$	69.71×10^6	进料温度 T_0/K	294
过程摩尔质量/(kg/kmol)	100	进料流率 $F_0/(\mathrm{kmol/s})$	4.377×10^{-3}
过程密度 ρ_0 与 $\rho/(\mathrm{kg/m^3})$	801	进料组成 $c_{\mathrm{A0}}/(\mathrm{kmol/m^3})$	8.01
冷却物的密度 $\rho_{\mathrm{J}}/(\mathrm{kg/m^3})$	1000	冷却剂的进口温度 $T_{\mathrm{C,in}}/\mathrm{K}$	294
过程的比热容 c_{p0} 与 $c_{\mathrm{p}}/[\mathrm{J/(kg\cdot K)}]$	3137	总传热系数 $U/[\mathrm{W/(m^2\cdot K)}]$	851
冷却剂的比热容 $c_{\mathrm{J}}/[\mathrm{J/(kg\cdot K)}]$	4183	长宽比(L/D)	2

在间歇操作开始时，温度 T_0 为 294K，将所有反应物 A 装入容器中。容器尺寸（$D_{\mathrm{R}}=2\mathrm{m}$，$V_{\mathrm{R}}=12.57\mathrm{m}^3$，夹套传热面积 $A_{\mathrm{J}}=25.13\mathrm{m}^2$），反应器最高温度 $T_{\mathrm{Rmax}}=340\mathrm{K}$。容器最初用热流体加热，直到反应开始产生热量时使用冷流体冷却。使用了一个分程加热/冷却系统，向循环水系统添加热水或冷水，假设循环水系统在温度 T_{J} 下完全混合。反应器温度控制器的设定值在一段时间内从 300K 上升到最高温度。

问题分析

此问题涉及间歇反应器的温度 PI 控制及增益调度问题，通过欧拉积分算法求解非线性常微分方程组。

问题求解

描述间歇反应器的方程与 CSTR 方程类似，只是缺少进料和产品物流。

总质量衡算（kg/s）：

$$\frac{\mathrm{d}(V_{\mathrm{R}}\rho)}{\mathrm{d}t}=0 \tag{10-70}$$

组分 A 的质量守恒：

$$\frac{\mathrm{d}(V_{\mathrm{R}}c_{\mathrm{A}})}{\mathrm{d}t}=-V_{\mathrm{R}}\Re=-V_{\mathrm{R}}kc_{\mathrm{A}} \tag{10-71}$$

反应器的能量平衡（J/s）：

$$\frac{\mathrm{d}(V_{\mathrm{R}}\rho c_{\mathrm{p}}T_{\mathrm{R}})}{\mathrm{d}t}=-\lambda V_{\mathrm{R}}\Re-Q=-\lambda V_{\mathrm{R}}kc_{\mathrm{A}}-UA_{\mathrm{J}}(T_{\mathrm{R}}-T_{\mathrm{J}}) \tag{10-72}$$

冷却剂能量平衡（J/s）：

$$\frac{d(V_J\rho_J c_J T_J)}{dt}=F_{hot}\rho_J c_J T_{hot}+F_{cold}\rho_J c_J T_{cold}-(F_{hot}+F_{cold})\rho_J c_J T_J+UA_J(T_R-T_J) \tag{10-73}$$

式中，F_{hot} 和 F_{cold} 分别是通过夹套或体积为 V_J 的外部换热器输送到循环水系统的热物流和冷物流的流率。

假设液体密度和物理性质恒定，反应器中的液体体积也是恒定的，冷却系统（夹套或外部换热器）中的液体体积也不变。等式(10-71)～式(10-73) 变为：

$$\frac{dc_A}{dt}=-kc_A \tag{10-74}$$

$$\frac{dT_R}{dt}=\frac{-\lambda kc_A}{\rho c_p}-\frac{UA_J(T_R-T_J)}{V_R\rho c_p} \tag{10-75}$$

$$\frac{dT_J}{dt}=\frac{F_{hot}T_{hot}+F_{cold}T_{cold}}{V_J}-\frac{(F_{hot}+F_{cold})T_J}{V_J}+\frac{UA_J(T_R-T_J)}{V_J\rho_J c_J} \tag{10-76}$$

反应器温度控制器的输出信号使用分程设置来定位两个控制阀。图 10-22 给出了热物流和冷物流的流率随 OP 的变化情况，并给出了仅使用夹套冷却时，间歇反应器和温度控制器的设置参数。注意冷物流控制阀是“气关阀”（AC），因此它将无法完全打开。同样，热物流控制阀是“气开阀”（AO）。热物流的温度为 373K，冷物流的温度为 294K。每股物流的最大流率为 1kg/s。

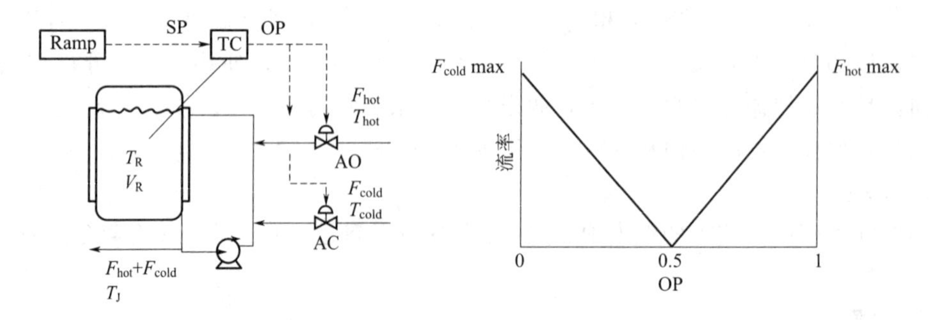

图 10-22 间歇反应器分范围温度控制

在一段时间内，温度控制器的 SP 从 300K 上升到 340K，温度控制回路中包括两个 1min 的时间延迟。

使用简单的欧拉积分算法求解非线性常微分方程，步长为 2s。间歇反应器的非线性特性通常要求温度控制器的调节随时间而变化。为了说明如何实现增益调度，对反应器系统进行如下设置：4 倍夹套面积，在 45min 时，于设定点设置斜坡信号。为了获得增益调度，控制器增益在第 55min 时，从 $K_C=0.1$ 变为 $K_C=0.05$。

求解结果及分析

由图 10-23 可见，周期循环后期的振荡响应消除。由图可见，使用热物流的时间非常短，当温度超过 340K 时，冷物流的最大流速出现在斜坡的末端，此时反应物浓度 c_A 降至初始值的一半左右。转化率逐渐增加，直到 291min 时达到 99.9%的期望值。

直径为 2m 的反应器（带有外部换热器）的体积为每 291min 间歇时间 12.57m^3。假设用 30min 冷却反应器，排出产品并补充物料，每天的产率（假设 24h 运行）为：

$$\frac{12.57}{291+30}\times 60\times 24=56.4m^3/d$$

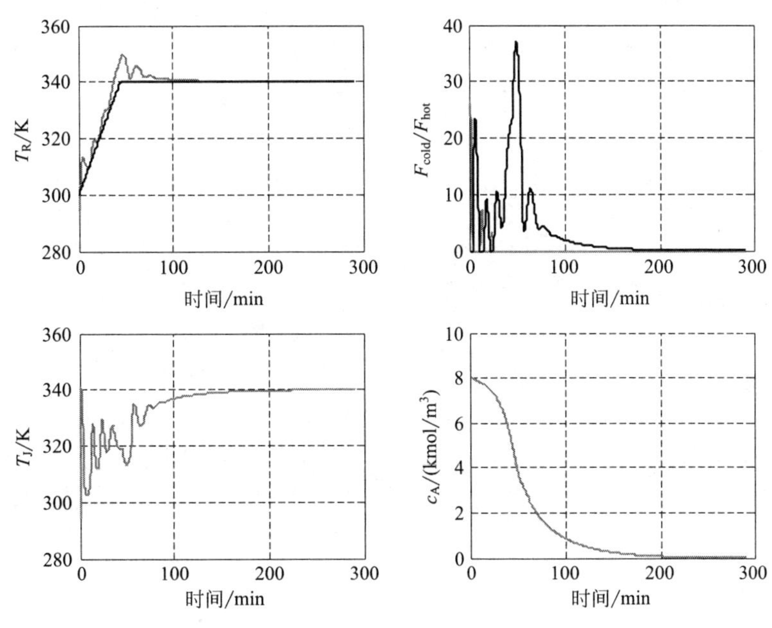

图 10-23 K_C 由 0.1 变为 0.05 时的增益调度

参考文献

[1] Adidharma H, Temyanko V. Mathcad for chemical engineers [M]. Bloomington: Trafford publishing, 2007.

[2] Yeo Y K. Chemical engineering computation with MATLAB® [M]. Boca Raton: CRC Press, 2017.

[3] Constantinides A, Mostoufi N. Numerical methods for chemical engineers with MATLAB applications [M]. New Jersey: Prentice Hall, 1999.

[4] Cutlip M B, Shacham M. Problem solving in chemical and biochemical engineering with POLYMATH, Excel, and MATLAB [M]. 2nd ed. New York: Prentice Hall PTR, 2007.

[5] Luyben W L. Chemical reactor design and control [M]. New Jersey: John Wiley & Sons, 2007.